Dipl.-Ing. Patrick Herrmann
Stresemannstr. 15 Hs 4
22769 Hamburg
Tel. 040/63650836
Fax 040/63650837

Jörg Böhning: **Altbaumodernisierung im Detail**

Altbaumodernisierung im Detail

Konstruktionsempfehlungen

5., vollständig überarbeitete Auflage
mit zahlreichen Abbildungen und Tabellen

von

Dipl.-Ing. Jörg Böhning

Architekt
Aachen

begründet von

Heinz Schmitz

Architekt

Rudolf Müller

Bibliografische Information der Deutschen Bibliothek
Die Deutsche Bibliothek verzeichnet diese Publikation in der Deutschen Nationalbibliografie;
detaillierte bibliografische Daten sind im Internet über http://dnb.ddb.de abrufbar.

Text, Tabellen und Abbildungen wurden mit größter Sorgfalt erarbeitet. Verlag und Autor können jedoch für eventuell verbliebene fehlerhafte Angaben und deren Folgen keine Haftung übernehmen. Maßgebend für das Anwenden von Normen ist deren Fassung mit dem neuesten Ausgabedatum, die bei der Beuth Verlag GmbH, 10787 Berlin erhältlich ist. Maßgebend für das Anwenden von Regelwerken, Richtlinien, Merkblättern, Verordnungen etc. ist deren Fassung mit dem neuesten Ausgabedatum, die bei der jeweiligen herausgebenden Institution erhältlich ist. Zitate aus Normen, Merkblättern etc. wurden, unabhängig von ihrem Ausgabedatum, in neuer deutscher Rechtschreibung abgedruckt.

Wir freuen uns, Ihre Meinung über dieses Fachbuch zu erfahren. Bitte teilen Sie uns Ihre Anregungen, Hinweise oder Fragen mit:
E-Mail: fachmedien.architektur@rudolf-mueller.de
Fax: (02 21) 54 97 14 0
Über boehning@pbs-ac.de können Sie auch direkt mit dem Autor in Kontakt treten.

Lektorat: Astrid Sievers, Brühl
Umschlaggestaltung: Rainer Geyer, Köln
Satz: Satzstudio Widdig GmbH, Köln
Druck und Bindearbeiten: Grafisches Centrum Cuno GmbH & Co. KG, Calbe

Printed in Germany

ISBN 3-481-02228-X

Vorwort 5. Auflage

Die Grundregeln der Altbaumodernisierung haben sich seit der Erstauflage dieses Buches im Jahr 1989 nicht verändert. Sie werden auch weiterhin ihre Gültigkeit behalten. Viele technische Parameter jedoch sind neu hinzugekommen oder haben sich entscheidend geändert. Technische Regelwerke und gesetzliche Vorgaben stellen neue Anforderungen.

Den größten Einfluss hat sicher der veränderte Anspruch an einen verbesserten Umweltschutz und damit an einen verminderten Energieverbrauch, gerade auch im Altbau. Altbauten sind die größte Gebäudegruppe mit den schlechtesten Wärmedämmwerten.

Im Jahr 2002 hat das Europäische Parlament eine Richtlinie über die Gesamtenergieeffizienz von Gebäuden erlassen. Diese Richtlinie muss bis zum 4. Januar 2006 in nationales Recht umgesetzt werden. Die Bundesregierung entspricht dieser Forderung mit der Novellierung der Energieeinsparverordnung (EnEV). Wesentliche Neuerungen für die Altbaumodernisierung werden sich daraus vor allem in einem Punkt ergeben: der Energiepass, bisher nur erforderlich für Neubauten, wird ab 2006 auch für Altbauten verbindlich. Weitere Neuerungen der EnEV betreffen im Wesentlichen die Berücksichtigung von Klimaanlagen und die Einbeziehung des Energieverbrauchs für Beleuchtung von Bürogebäuden.

Seit der Einführung der EnEV im Jahr 2002 sind allerdings eine ganze Reihe von Normen und Regelwerken ergänzt, überarbeitet und aktualisiert worden. Von besonderer Bedeutung sind die DIN 4108 »Wärmeschutz und Energieeinsparung in Gebäuden« und die Fachregeln des Deutschen Dachdeckerhandwerks. Konkrete Ausführungsempfehlungen, detaillierte Berechnungsverfahren, Planungshinweise zur Vermeidung von Wärmebrücken und vor allem die stärkere Bedeutung des luftdichten Abschlusses der Gebäudehülle haben ihren Niederschlag in den Regelwerken gefunden. Diese Neuerungen sind in die Überarbeitung des Buches eingeflossen. Alle Details, die sich mit der Wärmedämmung von Gebäuden befassen, wurden vollständig neu bearbeitet. Daneben wurden alle inhaltlichen Bezüge zu Normen und Regelwerken und alle Kostenangaben aktualisiert.

Nach wie vor steht am Anfang des Buches die Analyse der vorhandenen Bausubstanz. Die Altbaumodernisierung unterscheidet sich grundsätzlich von den Anforderungen an eine Neubauplanung. Bekannte Verfahren und Abläufe sind nicht übertragbar. Die vorhandene Konstruktion bestimmt, im Gegensatz zum Neubau, ganz entscheidend die Möglichkeiten der Planung und die Erfordernisse zur Vorgehensweise.

Die Planung von Altbaumodernisierung setzt nicht auf der grünen Wiese an, geleitet nur von den Wünschen der Bauherrschaft und den eigenen Entwurfsidealen, sondern sie bewegt sich in einem engen Rahmen aus vorgegebenen Konstruktionen, deren Negation zu schier unlösbaren Konflikten führen kann.

Eine Analyse der vorhandenen Bausubstanz muss bei jeder Altbaumodernisierung am Anfang der Arbeit stehen. Deshalb beginnt auch dieses Buch mit einer eingehenden Beschreibung der maßlichen und technischen Bestandsaufnahme von Gebäuden. Sie ist Grundvoraussetzung jeder fundierten Sanierung und Modernisierung.

Baualter, Baukonstruktion, Schadensbilder und Erhaltungszustand prägen ein altes Gebäude in ganz besonderem Maß. Jedem, der sich zum ersten Mal mit Altbaumodernisierung beschäftigt, erscheint die Vielfalt und Fülle verschiedener Konstruktionen und Bauarten, die bei alten Häusern anzutreffen sind, zunächst verwirrend. Bei näherer Beschäftigung mit dem Thema ist jedoch festzustellen, dass Gebäude bestimmter Epochen ähnliche, wenn nicht gar gleiche Konstruktionen, Bauarten und häufig genug auch gleiche Schadensbilder aufweisen.

So wird ganz bewusst den Baualtersgruppen, ihren typischen Merkmalen, typischen Konstruktionen und ihren Schadensbildern ein eigenes Kapitel gewidmet. Dies soll vor allem denjenigen eine Hilfe sein, die sich nicht so oft mit dem Thema Altbaumodernisierung beschäftigen.

Im Hauptteil des Buches werden anhand typischer Problemfälle schwierige Punkte der Altbaumodernisierung angesprochen und Lösungsmöglichkeiten aufgezeigt. Der Überblick reicht von Abdichtungsmaßnahmen gegen Bodenfeuchtigkeit über neue Innenwände, die Sanierung von Decken, die Verbesserung des Schallschutzes und des Wärmeschutzes bis hin zur Erneuerung der Haustechnik.

Aufgebaut ist das Buch wie ein Nachschlagewerk. Unter dem Stichwort zu einem typischen Problemfall findet man zunächst eine Darstellung der Ausgangssituation und anschließend mehrere Lösungsvorschläge mit Angaben zu Konstruktion, Kosten, Einbauzeiten und weiteren, wichtigen Einflussgrößen, häufig ergänzt um Detailzeichnungen.

Mit Hilfe dieses Buches sollte es möglich sein, für alle gängigen Probleme der Altbaumodernisierung eine geeignete, kostengünstige und technisch richtige Lösung zu finden.

Aachen im Juni 2005   Jörg Böhning

Inhalt

Wichtige Begriffe

Sanierung

Unter Sanierung wird allgemein jede Form von Bautätigkeit zur Verbesserung eines bestehenden Gebäudes verstanden. Der Begriff ist nicht über eine Definition oder Verordnung geschützt. Er schließt andere Begriffe ein, deren Bedeutungen in der HOAI exakt und verbindlich definiert sind.

Modernisierungen

Modernisierungen sind bauliche Maßnahmen zur nachhaltigen Erhöhung des Gebrauchswertes eines Objektes, soweit es nicht → Erweiterungsbauten, → Umbauten oder → Instandsetzungen sind. (§ 3 HOAI)

Instandsetzungen

Instandsetzungen sind Maßnahmen zur Wiederherstellung des zum bestimmungsmäßigen Gebrauch geeigneten Zustandes (Soll-Zustandes) eines Objektes, soweit es nicht → Wiederaufbauten sind oder die Maßnahmen durch Modernisierungen verursacht werden. (§ 3 HOAI)

Umbauten

Umbauten sind Umgestaltungen eines vorhandenen Objektes mit wesentlichen Eingriffen in Konstruktion oder Bestand. (§ 3 HOAI)

Erweiterungsbauten

Erweiterungsbauten sind Ergänzungen eines vorhandenen Objektes, zum Beispiel durch Aufstockung oder Anbau. (§ 3 HOAI)

Wiederaufbauten

Wiederaufbauten sind Wiederherstellungen zerstörter Objekte auf vorhandenen Bau- oder Anlagenteilen. Sie gelten als Neubauten, sofern eine neue Planung erforderlich ist. (§ 3 HOAI)

1 Grundlagen der Altbaumodernisierung

Altbauten prägen das Gesicht unserer Städte

1.1   Altbauten prägen das Gesicht unserer Städte

Das Bild der Innenstädte, vor allem in den neuen Bundesländern, wird geprägt durch die schönen Fassaden alter herrschaftlicher Häuser. In den besten Lagen befinden sich alte Patrizier- und Handelshäuser mit enormer Ausstrahlung, prächtiger Ausstattung und einem teilweise sehr großen Raumangebot. Daneben gibt es historische Wohnviertel in besten Innenstadtlagen. Hohe Baulandpreise, die attraktive Lage und nicht zuletzt steuerliche Möglichkeiten machen die Modernisierung von Altbauten wichtiger denn je.

Vom Stadtkern nach außen verjüngt sich das Stadtbild. Den Stadtvierteln der 20er, 30er und 50er Jahre ist gemeinsam, dass sie eine intakte städtebauliche Situation und häufig eine üppige Vegetation aufweisen. Insbesondere der alte Baumbestand in den Straßen trägt zur sympathischen Ausstrahlung dieser Stadtviertel bei und prägt ganz entscheidend ihr Gesicht.

Vor allem in den neuen Bundesländern ist der Bauboom in den Innenstädten unübersehbar. Zu den vielen Projekten gehört auch eine große Zahl von Altbaumodernisierungen, Altbauinstandsetzungen und kompletten Umgestaltungen von Altbauten. Häufig befindet sich die historische Bausubstanz in schlechtem Zustand, und so verwundert es nicht, wenn das Planen und Bauen im Bestand zusehends in den Mittelpunkt innerstädtischer Bauentwicklungen rückt.

Es verstärken sich damit aber auch die Klagen über missglückte Projekte. Nachdem sich viele Planer jahre- und jahrzehntelang im Wesentlichen dem Neubau gewidmet haben, betreten viele Architekten und Ingenieure, aber auch viele Baufirmen, technisches Neuland und erleiden nicht selten dabei Schiffbruch. Die alleinige Übertragung von Praktiken, Vorgehensweisen und Bauabläufen aus dem Neubau auf die Altbaumodernisierung ist ein untauglicher Weg, der zu erheblichen Problemen führt.

Bautechnisch völlig unzureichende Lösungen, erhebliche Bauzeitüberschreitungen und gewaltige Kostenexplosionen beschäftigen in letzter Zeit wieder zunehmend Gutachter und Gerichte.

Aus diesem Grunde steigt bei vielen Bauherren und Investoren wieder die Hemmschwelle vor einer Altbaumodernisierung, weil sie zunehmend als unkalkulierbares Risiko eingestuft wird, welches nur in Sonderfällen, wenn nämlich in Spitzenlagen sehr hohe Renditen erzielt werden, überhaupt realisierbar scheint.

1.1.1   Darstellung wichtiger Baualtersstufen

Die Beschäftigung mit der Altbaumodernisierung scheint auf den ersten Blick kompliziert, weil es eine unendliche Fülle von verschiedenen Gebäuden, Konstruktionen und Bauteilen gibt.

Das Bild wird transparenter, wenn man die unübersehbare Menge von Altbauten in bestimmte Kategorien einteilt.

Ähnliche Baualtersstufen weisen ähnliche Konstruktionen auf. Sind einmal die Grundprinzipien der verschiedenen Baukonstruktionen erkannt, wird man sie leicht den verschiedenen Baualtersstufen zuordnen können.

Nahezu alle Konstruktionen haben sich in ähnlichen Zeiträumen verändert wie die Baustile. Grundsätzlich haben sich Konstruktion und Baustil auch immer gegenseitig beeinflusst, gebaut wurde, was technisch möglich und verfügbar war. So zeigt jede Baualtersstufe nicht nur ein typisches äußeres Erscheinungsbild, sondern immer auch eine bestimmte innere Konstruktion.

Fachwerkhäuser

Fachwerkhäuser zeigen die typische Konstruktion des tragenden Holzrahmens mit einer Ausfachung aus Ziegelsteinen oder Lehm. Jede Region hat ihre eigene Ausformung des Baustils. Verkleidete Fachwerkbauten finden sich ebenso wie Konstruktionen mit sichtbarem Fachwerk. Gemeinsam ist allen Konstruktionen, dass sie letztlich aus Baustoffknappheit entstanden sind. Teures oder nur schwer erreichbares Steinmaterial wurde durch Holz ersetzt. Die Folge davon ist eine bautechnisch sehr schwierige Mischkonstruktion.

Typische Merkmale

- Meist offene, frei stehende Bauweise (die innerstädtischen Gebäude sind zumeist durch Stadtbrände vernichtet)
- Dünne Außenwände von 10–16 cm
- Problematische Verbundkonstruktion (Holz/Lehm oder Holz/Ziegel)
- Schlagregenundichtigkeit bei unverkleideten Fassaden
- Geringe Geschosshöhen
- Holzbalkendecken (manchmal auch zum Keller)
- Geringer Schall- und Wärmeschutz
- Holzfenster mit Einfachverglasung
- Kleine Fensterflächen im Verhältnis zur Wohnfläche
- Kleinteilige Sprossenfenster

Stadthäuser der Jahrhundertwende

Die Stadthäuser der Jahrhundertwende haben meist dicke Außenwände mit guten Schall- und recht guten Wärmeschutzeigenschaften.

Die Kellerdecken bestehen aus gemauerten Kappen, die Decken der Obergeschosse aus Holzbalken mit Holzdielenbelag und unterseitigem Putz auf Putzlatten (so genannten Spalierlatten). Die Außenwände sind oft reich verziert, während sich im Inneren, zumindest im 1. OG, zahlreiche Stuckarbeiten finden. Räume und Wohnungen sind großzügig geschnitten, Bäder finden sich nur selten, das WC auf dem Treppenpodest ist vorherrschend.

Der ordentliche Wärmeschutz der Wände findet bisweilen eine Entsprechung in der Ausbildung der Fenster als Kastenfenster.

Vorherrschendes Heizsystem ist die Einzelofenheizung.

Typische Merkmale

- Geschlossene Bauweise
- Außenwände aus Vollziegelmauerwerk
- Wandstärken von 40–65 cm
- An der Straßenfassade Stuckornamentik
- Große Geschosshöhen (bis 4 m)
- Holzbalkendecken in den Normalgeschossen
- Massivdecken über dem Keller (Gewölbe oder preußische Kappen)
- Holzfenster
- Einfach- oder Kastenfenster
- Mehrflügelige Fenster mit Profilierung
- Große Fenster im Verhältnis zur Wohnfläche

Häuser der 20er und 30er Jahre

Die Wohnhäuser der 20er und 30er Jahre, vor allem die Wohnsiedlungen ehemaliger Stadtrandgebiete, zeigen deutlich kleinere Wohnungen und Grundrisse als Wohnhäuser der Jahrhundertwende. Die Wandquerschnitte sind oft stark minimiert, auch sind Ziegel nicht mehr allein vorherrschendes Wandbaumaterial, sondern verstärkt werden Bims- oder Bimshohlblocksteine eingesetzt. Die reich verzierten Stuckfassaden sind einfachen Putzfassaden gewichen, die teilweise jedoch noch sehr schöne Putzapplikationen zeigen. Vor allem expressionistische Ziegelfassaden lassen sich bisweilen entdecken.

Holzbalken dienen nach wie vor als Tragelement der Geschossdecken, die Beheizung der Räume erfolgt über Einzelöfen. WC und kleines Bad (Badewanne) befinden sich vorwiegend in der Wohnung.

Typische Merkmale

- Außenwände aus Ziegel- oder Bimsmauerwerk
- Wandstärken zwischen 25 und 38 cm
- Bisweilen Materialexperimente mit Stampfbeton oder Schlackensteinen
- Gestaltung teilweise traditionell, teilweise modern
- Erste Stahlbetondecken, teilweise extrem dünn
- Geringer Schall- und Wärmeschutz
- Statisch gewagte Sonderkonstruktionen, zum Beispiel Eckfenster
- Holzfenster
- Einfach- oder Kastenfenster
- Häufig kleinteilige Sprossenteilung

Nachkriegsbauten der 50er Jahre

Bei den Häusern der 50er Jahre weisen die Außenwände sehr kleine Querschnitte mit schlechten Wärme- und Schallschutzeigenschaften auf.

Die Geschossdecken bestehen meist schon aus Stahlbeton, oft mit Verbundestrichen ohne weitere Schallschutzmaßnahmen. Die Dachstühle haben weitgehend chemischen Holzschutz. Die meisten Wohnungen verfügen über ein eingebautes Bad. Bei den Heizsystemen herrscht noch Einzelofenheizung vor. Die Wohnungsgrößen und -zuschnitte sind einfach und manchmal beengt.

Die Fenster bestehen aus Holz mit Einfachverglasung, Putz- und Stuckornamente fehlen fast völlig. Einzige Schmuckelemente an den Gebäuden sind häufig die Sprossenteilung der Fenster und die Schlagläden aus Holz.

Typische Merkmale

- Außenwände aus Ziegel-, Schlacke- oder Bimsmauerwerk
- Wandstärken zwischen 24 und 30 cm
- Schlichte Bauweise
- Massivdecken mit Verbundestrich
- Massivtreppen
- Keine Wärmedämmung
- Teilweise noch Holzbalkendecken
- Holzfenster mit minimalen Querschnitten
- Fenstermaterial oft einfaches, wenig haltbares Nadelholz
- Einfachverglasung
- Kleine Balkone als auskragende Betonplatte

Häuser der 60er Jahre

Die Häuser der 60er Jahre zeigen neue Formen, neue Materialien und neue Konstruktionen. Die größte Wohnraumnot und der größte Materialmangel in der Folge des Zweiten Weltkrieges waren überwunden und die Gebäude wurden heterogener, in ihrer Architektur innovativer und experimentierfreudiger als die Bauten der vorhergegangenen Baualtersstufe. Ölkrise und Treibhauseffekt waren noch unbekannte Worte, Amerika war das Vorbild in allen Stil- und Lebensfragen. Auch die Architekten suchten sich dort ihre Vorbilder.

Die Gebäude der 60er Jahre zeigen sehr häufig Betonfassaden, die nicht selten konstruktivistisch und nur als Rasterfassaden ausgebildet sind.

Die Fenster sind großformatig, wenn auch nur selten mit Wärmeschutzglas ausgestattet. Die Dächer sind als Flachdächer, meist mit betonter Attika, ausgebildet.

Die Wohnungsgrundrisse sind Ergebnis einer funktional ausgerichteten Architektur, nicht selten findet sich eine Trennung zwischen Wohn- und Schlafbereich. Im Gegensatz zu vorhergehenden Bauperioden ist vieles größer und großzügiger geworden.

An die Stelle der Ofenheizung ist nahezu umfassend die Zentralheizung getreten. Wärmeschutzmaßnahmen sind allerdings so gut wie nie realisiert worden. Ein Überangebot an Rohstoffen und äußerst niedrige Brennstoffpreise schienen dies überflüssig zu machen.

Typische Merkmale

- Außenwände aus Mauerwerk und Beton
- Minimale Außenwandquerschnitte
- Nahezu kein konstruktiver Wärmeschutz
- Stark konstruktivistisch geprägt
- Betondecken mit schwimmendem Estrich
- Massivtreppen
- Großzügige Wohnungen
- Moderne Raumzuschnitte
- Große Fensteröffnungen
- Fenstermaterial oft Holz, ganz vereinzelt schon Aluminium
- Einfachverglasung
- Balkone und Loggien als Betonkonstruktion ohne thermische Trennung

Häuser des industrialisierten Wohnungsbaus (Plattenbau, Fertigteilbau)

In den 70er Jahren gewinnt das industrielle Bauen ganz entscheidend an Bedeutung. In der Bundesrepublik entstehen eine ganze Reihe von Fertigteilbausystemen. Durch Verlagerung der Produktion von der Baustelle in die Werkhalle erhofft man sich die Ausschöpfung zusätzlicher Ressourcen zur Steigerung der Produktivität und zur Senkung der hohen Baukosten. Hohe Stückzahlen sollen, ähnlich wie in der Industrie, eine größere Wirtschaftlichkeit garantieren.

Insbesondere in der DDR gewinnt das industrialisierte Bauen an Bedeutung. Hier sind es vor allem Plattenbausysteme, Bausysteme der Beton-Großtafelbauweise, die ab den 70er Jahren den Wohnungsbau völlig beherrschen. Hierbei hatte der Produktionsablauf Vorrang vor allen anderen Kriterien. Wohnungsgrundrisse mussten sich bedingungslos dem Raster unterordnen.

Zunächst ohne jede Wärmedämmung versehen, werden bei steigender Rohstoffknappheit zunehmend wärmegedämmte Konstruktionen aus Schaumbeton oder als zwei- und dreischalige Platten ausgeführt. Mit Einführung der wärmegedämmten Konstruktionen wurden die Energiebilanzen dieser Gebäude besser als viele aus vergleichbaren anderen Bauepochen.

Besonders nachteilig auf das Image dieser Gebäudekategorie hat sich ihr außerordentlich massives und uniformes Erscheinungsbild ausgewirkt. Hinzu kommen gravierende Verarbeitungsmängel und eine oft lieblose Gestaltung.

Typische Merkmale

- Standardisierte Stahlbetonbauteile, industriell vorgefertigt
- Zunächst keine Wärmedämmung, erst später wärmegedämmte Konstruktionen
- Teilweise sehr stark experimenteller Charakter
- Grundrisse auf Produktionsraster aufgebaut
- Teilweise schwierige Wohnungszuschnitte mit kleinen Räumen
- Schlechter Schallschutz
- Fensterflügel mit großen Formaten, häufig undicht und verzogen
- Schlechte Wärmedämmung der Fenster
- Zentralheizung, zumeist ohne Energie sparende Regelungsmöglichkeiten

1.2 Analyse der vorhandenen Bausubstanz

Die vorhandene Bausubstanz ist in ihrer Beschaffenheit nicht zu verändern. Sie stellt von daher kein variables Steuerungsinstrument zur Beeinflussung der Kosten dar, ist aber die entscheidende Ausgangsgröße jeglicher Kostenkalkulation, sozusagen der bestimmende Sockelbetrag jeder weiteren Überlegung. Von daher ist eine exakte Analyse der vorhandenen Bausubstanz zur genauen Ermittlung der voraussichtlichen Baukosten und zur Festlegung der erforderlichen Maßnahmen absolut unumgänglich. Werden hier Versäumnisse begangen, sind sie später nicht mehr zu korrigieren.

Nicht selten geschieht es, dass die Aufwendungen für die Sanierung der vorhandenen Bauschäden zu niedrig eingeschätzt werden und auf einer falschen Basis die Entscheidung für die Durchführung der Baumaßnahme getroffen wird. Stellt sich dann während der Durchführung der Arbeiten heraus, dass wesentlich aufwändigere und teurere Maßnahmen erforderlich sind, steigt der finanzielle Aufwand weit über den kalkulierten Rahmen und führt nicht selten zu einer äußerst unwirtschaftlichen Gesamtsituation, wenn nicht zu Schlimmerem.

Häufig genug werden Sanierungsarbeiten, wenn sie zu spät erkannt werden, ungleich teurer als bei rechtzeitigem Erkennen, weil zusätzliche Arbeiten für den Rückbau bereits fertig gestellter Arbeiten notwendig werden.

Bereits hier werden häufig ganz erhebliche Fehler begangen, weil unsachgemäß, unqualifiziert und viel zu oberflächlich untersucht wird – ein folgenschwerer Fehler, der sich durch die gesamte weitere Arbeit hindurchzieht und nicht mehr zu korrigieren ist.

Die Schadensanalyse ist deshalb unverzichtbarer Beginn jeder Altbausanierung und Altbaumodernisierung. Um hier einen Einstieg zu finden, soll der Beschreibung der Bestandsanalyse eine Zusammenstellung typischer Schäden und Mängel vorangestellt werden. Diese Übersicht macht die Situation der verschiedenen Altbauten verständlicher und hilft, zielgerichtet und effizient zu untersuchen.

1.2.1   Typische Schadensbilder

Stadthäuser der Jahrhundertwende

Außenwände

- Statische Probleme durch Risse in tragenden Teilen, rostende Stahlträger
- Rissbildungen in tragenden Gebäudeteilen
- Durchfeuchtung der Kellerwände bei fehlender Vertikalabdichtung
- Durchfeuchtung der Erdgeschosswände durch fehlende Horizontalabdichtung

Außenwandbekleidungen

- Putzschäden in Form von Rissen, Hohlstellen und Abplatzungen
- Beschädigungen von Stuck und anderen Fassadenapplikationen
- Ungenügende Abdeckung von Wandvorsprüngen – fehlende Metallabdeckung
- Sandende Fugen bei Ziegelsichtmauerwerk

Fenster, Außentüren

- Mangelhafte Dichtigkeit des Anschlusses zwischen Blendrahmen und Mauerwerk
- Fäulnis- und Verwitterungsschäden an Blend- und Flügelrahmen
- Unzureichende oder schadhafte Fensterbeschläge
- Schäden an Klapp- oder Rollläden
- Defekte Fensterbankabdichtung
- Ungenügender Schall- und Wärmeschutz durch Einfachverglasung
- Beschädigte, undichte Hauseingangstüren

Dach

- Mangelhafte Tragfähigkeit des Dachstuhls wegen Unterdimensionierung der Traghölzer
- Tierischer und pflanzlicher Schädlingsbefall an den Holzteilen
- Undichtigkeit durch schadhafte Eindeckung und fehlende Unterspannbahn
- Ungenügende Wärmedämmung
- Schadhafte Kaminköpfe und Versottungen der Kaminzüge
- Schadhafte Eindichtung von Dachaufbauten
- Schadhafte Dachrinnen und Fallrohre

Geschossdecken

- Durchbiegung von unterdimensionierten Holzbalkendecken
- Fäulnisschäden am Auflager der Balken
- Abplatzungen des Deckenputzes
- Befall durch Hausschwamm an Deckenbalken in Bereichen, an denen Feuchtigkeit eindringen kann
- Korrosionsschäden an Stahlträgern im Kellergeschoss

Fußböden, Innentüren

- Ausgetretene Holzdielenbeläge
- Beschädigte Fußleisten, oft mit Fäulnisbefall
- Beschädigte Fliesen- und Plattenbeläge im Hausflur des Erdgeschosses
- Durchfeuchtung des Kellerbodens
- Oberflächenschäden an und Risse in den vorhandenen Holztüren

Geschosstreppen

- Ausgetretene Holztreppenstufen
- Fäulnisschäden an Holztreppen im Erd- und Kellergeschoss
- Fäulnis- oder Schwammbefall an Treppenpodesten, vor allem bei undichten WC-Leitungen
- Ungenügender Trittschallschutz der Treppen
- Ungenügender Brandschutz der Treppen

Sanitärinstallation

- Unzureichende Installation in technisch schlechtem Zustand
- Verstopfte Abflussleitungen
- Ungenügende Ausstattung der vorhandenen Wohnungen mit Bädern und WCs

Heizung

- Fehlende Zentralheizung
- Versottete Kaminzüge
- Brandgefahr durch unsachgemäß aufgestellte Einzelöfen

Elektroinstallation

- Technisch unzureichende Elektroinstallation, oft ohne notwendigen Schutzleiter
- Ungenügende Absicherung und Unterverteilung
- Gering dimensionierte Hausanschlüsse

Modernisierungsschwerpunkte

- Abdichtung von Kelleraußenwänden und Kellerböden gegen eindringende und aufsteigende Feuchtigkeit
- Verbesserung der Raumaufteilung durch Einbau neuer Zwischenwände
- Einbau von Bad und WC in der Wohnung
- Verbesserung des Schallschutzes vorhandener Innenwände
- Putzreparatur von Holzbalkendecken
- Reparatur von Deckenbalken
- Reparatur beziehungsweise Erneuerung der Fenster
- Reparatur beziehungsweise Erneuerung der Dacheindeckung und Teilerneuerung des Dachstuhls
- Reparatur ausgetretener Holztreppenstufen
- Reparatur/Erneuerung von Innentüren
- Erneuerung der Haustechnik

Häuser der 20er und 30er Jahre

Außenwände

- Durchfeuchtung der Kellerwände bei fehlender Vertikalisolierung
- Durchfeuchtung der Erdgeschosswände bei fehlender Horizontalabdichtung
- Risse und Fugen in tragenden Außenbauteilen, vor allem auch in Balkonen und Loggien

Innenwände

- Ungenügender Schallschutz von Wohnungstrennwänden aufgrund geringer Wandstärken
- Unzureichender Brandschutz von Treppenhauswänden

- Großflächige Putzschäden
- Geringe Festigkeit und geringer Verbund von Innenwänden aus großformatigen Bauplatten

Außenwandbekleidungen

- Putzschäden in Form von Rissen und Abplatzungen im Sockelbereich
- Mangelnder Wärmeschutz von Außenwänden
- Mangelnder Feuchteschutz von Außenwänden, zum Beispiel durch fehlende Metallabdeckung von Mauervorsprüngen
- Ausgewaschene Fugen bei Sichtmauerwerk

Fenster, Außentüren

- Mangelhafte Dichtigkeit zwischen Blendrahmen und Mauerwerk
- Fäulnisschäden an Blend- und Flügelrahmen
- Schäden an Roll- und Klappläden
- Verzogene, schiefe Flügelrahmen
- Ungenügender Schall- und Wärmeschutz der Fenster
- Beschädigte Außentüren

Dach

- Tierischer und pflanzlicher Schädlingsbefall an tragenden Holzteilen
- Undichtigkeit durch schadhafte Eindeckung und fehlende Unterspannbahn
- Unzureichende Wärmedämmung
- Schadhafte Dachrinnen und Fallrohre
- Beschädigte und durchfeuchtete Kaminköpfe
- Schäden an Putzflächen der Dachschrägen, hervorgerufen durch Bewegungen des Dachstuhls

Geschossdecken

- Durchbiegungen von unterdimensionierten Holzbalkendecken
- Fäulnisschäden am Auflager im Mauerwerk
- Korrosionsschäden an Stahlträgern im Kellergeschoss
- Schwammbefall von Deckenbalken durch eindringende Feuchtigkeit
- Schadhafter Deckenputz

Fußböden, Innentüren

- Ausgetretene Holzdielenböden
- Fäulnisschäden an Lagerhölzern von Erdgeschossdecken
- Beschädigte Fußleisten, oft mit Fäulnisschäden
- Beschädigte Fliesenbeläge im Hausflur des Erdgeschosses
- Undichte, verzogene Innentüren

Geschosstreppen

- Ausgetretene Holztreppenstufen
- Beschädigte Plattenbeläge bei Massivtreppen
- Fäulnisschäden an Holztreppen im Erd- und Kellergeschoss
- Schwammbefall an tragenden Holzteilen im Treppenpodest
- Mangelnder Trittschallschutz der Treppen
- Mangelnder Brandschutz der Treppen

Sanitärinstallation

- Unzureichende Sanitärinstallation
- Verstopfte Abflussleitungen
- Unterdimensionierte Hausanschlüsse
- Unzureichende Ausstattung der Wohnungen mit Bad, WC und Küche

Heizung

- Fehlende Zentralheizung
- Versottene Kaminzüge

Elektroinstallation

- Unzureichende technische Ausführung der Elektroinstallation, oft ohne Schutzleiter
- Ungenügende Unterverteilung und Absicherung
- Unterdimensionierter Hausanschluss

Modernisierungsschwerpunkte

- Abdichtung von Kelleraußenwänden gegen eindringende Feuchtigkeit
- Verbesserung der Wärmedämmung von Außenwänden
- Abdichtung von Außenwänden gegen aufsteigende Feuchtigkeit
- Vergrößerung vorhandener Badezimmer
- Verbesserung des Schallschutzes vorhandener Innenwände
- Verbesserung des Schallschutzes von Decken
- Verbesserung der Wärmedämmung von Dächern
- Reparatur beziehungsweise Erneuerung der Dacheindeckung
- Reparatur des Dachstuhls
- Erneuerung der Fenster durch neue Fenster mit Isolierverglasung
- Erneuerung der Haustechnik

Häuser der 50er Jahre

Außenwände

- Unzureichender Schall- und Wärmeschutz der Außenwände
- Kondensatgefahr bei dünnen Außenwänden
- Wärmebrücken durch Heizkörpernischen mit geringen Wandstärken
- Durchfeuchtung von erdnahem Mauerwerk

Innenwände

- Unzureichender Schallschutz der Wohnungstrennwände
- Teilweise Putzschäden

Außenwandbekleidungen

- Putzschäden in Form von Rissen und Abplatzungen, vor allem im Sockelbereich
- Putzschäden durch Risse im Mauerwerk

Fenster, Außentüren

- Undichte, verzogene Fensterrahmen mit oft erheblichen Anstrichschäden
- Ungenügender Schall- und Wärmeschutz bei Einfachverglasung

Dach

- Undichtigkeiten von Dächern durch fehlende Unterspannbahn oder beschädigten Mörtelverstrich
- Durchfeuchtung und Versottung der Kaminköpfe
- Schadhafte Dachrinnen und Fallrohre
- Ungenügender Wärmeschutz von Dachgauben

Geschossdecken

- Ungenügender Tritt- und Luftschallschutz bei Massivdecken mit Verbundestrichen
- Ungenügender Wärmeschutz zum Kellergeschoss
- Ungenügender Wärmeschutz zum Dachgeschoss

Fußböden, Innentüren

- Schadhafte Keramik- oder Natursteinbeläge im Erdgeschoss
- Schadhafte PVC- oder Linoleumbeläge
- Korrosionsschäden an Metallleitungen, die in magnesitgebundenen Estrichen verlegt wurden
- Anstrichschäden an Innentüren und Türzargen

Geschosstreppen

- Schadhafte Platten- und Kunststeinbeläge auf Massivtreppen und im Hausflur
- Ungenügender Trittschallschutz
- Ungenügender Brandschutz bei Holztreppen

Sanitärinstallation

- Knapp bemessene Ausstattung der Wohnungen mit Bädern und WC
- Korrosionsschäden an Wasserleitungen
- Verstopfte Abflussleitungen im Kellergeschoss

Heizung

- Fehlende Zentralheizung
- Beschädigte Gussasphaltbeläge in der Nähe von Einzelfeuerstätten
- Zentralheizungsanlagen ohne Energie sparende Regelungseinrichtungen

Elektroinstallation

- Teilweise erneuerungsbedürftige Elektroinstallation ohne erforderlichen Schutzleiter
- Teilweise ungenügende Ausstattung mit Unterverteilungen und Absicherungen

Modernisierungsschwerpunkte

- Verbesserung der Wärmedämmung von Außenwänden
- Verbesserung des Schallschutzes von Decken
- Verbesserung der Wärmedämmung von Dächern
- Reparatur ausgetretener Estrichböden
- Verbesserung der Wärmedämmung von Fenstern
- Erneuerung vorhandener Heizungsanlagen
- Erneuerung schadhafter Sanitärleitungen

1.2.2   Maßliche Bestandsaufnahme

Jede Modernisierung bedarf neben der Abwicklung der eigentlichen Modernisierungsarbeiten einer Reihe begleitender Arbeitsschritte, die eine besondere Qualität der Modernisierung gewährleisten sollen. Hierzu gehört eine sorgfältige Bestandsaufnahme sowohl der maßlichen als auch der technischen Situation.

Die vorhandenen Bestandspläne stimmen nur in den allerseltensten Fällen mit der Realität überein. Welche Folgen es hat, wenn nach falschen Plänen ausgeschrieben und geplant wird, ist leicht vorstellbar.

Die maßliche Bestandsaufnahme kann entweder nur eine Kontrolle und Überprüfung bereits vorhandener Pläne sein oder eine vollständige, neue Erfassung der vorhandenen Bausubstanz.

Im ersten Fall ist zu klären, ob die Pläne den letzten Stand der Dokumentation mit allen nachträglichen Änderungen darstellen oder ob sie veraltet und damit für die Planung nicht mehr ausreichend sind. Die Erfahrung zeigt, dass vorhandene Pläne sehr häufig unvollständig und zum Teil auch sachlich falsch sind. Es ist also Vorsicht bei der Verwendung geboten.

In jedem Fall ist vor einer maßlichen Bestandsaufnahme nachzuforschen, ob nicht Pläne neueren Datums auffindbar sind. Diese können zumindest als Skizzen für eine exakte Bestandsaufnahme dienen. Handwerkerzeichnungen, beispielsweise von einem nachträglichen Heizungseinbau, können schon wertvolle Hinweise geben. Muss eine vollständig neue maßliche Aufnahme erfolgen, so ist sie vor der technischen Zustandskontrolle durchzuführen, da die Ergebnisse der technischen Bestandsaufnahme in die Pläne eingetragen werden sollten. Mängel und Schwachstellen sind also in Plänen zu vermerken und durch ein Kodierungssystem zu erfassen.

Typische Checkliste zur Bestandsaufnahme (Kopiervorlage im Anhang)

1.2.3   Technische Bestandsaufnahme

Neben dem Neueinbau von Konstruktionen und Bauteilen entfällt bei der Altbaumodernisierung ein großer Anteil auf die Instandsetzung der vorhandenen Konstruktion. Hier wird im Allgemeinen der Aufwand an nicht einsehbaren Konstruktionen, wie Holzbalkendecken, Installationen, Verankerungen usw. hoffnungslos unterschätzt. Umgekehrt werden andere Schadensbilder, wie Durchfeuchtung des Kellermauerwerkes, der »Befall mit Holzwürmern«, der schlechte und unsaubere Eindruck der Fassaden und der inneren Wandoberflächen weit überschätzt.

Die technische Bestandsaufnahme erfasst und bewertet sämtliche Bauteile des vorhandenen Gebäudes hinsichtlich Funktionsfähigkeit, Zustand und Qualität.

Sie ist im Gegensatz zur vorher möglichen Kurzbegehung verbindlich und detailliert durchzuführen. Zusammen mit den maßlichen Bestandszeichnungen und der Planung dient sie als Planungs-, Ausschreibungs- und Kostenberechnungsgrundlage.

Neben technisch aufwändigen Verfahren wie Endoskopie, Thermographie oder Ultraschalluntersuchungen gibt es auch einige einfache Untersuchungsmöglichkeiten wie Gipsmarken, Rauchröhrchen, Falzprüfungen mit Knetmasse oder Wassereindringungsprüfungen mit Karstenschen Prüfröhrchen. Wichtig sind aber auch so einfache Hilfsmittel wie zum Beispiel eine Checkliste, mit der die vorhandene Substanz dokumentiert und bewertet werden kann.

Einzelheiten zu Verfahren, Geräten und technischen Hilfsmitteln der Bestandsaufnahme können dem Buch »Verfahren/Geräte zur Erfassung von Bauschäden« entnommen werden (siehe Literaturverzeichnis im Anhang).

Durch die technische Bestandserfassung müssen sämtliche möglichen Fehlerquellen ausgeschaltet werden. Die Ergebnisse dieser Untersuchung ermöglichen erst eine verbindliche Kostenberechnung nach Bauteilen (Abweichung ca. ± 10 %) und verschaffen dem Bauherrn einen Überblick darüber, welche Maßnahmen an seinem Gebäude möglich und welche dringend erforderlich sind.

Ohne exakte technische Bestandsaufnahme ist jede Planung reine Spekulation und die Kostenberechnung ein Glücksspiel. Nur das fehlende Wissen um diese Problematik führte zu der verbreiteten Meinung, Kosten ließen sich im Altbau nicht genau berechnen.

1.2.4   Klärung der Randbedingungen

Neben der Bestandsaufnahme müssen rechtzeitig vor Baubeginn alle sonstigen Randbedingungen für das Projekt geklärt sein:

Jede Altbaumodernisierung ist ein gezielter Eingriff in die vorhandenen Bausubstanzen mit teilweise weit reichenden technischen Notwendigkeiten. Die Konstruktion, das Grundraster des alten Hauses, bietet in aller Regel wenig Flexibilität, so dass Änderungen der Nutzung oder spätere Änderungen des Kostenrahmens nur sehr schwer während der Bauphase aufgefangen werden können. In aller Regel bedeuten eine veränderte Nutzung und ein veränderter

Einfache Prüfmethode: Untersuchung des Falzes durch Kittstreifen

Endoskopie

Prüfen der Wasseraufnahmefähigkeit von Außenwänden durch Karstensches Prüfröhrchen

Kostenrahmen eine völlige Umplanung des Projektes. Aus diesem Grunde müssen so früh wie möglich alle entscheidenden Parameter festgelegt sein.

Klärung der Nutzungsperspektiven sowie der Kostengrenzen und der Finanzierungsvorgaben

Entscheidende Parameter sind immer:

- die Nutzungsperspektiven der Bauherrschaft, sowie
- Kostengrenzen und Finanzierungsvorgaben.

Altbauten lassen sich nicht auf Vorrat sanieren oder modernisieren, um dann nachträglich irgendeine Nutzung zu ermöglichen.

Die Einschränkungen aus der vorhandenen Substanz – und aus dem vorhandenen Budget – sind so groß, dass es schon schwierig genug sein wird, die geplante Neunutzung überhaupt umzusetzen. Deshalb muss die Nutzungsperspektive der Bauherrschaft genau bekannt sein, um zielgerichtet arbeiten zu können. Ein intensiver Kontakt und Dialog in dieser Phase, um Alternativen durchzusprechen, und ein gewisses Maß an Toleranz auf beiden Seiten sind außerordentlich hilfreich, wenn man ein optimales Ergebnis erzielen möchte.

Auf Bauherrenseite muss unbedingt der zur Verfügung stehende Kostenrahmen exakt benannt werden. Umgekehrt muss der Planer über ausreichende Erfahrungswerte verfügen, um exakt die Baukosten zu berechnen, die den jeweiligen Planungsideen entsprechen. Gehen die Beteiligten in dieser Phase offen und ehrlich miteinander um, dann sollte es auch gelingen, Kostengrenzen und Finanzierungsvorgaben einzuhalten.

Rechtzeitige Berücksichtigung der möglichen Auflagen von Bauaufsicht und Denkmalpflege

Gerade im Bereich denkmalgeschützter Bausubstanz können erhebliche Forderungen von der Denkmalpflege, aber auch, zum Beispiel hinsichtlich des Brandschutzes, von der Bauaufsicht gestellt werden. Eine nachträgliche Integration solcher Auflagen in eine bestehende Planung erfordert einen ungeheuren Aufwand und führt in aller Regel zu enormen Mehrkosten, weil sich diese Auflagen mit der geplanten Nutzung häufig nur sehr schwer vereinbaren lassen.

Es ist daher empfehlenswert, sich über diese Auflagen im Vorfeld Klarheit zu verschaffen und alle Aspekte mit allen Beteiligten abzustimmen. So früh wie möglich sollten alle Ämter, aber insbesondere das zuständige Amt für Denkmalpflege und das Amt für Brandschutz konsultiert werden, um die geplanten Ideen und Vorstellungen zu diskutieren.

In einem frühen Planungsstadium entwickeln beteiligte Ämter häufig sehr konstruktive Ideen zur Umgestaltung historischer Bausubstanz. Fertig ausgearbeitete Ideen werden hingegen sehr kritisch betrachtet, vielleicht weil eine eigene Mitwirkung bei Gestaltung und Konzeptfindung nicht mehr möglich ist. Dabei sind der Umgestaltung historischer Bausubstanz ja sehr enge Grenzen gesetzt. Besondere Schwierigkeit macht hier die Integration gegenläufiger Forderungen verschiedener Ämter, beispielsweise wenn die Bauaufsichtsbehörde eine zusätzliche Rauch- und Wärme-

abzugsanlage im Dach fordert, das zuständige Amt für Denkmalpflege aber keine Veränderung der historischen Dachfläche zulässt. Je früher diese Konflikte angegangen werden, desto eher lassen sich hier Lösungen erarbeiten.

1.3   Die Planung bestimmt die Kosten

Dieser Satz gilt für die Altbaumodernisierung mehr noch als für den Neubau. Vieles beim Bauen im Bestand wird als gegeben hingenommen, weil es vermeintlich nicht zu ändern ist. Dazu gehören häufig auch sehr hohe Baukosten.

Immer wieder wird betont, wie schwierig eine exakte Kostenanalyse beim Umgang mit alter Bausubstanz sei. Gewaltige Kosten, wenn nicht gar Kostenüberschreitungen, und Altbaumodernisierung gehören für viele offenbar untrennbar zusammen. Dabei wird vergessen, dass auch beim Bauen im Bestand die Kosten im Wesentlichen durch drei Faktoren beeinflusst werden:

1. **Die vorhandene Bausubstanz (Analyse)**

2. **Die Einplanung der neuen Nutzung in die alte Substanz (Planung)**

3. **Die Wahl des Standards der neuen Nutzung (Standard)**

Nach der Analyse des Bestandes kommt der Einplanung der neuen Nutzung die größte Bedeutung zu, weil hier der meiste Einfluss ausgeübt werden kann.

1.3.1   Vorhandene Grundrisse

Grundsätzlich sollten die vorhandenen Grundrisse akzeptiert werden. Nur so ist eine kostengünstige Altbaumodernisierung möglich. Rechtzeitig muss man sich mit der Beschaffenheit des Grundrisses auseinander setzen, der, ähnlich wie die Konstruktion und der Baustil, ganz klaren Gesetzmäßigkeiten unterliegt.

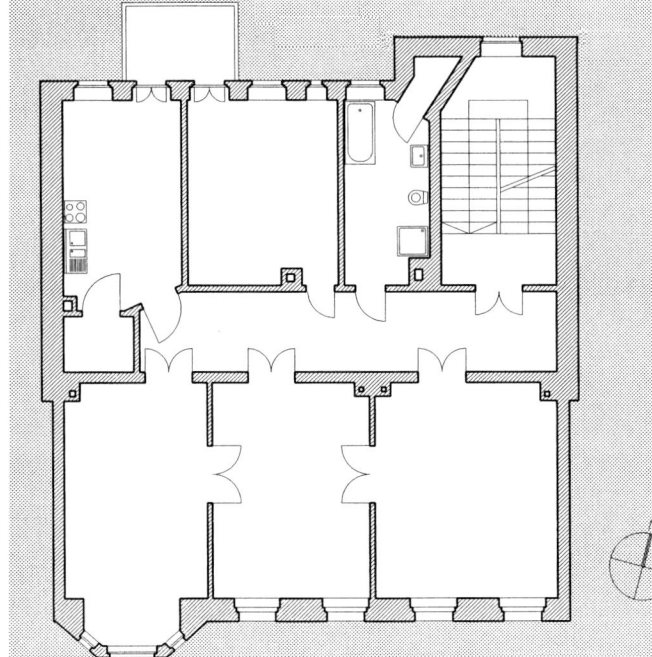

Typischer Grundriss eines Wohnhauses der Jahrhundertwende

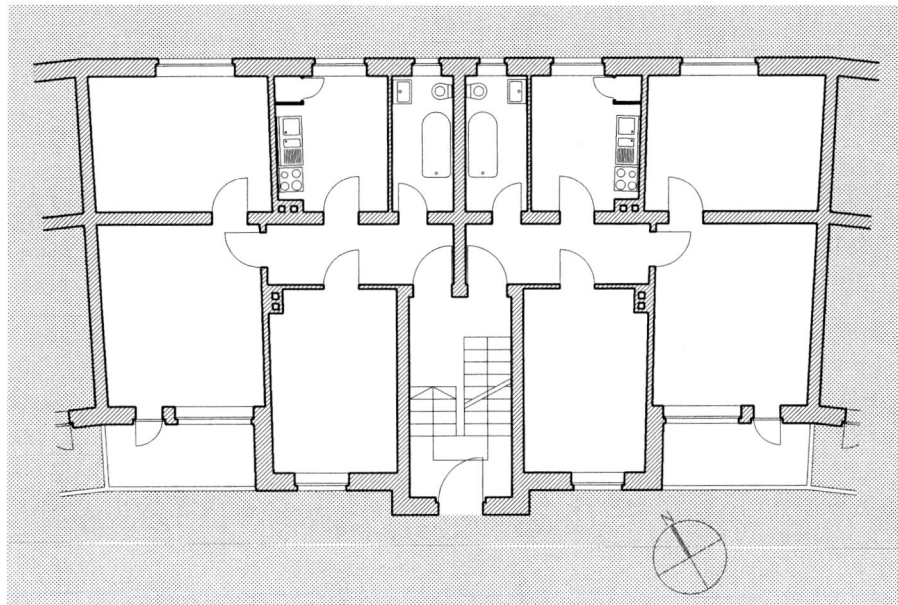

Typischer Grundriss eines Wohnhauses
der 20er Jahre

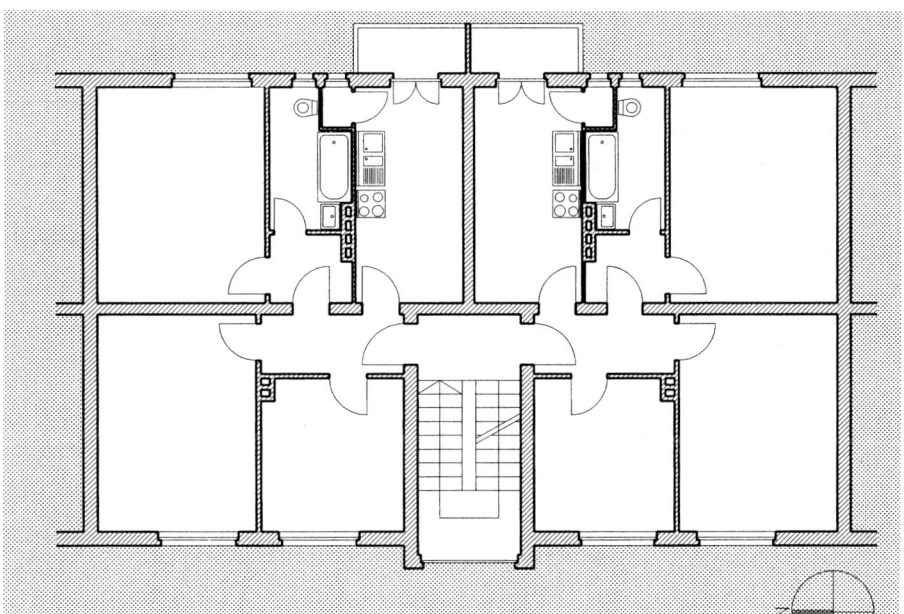

Typischer Grundriss eines Wohnhauses
der 50er Jahre

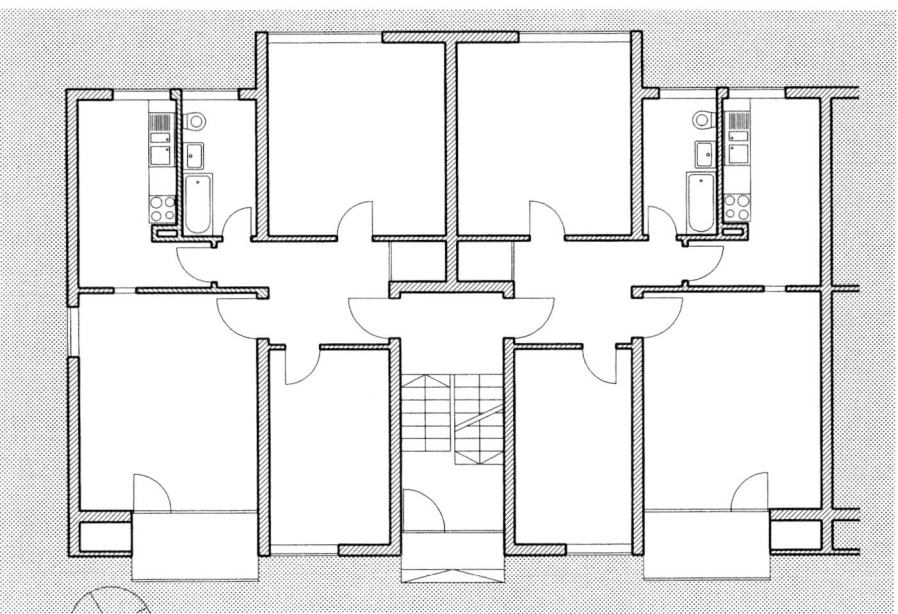

Typischer Grundriss eines Wohnhauses
der 60er Jahre

Typischer Grundriss eines Wohnhauses der 70er Jahre: industrialisiertes Bauen (Plattenbau)

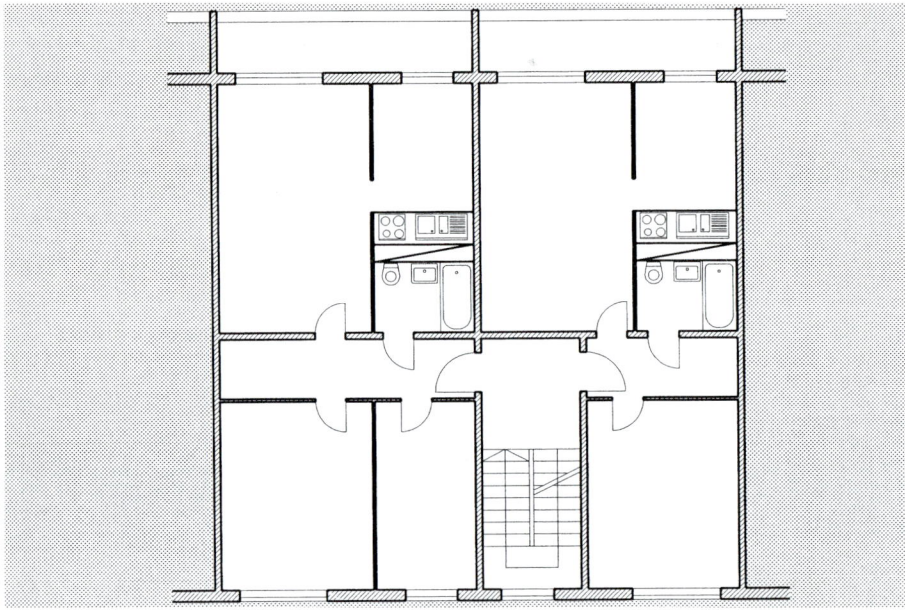

1.3.2   Veränderungsmöglichkeiten des Grundrisses

Die Veränderungen des Grundrisses sollten grundsätzlich sehr behutsam erfolgen. Mit kleinen Zugeständnissen an die üblichen Vorstellungen lassen sich neue Nutzungen meist ohne große Veränderungen in die vorhandene Substanz einfügen.

In vielen Fällen setzt die Altbaukonstruktion selbst ungewohnte Grenzen:

- Dünne Trennwände sind in vielen Fällen tragend.
- Die Herausnahme einer Wand produziert erhebliche Folgekosten, weil die Fußböden und die Decken der jetzt verbundenen Räume nicht auf einer Höhe liegen.
- Das Ausgleichen der Fußböden wird zum Problem, weil die Schräglage von Raum zu Raum zunimmt.
- Dachgeschosse lassen sich nicht wie gewünscht ausbauen, weil tragende Holzbauteile den freien Durchgang stören, aber nicht ohne weiteres ausgebaut werden können.
- Beim Einbau von Installationsschächten liegen Deckenbalken im Weg.

Mit dem Herausnehmen einer Wand ist es allein nicht getan

Der Abbruch von Innenwänden hat oft aufwändige Abfangungen zur Folge

Auch dünne Wände sind im Altbau oft tragende Wände

1.4   Planungsgrundsätze der Altbaumodernisierung

1.4.1   Sinnvolle Grundrissveränderungen

Die Einplanung der neuen Nutzung in die alte Substanz sollte immer mit möglichst geringen Eingriffen in das vorhandene Baugefüge verbunden sein.

Die Planung für die neue Nutzung nimmt häufig keinerlei Rücksicht auf die vorhandene Situation und orientiert sich an Neubaustandards.

Grundrisslösungen orientieren sich beispielsweise an genormten Vorstellungen und nicht an den vorhandenen Wandstellungen.

Wenn ein vorhandener Altbau vollständig »umgekrempelt« wird, resultieren daraus Baukosten, die deutlich höher liegen als bei vergleichbaren Neubauten.

um 10 oder 20 cm versetzt wieder neu aufgestellt werden sollten, nur um absolut identische Raummaße herzustellen.

Dies ist glücklicherweise ein seltenes Beispiel, das aber sehr deutlich die Unsinnigkeit solcher Überlegungen zeigt. Jeder Wandabbruch macht auch in erheblichem Umfang Arbeiten am Fußboden und der Decke erforderlich. Im Neubau führt eine eingesparte Wand zu geringeren Kosten. Im Altbau führt eine abzubrechende Wand zu Abbruchkosten für die Wand selbst, zu einem aufwändigen Schutttransport, zu Beiputzarbeiten an den angrenzenden Wänden in einem Umfang, der davon abhängt, wie geschickt die Wand abgebrochen wurde, zu erheblichen Beiputzarbeiten an der Decke und in aller Regel zu der Erneuerung der Fußböden, weil die Fußbödenhöhen in den nun vereinten Räumen mit Sicherheit nicht das gleiche Maß aufweisen.

Schutz einer Treppe während der Bauzeit

Abbruch einer Trennwand

Belassen multifunktionaler oder gefangener Räume

Dies gilt insbesondere für den Wohnungsbau mit großen Gebäudelängen und außermittigen Treppenhäusern, die häufig zu langen Fluren und entsprechenden Raumstaffelungen geführt haben. Der Altbau ist nun einmal kein moderner Stahlbeton-Skelettbau, in dem Grundrisszuschnitte frei aufgestellt werden können. Sicherlich ist jede Grundrissänderung möglich, aber sie bedeutet in aller Regel einen erheblichen Eingriff in das statische Gefüge, wenn zum Beispiel tragende Mittelwände und aussteifende Querwände betroffen sind, deren Veränderung zu enormen Baukosten führt. Hier muss ein Umdenken einsetzen, welches zunächst einmal die vorhandene Bausubstanz als größte Vorgabe berücksichtigt.

Weitgehendes Belassen vorhandener Wandstellungen

Es gibt Beispiele, bei denen in einem vorhandenen Altbau mit über 100 Räumen alle Querwände abgebrochen und

Grundrissveränderungen möglichst nur durch Hinzufügen leichter Trennwände

Das Hinzufügen von – insbesondere leichten – Trennwandkonstruktionen ist im Altbau ebenso unproblematisch wie im Neubau. Einzige Erschwernis sind die etwas behindernden Transportwege, die bei der Kalkulation zu berücksichtigen sind, was dazu führt, dass zum Beispiel eine neue Gipskartonwand im Altbau immer einen höheren Einheitspreis aufweist als im Neubau. Hier liegt eine Fehlerquelle, die bei unerfahrenen Planern und Architekten zu einer fehlerhaften Kalkulation führen kann.

1.4.2   Umsetzung und Durchführung der einzelnen Maßnahmen in altbauverträglicher Form

Möglichst wenig vertikale Erschließungsstränge

Ähnlich wie im Neubau ist das Zusammenfassen von Ver- und Entsorgungsleitungen eine Notwendigkeit, um Kosten zu sparen. Im Altbaubereich gilt dies umso mehr, als dass alle Deckendurchbrüche, inkl. der erforderlichen Vor- und Folgearbeiten, erst hergestellt werden müssen.

Kompromisse bei Belichtung und Belüftung

Insbesondere bei denkmalgeschützten Gebäuden oder in besonderen städtebaulichen Situationen sind gewohnte Neubaustandards mit entsprechend großen Fenstern oft nur sehr schwer oder mit einem hohen technischen Aufwand durchführbar. Hier müssen rechtzeitig mit allen Beteiligten, d. h. den Investoren, den Nutzern und den Aufsichtsbehörden, Klärungen herbeigeführt werden. Kleine Kompromisse führen häufig zu großen Einsparungen.

Schutz und Wiederverwendung vorhandener Bauteile

Dies ist eine ganz grundlegende Forderung für das Planen und Bauen im Bestand. Jedes Bauteil, welches erhalten wird, trägt zum einen durch seine historische Gestaltung zum Erscheinungsbild des Hauses bei und muss auf der anderen Seite auch nicht erneuert werden. Dies spart direkt in großem Umfang Kosten ein. Allerdings müssen die zu erhaltenden Bauteile geschützt werden, damit nicht durch Beschädigung während der Bauzeit ganz erhebliche Restaurationskosten auflaufen.

1.4.3   Die Wahl altbaugerechter Konstruktionen

Eine Reihe von Bauweisen und Konstruktionen führt zu ganz erheblichen Einsparungen der Bauzeit. Einige Beispiele hierzu:

Konstruktionen ohne umfangreiche Vor- und Folgearbeiten

Jede Verlegung von Leitungen unter Putz erfordert äußert umfangreiche Stemmarbeiten, verbunden mit entsprechender Lärm- und Staubbelästigung und ebenso umfangreichen Verputzarbeiten. Hier sollte immer versucht werden, Leitungen vor der vorhandenen Konstruktion zu verlegen und durch entsprechende Schächte zu verkleiden. Bei rechtzeitiger Berücksichtigung in der Planung ist dies überhaupt kein Problem.

Trockene Bauweisen

Die Trocknungszeit bestimmter Bauverfahren, zum Beispiel beim Aufbringen von Nassputz auf Wände und Decken, überschreitet die eigentliche Bauzeit um ein Vielfaches. Hierdurch werden Folgegewerke behindert, die Herstellzeit wird verlängert und überdies wird das Bauwerk durch unnötige Feuchtigkeitsmengen belastet, die später noch zu Schäden in Form von Schimmelpilzbildungen führen können.

Zeit sparende Konstruktionen

Die vermeintlich teurere Konstruktion kann beim Altbau letztendlich die preiswertere sein, weil zügiger weitergearbeitet und das Bauvorhaben schneller fertig gestellt werden kann. Ein typisches Beispiel hierfür ist der Einbau von Estrich. Preiswerte, Wasser gebundene Estriche sind zwar in kurzer Zeit eingebracht, benötigen jedoch mehrere Tage

oder gar Wochen zur Aushärtung und Austrocknung. Der teurere Gussasphalt ist in wenigen Stunden eingebaut und kann bereits am nächsten Tag wieder begangen und mit dem Oberbelag versehen werden.

Fertig endbehandelte Bauteile

Es ist unbedingt darauf zu achten, nur fertig endbehandelte Bauteile in der Altbaumodernisierung zu verwenden. Der Endanstrich von Heizkörpern, Fenstern, Türen und Fußleisten durch den Maler auf der Baustelle führt zu großen Zeitverzögerungen und in aller Regel zu einer wesentlich schlechteren Qualität. Die vermeintlichen Beschädigungen während des Einbaus werden überbewertet. Durch eine sorgfältige Planung und Bauleitung lassen sie sich auf ein Minimum reduzieren. Die tatsächlich entstandenen kleinen Kratzer und Beschädigungen sind schnell ausgebessert.

Trockene Bauweisen sind bei der Altbaumodernisierung zu bevorzugen

Behutsames Arbeiten ist altbaugerecht und Zeit sparend

Vorgabe altbaugerechter Arbeitsweisen

Presslufthammer und schweres Stemmwerkzeug, nahezu der Inbegriff für Umbaumaßnahmen, sollten auf einer guten Altbaubaustelle eigentlich Tabu sein. Notwendige Veränderungen an der vorhandenen Konstruktion sollten gebohrt, gefräst oder mit einer Trennscheibe geschnitten werden. Die Folgeschäden, die ein ungeschickter Handwerker durch das unsachgemäße Herausstemmen einer Wandöffnung erzeugt, weil quadratmeterweise um die neue Türöffnung herum der Wandputz abfällt, sind größer als die Kosten für den eigentlichen Wandabbruch.

1.4.4   Ausnutzen des Bestandsschutzes und der Genehmigungsfreistellung bei vorhandenen Gebäuden

Bauanträge nur dann, wenn sie auch wirklich erforderlich sind

Grundsätzlich sind, mit geringfügigen Unterschieden in den einzelnen Bundesländern, Bauanträge nur erforderlich bei Nutzungsänderungen, erheblichen Veränderungen in der Baukonstruktion, bei Veränderung der Fassadengestaltung oder bei Arbeiten an Gebäuden, die unter Denkmalschutz stehen.

Dies sollte man berücksichtigen und Bauanträge wirklich nur dann einreichen, wenn es auch tatsächlich erforderlich ist. Dies führt schließlich zu einem beschleunigten Bauablauf und entlastet die teilweise überlasteten Bauämter. Einige Länder haben dies bereits erkannt und Freistellungsverordnungen initiiert.

Überprüfen der Auflagen der Bauaufsicht und der Denkmalpflege

Wenn schon ein Bauantrag oder ein denkmalpflegerisches Genehmigungsverfahren erforderlich ist, dann sollten auf alle Fälle die erteilten Auflagen sehr sorgfältig geprüft werden. Oft schießen die Genehmigungsbehörden aus Unsicherheit über das gebotene Ziel hinaus, und erheben Forderungen, für die eine rechtliche Grundlage fehlt. Nicht selten führt der Widerspruch gegen einzelne Auflagen zu einer erneuten Prüfung und zu einer differenzierteren Behandlung. Es darf nicht vergessen werden, dass Baugenehmigungsbehörden letztlich Verwaltungsinstanzen sind. Im Zweifelsfall haben die Gerichte über die Rechtmäßigkeit einzelner Maßnahmen zu entscheiden. Leider bedeutet dies immer einen sehr langen und Zeit raubenden Weg.

Zur erfahrenen Altbaumodernisierung gehört daher auch eine große Rechtssicherheit, zumal viele Probleme bei der Modernisierung sehr spezifisch sind.

Berücksichtigung verringerter Schall- und Wärmeschutzanforderungen

Zunehmend erleben wir im Neubaubereich eine Anhebung der Standards hinsichtlich des Schall- und Wärmeschutzes. Neu entwickelte Bauteile, die Verbesserung von Konstruktionen und eine sorgfältige Bauausführung lassen dies auch im Neubau problemlos zu.

Die Einhaltung von hohen Standards, insbesondere für den Schallschutz, kann jedoch bei der Altbaumodernisierung zu einem sehr hohen Aufwand führen, weil die Grundkonstruktion nicht dafür geeignet ist, hohe Schallschutzwerte zu gewährleisten.

Grundsätzlich gilt beim Altbau zunächst ein Bestandsschutz, weil die Erzielung hoher Standards zu einem unverhältnismäßig hohen Aufwand führen würde, zum Beispiel bei der vollständigen Erneuerung von Decken nur zum Zwecke des Schallschutzes. Es ist daher dringend geboten, vor Planungsbeginn zwischen Bauherren und Planern die Standards festzulegen. Die Verringerung des Schallschutzes um wenige Dezibel kann zu einer erheblichen Kostenreduktion führen, während umgekehrt die Durchsetzung hoher Schallschutzstandards eine wahre Kostenexplosion verursachen kann.

Die neue Energieeinsparverordnung EnEV gibt klare Vorgaben, welche Anforderungen im Altbau umgesetzt werden müssen, ganz deutlich sind aber auch die Ausnahmen, zum Beispiel für Baudenkmäler und besonders erhaltenswerte Bausubstanz, genannt.

1.4.5   Wahl des Standards

Die Wahl des Standards ist der letzte Abschnitt in der Abfolge der Kostenbeeinflussung. Letztlich sollte sich hier die Qualität des Projektes dokumentieren.

Nicht selten genug dient die Reduzierung des Standards jedoch als letzte Möglichkeit, einen durch die vorhergegangenen Phasen bereits überzogenen Kostenrahmen noch zu retten. Der Umfang der Beeinflussung der Kosten in diesem späten Stadium der Planung ist verständlicherweise bereits sehr eingeschränkt.

1.5   Kostenermittlung und Kostenkontrolle

Eine ganze Reihe von Risiken sind schon angesprochen worden. Ein ganz großes Risiko ist aber noch nicht erläutert worden, und zwar das der Abweichung vom vorgesehenen Kostenrahmen.

Aus diesem Grunde ist Folgendes ganz wichtig:

1.5.1   Sorgfältige und altbaugerechte Ermittlung der Baukosten

Eine gar nicht so seltene Methode der Kostenermittlung besteht darin, dass ein Bauherr mit seinem Architekten im Auto an der Baustelle vorbeifährt und ihn nach den zu erwartenden Baukosten fragt. In gar keinem Fall darf der Architekt sich jetzt zu einer für ihn äußerst verhängnisvollen Antwort hinreißen lassen. Eine Fernanalyse aus dem fahrenden Auto ist nicht möglich.

Eine zweite Form der Untersuchung besteht darin, dass Bauherr und Architekt das Gebäude gemeinsam begehen und der Architekt eine erste technische Bestandsaufnahme vornimmt, indem er mit dem einzigen ihm derzeit zur Verfügung stehenden Werkzeug, nämlich dem Autoschlüssel, an dem Gebäude kratzt. Auch diese Form der Bestandsuntersuchung ist ebenso weit verbreitet wie leichtsinnig.

Jeder sorgfältigen und seriösen Kostenermittlung für die Altbaumodernisierung muss eine technische Bestandsaufnahme vorausgehen.

Ebenfalls vorausgehen muss eine zumindest grobe Planung mit Festlegung der erforderlichen Grundrissveränderung, des Standards und des geplanten Zeitrahmens. Erst dann kann eine Kostenermittlung durchgeführt werden.

Kostenschätzung

Eine durchaus denkbare Methode ist die Kostenschätzung über einen Baukostenwert pro Quadratmeter Wohnfläche oder pro Kubikmeter umbauten Raum – ein Verfahren, das durchaus seine Berechtigung hat. Es setzt allerdings voraus, dass entsprechende Zahlenwerte aus ähnlich realisierten Projekten in ausreichender Zahl vorliegen. Hierbei muss unbedingt der Zustand der vorhandenen Konstruktion mit berücksichtigt werden, weil die Sanierung der vorhandenen Konstruktion und insbesondere die Sanierung der versteckten Schäden einen ganz erheblichen Anteil der Baukosten ausmacht.

Im Gegensatz zur Baukostenschätzung beim Neubau gibt es beim Altbau eine Reihe von Faktoren, die ganz entscheidend die Kosten beeinflussen:

Was macht die Altbaumodernisierung teurer als vergleichbare Neubauten?

- Übergroße Raumhöhen
- Aufwändige Fassadenkonstruktionen mit:
  - Stuck
  - Natursteinen
  - Sonstigen Zierelementen
- Aufwändige Innenbauteile mit:
  - Parkett
  - Bleiverglasungen
  - Übergroßen und überbreiten Türen mit aufwändigen Futtern und Bekleidungen
  - Aufwändigen Beschlägen

Kostenkontrolle: Baukostenfortschreibung für die Kostengruppe 300 nach DIN 276

Bauvorhaben:	Sanierung Wohngebäude	Haustyp:	Wohngebäude 4-geschossig, WFL = 1.135 m²
Bauherr:	Wohnungsbaugesellschaft	Kurzbezeichnung:	Putzfassade, Gefälledach, Holzfenster, Fernwärme
Baujahr:	2001/2002; alle Zahlen inkl. MwSt.		

	Kostengruppe 300	Kosten-schätzung	%	Kostenanschlag	Überschreitung gegenüber Kostenanschlag	Kostenfeststellung	Über-/Unter-schreitung Kostenfeststellung
1	Abbruch	43.085 €	4,5	44.455 €	1.370 €	53.685 €	10.600 €
2	Rohbau	213.750 €	22,4	216.020 €	2.270 €	227.465 €	13.715 €
3	Gerüst	15.380 €	1,6	15.255 €	−125 €	12.425 €	−2.955 €
4	Trockenbau	76.525 €	8,0	73.200 €	−3.325 €	70.115 €	−6.410 €
5	Dachdecker	79.265 €	8,3	77.140 €	−2.125 €	67.920 €	−11.345 €
6	Außenputz	65.190 €	6,8	112.715 €	47.525 €	113.535 €	48.345 €
7	Zimmerer	12.580 €	1,3	0 €	−12.580 €	0 €	−12.580 €
8	Tischler	139.605 €	14,6	163.750 €	24.145 €	138.130 €	−1.475 €
9	Fliesenleger	10.840 €	1,1	36.545 €	25.705 €	34.065 €	23.225 €
10	Bodenbelag	59.495 €	6,2	36.550 €	−22.945 €	29.310 €	−30.185 €
11	Außenjalousien	13.875 €	1,5	6.345 €	−7.530 €	6.345 €	−7.530 €
12	Schlosser	5.285 €	0,6	5.835 €	550 €	7.535 €	2.250 €
13	Asphalt	0 €	0,0	10.060 €	10.060 €	6.700 €	6.700 €
14	Maler	57.715 €	6,0	42.980 €	−14.735 €	41.665 €	−16.050 €
15	Heizung und Sanitär	119.645 €	12,5	79.365 €	−40.280 €	83.825 €	−35.820 €
16	Elektro + Lampenlieferung	42.185 €	4,4	44.365 €	2.180 €	45.575 €	3.390 €
17	Baureinigung	0 €	0,0	2.980 €	2.980 €	3.130 €	3.130 €
18	Mehrmengen Sperrmüll*	0 €	0,0			12.185 €	12.185 €
19	Hausanschl. Elt	0 €	0,0			590 €	590 €
	Bausumme	**954.420 €**	**100**	**967.560 €**	**13.140 €**	**954.200 €**	**−220 €**

* In abgerechneter Summe 2 nicht erfasst!

– Historischen Kachelöfen
– Wandvertäfelungen aus Holz
• Verschiedenes
– Aufwändige Anforderungen aus der Denkmalpflege
– Aufwändige Abbrucharbeiten von Hand
– Schwierige Transportwege
– Störung des Bauablaufes durch beengte Baustellenverhältnisse

Einzelpositionen

Eine weit verbreitete, wenn gleichwenig empfehlenswerte Methode zur Baukostenermittlung ist die Erfassung des erforderlichen Aufwandes in Einzelpositionen für die einzelnen Gewerke, im Prinzip eine vorgezogene Leistungsbeschreibung. Dies setzt jedoch eine schon sehr exakte Planung voraus und ist überdies sehr arbeitsaufwändig und umfangreich. Nicht zu Unrecht steht diese Leistungsphase im normalen Bauablauf hinter der Ausführungsplanung.

Bauteilkostenermittlung

Eine Kostenermittlung, die sich für die Altbaumodernisierung sehr bewährt hat, ist die Erfassung der Kosten über so genannte Bauteilkosten. Hierbei sind Einzelpositionen zu sinnvollen Bauteilen zusammengefasst, so dass zum Beispiel die Position »Erneuerung einer Tür« neben dem Türblatt und der Zarge, dem Herstellen des Wanddurchbruches und dem Einbau des Sturzes auch den Beiputz der Wände enthält. Mit dieser Methode ist es möglich, innerhalb sehr kurzer Zeit, mit im Allgemeinen nicht mehr als 100 Positionen, einen Kostenrahmen zu ermitteln, der auf ± 10 % genau ist, Erfahrung und sorgfältige Bestandsanalyse vorausgesetzt.

1.5.2   Kostenkontrolle während der Bauzeit

Ein exakter, frühzeitig ermittelter Baukostenwert kann nur gehalten werden, wenn ihm eine altbauerfahrene Ausschreibung und eine altbauerfahrene Bauleitung folgen. Eine fehlerhafte Ausschreibung führt entweder zu unendlichen Angstzuschlägen der anbietenden Firmen oder wird im umgekehrten Fall so viele Positionen vermissen lassen, dass die Nachträge das Volumen des eigentlichen Bauvorhabens übersteigen und letztlich die doppelten Baukosten entstehen.

Die Altbaumodernisierung erfordert eine sehr, sehr detaillierte und zeitaufwändige Bauleitung, da vor Ort ständig Einzel- und Sonderprobleme gelöst werden müssen und nicht, wie häufig beim Neubau, sich wiederholende Standarddetails gefragt sind.

Daneben muss unbedingt eine sorgfältige Baukostenkontrolle erfolgen. Es ist unvermeidbar, dass bei einer Altbaumodernisierung unvorhergesehene Maßnahmen erforderlich werden. Wollte man alle Unwägbarkeiten von Anfang an ausschließen, müssten Bestandsaufnahme und Voruntersuchung einen unverantwortlich großen Zeitrahmen beanspruchen. Unvorhergesehenes ist also einzukalkulieren, indem zum Beispiel entsprechende Positionen in die Leistungsbeschreibungen eingearbeitet werden. Es ist nun Aufgabe der Bauleitung, sehr genau zu verfolgen, wo Sonderleistungen, d. h. im Allgemeinen Nachträge, erforderlich werden. Bei einem gut geplanten und gut ausgeschrieb-

enen Projekt wird es im gleichen Maße Reduktionen bei den Normalleistungen wie Nachträge geben, so dass ein ausgeglichenes Verhältnis gewährleistet bleibt und es nicht zu Mehrkosten kommt. Zwei weitere Verfahrensweisen sind jedoch möglich und nicht sehr selten:

Die erste Möglichkeit besteht darin, dass Nachträge ignoriert und von den Baufirmen auch nicht zeitnah gestellt, sondern gesammelt werden. Dies führt zu einer bösen Überraschung, wenn am Ende der Baumaßnahme ein Riesenpaket von Nachträgen auftaucht und keinerlei Möglichkeit mehr besteht, an anderer Stelle Einsparungen vorzunehmen. Juristische Auseinandersetzungen sind dann meist unausweichlich.

Häufig kommt es aber auch zum gegenteiligen Ergebnis. Alle entstehenden Nachträge werden dem kalkulierten Kostenrahmen hinzuaddiert, ohne dass Normalleistungen, die durch die Nachträge ersetzt werden, aus dem Kostenrahmen herausgenommen werden. In einem solchen Fall wird sich eine Überziehung der Baukosten abzeichnen, dem man versucht an anderer Stelle entgegenzuwirken, zum Beispiel indem Maßnahmen gestrichen oder Standards heruntergefahren werden.

Bei der tatsächlichen Abrechnung stellt sich dann heraus, dass zwar Nachträge in erheblichem Umfang angefallen, dafür aber im gleichen Maße Normalleistungen entfallen sind, so dass der Kostenrahmen tatsächlich weit unterschritten wurde und irgendwann gegen Ende der Bauzeit versucht wird, Standards wieder anzuheben, die man vorher mit viel Aufwand heruntergefahren hatte.

Der sorgfältigen und kostenkontrollierenden Bauleitung kommt deshalb bei der Altbaumodernisierung eine noch größere Rolle zu als beim Neubau.

Letztlich ist es aber durchaus möglich, Altbauten in einem begrenzten Risikobereich und in einem festgelegten Zeit- und Kostenrahmen zu modernisieren. Man muss dabei allerdings einige Gesichtspunkte und Faktoren berücksichtigen, in denen sich der Altbau vom Neubau unterscheidet.

1.6   Umsetzung von Modernisierungsmaßnahmen

1.6.1   Anleitung und Koordinierung der Handwerker

Eine wirtschaftliche und vor allem eine Gebäude schonende Modernisierung setzt die konstruktive Mitarbeit aller beteiligten Handwerker voraus.

Viel stärker als im Neubaubereich müssen die Arbeiten der verschiedenen Gewerke inhaltlich und zeitlich aufeinander abgestimmt werden. Außerdem müssen die Handwerker ein Gespür entwickeln für die Besonderheiten des Altbaus. Nur allzu bekannt sind zum Beispiel die Bilder von alten Stuckdecken, die vom Installateur an vielen Stellen zerstört worden sind, nur um Heizungsleitungen auf kürzestem Wege verlegen zu können.

Wichtigste Information für alle Handwerker ist das Einweisungsgespräch vor Beginn der Arbeiten, in dem die Planung und alle wichtigen Aspekte des Bauablaufes und der Baudurchführung dargestellt werden. Hier ist auch Gelegenheit, auf bestimmte altbaugerechte Arbeitstechniken hinzuweisen, zum Beispiel darauf, dass Putz bei Durchbrüchen einzuschneiden ist, oder dass Bohrlöcher in bewohnten Räumen nur mit Staubabsaugung herzustellen sind.

Gleichzeitig sollen die Handwerker über bestimmte Schutzmaßnahmen an vorhandenen Konstruktionen (zum Beispiel zur Sicherung wertvoller Treppengeländer) sowie über die Wiederverwendung vorhandener Bauteile informiert werden.

Während der Bauzeit muss eine aufmerksame Bauleitung einen intensiven Informationsaustausch zwischen den Gewerken unterstützen, um Leerzeiten, Missverständnisse und Baufehler zu vermeiden.

Unsachgemäß abgebrochene Zwischenwand

1.6.2   Mieterbetreuung

Eine Modernisierung kann nur wirtschaftlich und im Interesse der Bewohner durchgeführt werden, wenn die Mieter als kooperative Partner für die Bauaufgabe gewonnen werden.

Dies setzt eine umfassende Information der Bewohner voraus.

Sowohl vor Beginn von Untersuchungen als auch vor der Durchführung der Maßnahmen und während der Modernisierung kann eine möglichst genaue Information der Bewohner nur eine Verbesserung der Zusammenarbeit bringen.

Vorbehalte und Misstrauen der Bewohner sind oft auf ungenügende Aufklärung zurückzuführen und auf die Vermutung, dass gegen die Belange der Betroffenen modernisiert werden soll.

Ziel der genauen Information der Bewohner sollte also sein, diese Vorbehalte auszuräumen und die Zielvorstellung der Maßnahmen in allen Belangen verständlich darzustellen.

Es muss in jedem Fall die Art der beabsichtigten Bestandsaufnahme und ihre Verfahrensweise vorher bekannt gegeben werden. Diese muss der Durchführende dem Bauherrn rechtzeitig erläutern, damit dieser in seiner Bewohnerinformation darauf hinweisen kann.

Oft sind die Bewohner verärgert, wenn sie erst im Verlauf der Durchführung erfahren, dass in ihrer Wohnung Fußböden geöffnet oder Bohrungen in Wand und Decke ausgeführt werden müssen. Es sollte selbstverständlich sein, dass durch eine möglichst schonende Arbeitsweise die auftretenden Belästigungen so gering wie möglich gehalten und die Mieter rechtzeitig informiert werden.

1.7   Technische Aspekte

Es gibt bei der Altbaumodernisierung eine Reihe bauphysikalischer und technische Probleme, die vor Beginn der Planung beachtet werden müssen. Dies ist besonders wichtig, damit geplante Sanierungsmaßnahmen den gewünschten Erfolg zeigen beziehungsweise durchgeführte Maßnahmen nicht durch nachteilige Folgeerscheinungen getrübt werden.

1.7.1   Schallschutz

Typische Probleme

- Vorhandene Wohnungstrennwände aus 12,0 cm Ziegelmauerwerk oder aus 24,0 cm Hohlblockbimsmauerwerk erfüllen bei weitem nicht die Anforderungen, die heute an den Schallschutz gestellt werden.
- Das Gleiche gilt für vorhandene Holzbalkendecken.
- Neue Trennwände haben, je nach Bauart oder bei nur geringfügig geänderter Ausführung, ganz unterschiedliche Schallschutzwerte. Gipskarton- beziehungsweise Gipsfaserplattenwände mit Metalleinfachständern haben zum Beispiel grundsätzlich eine um 8 dB bessere Schalldämmung als Wände mit Holzständern.
- Schwere Vorsatzschalen zur Verbesserung des Schallschutzes vorhandener Trennwände sind in ihrem Schalldämmverhalten sehr kritisch, zudem kann ihr hohes Gewicht durch vorhandene Holzbalkendecken oft nicht aufgenommen werden.
- Die Neuaufteilung vorhandener großer Wohnungsgrundrisse muss die Trennung zwischen ruhigen und lauten Räumen, auch von einem Geschoss zum anderen, berücksichtigen. So sollten Badezimmereinrichtungen nicht über oder an der Trennwand von Schlafzimmern liegen, auch dann nicht, wenn sie geschossweise versetzt sind.

1.7.2 Brandschutz

Die Anforderungen an den Brandschutz bei Modernisierungen unterscheiden sich deutlich von Brandschutzanforderungen bei Neubauten.

Während für Neubauten in den jeweiligen Landesbauordnungen unumstößliche Rechtsvorschriften bestehen, ist für Altbauten grundsätzlich die Möglichkeit der Ausnahmeregelung vorgesehen.

Grundsätzlich sind die Belange des Brandschutzes in der Musterbauordnung beziehungsweise in den jeweiligen Landesbauordnungen geregelt.

Stellvertretend sollen hier Beispiele aus Nordrhein-Westfalen aufgeführt werden. Für andere Bundesländer sind unbedingt die jeweiligen Landesbauordnungen zu Rate zu ziehen: Sie können abweichende Regelungen enthalten.

In der Landesbauordnung Nordrhein-Westfalens – wie auch in anderen Bundesländern – finden sich umfangreiche Vorschriften für die brandschutztechnische Ausbildung von Wänden, Decken, Dächern, Treppenräumen und Rettungswegen.

In § 87 der BauONW wird zunächst einmal die Anpassung bestehender Gebäude an diese Rechtsvorschriften gefordert, »wenn dies im Einzelfall wegen der Sicherheit für Leben und Gesundheit erforderlich ist«.

Die Anpassung kann bei der Änderung baulicher Anlagen sogar für nicht unmittelbar von der Änderung berührte Teile verlangt werden, wenn

»1. *die Bauteile, die diesen Vorschriften nicht mehr entsprechen, mit den Änderungen in einem konstruktiven Zusammenhang stehen und*

2. *die Durchführung dieser Vorschriften bei den von den Änderungen nicht berührten Teilen der baulichen Anlage keine unzumutbaren Mehrkosten verursacht.*«

Daneben werden in vielen Bauordnungen Ausnahmen und Abweichungen formuliert, so zum Beispiel in § 73 BauONW.

Grundsätzlich bestehen nach wie vor Ausnahmemöglichkeiten für Altbauten, neuerdings ergänzt um Regelungen, die der Umwelt dienen.

Die genaue Rechtslage muss für das betreffende Bundesland geprüft werden. Insbesondere die Verwaltungsvorschriften zu den Bauordnungen sind mit heranzuziehen.

In jedem Fall ist eine qualifizierte Klärung vor Baubeginn zu empfehlen.

Anhand einiger Praxisbeispiele sollen die Aspekte des Brandschutzes und mögliche Ausnahmeregelungen dargestellt werden:

Rettungswege

Bei der Modernisierung eines Gründerzeithauses sollen die Grundrisse vollständig verändert werden. Ist das Gebäude von der Rückseite her für die Feuerwehr nicht anleiterbar, müssen alle Wohnungen so geschnitten sein, dass mindestens ein Zimmer zur Straße liegt, so dass der zweite Rettungsweg – hier durch die Feuerwehr – gesichert ist. Ist dies nicht möglich, sind entsprechende Feuerleitern vorzusehen (siehe Abbildung auf S. 30).

Sollte dies nicht möglich sein, ist eine Feuertreppe so anzuordnen, dass der zweite Rettungsweg auch für hofseitig gelegene Wohnungen gewährleistet ist. Hierbei ist der zweite Rettungsweg im Allgemeinen bis auf den öffentlichen Straßenraum zu führen und entsprechend zu sichern.

Deckenbekleidungen

Die Verbesserung des Brandschutzes von Holzbalkendecken kann grundsätzlich nicht verlangt werden, wenn an diesen Decken keine Änderungen vorgenommen werden.

Oft ist es aber leicht möglich, durch den Einbau von Unterdecken aus Gipsfaser-, Gipskarton- oder Silikatplatten den Brandschutz der Decke zu verbessern.

Vor allem, wenn ohnehin neue Unterdecken eingebaut werden, sollten diese dann nach Brandschutzgesichtspunkten ausgelegt werden, was im Allgemeinen nur geringfügige Mehrkosten verursacht.

Vorsatzschalen

Vorhandene Wohnungstrennwände entsprechen oft nicht den Brandschutzanforderungen der jeweiligen Landesbauordnung.

Auch hier ist durch das Anbringen geeigneter Vorsatzschalen eine Verbesserung der Brandschutzeigenschaften leicht möglich, das heißt es wird eine Wandkonstruktion geschaffen, die einer entsprechenden Feuerwiderstandsdauer von 60 oder 90 Minuten zugeordnet wird und in ihren wesentlichen Bestandteilen aus nicht brennbaren Materialien besteht.

Ist eine Aufdoppelung von Wohnungstrennwänden aus schallschutztechnischen Überlegungen erforderlich, können auch hier meist die Brandschutzaspekte mit nur geringen Mehrkosten zusätzlich erfüllt werden.

Treppenhaus

Der Ausbildung des Treppenraumes kommt wegen seiner Ausbildung als erster Fluchtweg besondere Bedeutung zu.

Grundsätzlich kann nicht verlangt werden, dass vorhandene Holztreppen durch neue Betontreppen ersetzt werden, dies würde in weiten Bereichen auch den Belangen des Denkmalschutzes widersprechen und zu unerträglich hohen Mehrkosten führen.

Eine erhebliche Verbesserung des Brandschutzes kann jedoch erreicht werden, indem die Unterseiten der Treppenläufe mit Gipskarton-, Gipsfaser- oder Silikatplatten bekleidet werden, die einer entsprechenden Feuerwiderstandsklasse angehören. Dies ist eine rein freiwillige Maßnahme, die jedoch dazu beitragen kann, die Standzeit der Treppe im Brandfall erheblich zu verlängern.

Gleichzeitig sollte überlegt werden, die Abtrennung zwischen Keller und Treppenraum, die oft nur aus einer Holztrennwand besteht, durch eine Mauerwerkskonstruktion zu

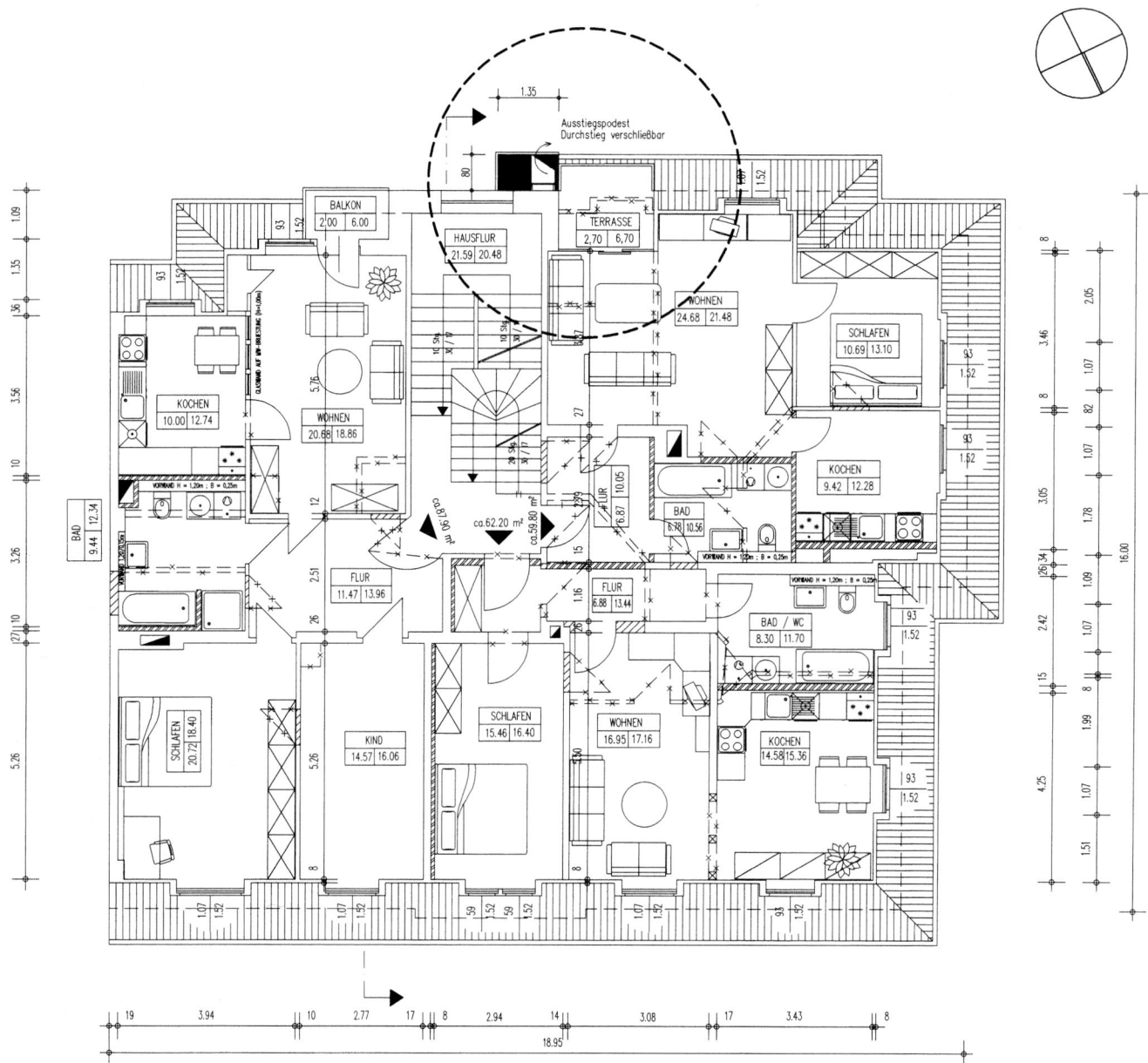

Zusätzliche Feuerleiter bei nachträglichem Dachgeschossausbau (die Wohnung ist von der Straße aus nicht anleiterbar)

ersetzen und die notwendigen Zugänge durch Feuer hemmende Türen abzuschließen.

Diese Maßnahme ist recht wirkungsvoll, da vom Keller immer eine große Brandbelastung ausgeht und Erneuerungsarbeiten an der oft desolaten Holzabtrennung ohnehin erforderlich sind.

Der Einbau von Türen, die einer Brandschutzklassifikation entsprechen, wird von den Bauaufsichtsbehörden ohnehin meist gefordert.

Außerdem fordern die Behörden oft den Einbau einer Rauch- und Wärmeabzugsanlage im Treppenhaus. Ob diese Forderung mit dem geltenden Baurecht in Einklang steht, kann strittig sein. Der Einbau einer solchen Anlage ist sicher sehr sinnvoll, jedoch mit erheblichen Mehrkosten verbunden.

Denkmalschutz – Brandlast

Vor allem im Bereich des Denkmalschutzes kommen Möglichkeiten des Brandschutzes durch schaumbildende Anstriche in Betracht. Dies ist insbesondere von Bedeutung für tragende Bauteile aus Holz oder Gusseisen.

Es gibt eine ganze Reihe von Beispielen der Umnutzung von Industriegebäuden der Gründerzeit, in denen die Haupttraglasten über gusseiserne Stützen abgeleitet werden. Hierbei sind diese gusseisernen Stützen auch ein wichtiger architektonischer Gesichtspunkt der Innenraumgestaltung. Eine Bekleidung dieser Stützen durch Plattenbaustoffe in herkömmlicher Bauart würde den architektonischen Eindruck und den Denkmalwert des Gebäudes völlig infrage stellen.

Durch die Verwendung schaumbildender Anstrichstoffe und gegebenenfalls durch entsprechende Befreiungen nach Prüfung durch die oberste Bauaufsichtsbehörde des Landes können die alten Gusseisenstützen sichtbar erhalten bleiben.

In diesem Zusammenhang sei auch darauf hingewiesen, dass durch entsprechende Berechnungen eine Ermittlung der tatsächlichen Brandlast in Gebäuden möglich ist, wodurch die Anforderungen an die Feuerwiderstandsdauer von Bauteilen häufig deutlich herabgesetzt werden können.

Grundsätzlich muss bei allen Fragen des Brandschutzes beachtet werden, dass die einzelnen Länder unterschiedliche Anforderungen in ihren Landesbauordnungen festgeschrieben haben.

In Zweifelsfällen lohnt sich immer die Einschaltung eines Brandschutzingenieurs.

1.7.3   Wärmeschutz

Typische Problempunkte der Altbausanierung sind folgende:

- Der Wärmeschutz vorhandener Außenwände ist vor allem bei Häusern der 50er und 60er Jahre oft sehr schlecht.
- Die Decken zwischen den einzelnen Geschossen haben meist keinen ausreichenden Wärmeschutz. Zwischen den Wohnungen kann das noch tragbar sein, zum (unbeheizten) Dachboden und Kellerraum müssen jedoch zusätzliche Wärmedämmmaßnahmen ergriffen werden.
- Beim Einbau zusätzlicher Wärmedämmschichten muss die Gefahr der Kondensatbildung im Bauteil berücksichtigt werden. Besonders beim Einbau von zusätzlicher Dämmung auf der Innenseite von Außenwänden ist diese Gefahr sehr groß. Durch Einbau von Dampfsperren auf der Innenseite der Bauteile ist den Schäden vorzubeugen.
- Ein ähnliches Problem besteht bei der Verbesserung des Wärmeschutzes von Fenstern. Mit dem Einbau neuer Fenster ist unmittelbar eine Verminderung der Fugendurchlässigkeit des Fensterrahmens verbunden. Während bei alten Fenstern die Fugenundichtigkeit einen ständigen Luftaustausch und damit eine ständige Abführung der Raumluftfeuchte garantierte, besteht nach dem Einbau neuer Fenster die Gefahr, dass durch mangelnden Luftaustausch die Raumluftfeuchte unzulässig hohe Werte annimmt. An Bauteilen mit geringen Oberflächentemperaturen kommt es zur Bildung von Oberflächenkondensat und infolgedessen bei anhaltender Feuchtebelastung zur Schimmelbildung.
  Es ist deshalb immer zu prüfen, ob beim Einbau neuer Fenster nicht zwingend auch der Wärmeschutz der übrigen Außenflächen verbessert werden muss, um Kondensatschäden an Bauteilen zu verhindern.

Bisher wurden Problempunkte und spürbare Nachteile einer ungenügenden Wärmedämmung aufgezeigt. Die im Folgenden aufgeführten Regeln und Verordnungen zur Wärmedämmung sind einzuhalten. Diese Regelungen bestehen sowohl für Neu- als auch für Altbauten.

Energieeinsparverordnung

Seit dem Jahr 2002 gilt eine neue Verordnung für den Wärmeschutz von Gebäuden. Die bisher gültige Wärmeschutzverordnung aus dem Jahre 1995 wurde abgelöst durch die Energieeinsparverordnung EnEV.

Die Energieeinsparverordnung sieht vor, die energetische Qualität von Neubauten zu verbessern und die Energieeinsparpotenziale im Gebäudebestand stärker als bisher auszuschöpfen.

Für Neubauten wird künftig ein Energiebedarfsausweis vorgeschrieben, der wichtige Informationen zu den energetischen Eigenschaften des Gebäudes enthält. Ähnlich wie beim Auto soll der Energiebedarfswert für mehr Transparenz hinsichtlich der energetischen Qualität von Gebäuden sorgen. Dies wird ab 2006 auch für Altbauten gelten.

Wesentliche Bestandteile der Energieeinsparverordnung sind:

- die Reduzierung der zulässigen Energieverbräuche gegenüber der Wärmeschutzverordnung um noch einmal etwa 30 %,
- die Einbeziehung aller wärmetechnisch relevanten Kenngrößen in die notwendigen Berechnungen,
- die Vorgabe von Jahres-Primärenergiebedarfswerten an Stelle von Heizenergiebedarfswerten,
- eine Nachrüstungsverpflichtung bei bestimmten Heizsystemen,
- eine Nachrüstungsverpflichtung für Wärmedämmung in bestimmten Bereichen,
- die Berücksichtigung solarer Einflüsse im Positiven wie im Negativen (also zum einen als Wärmegewinn, zum anderen aber auch als Reglementierung von Klimaleistungen bei zu hoher Sonneneinstrahlung).

Das sehr umfangreiche Regelwerk der Energieeinsparverordnung macht das Hinzuziehen vieler Normen erforderlich, auf die die Berechnung der Energieeinsparung aufbaut. Eine Tabelle der wesentlichen mitgeltenden Normen ist auf Seite 32 dargestellt.

Die Energieeinsparverordnung regelt im Wesentlichen folgende Punkte:

- Wärmeschutz von Neubauten
- Wärmeschutz von Altbauten
- Wärmeschutz von haustechnischen Anlagen

Grundsätzlich muss man zwischen den Verfahren für Altbauten und Neubauten unterscheiden.

Bei *Neubauten* ist, abhängig von der Gebäudekubatur, ein maximaler Jahres-Primärenergiebedarf vorgegeben. Dies war eine Neuerung gegenüber der Wärmeschutzverordnung 95, in der lediglich ein Jahres-Heizwärmebedarf vorgegeben war.

Durch Veränderung der Wärme abgebenden Flächen und der Wärmedurchgangskoeffizienten (U-Werte) kann das Gebäude auf diesen Wert hin optimiert werden.

Bei *Altbauten* werden Wärmedurchgangskoeffizienten für einzelne Bauteile vorgegeben, weil Anforderungen nur für solche Bauteile gestellt werden, die erstmalig eingebaut, ersetzt oder erneuert werden.

Höchstwerte der Wärmedurchgangskoeffizienten bei erstmaligem Einbau, Ersatz und Erneuerung von Bauteilen
(Gebäude mit normalen Innentemperaturen)   (Vgl. Energieeinsparverordnung, Anhang 3, Tabelle 1)

Zeile	Bauteil	Maßnahme	Maximaler Wärmedurchgangs-koeffizient U_{max} in W/(m² · K)	WschV 95 zum Vergleich
1 a)	Außenwände	neue Außenwände, neue Fachwerkausfachungen, Innendämmungen	0,45	0,50
1 b)	Außenwände	mit Bekleidungen, Verschalungen, Mauerwerks-Vorsatzschalen, Dämmschichten, neuem Außenputz	0,35	0,40
2 a)	außen liegende Fenster, Fenstertüren, Dachflächenfenster	vollständig ersetzt oder erstmalig eingebaut, zusätzliche Vor- oder Innenfenster	1,7 (Wert des Fensters)	1,8
2 b)	Verglasungen	ersetzt	1,5 (Wert der Verglasung)	
2 c)	Vorhangfassaden	neue Vorhangfassade, Erneuerung von Verglasungen oder Paneelen	1,9 (Wert der Vorhangfassade)	
3 a)	außen liegende Fenster, Fenstertüren, Dachflächenfenster, mit Sonderverglasung	vollständig ersetzt oder erstmalig eingebaut, zusätzliche Vor- oder Innenfenster	2,0 (Wert des Fensters)	
	Kasten- oder Verbundfenster	Verglasung ersetzt	infrarot-reflektierende Beschichtung	
3 b)	Sonderverglasungen	ersetzt	1,6 (Wert der Verglasung)	
3 c)	Vorhangfassaden mit Sonderverglasungen	neue Vorhangfassade, Erneuerung von Verglasungen	2,3 (Wert der Vorhangfassade)	
4 a)	Decken, Dächer und Dachschrägen	Steildächer	0,30	0,30
4 b)	Dächer	Flachdächer	0,25	0,30
5 a)	Decken und Wände gegen unbeheizte Räume oder Erdreich	außenseitige Bekleidungen, Verschalungen, Feuchtigkeitssperren oder Dränagen, Deckenbekleidungen auf der Kaltseite	0,40	0,50
5 b)	Decken und Wände gegen unbeheizte Räume oder Erdreich	ersetzt, erstmalig eingebaut, innenseitige Bekleidungen oder Verschalungen, Fußbodenerneuerung auf beheizter Seite, Dämmschichten eingebaut	0,50	0,50

Für die Altbaumodernisierung resultieren daraus folgende Anforderungen, die vor allem im 3. Abschnitt der Energieeinsparverordnung zusammengestellt sind:

- Wenn Änderungen an einzelnen Außenbauteilen vorgenommen werden, dann sind bei der Durchführung dieser Baumaßnahmen die Außenbauteile so auszuführen, dass bestimmte Maximalwerte von Wärmedurchgangskoeffizienten eingehalten werden (siehe Tabelle »Höchstwerte der Wärmedurchgangskoeffizienten bei erstmaligem Einbau, Ersatz und Erneuerung von Bauteilen«).
- Ausgenommen von diesen Dämmmaßnahmen sind nur Bauteile, die weniger als 20 % des jeweiligen Bereiches ausmachen.
- Alternativ kann die Wärmedämmung von Altbauten auch so ausgeführt werden, dass das gesamte Gebäude den Anforderungen an Neubauten entspricht, wobei eine

Überschreitung der zulässigen Grenzwerte um 40 % zugestanden wird.

- Für bestimmte Bereiche in Altbauten besteht, unabhängig vom sonstigen Arbeiten, eine Nachrüstungspflicht. So müssen zum Beispiel Heizkessel, die vor dem 1.10.1978 in Betrieb genommen worden sind, bis zum 31.12.2006 ausgetauscht werden.
- Weiterhin ist die nachträgliche Dämmung von Rohrleitungen in unbeheizten Bereichen nachzuholen. Ungedämmte oberste Geschossdecken müssen, sofern sie zugänglich aber nicht begehbar sind, nachträglich gedämmt werden.
- Ausnahmen von dieser Regelung für Altbauten sind im 5. Abschnitt der Energieeinsparverordnung geregelt: Für Baudenkmäler und sonstige besonders erhaltenswerte Bausubstanz sind, wie schon in der Wärmeschutzverordnung, Ausnahmen möglich und zulässig.

Die wesentlichen Aufforderungen der Energieeinsparverordnung an Altbauten resultieren aus der Formulierung von Höchstwerten der Wärmedurchgangskoeffizienten für einzelne Bauteile (s. Tab. S. 32). Zum Vergleich sind die Werte der alten Wärmeschutzverordnung 95 gegenübergestellt.

Zu beachten ist, dass im Zuge der internationalen Vereinheitlichung von Normen der Wärmedurchgangskoeffizient nicht mehr mit dem Wert »k« sondern jetzt mit dem Wert »U«, hier »U_{max}«, bezeichnet wird.

DIN 4108

Neben den sehr weit reichenden Anforderungen der Energieeinsparverordnung gelten vor allem die Regelungen der DIN 4108. Die Bestimmungen der beiden Verordnungen sind sehr unterschiedlich. Während die Energieeinsparverordnung sehr hohe Anforderungen an den Wärmeschutz mit dem Ziel der erheblichen Einsparung von Heizenergie stellt, formuliert die DIN 4108 unter anderem Mindestanforderungen an den Wärmeschutz. Mit Einführung der Energieeinsparverordnung im Jahr 2002 ist die DIN 4108 umfassend erneuert und erweitert worden. Neben neuen, detaillierten Anforderungen enthält sie jetzt auch sehr anschauliche und praxisgerechte Detaillösungen und konkrete Ausführungsempfehlungen.

Neben den Anforderungen der Energieeinsparverordnung ist deshalb gerade für den Altbaubereich die Einhaltung der DIN 4108 von großer Bedeutung. Denn die Energieeinsparverordnung sieht bestimmte Ausnahmen vor, bei denen sie nicht greift, für die aber die Einhaltung der DIN 4108 unbedingt erforderlich ist, zum Beispiel in allen Fällen, auf die die 20%-Regel der Energieeinsparverordnung zutrifft.

Die DIN 4108 im Überblick

DIN 4108 Wärmeschutz und Energieeinsparung in Gebäuden

4108-1 Größen und Einheiten

4108-2 Mindestanforderungen an den Wärmeschutz

4108-3 Klimabedingter Feuchteschutz

4108-4 Wärme- und feuchteschutztechnische Bemessungswerte

4108-5 noch frei

4108-6 Berechnung des Jahresheizwärme- und des Jahresenergiebedarfs

4108-7 Luftdichtheit von Gebäuden

4108-8 noch frei

4108-9 noch frei

4108-10 Anwendungsbezogene Anforderungen an Wärmedämmstoffe

Beiblatt 1 Stichwortverzeichnis/Inhalt

Beiblatt 2 Wärmebrücken/Planungs- und Ausführungsbeispiele

Berechnung des Wärmedurchgangskoeffizienten

Der Wärmedurchgangskoeffizient U wird nach DIN EN ISO 6946:2003-10, Abschnitt 7 berechnet.

Häufig ist die detaillierte Berechnung jedoch entbehrlich. Mit einer einfachen Überschlagsrechnung lässt sich ein Anhaltswert für die erforderliche Dicke der Wärmedämmung ermitteln.

Hierbei werden Wärmedämmwerte vorhandener Bauteile und die Wärmeübergangswiderstände nicht angesetzt; die Berechnung liegt also auf der sicheren Seite.

Die Formel lautet:

$$U = \frac{4,0}{\text{Dämmstoffdicke [cm]}}$$

(Überschlagsberechnung U-Wert für Wärmeleitfähigkeit 0,040)

Die Formel gilt selbstverständlich auch für andere Wärmeleitfähigkeiten.

Beispielrechnung

Bei einer gewählten Dämmstoffdicke von 10 cm und einer Wärmeleitfähigkeit von 0,040 ergibt sich folgender Wert:

$$U_{vorh} = \frac{4,0}{10 \ [\text{cm}]} = 0,40 \ [\text{W/m}^2 \cdot \text{K}]$$

Die gewählte Dämmstoffdicke reicht in diesem Fall aus, um die allgemeinen Anforderungen an Außenwände ($U_{max} = 0,45$) zu erfüllen.

Umgekehrt lässt sich die erforderliche Dicke ermitteln:

$$D_{erf} = \frac{\text{Wärmeleitfähigkeit } (\lambda)}{U}$$

1.7.4 Feuchteschutz

Außer im Keller kommt es vor allem im Sockelbereich bestehender Gebäude oft zu starken Durchfeuchtungen. Die Ursachen hierfür können sehr unterschiedlich sein:

- von außen eindringendes Wasser,
- aufsteigende Feuchtigkeit,
- Kondensatfeuchte,
- Feuchtebelastung durch Hygroskopizität.

Vor Beginn der Sanierungsmaßnahmen muss die Schadensursache eindeutig geklärt sein.

Das Aufbringen vertikaler Sperrschichten auf der Innenseite durchfeuchteter Außenwände verbessert die Situation im Allgemeinen überhaupt nicht, sondern führt lediglich dazu, dass die Feuchtigkeit in der Wand noch höher steigt.

Das Problem der Kondensatbildung ist im Abschnitt »Wärmeschutz« schon angesprochen worden (siehe DIN 4108). Besondere Beachtung verdient dieses Problem auch beim Einbau neuer Badezimmer oder anderer feuchter Räume, wenn hoch feuchtebelastete Bereiche an Bauteile mit niedrigen Oberflächen- oder im Querschnitt stark abnehmenden Kerntemperaturen grenzen. Hier sind raumseitig Dampfsperren anzuordnen, um den Feuchtedurchgang im Bauteil zu reduzieren.

Energieeinsparverordnung *U*-Werte/Dämmstoffdicke

Bauteil	*U*-Wert W/(m² · K)	Erforderliche Dämmung EnEV in cm	Zum Vergleich: Dämmung in cm WschV bis 2001
Außenwand allgemein, bzw. Innendämmung	0,45	5– 6	4– 6
Außenwand (mit außenseitiger Bekleidung und Wärmedämmung)	0,35	8–10	6– 8
Dächer (Steildächer)	0,30	14	14
Dächer (Flachdächer)	0,25	14–16	12–14
Kellerdecken	0,40	6– 8	4– 6

(Erforderliche Dämmstoffdicke)

2 Bauwerksohle

2.1 Problempunkt: Durchfeuchtung und Unebenheit der Bauwerksohle

Feuchtebelastung in Kellerräumen

Im Zuge von Modernisierungen werden häufig erhöhte Anforderungen an die Nutzbarkeit von Kellerräumen gestellt. So soll die Feuchtigkeit in Kellerräumen so weit gesenkt werden, dass Gegenstände hier schadenfrei aufbewahrt werden können. Bisweilen ist sogar die gelegentliche Nutzung als Aufenthaltsraum, beispielsweise als Hobby- oder Bastelkeller geplant. Zuvor war dies meist nicht möglich, weil die Keller für andere Zwecke konzipiert waren, als wir dies heute erwarten und voraussetzen.

Im Allgemeinen muss mit Feuchtebelastung aus allen erdberührten Bauteilen, das heißt also aus Wänden und Fußböden, gerechnet werden.

Hier sollen Hinweise gegeben werden zur Abdichtung des Kellerbodens und zur Beseitigung vorhandener Unebenheiten, zum Beispiel bei Natursteinplattenbelägen.

Hinweise auf Abdichtungsmaßnahmen an den Wänden finden sich in Kapitel 3 »Außenwände«.

Zur Sanierung des Fußbodens kommen folgende Möglichkeiten in Betracht:

Aufbringen eines Zementestriches

Auf den vorhandenen Kellerboden wird ein üblicher Zementestrich aufgebracht, der durch Zusatz eines Dichtungsmittels so wasserdicht wird, dass er die Feuchtigkeitsabgabe aus dem Boden an die Raumluft deutlich herabsetzt.

Dieses Verfahren wird sich vor allem dann anbieten, wenn nur eine kleine Fläche auszubessern ist.

Bei größeren Flächen sind die Trocknungszeiten und die Belastung durch zusätzlich eingebrachte Feuchtigkeit oft problematisch.

Einbau von Gussasphaltestrich

Dieses Verfahren empfiehlt sich, wenn größere Flächen, ab etwa 100 m², mit einer Dichtungsschicht zu versehen sind. Bei Kleinmengen wird der Aufwand für Transport, Baustelleneinrichtung, Vorbereitung und Ähnliches im Verhältnis zur Einbauzeit unverhältnismäßig hoch, so dass Mindermengenzuschläge erhoben werden.

Grundsätzlich ist der Einbau von Gussasphaltestrich unproblematisch und ein sehr gut geeignetes Verfahren zur Abdichtung und Egalisierung von Kellerböden.

Neben der guten Wasserdichtigkeit bietet dieses Verfahren die Vorteile der kurzen Einbau- und Erhärtungszeit sowie der niedrigen Konstruktionshöhe.

Ausschachtung und Einbau von Pflasterbelägen

Liegt der Schwerpunkt der Erneuerungsarbeiten weniger auf der Abdichtung als auf der Egalisierung des Oberbodens, so kommt als mögliche Baumaßnahme auch der Einbau von Pflasterbelägen in Betracht. Verwendet werden Beton-, Ziegel- oder Holzpflaster. Für die Auswahl ist vor allem die spätere Nutzung des Kellerraums von Bedeutung. Sinnvoll ist dies insbesondere dann, wenn aus bestimmten Gründen, zum Beispiel Denkmalschutz, Wert auf das historische Erscheinungsbild gelegt wird oder an eine Wiederverwendung der alten Beläge gedacht ist.

Sind die Raumhöhen des Kellers und die Durchgangshöhen der Türen ausreichend, kann der neue Pflasterbelag im Sandbett auf den vorhandenen Unterboden verlegt werden. Steht ausreichende Höhe nicht zur Verfügung, muss zuvor der alte Belag entfernt werden. Da diese Arbeiten von Hand ausgeführt werden müssen, kann die Ausschachtung zu erheblichen Kosten führen.

Ausschachtung und Einbau einer Betonsohle

Die bei weitem umfangreichste Maßnahme ist der Einbau einer neuen Betonsohle. Sie kommt vor allem dann in Betracht, wenn ohnehin Ausschachtungsarbeiten im Keller erforderlich sind, zum Beispiel bei Tieferlegungsarbeiten.

Durch Einbau einer kapillarbrechenden Schicht, durch Einlegen einer Folie und durch Zusatz von Dichtungsmitteln zum Beton wird die Feuchtebelastung aus dem Boden stark reduziert.

Bei wenig begangenen Bereichen reicht es im Allgemeinen, wenn die Betonoberfläche nur abgerieben wird. Bei stärker genutzten Böden ist ein zusätzlicher Estrichauftrag erforderlich.

Insgesamt ist dies aber auch ein teures und aufwändiges Verfahren.

2.1.1   Übersicht über Lösungsmöglichkeiten

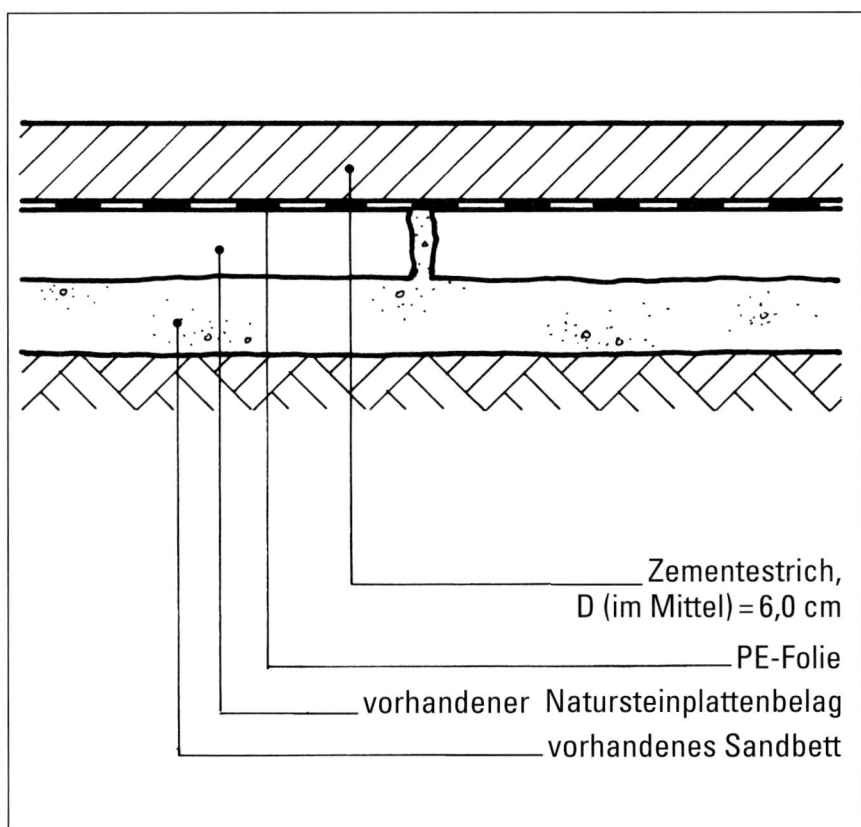

Zementestrich,
D (im Mittel) = 6,0 cm
PE-Folie
vorhandener Natursteinplattenbelag
vorhandenes Sandbett

Aufbringen eines Zementestrichs	
Baukosten	Ca. 18,– €/m²
Erforderliche begleitende Maßnahmen	Keine, ggf. Oberflächenversiegelung wegen Abrieb und ständiger Staubbildung
Instandhaltungskosten	Keine
Lebensdauer	30 bis 40 Jahre
Einbauzeiten	Ca. 0,45 Std./m²
Trocknungs-/ Wartezeiten	Mindestens 2 bis 3 Tage, mehrere Wochen bis zur völligen Austrocknung
Anmerkungen und Entscheidungshilfen	Mittlere Abdichtung gegen Feuchte

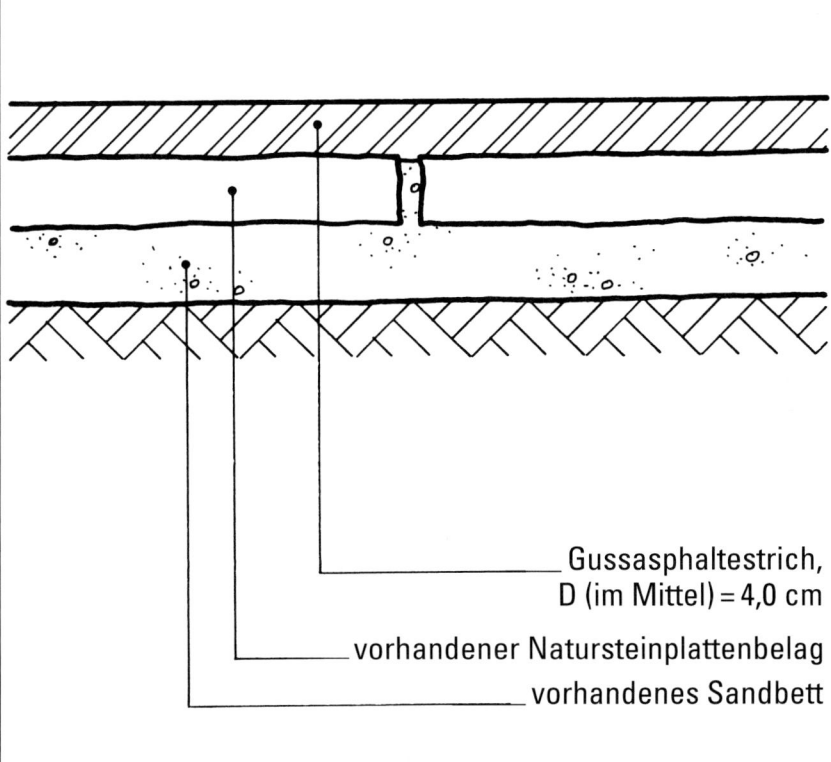

Gussasphaltestrich,
D (im Mittel) = 4,0 cm
vorhandener Natursteinplattenbelag
vorhandenes Sandbett

Aufbringen eines Gussasphaltestrichs	
Baukosten	Ca. 30,– €/m²
Erforderliche begleitende Maßnahmen	Keine
Instandhaltungskosten	Keine
Lebensdauer	30 bis 40 Jahre
Einbauzeiten	Ca. 0,80 Std./m²
Trocknungs-/ Wartezeiten	1 Tag, schon nach 2 bis 3 Stunden wieder begehbar
Anmerkungen und Entscheidungshilfen	Gute Abdichtung gegen Feuchte, ungeeignet bei punktförmigen Belastungen

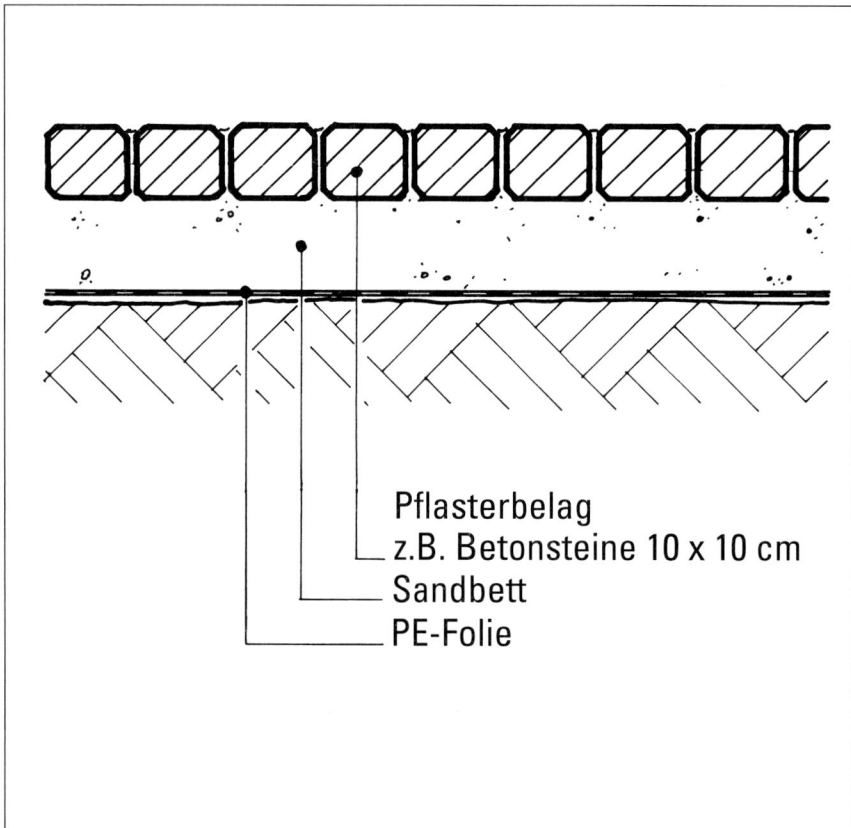

Pflasterbelag
z.B. Betonsteine 10 x 10 cm
Sandbett
PE-Folie

Ausschachten und Einbau von neuen Pflasterbelägen	
Baukosten	Ca. 85,– €/m² (einschl. Ausschachtung)
Erforderliche begleitende Maßnahmen	Ausschachtung
Instandhaltungs- kosten	Keine
Lebensdauer	40 Jahre
Einbauzeiten	Ca. 1,80 Std./m² + 0,80 Std./m² (für Ausschachtung)
Trocknungs-/ Wartezeiten	Keine
Anmerkungen und Entscheidungshilfen	Geringe Abdich- tung gegen Feuchte, hoher Aufwand für Ausschachtung; nur empfehlenswert bei geforderter historischer Ausführung

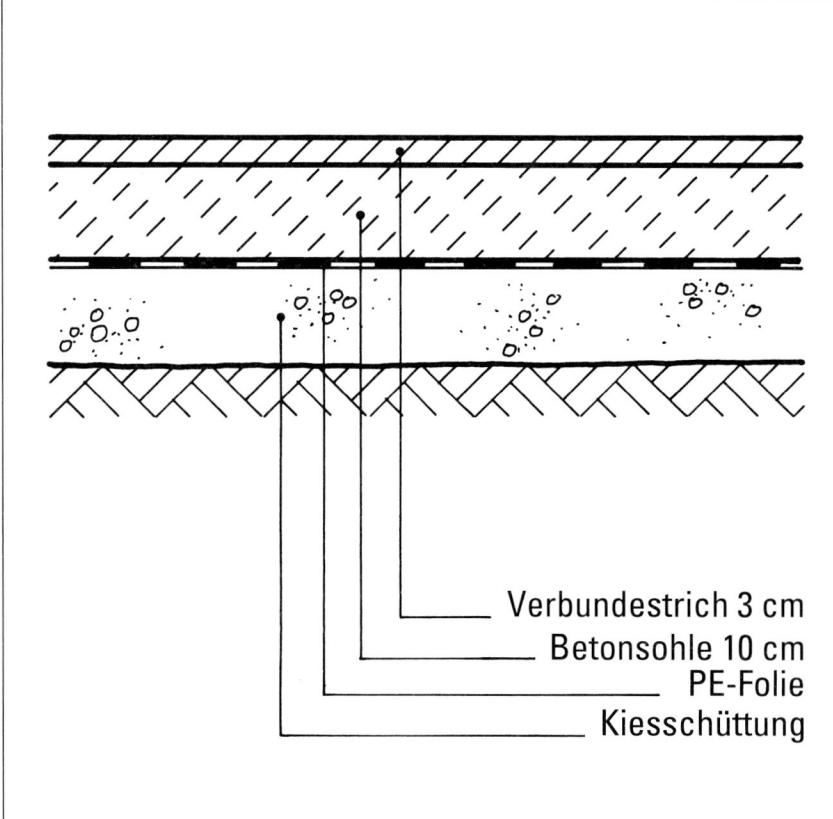

Verbundestrich 3 cm
Betonsohle 10 cm
PE-Folie
Kiesschüttung

Ausschachten und Einbau einer Betonsohle (einschl. Verbundestrich)	
Baukosten	Ca. 95,– €/m² (einschl. Ausschachtung und Verbund- estrich)
Erforderliche begleitende Maßnahmen	Ausschachtung, ggf. Oberflächen- versiegelung
Instandhaltungs- kosten	Keine
Lebensdauer	40 Jahre
Einbauzeiten	Ca. 1,20 Std./m² + 0,80 Std./m² (für Ausschachtung)
Trocknungs-/ Wartezeiten	Mindestens 2 bis 3 Tage
Anmerkungen und Entscheidungshilfen	Gute Abdichtung gegen Feuchte, hoher Aufwand für Ausschachtung

2.1.2   Vergleichende Beurteilung

	Zementestrich	Gussasphaltestrich	Pflasterbelag	Betonsohle
Baukosten	Ca. 18,– €/m²	Ca. 30,– €/m²	Ca. 85– €/m² (einschl. Ausschachtung)	Ca. 95,– €/m² (einschl. Ausschachtung und Verbundestrich)
Erforderliche begleitende Maßnahmen	Keine, ggf. Oberflächen-versiegelung wegen Abrieb und ständiger Staubbildung	Keine	Ausschachtung	Ausschachtung, ggf. Oberflächenversiegelung
Instandhaltungskosten	Keine	Keine	Keine	Keine
Lebensdauer	30 bis 40 Jahre	30 bis 40 Jahre	40 Jahre	40 Jahre
Einbauzeiten	Ca. 0,45 Std./m²	Ca. 0,80 Std./m²	Ca. 1,80 Std./m² + 0,80 Std./m² (für Ausschachtung)	Ca. 1,20 Std./m² + 0,80 Std./m² (für Ausschachtung)
Trocknungs-/Wartezeiten	Mindestens 2 bis 3 Tage, mehrere Wochen bis zur völligen Austrocknung	1 Tag, schon nach 2 bis 3 Stunden wieder begehbar	Keine	Mindestens 2 bis 3 Tage
Anmerkungen und Entscheidungshilfen	Mittlere Abdichtung gegen Feuchte	Gute Abdichtung gegen Feuchte, ungeeignet bei punkt-förmigen Belastungen	Geringe Abdichtung gegen Feuchte, hoher Aufwand für Ausschachtung; nur empfehlenswert bei geforderter historischer Ausführung	Gute Abdichtung gegen Feuchte, hoher Aufwand für Ausschachtung

3 Außenwände

3.1 Geringe Wärmedämmung von Außenwänden

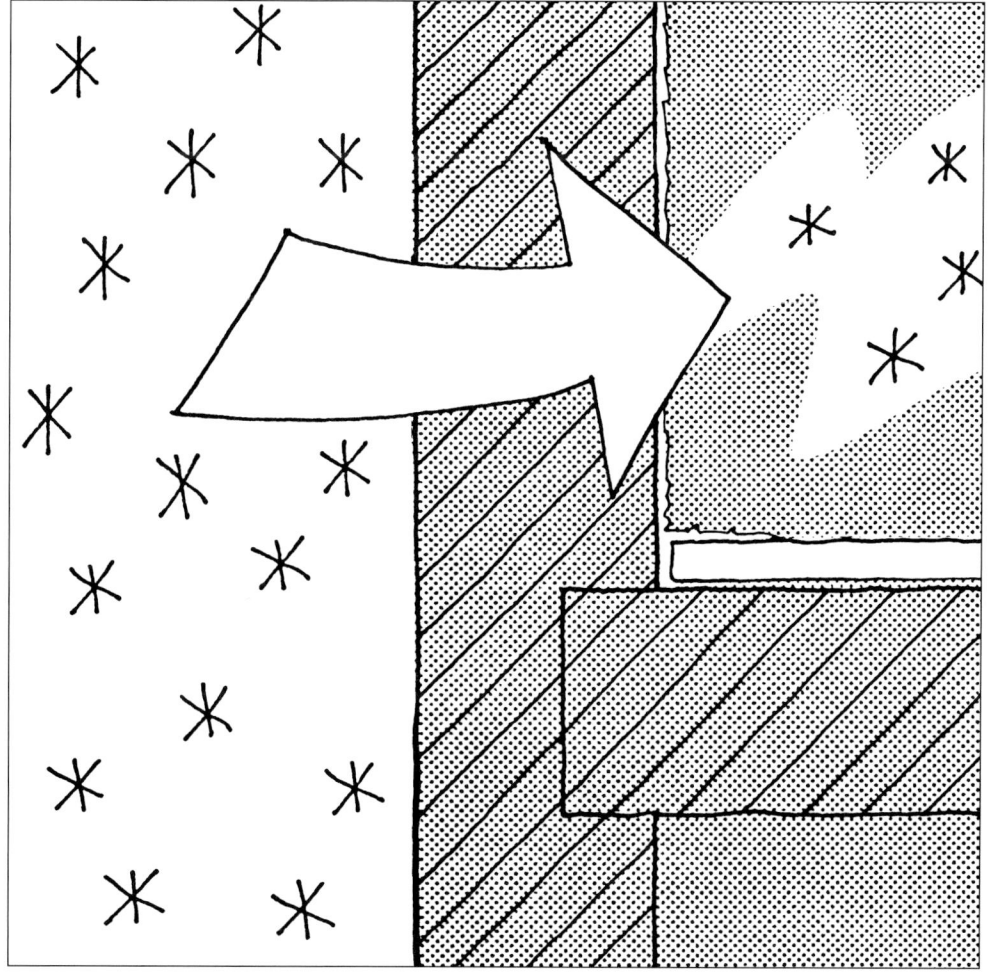

Vorhandene Situation

Viele Gebäude der 20er und 30er Jahre, aber auch Anbauten von Gründerzeithäusern haben Außenwände mit sehr geringem Wandquerschnitt. Entstanden in einer Zeit ausreichender Rohstoffversorgung mit Heizmaterialien und geringerer technischer Möglichkeiten, genügen diese Außenwände heutigen Ansprüchen an die Wärmedämmung nicht mehr.

Dies zeigt sich, direkt wahrnehmbar, in einer Reihe nachteiliger Folgen:

- Zur Schaffung eines behaglichen Raumklimas ist eine Überhitzung der Räume erforderlich, um die Strahlungswärmeverluste des Menschen an die kalte Wand auszugleichen.
- Folge dieser unnötig hohen Erhitzung der Raumluft ist ein überhöhter Energiebedarf.
- In Räumen mit niedriger Lufttemperatur, niedrigen Wandoberflächentemperaturen und hoher Luftfeuchte kommt es zur Bildung von Oberflächen- oder Kernkondensat. Die Folge hiervon ist die Schimmelbildung auf Wandoberflächen insbesondere in Raumecken, hinter Schränken oder Bildern.

Vorschriften zum Wärmeschutz

Neben diesen spürbaren Nachteilen einer schlechten Wärmedämmung gibt es eindeutige Regeln und Verordnungen zur Ausbildung des Wärmeschutzes auch bei Altbauten:

- Energieeinsparverordnung EnEV (in Kraft getreten am 1. Februar 2002)
  Hier werden Anforderungen an den Energie sparenden Wärmeschutz formuliert.
- DIN 4108 früher: »Wärmeschutz im Hochbau«, heute: »Wärmeschutz und Energieeinsparung in Gebäuden«

Die DIN 4108 (sie ist in den letzten Jahren erheblich erweitert worden) legt die Mindestanforderungen an die Wärmedämmung von Bauteilen fest.

Demgegenüber stellt die Energieeinsparverordnung sehr viel höhere Anforderungen an den Wärmeschutz mit dem Ziel der *erheblichen Einsparung von Heizenergie und dem Ziel der deutlichen Reduktion des CO₂-Ausstoßes.*

In Kapitel 1 »Grundlagen der Altbaumodernisierung«, Abschnitt 1.7.3 »Wärmeschutz«, ist der Frage des Wärmeschutzes, insbesondere der Energieeinsparverordnung, ein ganzer Abschnitt gewidmet. Im Folgenden werden deshalb nur die Aspekte für die Außenwand behandelt.

Anforderung der DIN 4108

Die Außenwand ist bei üblichen Bauwerken, einfach weil es das Bauteil mit der größten Fläche ist, auch dasjenige mit dem höchsten Energieverlust. Aus diesem Grunde muss ihrer Wärmedämmung besondere Aufmerksamkeit geschenkt werden.

Ein Rechenbeispiel soll den Wärmeschutz einer vorhandenen Außenwand deutlich machen.

Der Wärmedurchgangskoeffizient (*U*-Wert) für eine vorhandene Wand aus 24,0 cm Ziegelmauerwerk mit 2,0 cm

Außen- und 2,0 cm Innenputz beträgt etwa

$$U_{vorh} = 1,55 \ W/(m^2 \cdot K)$$

Für eine solche Außenwand fordert die DIN 4108 als konstruktiven Mindestwärmeschutz einen Mindestwert für den Wärmedurchlassungswiderstand von

$R = 1,2 \ m^2 \cdot K/W$, entsprechend

$$U = \frac{1}{R} = \frac{1}{1,2} = 0,83 \ W/(m^2 \cdot K)$$

Dieses Beispiel zeigt, dass die Wärmedämmung einer Außenwand aus 24 cm Ziegelmauerwerk nicht einmal den Mindestanforderungen der DIN 4108 genügt.

Ungleich höher sind die Anforderungen der neuen Energieeinsparverordnung.

Dazu folgender Vergleich: Die Wärmedämmung einer Wand aus 24 cm Ziegelmauerwerk entspricht einer Dämmstoffstärke von etwa 2,5 cm. Andersherum betrachtet bedeutet dies: Eine zusätzliche Wärmedämmung von 2,5 cm würde die Wärmedämmwirkung einer 24 cm dicken Wand aus Ziegelmauerwerk schon verdoppeln.

Alles in allem sind dies sehr geringe Wärmedämmwerte, die im Zuge der Modernisierung deutlich verbessert werden müssen. Die Anforderungen hierzu sind in der neuen Energieeinsparverordnung festgehalten.

Anforderungen der Energieeinsparverordnung

Die Energieeinsparverordnung EnEV ersetzt die Wärmeschutzverordnung aus dem Jahre 1995 und stellt auch für Altbauten ganz klare Anforderungen an den maximalen Wärmedurchgang für Außenwände:

Der maximale Wärmedurchgangskoeffizient für Außenwände U_{max} beträgt, wenn zusätzliche Wärmedämmschichten zum Beispiel in Form von Wärmedämmung mit Verkleidung oder Wärmedämmverbundsystem aufgebracht werden:

$$U_{max} = 0,35 \ W/(m^2 \cdot K)$$

Um diesen Wert zu erreichen, müssten auf eine 24 cm Ziegelwand etwa 10,0 cm einer üblichen Wärmedämmung aufgebracht werden, wenn die Wärmedämmung der vorhandenen Konstruktion mit berücksichtigt wird. Zur Einhaltung der bisher gültigen Anforderung nach der Wärmeschutzverordnung 95 waren etwa 8,0 cm Wärmedämmung erforderlich. Die Differenz ist also nicht so groß, dass durch sie unüberwindbare Hindernisse für die Modernsierung von Altbauten entstehen würden.

In der DIN EN ISO 6946 sind die genauen Rechenverfahren für die Ermittlung des *U*-Wertes dargestellt. Für einen ersten Anhaltspunkt wird man aber vielleicht nicht immer den gesamten Rechenweg der DIN EN ISO 6946 durchlaufen wollen. Hier hilft eine einfache Überschlagsrechnung zur Ermittlung des *U*-Wertes:

$$U = \frac{4,0}{Dämmstoffdicke}$$

Diese Überschlagsrechnung gilt für übliche Wärmedämmstoffe mit einer Wärmeleitfähigkeit von 0,040 W/(m²·K), das sind die handelsüblichen Dämmstoffwerte.

Ausnahmeregelungen

Auch in der Energieeinsparverordnung sind wieder Ausnahmen formuliert für Baudenkmäler und sonstige, besonders erhaltenswerte Bausubstanz (5. Abschnitt der EnEV).

Ausführung des Wärmeschutzes

Zur Verbesserung des Wärmeschutzes von schlecht gedämmten Außenwänden stehen verschiedene Verfahren zur Verfügung:

- Anbringen einer inneren Wärmedämmung,
- Anbringen einer äußeren Wärmedämmung mit Verputz (Wärmedämmverbundsystem),
- Anbringen von Wärmedämmputz,
- Anbringen einer äußeren Wärmedämmung mit leichter Vorsatzschale als Wetterschutz, zum Beispiel Faserzementplatten oder Holzschalung,
- Anbringen einer äußeren Wärmedämmung mit schwerer Vorsatzschale, zum Beispiel Vormauerung.

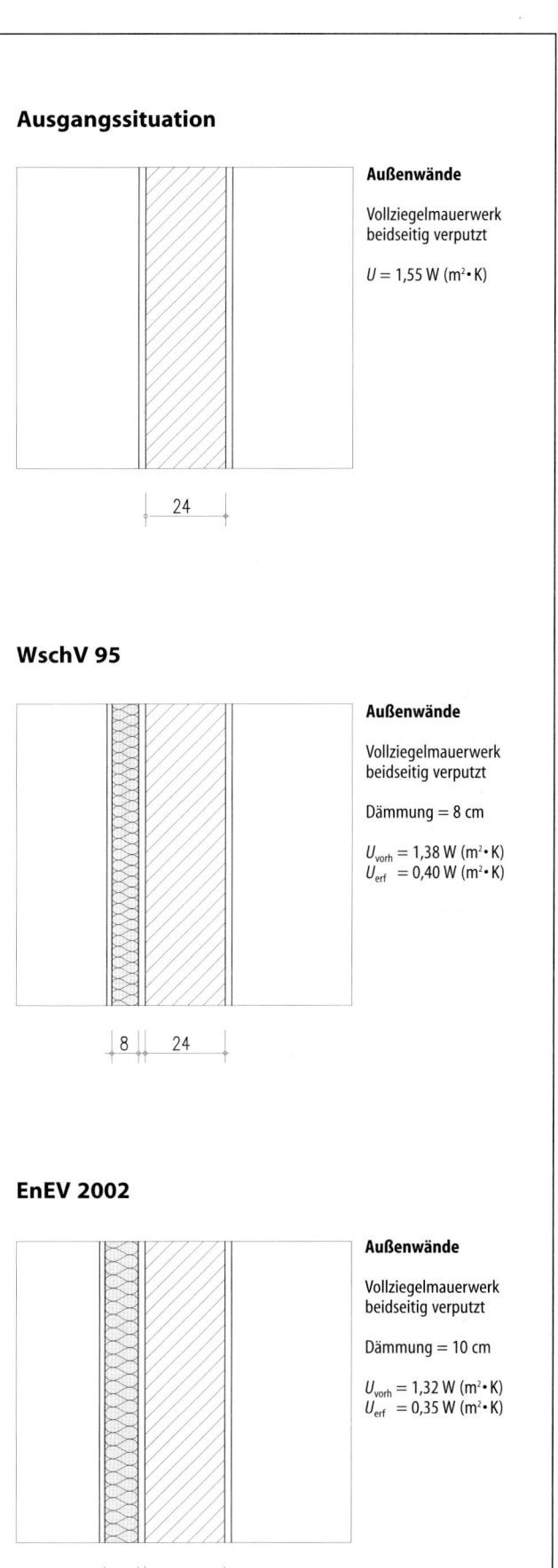

Ausgangssituation

Außenwände

Vollziegelmauerwerk beidseitig verputzt

$U = 1,55$ W (m²·K)

24

WschV 95

Außenwände

Vollziegelmauerwerk beidseitig verputzt

Dämmung = 8 cm

$U_{vorh} = 1,38$ W (m²·K)
$U_{erf} = 0,40$ W (m²·K)

8   24

EnEV 2002

Außenwände

Vollziegelmauerwerk beidseitig verputzt

Dämmung = 10 cm

$U_{vorh} = 1,32$ W (m²·K)
$U_{erf} = 0,35$ W (m²·K)

10   24

Kondensatschäden auf einer Wand mit ungenügender Wärmedämmung

Nachträglicher Wärmeschutz durch Wärmedämmverbundsystem

3.1.1   Übersicht über Lösungsmöglichkeiten

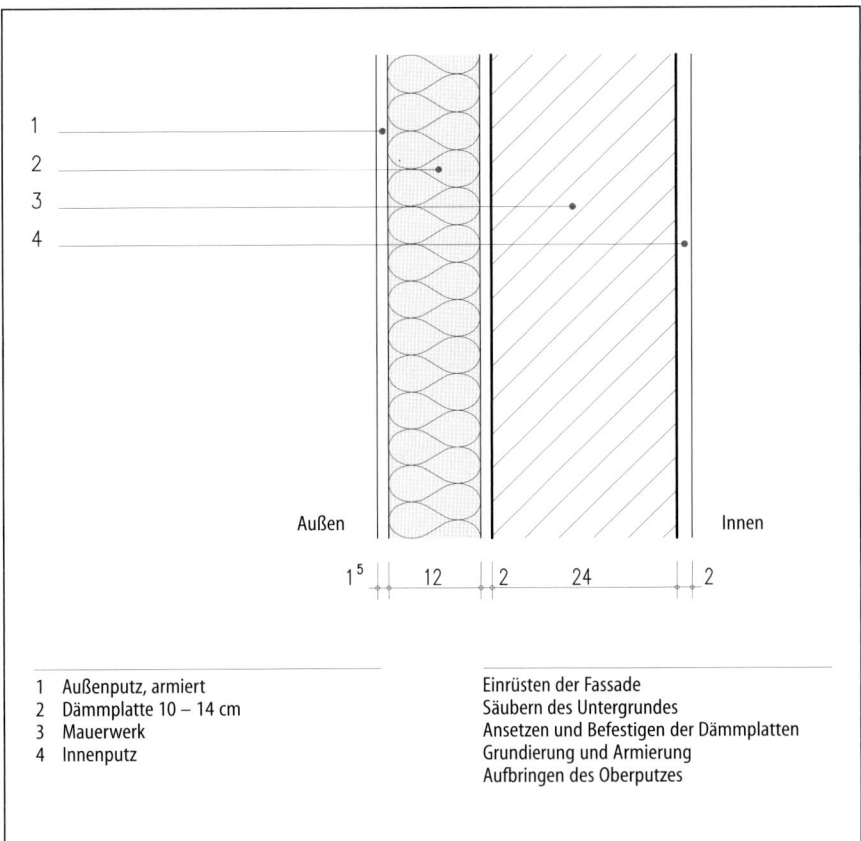

1	Außenputz, armiert	Einrüsten der Fassade
2	Dämmplatte 10 – 14 cm	Säubern des Untergrundes
3	Mauerwerk	Ansetzen und Befestigen der Dämmplatten
4	Innenputz	Grundierung und Armierung
		Aufbringen des Oberputzes

Wärmedämmverbundsystem	
Baukosten	Ca. 85,– €/m²
Instandhaltungs-kosten	15,– €/m² alle 10 Jahre für einen Erneuerungsanstrich
Lebensdauer	25 bis 30 Jahre; über den Zeitraum von 25 Jahren liegen erste Erfahrungs-berichte vor
Erforderliche begleitende Maßnahmen	Verstärkung und Verlängerung von Befestigungs-elementen (Schlag-läden, Markisen, Lampen) Erneuerung von Fassadenappli-kationen (Stuck-elemente, Gesimse)
Einbauzeiten	Ca. 1,0 Std./m²
Trocknungs-/ Wartezeiten	Keine
Anmerkungen	Brandschutz beachten, Gefahr der mechanischen Beschädigung vor allem im EG

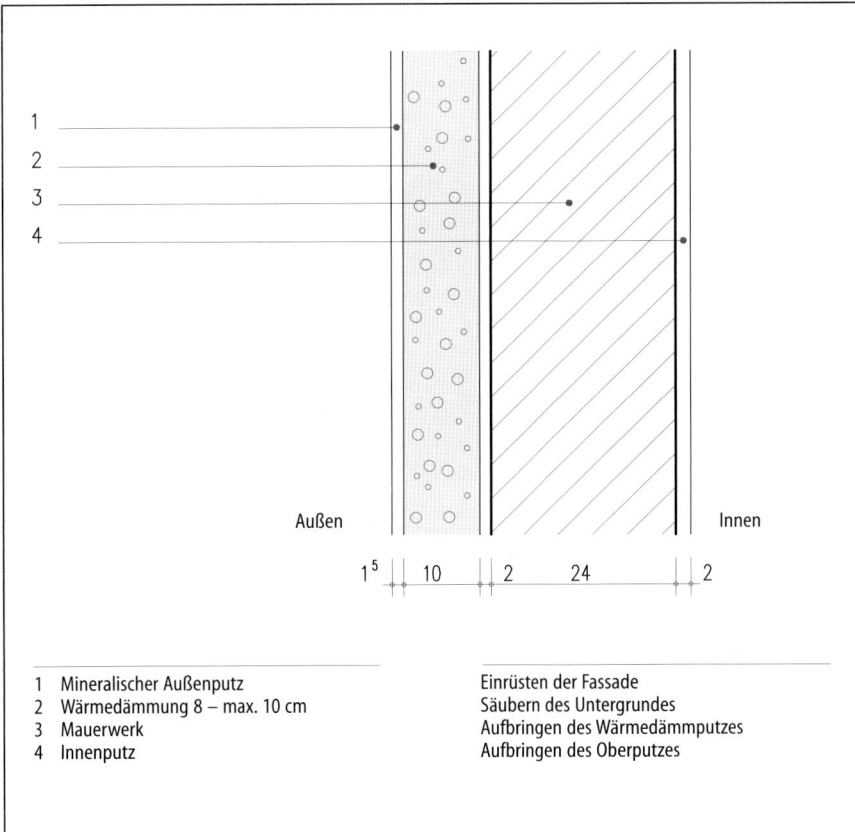

1	Mineralischer Außenputz	Einrüsten der Fassade
2	Wärmedämmung 8 – max. 10 cm	Säubern des Untergrundes
3	Mauerwerk	Aufbringen des Wärmedämmputzes
4	Innenputz	Aufbringen des Oberputzes

Wärmedämmputz	
Baukosten	Ca. 90,– €/m²
Instandhaltungs-kosten	15,– €/m² alle 10 Jahre für einen Erneuerungs-anstrich
Lebensdauer	50 Jahre, abhängig von der Qualität des Oberputzes
Erforderliche begleitende Maßnahmen	Verstärkung und Verlängerung von Befestigungs-elementen (Schlag-läden, Markisen, Lampen)
Einbauzeiten	Ca. 1,6 Std./m²
Trocknungs-/ Wartezeiten	Keine
Anmerkungen	Doppelte Materialstärke gegenüber homogenen Dämmstoffen erforderlich

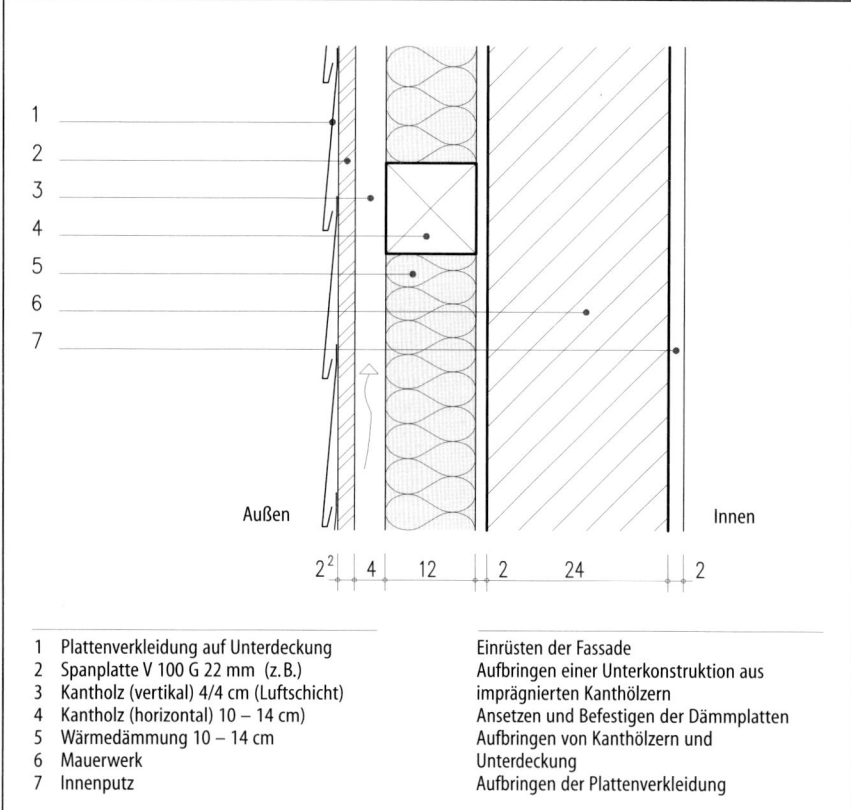

Außenseitige Wärmedämmung und Faserzementplatten	
Baukosten	Ca. 95,– €/m²
Instandhaltungs-kosten	3,– bis 6,– €/m², alle 10 Jahre für die Erneuerung zerstörter Platten
Lebensdauer	25 bis 30 Jahre, die Lebensdauer der Holzunter-konstruktion ist begrenzt
Erforderliche begleitende Maßnahmen	Verstärkung und Verlängerung von Befestigungs-elementen (Schlag-läden, Markisen, Lampen)
Einbauzeiten	Ca. 1,5 Std./m²
Trocknungs-/ Wartezeiten	Keine
Anmerkungen	Brandschutz der Unterkonstruktion beachten

1   Plattenverkleidung auf Unterdeckung
2   Spanplatte V 100 G 22 mm (z.B.)
3   Kantholz (vertikal) 4/4 cm (Luftschicht)
4   Kantholz (horizontal) 10 – 14 cm)
5   Wärmedämmung 10 – 14 cm
6   Mauerwerk
7   Innenputz

Einrüsten der Fassade
Aufbringen einer Unterkonstruktion aus imprägnierten Kanthölzern
Ansetzen und Befestigen der Dämmplatten
Aufbringen von Kanthölzern und Unterdeckung
Aufbringen der Plattenverkleidung

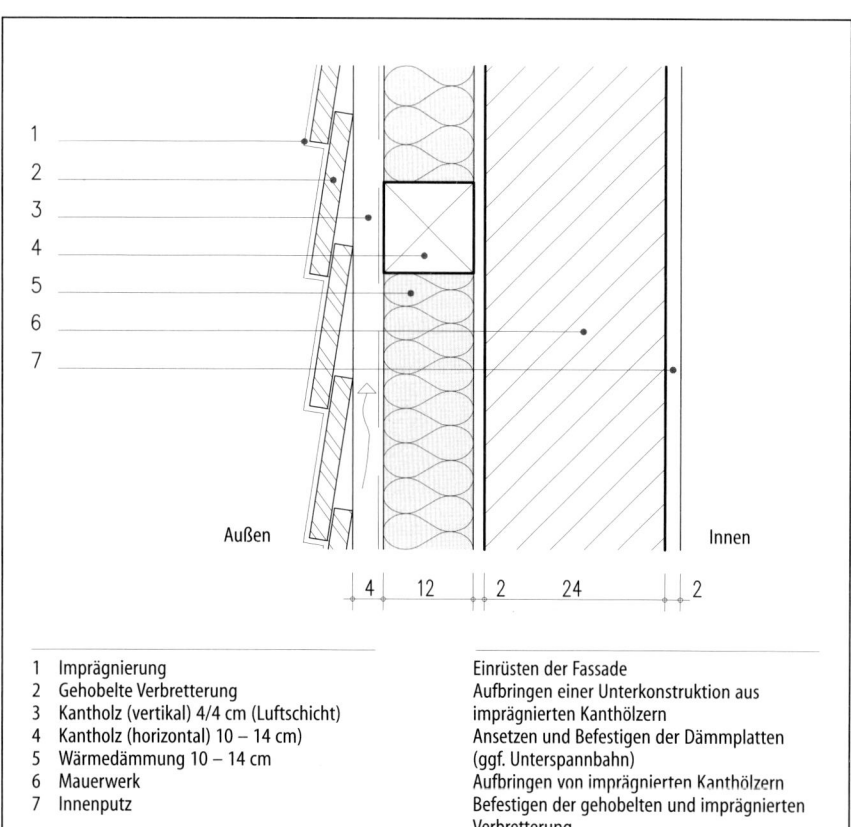

Außenseitige Wärmedämmung und Holzverbretterung	
Baukosten	Ca. 110,– €/m²
Instandhaltungs-kosten	13,– €/m², alle 5 Jahre für einen Erneuerungs-anstrich
Lebensdauer	15 bis 30 Jahre, je nach Bewitterung
Erforderliche begleitende Maßnahmen	Verstärkung und Verlängerung von Befestigungs-elementen
Einbauzeiten	Ca. 2,0 Std./m²
Trocknungs-/ Wartezeiten	Keine
Anmerkungen	Brandschutz beachten

1   Imprägnierung
2   Gehobelte Verbretterung
3   Kantholz (vertikal) 4/4 cm (Luftschicht)
4   Kantholz (horizontal) 10 – 14 cm)
5   Wärmedämmung 10 – 14 cm
6   Mauerwerk
7   Innenputz

Einrüsten der Fassade
Aufbringen einer Unterkonstruktion aus imprägnierten Kanthölzern
Ansetzen und Befestigen der Dämmplatten (ggf. Unterspannbahn)
Aufbringen von imprägnierten Kanthölzern
Befestigen der gehobelten und imprägnierten Verbretterung

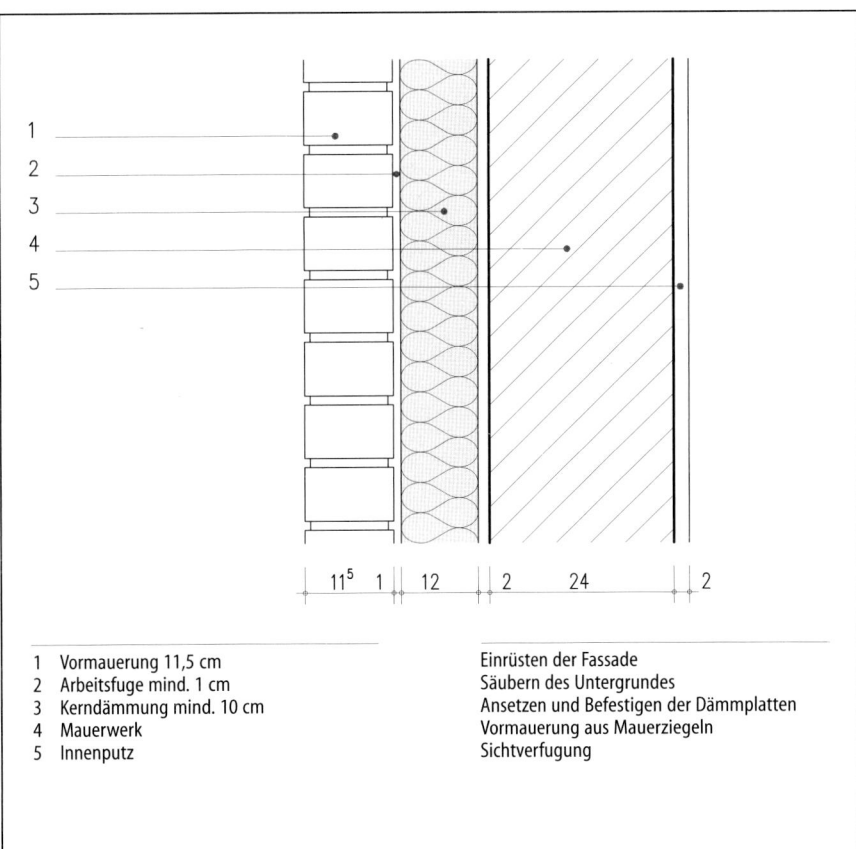

Vormauerung mit Wärmedämmung und Luftschicht	
Baukosten	Ca. 150,– €/m²
Instandhaltungs-kosten	Keine
Lebensdauer	80 Jahre
Erforderliche begleitende Maßnahmen	Anbringung von Auflagern für die Vormauerung (im Preis enthalten)
Einbauzeiten	Ca. 2,8 Std./m²
Trocknungs-/ Wartezeiten	Keine
Anmerkungen	Sehr guter Schutz gegen mechanische Beschädigung Achtung: Auflager werden wegen der großen Dämmstoff-stärken sehr auf-wändig

1 Vormauerung 11,5 cm
2 Arbeitsfuge mind. 1 cm
3 Kerndämmung mind. 10 cm
4 Mauerwerk
5 Innenputz

Einrüsten der Fassade
Säubern des Untergrundes
Ansetzen und Befestigen der Dämmplatten
Vormauerung aus Mauerziegeln
Sichtverfugung

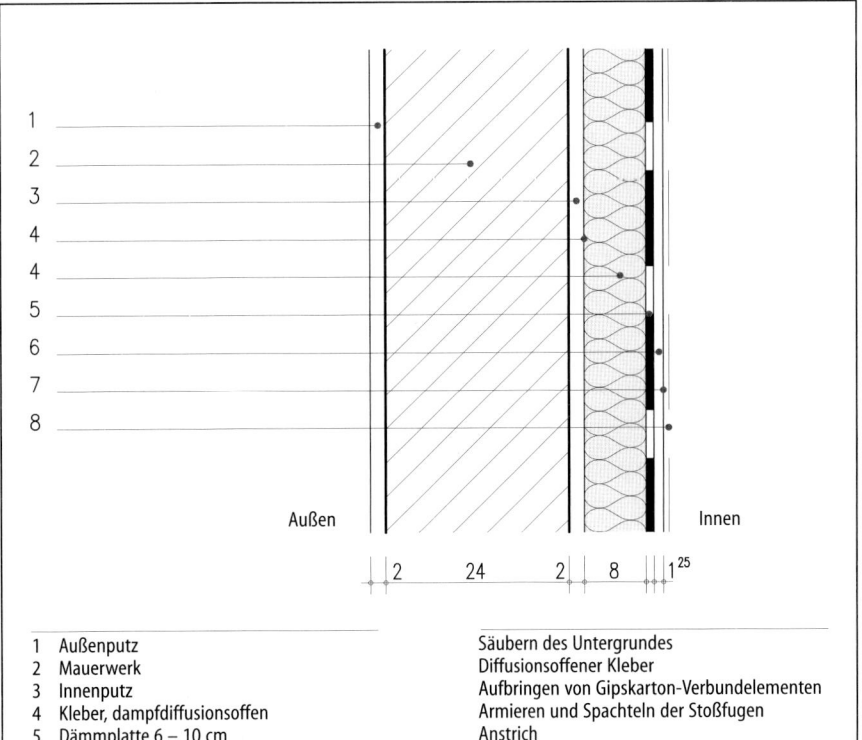

Wärmedämmung und Trockenputz innen	
Baukosten	Ca. 65,– €/m²
Instand-haltungs-kosten	Gering, ggf. sind für die Erneuerung von Außen-anstrichen ca. 20,– €/m² alle 10 Jahre anzusetzen (einschl. Behebung von Putzschäden)
Lebensdauer	25 bis 30 Jahre
Erforderliche begleitende Maßnahmen	Aus- und Wiedereinbau von Heizkörpern, Elektro-installationen, Einbau-möbeln etc. Im Gegensatz zu Außenwandbekleidungen wird durch Innendämmung keine Verbesserung der Fassade erreicht. Es sind also ggf. Maßnahmen zu Putzreparatur, Fassaden-anstrich o. Ä. vorzusehen
Einbauzeiten	Ca. 0,7 Std./m²
Trocknungs-/ Wartezeiten	Keine, die gespachtelte Platte ist tapezierfähig
Anmerkungen	Einbindende Bauteile mitdämmen. Zusätzliche Dampfsperre erforderlich

Außen   Innen

1 Außenputz
2 Mauerwerk
3 Innenputz
4 Kleber, dampfdiffusionsoffen
5 Dämmplatte 6 – 10 cm
6 Dampfsperrre, Luftdichtigkeitsschicht
7 Gipskartonplatte
8 Spachtelung, Anstrich

Säubern des Untergrundes
Diffusionsoffener Kleber
Aufbringen von Gipskarton-Verbundelementen
Armieren und Spachteln der Stoßfugen
Anstrich

3.1.2   Vergleichende Beurteilung

	Wärmedämm-verbundsystem	Wärmedämmputz	Wärmedämmung + Faserzementplatten	Wärmedämmung + Holzverbretterung	Wärmedämmung + Vormauerung	Wärmedämmung + Trockenputz innen
Baukosten	Ca. 85,– €/m²	Ca. 90,– €/m²	Ca. 95,– €/m²	Ca. 110,– €/m²	Ca. 150,– €/m²	Ca. 65,– €/m²
Instand-haltungs-kosten	15,– €/m² alle 10 Jahre für einen Erneue-rungsanstrich	15,– €/m² alle 10 Jahre für einen Erneue-rungsanstrich	3,– bis 6,– €/m² alle 10 Jahre für die Erneuerung zerstörter Platten	13,– €/m² alle 5 Jahre für einen Erneue-rungsanstrich	Keine	Gering, ggf. sind für die Erneuerung von Außen-anstrichen ca. 20,– €/m² alle 10 Jahre anzusetzen (einschl. Behebung von Putzschäden)
Lebensdauer	25 bis 30 Jahre, über den Zeitraum von 25 Jahren liegen erste Erfahrungs-berichte vor	50 Jahre, abhängig von der Qualität des Oberputzes	25 bis 30 Jahre, die Lebensdauer der Holzunter-konstruktion ist begrenzt	15 bis 30 Jahre, je nach Bewitterung	80 Jahre	Langzeiterfahrun-gen liegen noch nicht vor, geschätzt: 25 bis 30 Jahre
Erforderliche begleitende Maßnahmen	Verstärkung und Verlängerung von Befestigungs-elementen (Schlagläden, Markisen, Lampen) Erneuerung von Fassaden-applikationen (Stuckelemente, Gesimse)	Verstärkung und Verlängerung von Befestigungs-elementen (Schlagläden, Markisen, Lampen)	Verstärkung und Verlängerung von Befestigungs-elementen (Schlagläden, Markisen, Lampen)	Verstärkung und Verlängerung von Befestigungs-elementen	Anbringung von Auflagern für die Vormauerung (im Preis enthalten) Achtung: Auflager werden wegen der großen Dämmstoff-stärken sehr aufwändig	Aus- und Wieder-einbau von Heizkörpern, Elektroinstallatio-nen, Einbau-möbeln etc. Im Gegensatz zu Außenwand-bekleidungen wird durch Innendäm-mung keine Ver-besserung der Fassade erreicht. Es sind also ggf. Maßnahmen zu Putzreparatur, Fassadenanstrich o.Ä. vorzusehen
Einbauzeiten	Ca. 1,0 Std./m²	Ca. 1,6 Std./m²	Ca. 1,5 Std./m²	Ca. 2,0 Std./m²	Ca. 2,8 Std./m²	Ca. 0,7 Std./m²
Trocknungs-/Wartezeiten	Keine	Keine	Keine	Keine	Keine	Keine, die ge-spachtelte Platte ist tapezierfähig
Anmerkungen	Brandschutz beachten, Gefahr der mechanischen Beschädigung vor allem im EG	Doppelte Materialstärke gegenüber homogenen Dämmstoffen erforderlich	Brandschutz der Unter-konstruktion beachten	Brandschutz beachten	Sehr guter Schutz gegen mechanische Beschädigung	Einbindende Bauteile mitdämmen. Zusätzliche Dampfsperre erforderlich

Die nachträgliche Wärmedämmung ist immer um die Leibung herum bis an das Fenster heranzuführen. Dies ist bei den heute erforderlichen Dämmstoffstärken noch wichtiger geworden

Klassische Putzbauten eignen sich besonders für Wärmedämmverbundsysteme

3.1.3 Aufbringen eines Wärmedämm-verbundsystems – Erläuterungen

Wärmedämmverbundsysteme sind mehrschichtige Konstruktionen zur Dämmung von Außenwänden. Sie bestehen aus Dämmstoff, der an der Wand befestigt und mit speziellen Putzaufbauten überdeckt wird.

Wärmedämmverbundsysteme eignen sich für Gebäude mit vorhandenen Putz- oder Betonfassaden ohne aufwändige Zier- oder Stuckelemente, zum Beispiel:

- verputzte Fachwerkhäuser,
- Häuser der 20er und 30er Jahre,
- Nachkriegsbauten der 50er Jahre,
- Betonbauten der 60er und 70er Jahre.

Die äußere Erscheinung von verputzten Gebäuden wird durch das Anbringen von Wärmedämmverbundsystemen im Allgemeinen nicht verändert. Als Oberflächenbeschichtungen stehen heute nahezu alle gängigen Putzarten und Putzstrukturen zur Verfügung, so dass auf modische Reibe- oder Rillenputze nicht zurückgegriffen werden muss. Meist wird das nachträglich aufgebrachte Wärmedämmverbundsystem nur am Vorsprung im Sockelbereich erkennbar sein. Einfache Zierelemente der Putzfassade wie Fenstereinfassungen, einfache Stuckprofile etc. können unter Verwendung von Fertigteilelementen auch auf der neuen Putzfläche wiederhergestellt werden.

Folgende *Vorteile* zeichnen Wärmedämmverbundsysteme aus:

- Das Putzsystem kann ohne Beeinträchtigung der Innenraumnutzung angebracht werden.
- Die für das Innenraumklima wichtige Wärme- und Feuchtespeicherfähigkeit der vorhandenen Außenwand bleibt vorhanden.
- Mängel der vorhandenen Fassade wie Risse, Putzablösungen oder mangelnde Schlagregendichtigkeit werden mit behoben.

- Die vorhandene Fassade kann lückenlos gedämmt werden, Wärmebrücken an einbindenden Geschossdecken oder Zwischenwänden bestehen nicht.
- Die Anforderungen der Energieeinsparverordnung können mit Wärmeverbundsystemen ohne Probleme umgesetzt werden.

Daneben sind jedoch auch folgende *Problempunkte* zu beachten:

- Die Schalldämmung der vorhandenen Außenwand kann bei Verwendung ungeeigneter, zu steifer Dämmstoffe erheblich verschlechtert werden.
- Ohne besondere Maßnahmen sind Verbundsysteme nur schwach mechanisch belastbar.
- Wärmedämmverbundsysteme sind empfindlich gegen Verletzungen der Wasser abweisenden Schicht. Eindringendes Wasser verbleibt in der Konstruktion und führt zur Wirkungslosigkeit der Dämmung und zur Zerstörung der Konstruktion, zum Beispiel durch Abdrücken der Putzschicht und Tauwetterschäden an der Dämmschicht.
- Der Anschluss an vorhandene Fenster ist schwierig, da oft nicht genügend Platz zur Verfügung steht, um in den Fensterleibungen erforderliche Dämmstoffdicken anzubringen.
- Verankerungen von Gegenständen an der Außenwand wie Lampen, Schlagläden etc. müssen verstärkt und verlängert werden.
- Verwendete Schaumkunststoffe werden im Brandfall zerstört. Durch die große Hitze können giftige Gase frei werden.
- Eine Wärmeabgabe der äußeren Putzschicht an angrenzende Bauteile wird durch die großen Dämmschichtdicken behindert. Die Putzschicht heizt sich entsprechend stark auf. Zur Vermeidung von übergroßen Aufheizungen dürfen dunkle Farbtöne für den Oberputz nicht verwendet werden.
- Bestimmte Kunstharzputze neigen bei starker Erwärmung zur Aufweichung.

Unterer Abschluss des Wärmedämm-verbundsystems mit einer Sockelschiene

Vorhandene Abflussrohre müssen bei der Planung berücksichtigt werden

3.1.4   Aufbringen eines Wärmedämmverbundsystems – Details

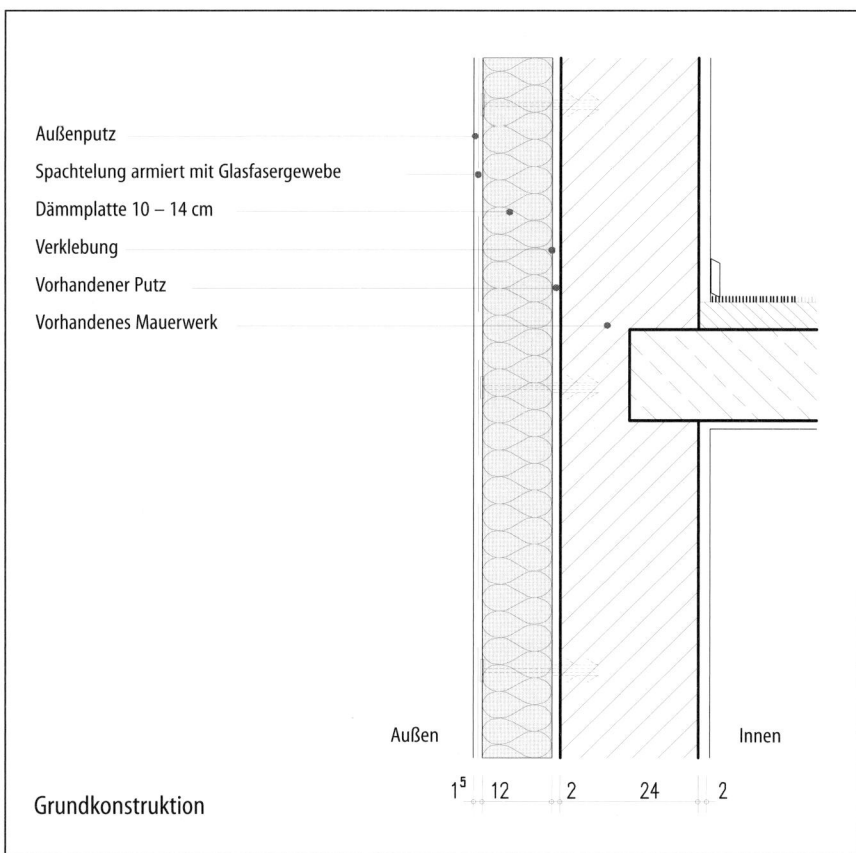

Außenputz
Spachtelung armiert mit Glasfasergewebe
Dämmplatte 10 – 14 cm
Verklebung
Vorhandener Putz
Vorhandenes Mauerwerk

Außen

Innen

1^5 12   2   24   2

Grundkonstruktion

Grundkonstruktion

Aufkleben der Dämmplatten auf haftfesten Untergrund

Zusätzliche Verdübelung bei ungenügender Haftfestigkeit des Untergrundes

Aufbringen der Spachtelung auf die Dämmplatten

Einbetten von Glasfasergewebe in die Spachtelung

Einbetten von verstärktem Gewebe in Bereichen hoher mechanischer Beanspruchung

Aufbringen von Kunstharz- (2 bis 3 mm) oder Mineralputz (12 bis 15 mm)

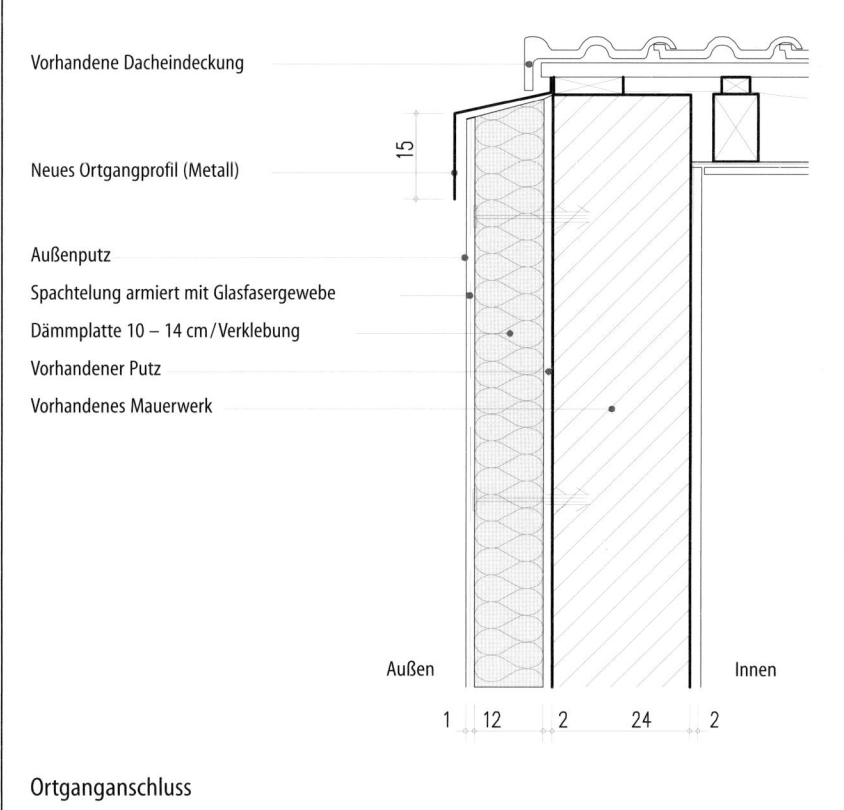

Vorhandene Dacheindeckung

Neues Ortgangprofil (Metall)

15

Außenputz
Spachtelung armiert mit Glasfasergewebe
Dämmplatte 10 – 14 cm / Verklebung
Vorhandener Putz
Vorhandenes Mauerwerk

Außen

Innen

1   12   2   24   2

Ortganganschluss

Ortganganschluss

Bei Neueindeckung ist die Ausbildung dieses Detailpunktes unkritisch, da die neue Dacheindeckung auskragen und das Wärmedämmverbundsystem überdecken kann.

Problematischer wird es bei Erhalt der Dacheindeckung. Der Dachüberstand ist im Allgemeinen zu gering, um von dem Dämmsystem unterfahren werden zu können.

Zur Abdeckung des Dämmsystems muss deshalb ein neues Ortgangprofil aus Zink oder Aluminium montiert werden.

Alternativ kann eine Ziegelreihe ergänzt werden, wenn die Dachziegel noch erhältlich sind.

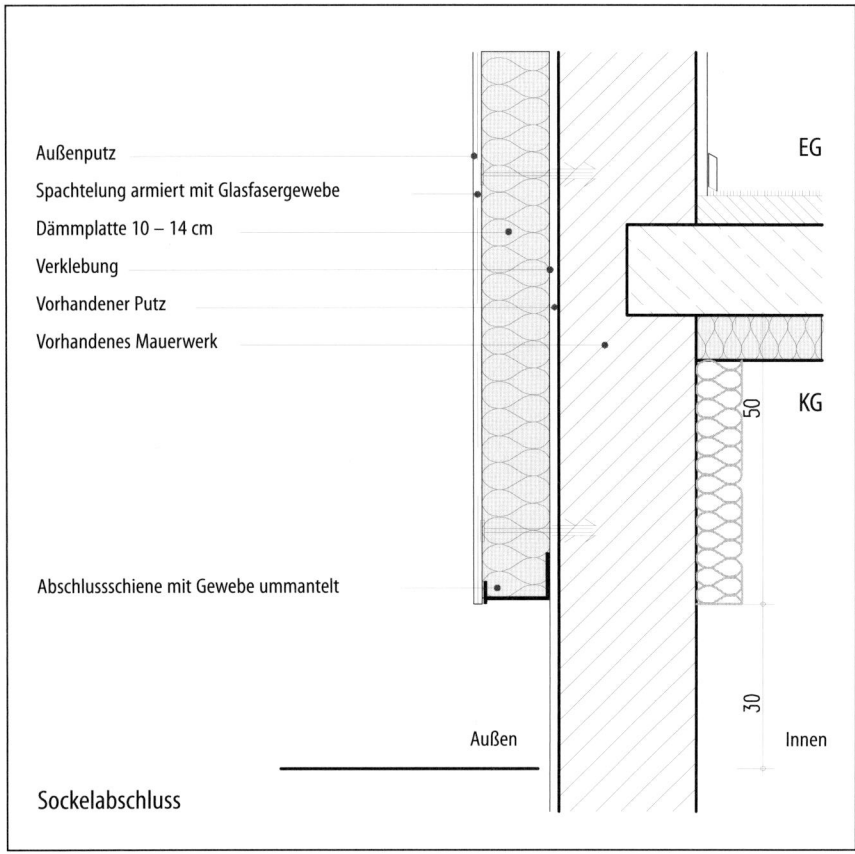

Außenputz

Spachtelung armiert mit Glasfasergewebe

Dämmplatte 10 – 14 cm

Verklebung

Vorhandener Putz

Vorhandenes Mauerwerk

Abschlussschiene mit Gewebe ummantelt

EG

KG

50

30

Außen   Innen

Sockelabschluss

Sockelabschluss

Wird das Dämmsystem nicht bis ins Erdreich geführt, sollte es über Spritzwasserhöhe enden.

Für den unteren Abschluss ist eine Profilschiene mit Abtropfkante zu verwenden. Die Schiene ist mit zusätzlichen Gewebeeinlagen zu ummanteln.

Bei unbeheizten Kellerräumen ist die Außenwand bis 50,0 cm unter die Decke zu dämmen, um Tauwasserschäden im unteren Innenwandbereich zu vermeiden.

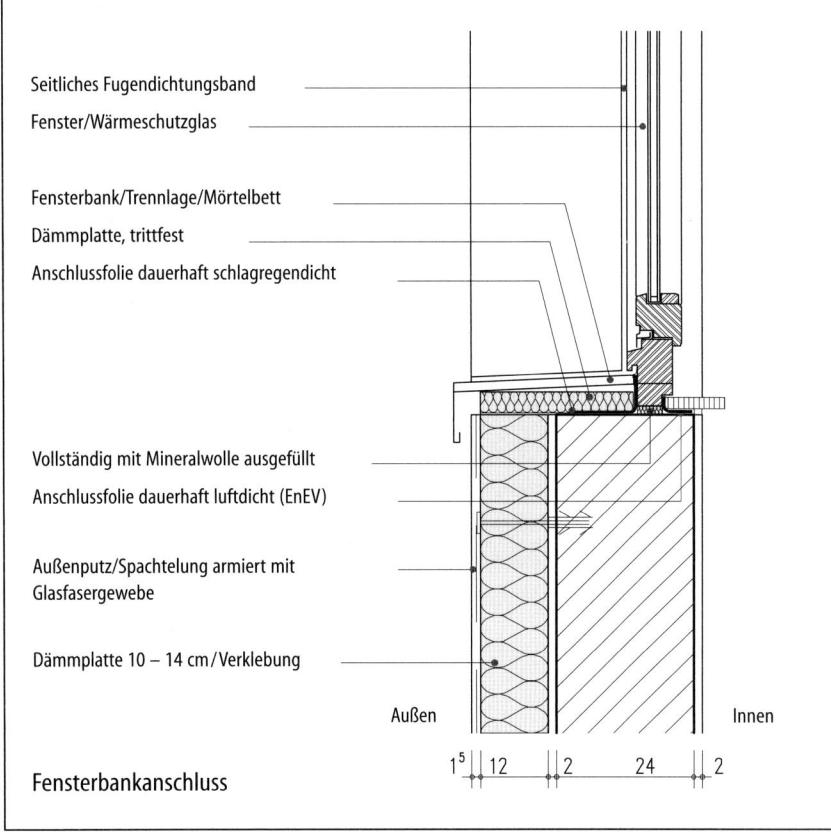

Seitliches Fugendichtungsband

Fenster/Wärmeschutzglas

Fensterbank/Trennlage/Mörtelbett

Dämmplatte, trittfest

Anschlussfolie dauerhaft schlagregendicht

Vollständig mit Mineralwolle ausgefüllt

Anschlussfolie dauerhaft luftdicht (EnEV)

Außenputz/Spachtelung armiert mit Glasfasergewebe

Dämmplatte 10 – 14 cm / Verklebung

Außen   Innen

1⁵   12   2   24   2

Fensterbankanschluss

Fensterbankanschluss

Die Dämmung ist möglichst immer bis an das Fenster heranzuführen. Wenn die Fenster erneuert werden, sind deshalb überbreite Blendrahmen vorzusehen. In jedem Fall ist die Leibung mindestens mit 2,0 cm bis 3,0 cm Dämmung zu bekleiden.

Die für Wärmedämmverbundsysteme verwendeten Dämmstoffe verfügen im Allgemeinen über eine ausreichende Druckfestigkeit, die ihre Verwendung als Fensterbankunterlage gestatten.

Fensterbänke müssen vollflächig untermörtelt sein.

Innen sollte eine Folie als Luftdichtigkeitsschicht vorgesehen werden, außen eine Folie, die dauerhaft Schlagregendichtigkeit garantiert. Innen angebrachte Folien sind dampfdichter als außen angebrachte.

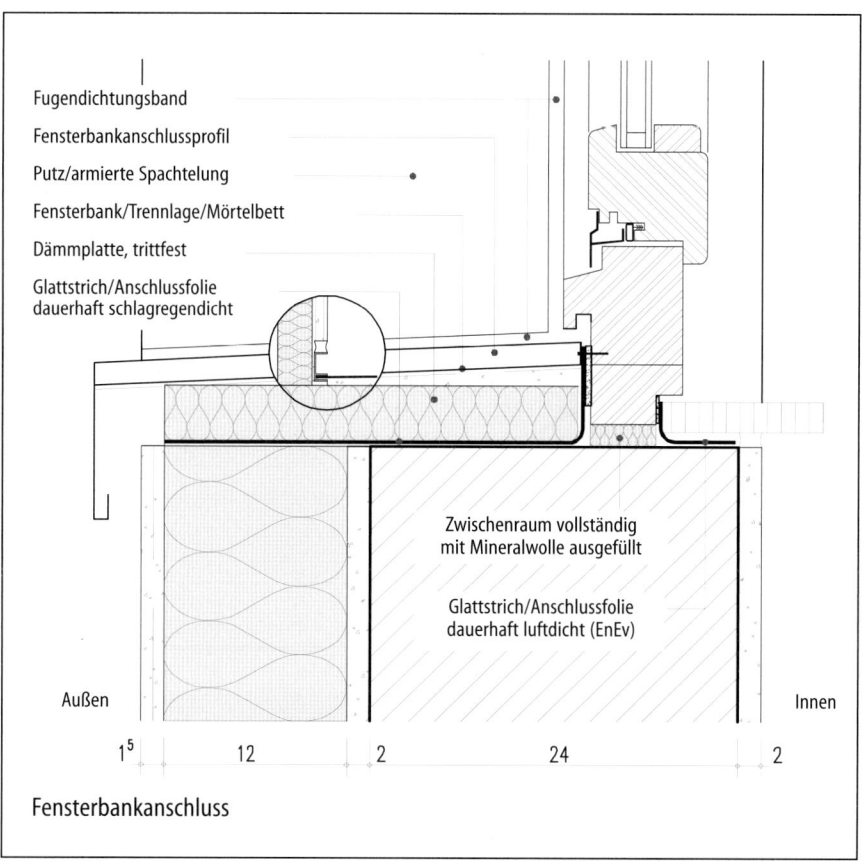

Fugendichtungsband

Fensterbankanschlussprofil

Putz/armierte Spachtelung

Fensterbank/Trennlage/Mörtelbett

Dämmplatte, trittfest

Glattstrich/Anschlussfolie
dauerhaft schlagregendicht

Zwischenraum vollständig
mit Mineralwolle ausgefüllt

Glattstrich/Anschlussfolie
dauerhaft luftdicht (EnEv)

Außen

Innen

1^5 12 2 24 2

Fensterbankanschluss

Fensterbankanschluss

Direkt eingeputzte Fensterbankprofile führen zu Abrissen im Putz und damit zum Eindringen von Feuchtigkeit.

Um dies zu vermeiden, sind Fensterbankanschlussprofile in den Putz einzusetzen.

Die Anschlussprofile gewährleisten eine sichere Wasserableitung und können thermische Längenänderungen der Fensterbank aufnehmen.

Das Anschlussprofil wird sinnvollerweise mit einem Fugendichtungsband hinterlegt.

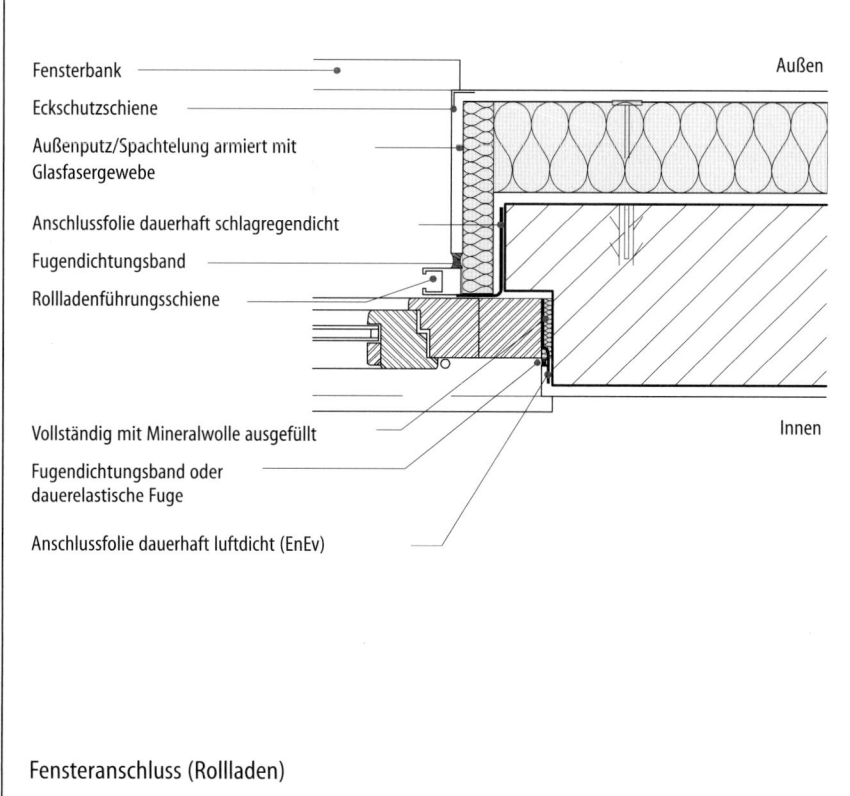

Fensterbank

Eckschutzschiene

Außenputz/Spachtelung armiert mit
Glasfasergewebe

Anschlussfolie dauerhaft schlagregendicht

Fugendichtungsband

Rollladenführungsschiene

Außen

Innen

Vollständig mit Mineralwolle ausgefüllt

Fugendichtungsband oder
dauerelastische Fuge

Anschlussfolie dauerhaft luftdicht (EnEv)

Fensteranschluss (Rollladen)

Anschluss mit Rollladenschiene

Bei Verwendung von Rollladenschienen sind möglichst überbreite Blendrahmen zu verwenden, um die Dämmung ohne Querschnittsminderung an das Fenster heranzuführen.

Der Anschluss ist mit Fugendichtband zu schließen.

Auf jeden Fall ist die Leibung mindestens mit 2,0 cm Dämmstoff zu bekleiden.

Die Fensterbank muss die Rollladenführungsschiene unterfahren, um einen sicheren Wasserablauf zu gewährleisten.

Gegebenenfalls kann es sinnvoll sein, den gesamten Bereich vor der Montage von Fenster und Rollladenprofil mit einer Folie abzukleben. So wird ein Unterlaufen sicher verhindert.

3.1.5   Einbau einer inneren Wärmedämmung – Erläuterung

Der Einbau von Innendämmungen ist immer dann erforderlich, wenn *gestalterische Gründe* eine zusätzliche äußere Wärmedämmung nicht zulassen. Dies ist zum Beispiel der Fall bei:

- Fachwerkhäusern mit erhaltens- und darstellenswerter Holzkonstruktion,
- Gründerzeithäusern mit aufwändig gestalteten Stuckfassaden,
- Gebäuden mit erhaltenswerter Natursteinverkleidung oder massiven Natursteinfassaden,
- erhaltenswerten Sichtmauerwerksbauten.

Den Vorteilen bei der Erhaltung der vorhandenen Fassade stehen eine *Reihe von Problemen* gegenüber.

Innendämmungen können ohne Beeinträchtigung der Innenraumnutzung nicht eingebaut werden:

- Die Innenseiten der Außenwände müssen frei zugänglich sein, das heißt die Möblierung und zum Beispiel die Teppichböden müssen entfernt werden.
- Einbauschränke, Installationen (Heizkörper) und Fußleisten müssen demontiert und später wieder eingebaut werden.
- Elektrodosen müssen verlängert werden. Der Anschluss der Dampfsperre wird schwierig.
- An den Innenseiten der Fensterleibungen muss, wenn die Fenster nicht erneuert werden, der Putz abgeschlagen werden, um Platz für zusätzliche Dämmung in der Leibung zu gewinnen.
- Die erhöhten Anforderungen der Energieeinsparverordnung lassen sich durch Innendämmung zunehmend schwerer umsetzen.

Daneben sind eine Reihe von *bauphysikalischen* Problemen zu beachten:

- Der vorhandene Außenwandquerschnitt steht als Speicherkapazität und damit als Regulativ für die Innenraumtemperatur nicht mehr zur Verfügung.
- Die feuchtigkeitsregulierende Wirkung des Wandquerschnitts für das Innenraumklima wird eingeschränkt.
- Der Außenwandquerschnitt ist vom relativ konstanten Temperaturverlauf des Innenraumes abgekoppelt und verstärkt den Temperaturschwankungen des Außenklimas unterworfen. Die Folge sind verstärkte thermische Längenänderungen der Außenwandkonstruktion.
- Durch die geringere Erwärmung der Außenwand während des Winterhalbjahres wird die Austrocknung eingedrungener Feuchtigkeit erschwert.
- An Unterbrechungen oder Schwächungen der Innenwanddämmung, zum Beispiel an Fensterleibungen oder einbindenden Bauteilen, kann es wegen des starken Temperaturgefälles verstärkt zu Kondensat- und damit zu Schwärzepilzbildung kommen.
- Die Temperatur an der Innenseite oder innerhalb des vorhandenen Außenwandquerschnitts kann so weit absinken, dass es zu kritischer Kondensatbildung kommt.

- Die Schalldämmung von Außenwänden und die Schall-Längsleitung werden bei Verwendung schalltechnisch »harter« Dämmstoffe erheblich verschlechtert, wenn die Dämmstoffe direkt auf die Wand geklebt werden.
- Besonders schwierig ist die Ausbildung einer funktionsfähigen und sorgfältig abgedichteten Luftdichtigkeitsschicht/Dampfsperre.

Diese Aspekte müssen bei der Planung und Anwendung von Innendämmsystemen unbedingt beachtet werden.

Dem stehen folgende Vorteile von Innendämmungen gegenüber:

- Die Aufheizzeiten der Innenräume werden deutlich verringert. Dies ist besonders wichtig bei Räumen, die nicht konstant beheizt werden.
- Durch die schnelle Aufheizung von Innenwandoberflächen wird die Gefahr von Oberflächenkondensatbildung verringert.
- Die äußere Erscheinung von Gebäuden bleibt unverändert erhalten.
- Arbeiten an der Fassade sind nicht erforderlich (kein Gerüstbau).
- Unebenheiten von Wandoberflächen oder Fehlstellen des Innenputzes werden durch Einbau der Innendämmung überdeckt beziehungsweise ausgeglichen.

Bei sichtbaren Fachwerkkonstruktionen kann eine zusätzliche Wärmedämmung nur innen angebracht werden

Besonders schwierig sind »Mischformen aus innerer und äußerer
Wärmedämmung«

Anbringen einer inneren Wärmedämmung

3.1.6   Einbau einer inneren Wärmedämmung – Details

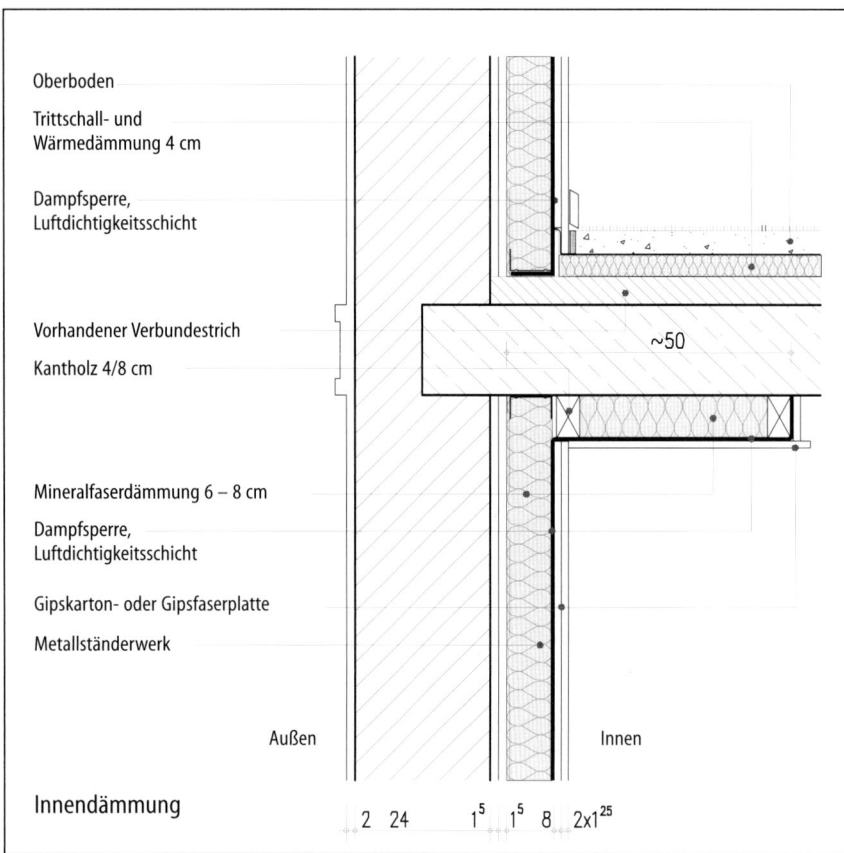

Oberboden

Trittschall- und
Wärmedämmung 4 cm

Dampfsperre,
Luftdichtigkeitsschicht

Vorhandener Verbundestrich

Kantholz 4/8 cm

Mineralfaserdämmung 6 – 8 cm

Dampfsperre,
Luftdichtigkeitsschicht

Gipskarton- oder Gipsfaserplatte

Metallständerwerk

Außen   Innen

~50

Innendämmung

2   24   1^5 1^5 8   2x1^{25}

Die folgenden Zeichnungen zeigen die Lösungen wichtiger Anschlussdetails.

Grundkonstruktion

- Aufstellen von Metallständerwerk
- Einbringen von Mineralfaserdämmstoffen zwischen den Metallständern
- Einbau einer Dampfsperre/Luftdichtigkeitsschicht
- Anbringen von Gipsfaser- oder Gipskartonplatten
- Anbringen von Lattung, Wärmedämmung, Dampfsperre und Bekleidung an ca. 50,0 cm breiten Deckenstreifen
- Einbau zusätzlicher Wärmedämmung oberhalb massiver Geschossdecken

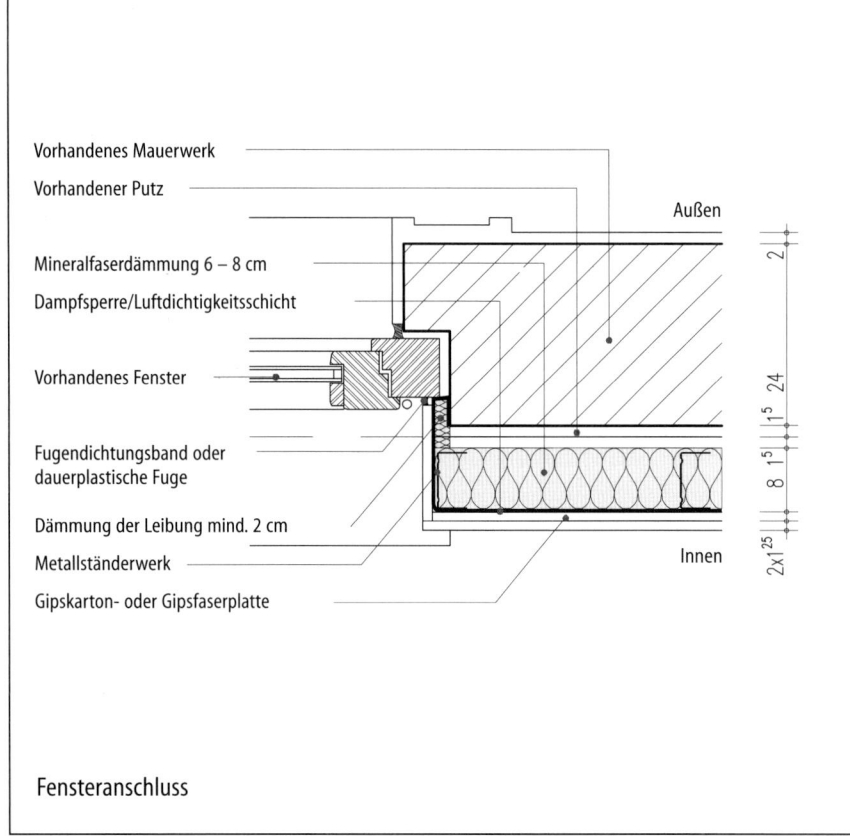

Vorhandenes Mauerwerk

Vorhandener Putz

Mineralfaserdämmung 6 – 8 cm

Dampfsperre/Luftdichtigkeitsschicht

Vorhandenes Fenster

Fugendichtungsband oder
dauerplastische Fuge

Dämmung der Leibung mind. 2 cm

Metallständerwerk

Gipskarton- oder Gipsfaserplatte

Außen

Innen

2   24   1^5 1^5 8   2x1^{25}

Fensteranschluss

Fensteranschluss

- Abschlagen des vorhandenen Putzes im Leibungsbereich
- Einbau von Wärmedämmung, Dampfsperre, Gipskarton- beziehungsweise Gipsfaserplatte
- In der Leibung soll die gleiche Dämmstoffdicke wie im Wandbereich montiert werden. Es sind mindestens 2,0 cm Dämmstoffdicke vorzusehen
- Wichtig: Dampfsperre/Luftdichtigkeitsschicht im Leibungsbereich und luftdichter Anschluss am Mauerwerk und Fenster

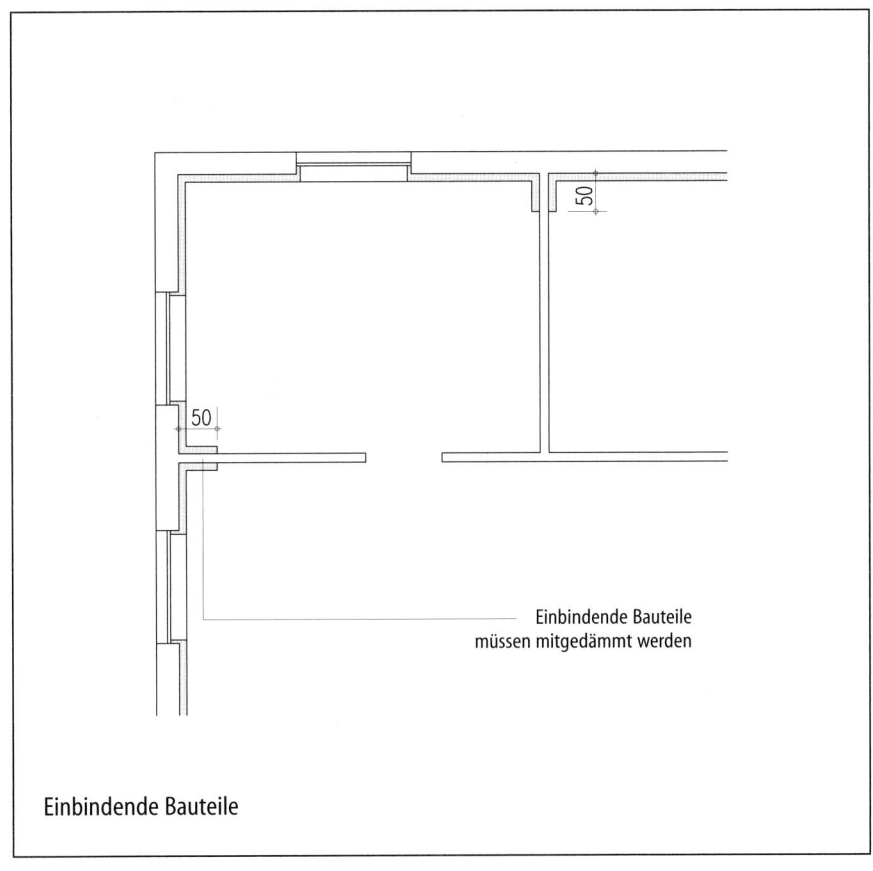

Einbindende Bauteile

Einbindende Bauteile: Wände und Decken

Bei der Innendämmung von Gebäuden müssen einbindende Bauteile, sofern sie aus gut wärmeleitenden Materialien bestehen, mindestens 50,0 cm mitgedämmt werden.

Dies gilt sowohl für einbindende Wände als auch für einbindende Decken.

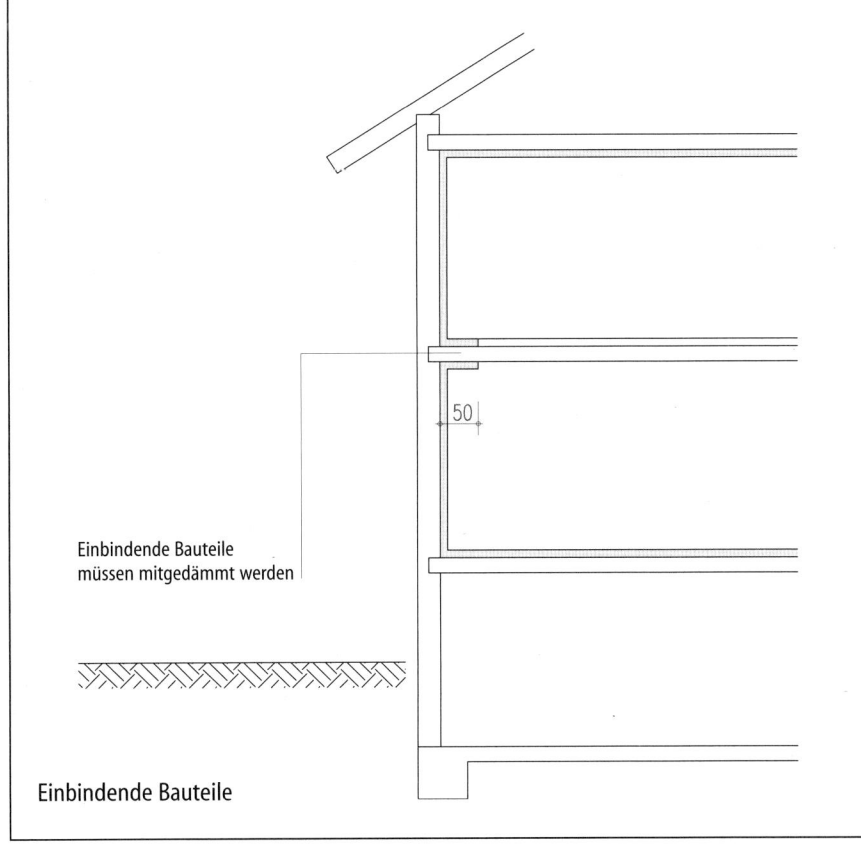

Einbindende Bauteile

Einbindende Bauteile: Fußböden

Während die teilweise Dämmung an Zwischenwänden und Decken technisch lösbar ist und lediglich ein Problem der Gestaltung darstellt, ist die teilweise Dämmung der Fußböden vor allem ein konstruktives Problem.

Eine Lösung besteht nur darin, einen komplett neuen Fußboden, zum Beispiel einen schwimmenden Estrich, einzubauen, will man nicht im Außenwandbereich ein durchlaufendes Podest erhalten.

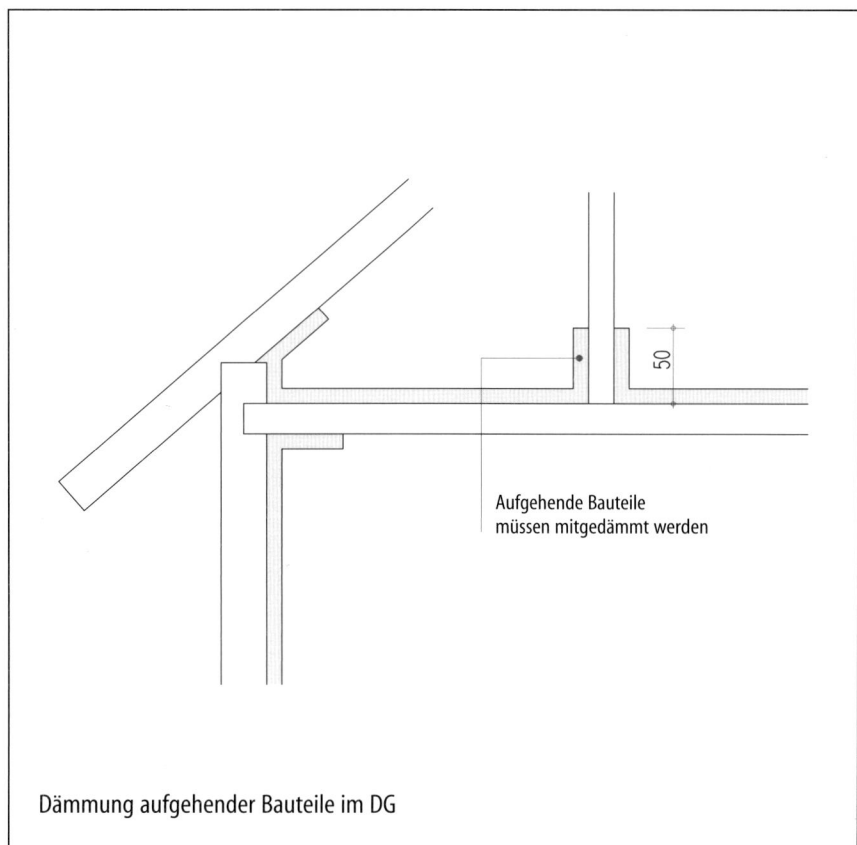

Aufgehende Bauteile
müssen mitgedämmt werden

50

Dämmung aufgehender Bauteile im DG

Dämmung aufgehender Bauteile im DG

Aufgehende Bauteile im Dachgeschoss, wie Wände, Kamine, müssen zumindestens bis zu einer Höhe von 50 cm mitgedämmt werden, weil sie sonst wie Kühlrippen wirken und zu Wärmeverlusten und Kondensatschäden führen.

3.2 Problempunkt:
Vertikal aufsteigende Feuchtigkeit in Außenwänden

Durchfeuchtung von Außenwänden

Durchfeuchtung von Außenwänden ist ein nahezu schon klassisches Problem bei alten Häusern. Vornehmlich die Kellerbereiche, seltener die Erdgeschosse, weisen Durchfeuchtungen auf.

Leider viel zu schnell wird aus diesem Schadensbild der voreilige Schluss gezogen, dass es sich hierbei nur um aufsteigende Feuchte handeln kann.

Aufsteigende Feuchtigkeit ist ein sehr häufiger Grund für die Durchfeuchtung von Außenwänden, aber beileibe nicht der einzige. Bevor man an dieser Stelle mit einer Sanierung beginnt, sollte man unbedingt die Gründe für die Durchfeuchtung sorgfältig analysieren.

Mögliche Ursachen für die Durchfeuchtung von Außenwänden können sein:

- undichte Wasser- oder Abwasserleitungen,
- undichte Regenfallrohre,
- stauendes Wasser wegen defekter Hofabläufe,
- Beschädigung der äußeren senkrechten Abdichtung,
- defekte Kellerlichtschächte,
- Kondensatfeuchte,
- hohe Salzbelastung,
- fehlende Horizontalsperre.

Viel zu häufig steht die fehlende Horizontalsperre an erster Stelle der möglichen Schadensursachen. Völlig zu Unrecht, wie viele Untersuchungen an alten Häusern gezeigt haben.

Wenn man sich die Mühe macht und sehr genau untersucht, wird man in den allermeisten Fällen eine Horizontalsperre vorfinden. Häufig liegt sie in der dritten oder vierten Ziegelschicht über dem Kellerboden oder zwei bis drei Ziegelschichten unter der Kellerdecke. Zumeist kann die Sperrschicht sehr deutlich an der unterschiedlichen Färbung des Kellermauerwerks erkannt werden: dunkel/ feucht unterhalb der Sperre, trocken/hell oberhalb.

Die Funktionsfähigkeit auch alter Sperrschichten ist nur sehr selten beeinträchtigt. Insbesondere wenn es sich um Teerpappen handelt, gibt es keinen plausiblen Grund, warum eine, ohne Beeinträchtigung und ruhig in ihrer Mörtelfuge liegende, Dichtschicht sich auflösen oder verflüchtigen sollte.

Aufsteigende Feuchtigkeit

In einigen Fällen wird man natürlich auch aufsteigende Feuchtigkeit in erdnahen Mauerwerksteilen vorfinden. Es handelt sich hierbei um kapillar aufsteigendes Wasser, das durch Kontakt mit feuchtem Erdreich in Außenwände und Fundamente eindringt. Obwohl schon lange Verfahren zur Horizontalisolierung bekannt waren (verwendet wurden zum Beispiel Bleiplatten, Rohglastafeln, Klinker in Asphaltmörtel, Schieferplatten, aber auch schon Dachpappe), wurde bisweilen, vor allem aus Kostengründen, auf den Einbau solcher Sperrschichten verzichtet. Oder die Sperren wurden nur direkt unter der Kellerdecke und nicht schon über dem Kellerfußboden eingebaut. Ursprünglich war diese Abdichtung für die einfache Nutzung des Kellers völlig ausreichend, erst bei veränderter Nutzung des Kellers kommt es zu Konflikten.

Solange Oberflächen von Außenwänden gut belüftet waren, konnte das aufsteigende Wasser, selbst bei ungenügender Abdichtung, durch Verdunstung an die Umgebungsluft abgegeben werden.

Im Regelfall war das Erdgeschoss so weit über Erdreich angeordnet, dass im Bereich des Sockels und im Bereich der meist gut belüfteten Kellerinnenwände so viel Wasser verdunsten konnte, dass Beeinträchtigungen im Erdgeschoss nicht mehr auftraten.

Ungeeignete Maßnahmen

Zu Problemen kommt es immer dann, wenn Verdunstungsflächen nicht in ausreichendem Maße vorhanden sind oder die Verdunstung behindert wird. Dies kann zum Beispiel geschehen durch Unterbinden der Kellerlüftung (Einbau neuer dichter Kellerfenster) oder durch unsachgemäße Abdichtung vorhandener Wandoberflächen.

So bringt der Auftrag von Sperrputz auf durchfeuchteten Wandoberflächen meist nicht den gewünschten Erfolg, da die Feuchtigkeit in der Wand über den verputzten Bereich hinweg aufsteigt und neue Bereiche (zum Beispiel im Erdgeschoss) schädigt.

Aufsteigende Feuchtigkeit führt zu großflächigen Putzzerstörungen

Untersuchung der Konstruktion

Bevor Maßnahmen gegen aufsteigende Feuchtigkeit unternommen werden, ist deshalb zu prüfen, ob nicht schon durch geeignete Belüftung das Problem beseitigt werden kann.

Außerdem ist zu prüfen, ob es sich bei der Feuchtebelastung tatsächlich um kapillar aufsteigendes Wasser handelt.

Die Durchfeuchtungen können zum Beispiel auch hervorgerufen werden durch Niederschlagswasser, das an der Fassade herabläuft, oder durch Spritzwasser im Sockelbereich.

Besonders wichtig ist auch die Kontrolle des Mauerwerks auf etwa vorhandene Salze, die Feuchtigkeit aus der Luft aufnehmen und anlagern.

Gegebenenfalls ist auch eine falsche oder fehlende Vertikalisolierung Ursache der Durchfeuchtung.

Eine Beurteilung der Durchfeuchtung der Außenwand kann am sichersten erfolgen durch Entnahme von Bohrkernen, Untersuchung der Materialproben auf ihren Feuchte- und Salzgehalt und Aufstellen eines Feuchteprofils für den gesamten Wandquerschnitt.

Einbau von Horizontalsperren

Sollte die Untersuchung die Notwendigkeit des Einbaus von Horizontalsperren ergeben, stehen folgende Verfahren zur Verfügung:

1. *Mauersägeverfahren mit* Einschub von Dichtungsbahnen und Verpressung des Sägeschlitzes
2. *Konventionelle abschnittsweise Mauertrennung von Hand,* Einbau von Dichtungsbahnen und anschließende Ausmauerung des Mauerschlitzes
3. *Mauertrennung durch Einrammen von Edelstahlblechen* in durchgehende Lagerfugen
4. *Injektage von Dichtungsmitteln* im Bohrlochtränkverfahren
5. *Elektro-osmotische Trockenlegungsmaßnahmen*

Auswahl des geeigneten Verfahrens

Vor Anwendung der Verfahren ist zu prüfen, ob sich das vorhandene Mauerwerk für das ausgewählte Abdichtungsverfahren eignet. Für die sinnvolle Anwendung müssen immer bestimmte Randbedingungen erfüllt sein.

Für die Injektage von Dichtungsmitteln zum Beispiel sind nicht alle Mauerwerksarten geeignet, zweischaliges Mauerwerk mit Verfüllung weist oft große Hohlräume auf, die zunächst verpresst werden müssen, bevor Injektagemittel eingebracht werden können.

Mauerwerk mit hoher Durchfeuchtung, also mit großem Wassergehalt in Kapillaren und Poren, ist ebenfalls nicht für Injektageverfahren geeignet, weil keine freien Kapillaren und Poren zur Aufnahme des Injektagemittels zur Verfügung stehen. Eine Verdrängung des Wassers durch Injektagemittel ist nicht möglich.

Mauertrennverfahren, bei denen Edelstahlbleche eingerammt werden, können nur bei Mauerwerk mit durchgehenden Lagerfugen oder bei weichem Mauerwerk angewendet werden. Außerdem ist bei diesem Verfahren dem

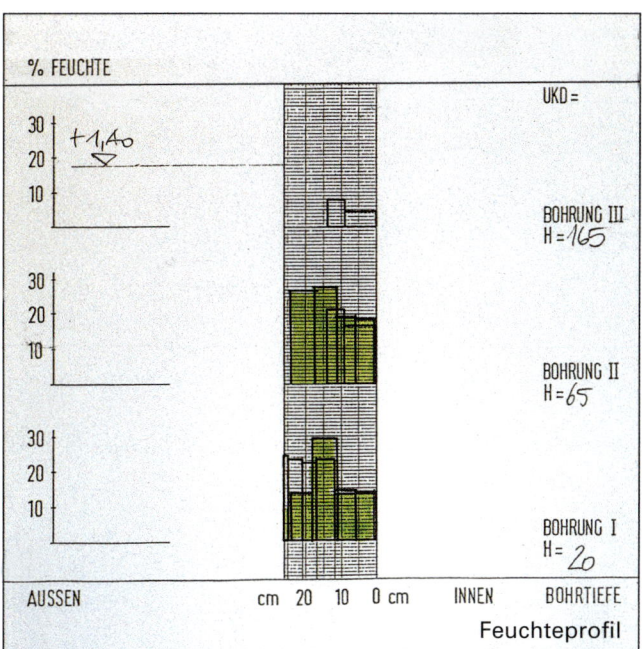

Vorhandene Durchfeuchtung einer untersuchten Wand

Aufsägen einer Wand, um nachträglich eine Dichtung einzubauen

Einrammen von Edelstahlblechen

Trichterreihe zur Dichtungsmittelinjektage

Salzbelasteter Wandbereich

Korrosionsschutz große Aufmerksamkeit zu widmen, gegebenenfalls sind, zum Beispiel bei hohem Chloridgehalt des Mauerwerks, Chromnickelmolybdänstähle einzusetzen.

Bei allen Mauertrennverfahren ist sicherzustellen, dass Horizontalkräfte während und nach der Mauertrennung aufgenommen werden können. Vor allem Gewölbeschub muss hier unbedingt beachtet werden.

Nach dem Einbau von nachträglichen Horizontalsperren kann es erforderlich sein, die Oberfläche von jetzt trockengelegten Wandbereichen zu behandeln, damit zum einen Restfeuchtigkeit aus der Wand abtrocknen kann und zum anderen ein weiteres Absanden des Putzes und das Auftreten von Salzausblühungen verhindert werden.

Wegen des hier allgemein sehr hohen Salzgehaltes, hervorgerufen durch die ständige Wasserverdunstung, eignen sich zur Behandlung vor allem Sanierputze entsprechend den WTA-Richtlinien.

Diese Sanierputze sind werkgemischte Trockenmörtel, die besondere Anforderungen hinsichtlich Festigkeit, Zusammensetzung, Luftporengehalt, Salzaufnahmefähigkeit und Wasserdampfdiffusionsfähigkeit erfüllen.

Sie lassen die in der Wand enthaltene Feuchtigkeit hindurchdiffundieren und können wasserlösliche Salze, die mit dem Wasser transportiert werden, schadensfrei im Putzgefüge anlagern.

3.2.1   Übersicht über Lösungsmöglichkeiten

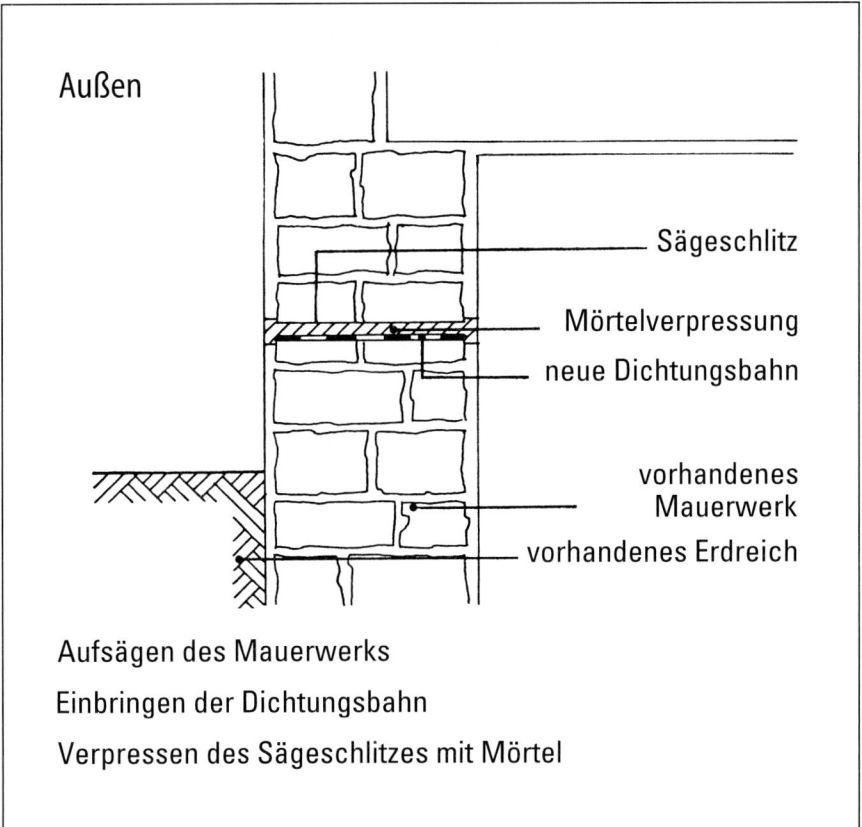

Außen

Sägeschlitz

Mörtelverpressung

neue Dichtungsbahn

vorhandenes Mauerwerk

vorhandenes Erdreich

Aufsägen des Mauerwerks

Einbringen der Dichtungsbahn

Verpressen des Sägeschlitzes mit Mörtel

Maschinelle Mauertrennung	
Baukosten	Ca. 440,– €/m²
Erforderliche begleitende Maßnahmen	Evtl. Schaffung eines Arbeitsraumes
Instandhaltungskosten	Keine
Lebensdauer der Dichtung	40 bis 50 Jahre
Die Einbauzeiten sind so stark abhängig vom vorhandenen Wandmaterial, vom angewendeten Trennverfahren und von der Zugänglichkeit des Mauerwerks, dass verlässliche Werte nicht genannt werden können. Aus diesem Grund sollten Einbauzeiten nicht als ausschlaggebende Einflussgrößen angesehen werden.	
Ausführung durch	Fachfirma
Anmerkungen	Gewölbeschub beachten

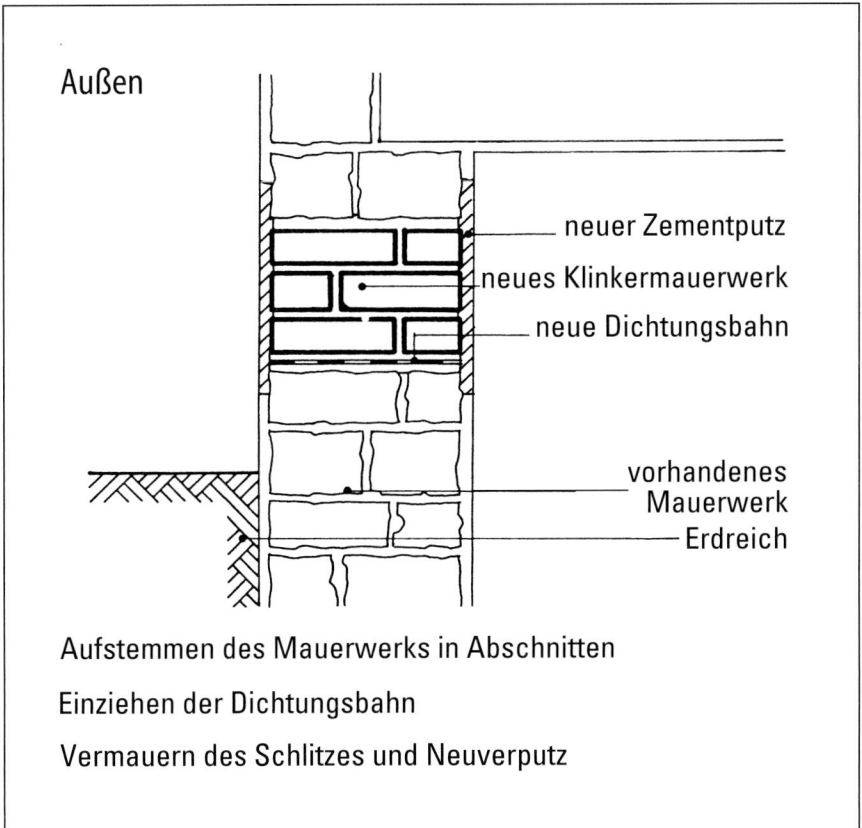

Außen

neuer Zementputz

neues Klinkermauerwerk

neue Dichtungsbahn

vorhandenes Mauerwerk

Erdreich

Aufstemmen des Mauerwerks in Abschnitten

Einziehen der Dichtungsbahn

Vermauern des Schlitzes und Neuverputz

Mauertrennung von Hand	
Baukosten	Ca. 620,– €/m²
Erforderliche begleitende Maßnahmen	Evtl. Schaffung eines Arbeitsraumes
Instandhaltungskosten	Keine
Lebensdauer der Dichtung	40 bis 50 Jahre
Die Einbauzeiten sind so stark abhängig vom vorhandenen Wandmaterial, vom angewendeten Trennverfahren und von der Zugänglichkeit des Mauerwerks, dass verlässliche Werte nicht genannt werden können. Aus diesem Grund sollten Einbauzeiten nicht als ausschlaggebende Einflussgrößen angesehen werden.	
Ausführung durch	Bauunternehmung
Anmerkungen	Gefahr der Rissbildung durch Setzungen

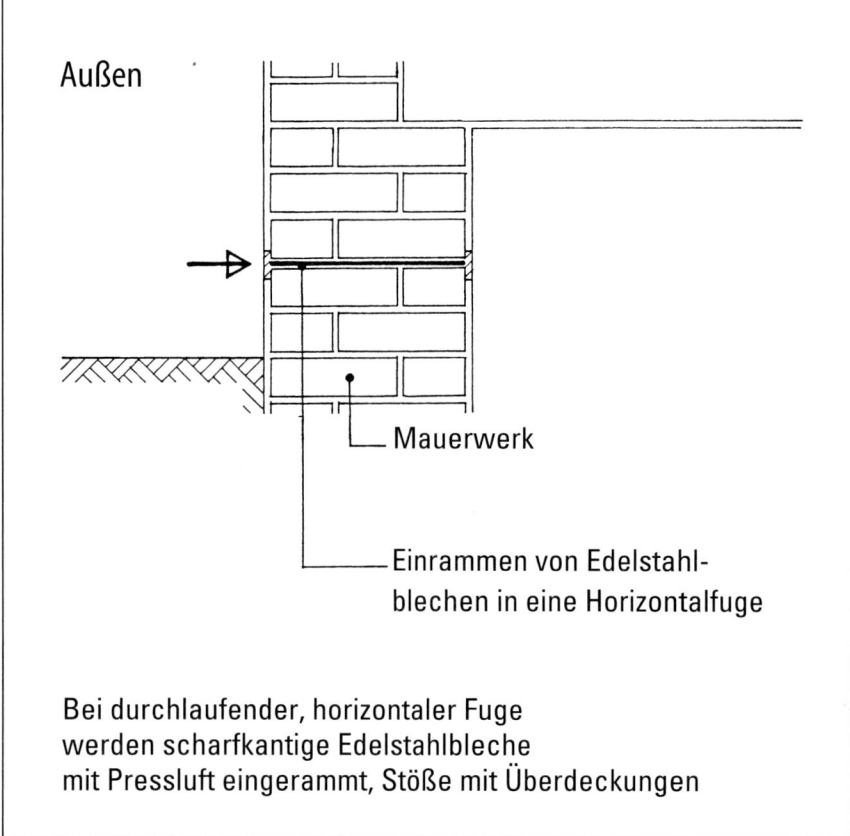

Außen

Mauerwerk

Einrammen von Edelstahl-
blechen in eine Horizontalfuge

Bei durchlaufender, horizontaler Fuge
werden scharfkantige Edelstahlbleche
mit Pressluft eingerammt, Stöße mit Überdeckungen

Einrammen von Edelstahlblechen	
Baukosten	Ca. 455,– €/m²
Erforderliche begleitende Maßnahmen	Evtl. Schaffung eines Arbeits- raumes
Instandhaltungs- kosten	Keine
Lebensdauer der Dichtung	20 bis 50 Jahre, stark abhängig vom Versalzungs- grad des Mauerwerks
Die Einbauzeiten sind so stark abhängig vom vorhandenen Wandmaterial, vom angewendeten Trennverfahren und von der Zugänglichkeit des Mauerwerks, dass ver- lässliche Werte nicht genannt werden können. Aus diesem Grund sollten Einbauzeiten nicht als ausschlaggebende Einflussgrößen angesehen werden.	
Ausführung durch	Fachfirma
Anmerkungen	Gefahr der Rissbildung durch starke Erschütte- rungen beim Einrammen der Bleche

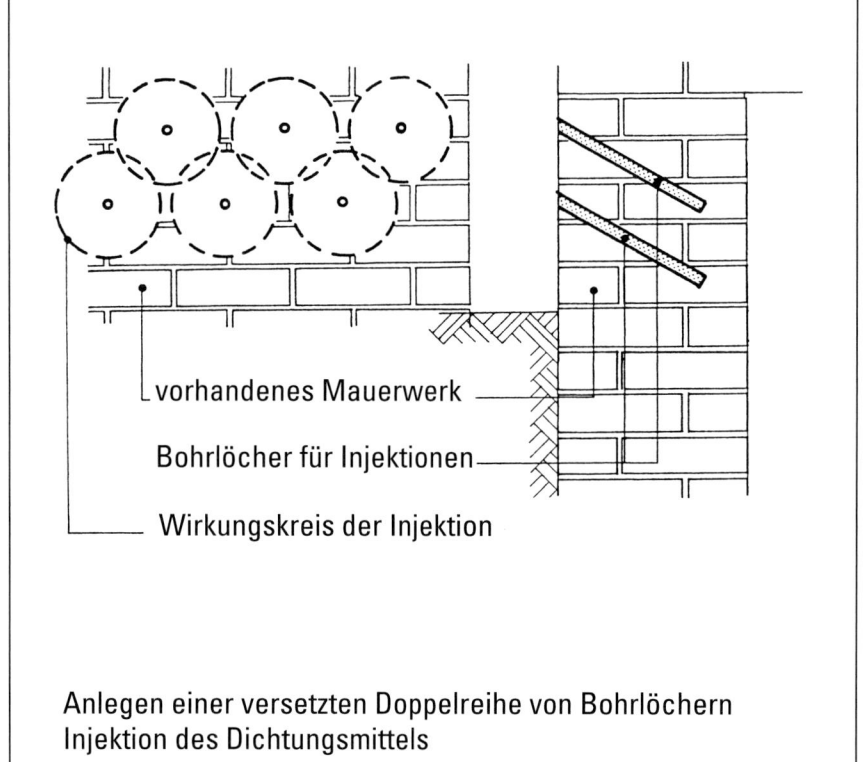

vorhandenes Mauerwerk

Bohrlöcher für Injektionen

Wirkungskreis der Injektion

Anlegen einer versetzten Doppelreihe von Bohrlöchern
Injektion des Dichtungsmittels

Injektion von Dichtungsmitteln	
Baukosten	Ohne Druck ca. 300,– €/m² Mit Druck ca. 335,– €/m²
Erforderliche begleitende Maßnahmen	Keine
Instandhaltungs- kosten	Keine
Lebensdauer der Dichtung	10 bis 25 Jahre
Die Einbauzeiten sind so stark abhängig vom vorhandenen Wandmaterial, vom angewendeten Trennverfahren und von der Zugänglichkeit des Mauerwerks, dass ver- lässliche Werte nicht genannt werden können. Aus diesem Grund sollten Einbauzeiten nicht als ausschlaggebende Einflussgrößen angesehen werden.	
Ausführung durch	Fachfirma
Anmerkungen	Keine Beein- flussung der Standsicherheit, Abdichtungsgrad ca. 70 bis 80 %

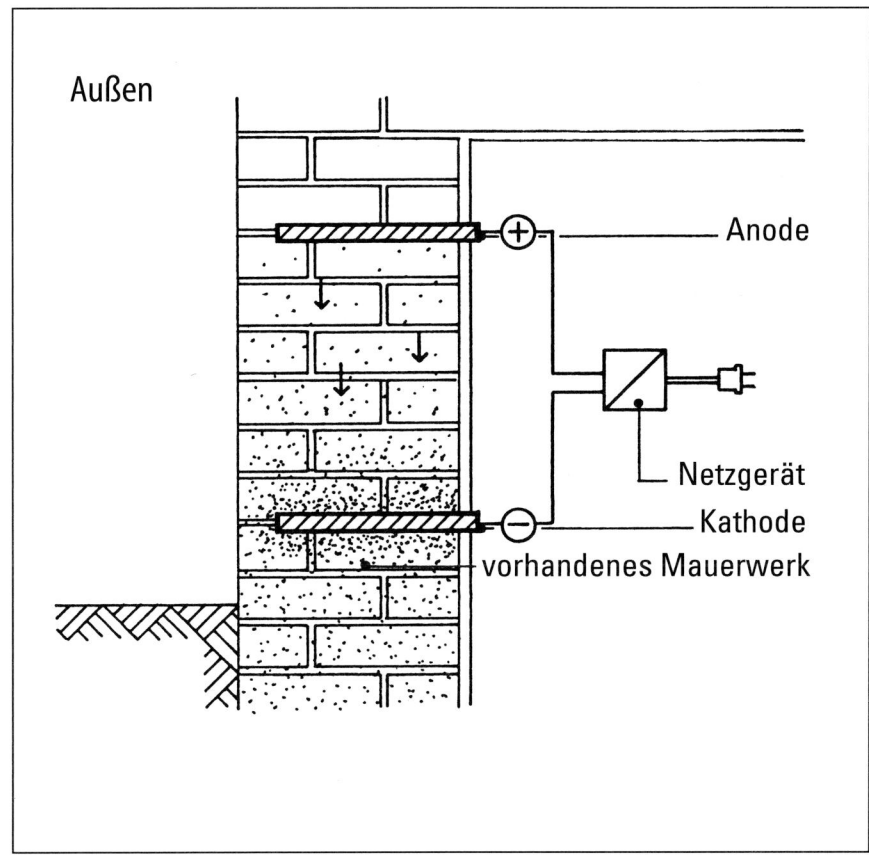

Elektro-osmotische Verfahren

Baukosten	Nach Angebot
Erforderliche begleitende Maßnahmen	Keine
Instandhaltungs-kosten	Keine
Lebensdauer der Dichtung	Ca. 10 Jahre zu erwarten, noch wenig exakte Auswertungs-ergebnisse

Die Einbauzeiten sind so stark abhängig vom vorhandenen Wandmaterial, vom angewendeten Trennverfahren und von der Zugänglichkeit des Mauerwerks, dass verlässliche Werte nicht genannt werden können.
Aus diesem Grund sollten Einbauzeiten nicht als ausschlaggebende Einflussgrößen angesehen werden.

Ausführung durch	Fachfirma
Anmerkungen	Keine Beeinflussung der Standsicherheit, Korrosionsgefahr bei einigen Elektrodenarten

3.2.2 Mauertrennung von Hand und Einbau einer Dichtungsbahn – Erläuterung

Die Mauertrennung von Hand und das Einziehen einer Dichtungsbahn ist sicher das am häufigsten praktizierte Verfahren zur horizontalen Abdichtung von Mauerwerk. Da das Verfahren relativ leicht durchzuführen ist, wird es leider oft oberflächlich gehandhabt und führt damit häufig zu einer ungenügenden Ausführungsqualität. Infolgedessen tritt oft der gewünschte Trocknungsprozess nicht ein, oder es entstehen Folgeschäden (zum Beispiel Setzungen), die den Trocknungseffekt wieder einschränken.

Um zufrieden stellende Ergebnisse zu erzielen, ist Folgendes bei der Durchführung der Arbeiten zu beachten:

Mauerwerk abschnittsweise auftrennen, statische Verhältnisse berücksichtigen

Die Auftrennung des Mauerwerks ist abschnittsweise in Längen von 50,0 bis 100,0 cm vorzunehmen. Für die Wahl der Abschnittslänge sind die statischen Verhältnisse maßgebend: In den Bereichen hoher Belastung, zum Beispiel unter Fensterpfeilern, sind kurze Abschnitte zu wählen, in Bereichen geringer Belastung, zum Beispiel unter Fensterbrüstungen, können längere Arbeitsabschnitte gewählt werden. DIN 1053 »Mauerwerk« ist zu beachten.

Grundsätzlich ist darauf zu achten, dass während und nach der Mauertrennung Horizontalkräfte, zum Beispiel aus Gewölbeschub, aufgenommen werden können.

Die Lage der Auftrennung ist so zu wählen, dass die Abdichtung unbedingt unterhalb der Kellerdecke und möglichst oberhalb der Spritzwasserzone (50 cm über Erdreich) liegt.

Herstellen eines ebenen Mörtelbettes unter der Dichtungsschicht

Vor dem Einbringen der Dichtungsbahn ist das aufgestemmte Mauerwerk mit einer Mörtelschicht (Zementmörtel, Mörtelgruppe II oder III) absolut glatt und so dick zu ebnen, dass die Dichtschicht nicht durch Unebenheiten des Mauerwerks verletzt wird.

Nach Verlegen der Dichtungsbahn sollte diese mit einer zweiten Mörtelschicht abgedeckt werden. Die Aufmauerung sollte erst erfolgen, wenn die Mörtelschichten ausgehärtet sind.

Als zusätzliche Feuchtesperre kann dem Mörtel ein Dichtungsmittel zugesetzt werden.

Einbau der Dichtungsbahn mit Überlappung

Zur Abdichtung können Dichtungsbahnen, Dachabdichtungsbahnen, Bitumendachbahnen oder Kunststoffdichtungsbahnen verwendet werden. Bei Verwendung von Kunststoffdichtungsbahnen ist zu beachten, dass diese bitumenverträglich sein müssen, wenn weitere, zum Beispiel senkrechte, Abdichtungen aus Bitumen aufgebracht werden.

Bei der Auswahl der Dichtungsbahn ist zu bedenken, dass der Preis der Dichtungsbahn im Verhältnis zum Gesamtaufwand der Abdichtungsmaßnahme gering ist.

Es ist mindestens eine Lage Dichtungsbahn zu verlegen, wobei die Überdeckung mindestens 20,0 cm betragen muss. Die Stöße sollten verklebt oder verschweißt werden. Während der Mauerarbeiten ist die vorgesehene Überlänge der Dichtungsbahn im Arbeitsraum aufzurollen oder hochzuklappen.

Abbruch möglichst erschütterungsfrei

Der Abbruch der Mauerwerksschichten soll möglichst erschütterungsfrei, dass heißt also am besten von Hand, erfolgen. Durch mögliche Setzungen ist das Mauerwerk ohnehin schon rissgefährdet. Diese Gefahr soll durch unnötige Erschütterungen beim Stemmen des Wandschlitzes nicht noch verstärkt werden.

Sorgfältiges Verschließen des Wandschlitzes

Nach Verlegen der Dichtungsbahnen ist der Mauerschlitz sorgfältig zu verschließen. Vorzugsweise verwendet man hierfür Klinker, wobei die obersten beiden Schichten aus Keilklinkern bestehen sollten, die erst eingebracht werden, wenn die unteren Mörtelschichten erhärtet sind. Die Keilklinker lassen sich besonders kraftschlüssig einbauen. Alle Fugen sind aus Zementmörtel und so dünn wie möglich herzustellen, um das Schwindmaß und damit die Gefahr von Setzrissen gering zu halten.

Alternativ kann der Kraftschluss zwischen altem und neuem Mauerwerk hergestellt werden, durch Eintreiben von großflächigen Stahlkeilen (selten), Einpressen von erdfeuchtem Stopfmörtel (Zementmörtel) oder Verguss des Zwischenraumes mit Beton (häufig). Hierfür müssen besondere Einfülltrichter geschalt werden, die das Einbringen des Betons über die notwendige Höhe hinaus gestatten. Diese Einfülltrichter sind nach Beendigung der Arbeiten abzustemmen.

Aufsägen der Wand im Inneneckbereich

Sägeschlitz mit eingebrachter
Dichtungsschicht

Abschnittsweises Auftrennen und
Schließen des Mauerwerks von Hand

3.2.3   Mauertrennung von Hand und Einbau einer Dichtungsbahn – Details

Auftrennung des Mauerwerks

- Abschnittsweise Auftrennung des Mauerwerks in Längen von 50,0 bis 100,0 cm
- Einbau der Abdichtung
- Vermauern des Wandschlitzes
- Durchführung flankierender Maßnahmen, zum Beispiel Erneuern des vorhandenen Putzes (durch Sanierputz)

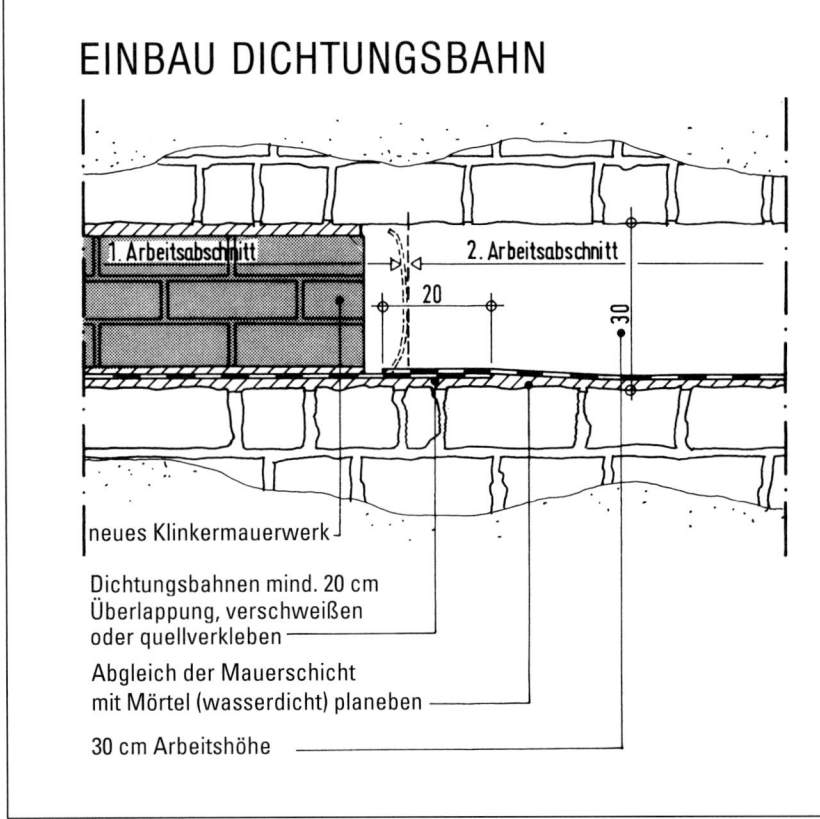

Einbau Dichtungsbahn

- Abgleichen des Untergrundes mit Zementmörtel MG II oder III (evtl. mit wasserdichtem Zusatz), um ebenen Untergrund für die Dichtungsbahnen zu schaffen
- Verlegen der Dichtungsbahn. Die vorzusehende Überlänge der Dichtungsbahn ist im Arbeitsraum hochzuklappen.

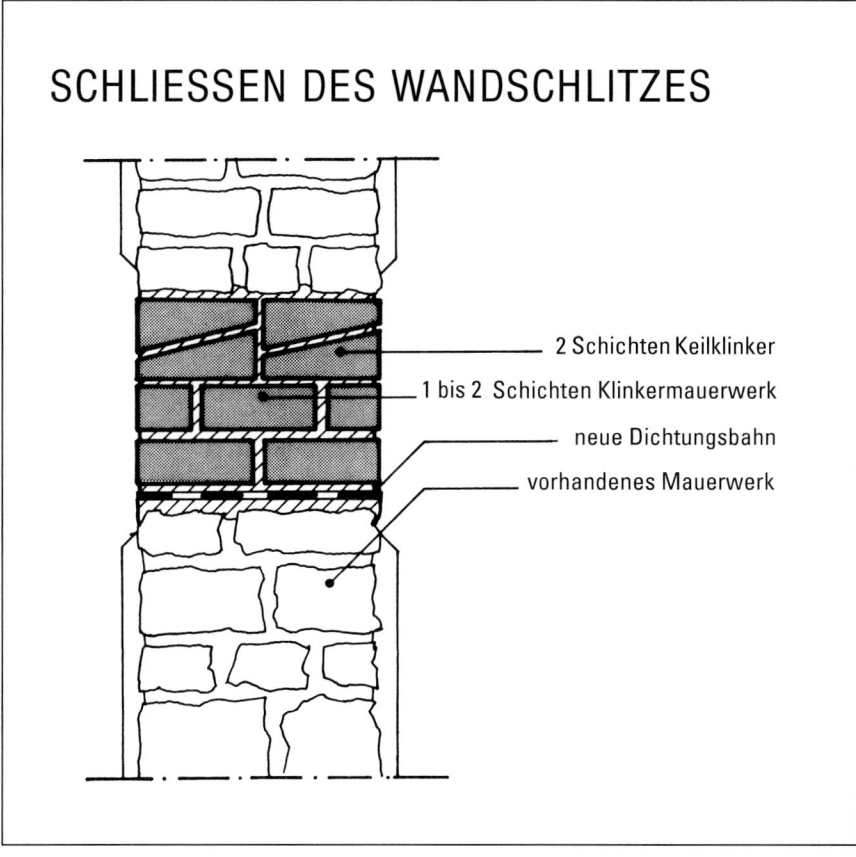

SCHLIESSEN DES WANDSCHLITZES

- 2 Schichten Keilklinker
- 1 bis 2 Schichten Klinkermauerwerk
- neue Dichtungsbahn
- vorhandenes Mauerwerk

Schließen des Wandschlitzes

- Abgleichen der Dichtungsbahn mit einer Mörtelschicht
- Aufmauern von 1 bis 2 Schichten Klinker-Mauerwerk
- Nach Aushärten der unteren Schichten Herstellen des kraftschlüssigen Verbundes, vorzugsweise durch Eintreiben von Keilklinkern mit dünnen Lagerfugen aus Zementmörtel

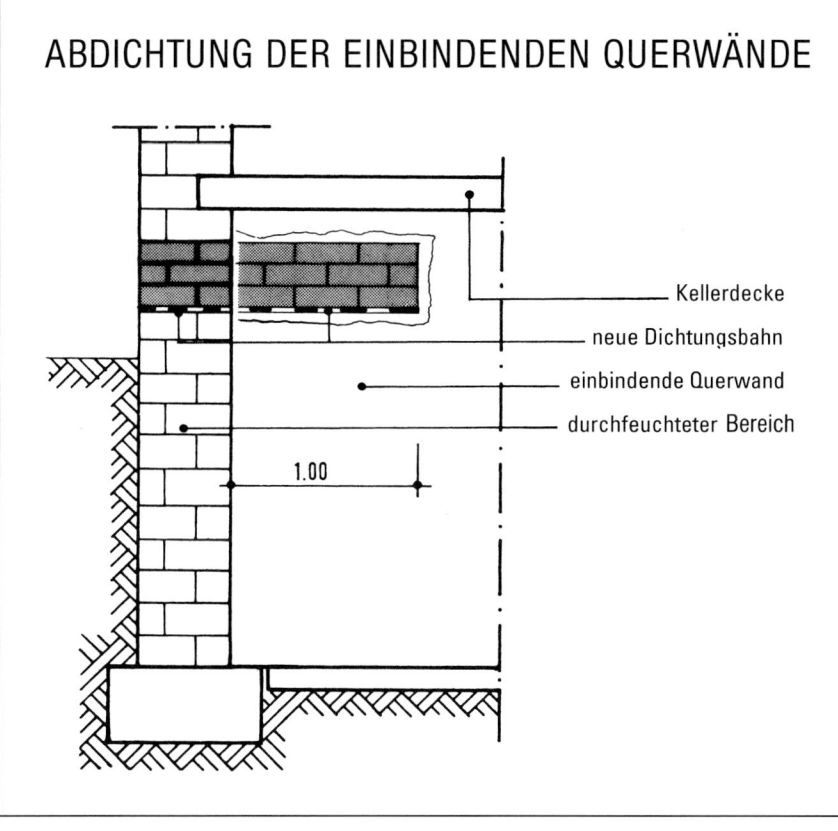

ABDICHTUNG DER EINBINDENDEN QUERWÄNDE

- Kellerdecke
- neue Dichtungsbahn
- einbindende Querwand
- durchfeuchteter Bereich

1.00

Abdichtung der einbindenden Querwände

Zur Vermeidung des Feuchtetransportes über einbindende Querwände in die EG-Decke sind geeignete Abdichtungsmaßnahmen erforderlich.

Bei einer aussteifenden Querwand ist die Dichtungsbahn der Außenwand ca. 1,0 m weit in die Querwand einzuziehen.

Dieses Abdichtungsverfahren zerstört den statischen Verbund zwischen Außenwand und aussteifender Querwand nicht.

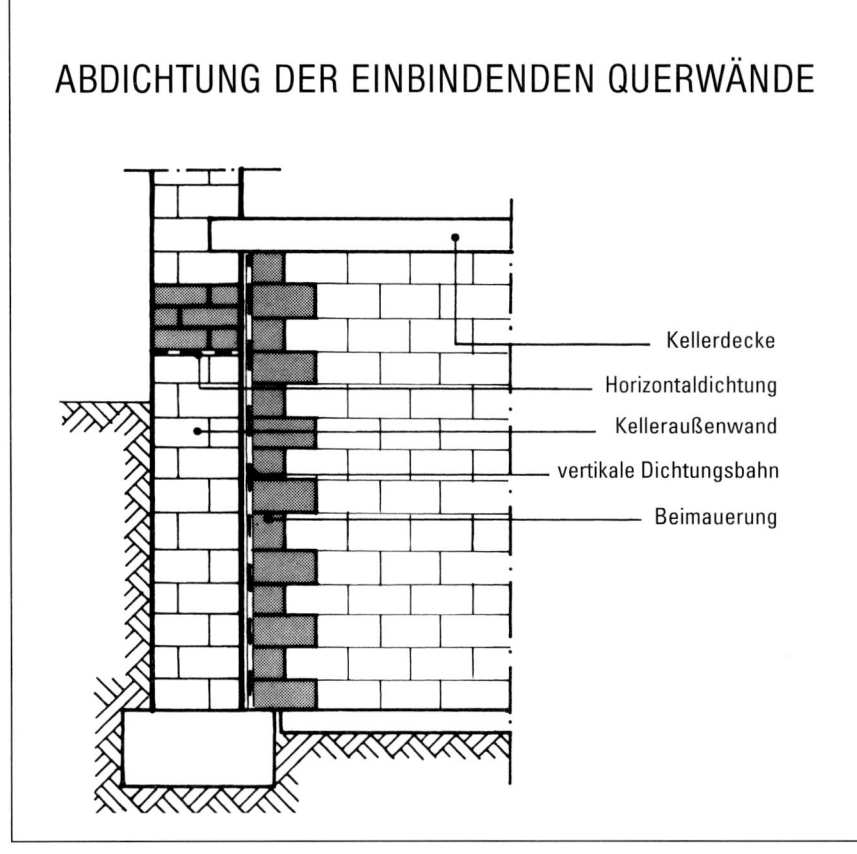

ABDICHTUNG DER EINBINDENDEN QUERWÄNDE

— Kellerdecke
— Horizontaldichtung
— Kelleraußenwand
— vertikale Dichtungsbahn
— Beimauerung

Abdichtung der einbindenden Querwände

Bei nicht aussteifenden Querwänden kann durch Einbau einer senkrechten Dichtungsbahn der Feuchtetransport über die Innenwand wirksam verhindert werden.

Es ist zu beachten, dass der Verbund zwischen Innen- und Außenwand verloren geht. Gegebenenfalls kann auch eine senkrechte Bohrlochkette mit Injektage von einem Dichtungsmittel vorgenommen werden.

3.2.4   Vergleichende Beurteilung

	Maschinelle Mauertrennung	Mauertrennung von Hand	Einrahmen von Edelstahlblechen	Injektion von Dichtungsmitteln ohne Druck	mit Druck	Elektro-osmotische Verfahren
Baukosten	Ca. 440,– €/m²	Ca. 620,– €/m²	Ca. 455,– €/m²	Ca. 300,– €/m²	Ca. 335,– €/m²	nach Angebot
	Die Kostenwerte beziehen sich auf den Wandquerschnitt bei einer mittleren Wandstärke von 60,0 bis 80,0 cm					
Erforderliche begleitende Maßnahmen	Evtl. Schaffung eines Arbeitsraumes	Evtl. Schaffung eines Arbeitsraumes	Evtl. Schaffung eines Arbeitsraumes	Keine		Keine
Instandhaltungskosten	Keine	Keine	Keine	Keine		Keine
Lebensdauer der Dichtung	40 bis 50 Jahre	40 bis 50 Jahre	20 bis 50 Jahre, stark abhängig vom Versalzungsgrad des Mauerwerks	10 bis 25 Jahre, noch wenig Erfahrungswerte		Ca. 10 Jahre, noch wenig exakte Auswertungsergebnisse
Einbauzeiten	Die Einbauzeiten sind so stark abhängig vom vorhandenen Wandmaterial, vom angewendeten Trennverfahren und von der Zugänglichkeit des Mauerwerks, dass verlässliche Werte nicht genannt werden können. Aus diesem Grund sollten Einbauzeiten nicht als ausschlaggebende Einflussgrößen angesehen werden.					
Ausführung	Fachfirma	Bauunternehmung	Fachfirma	Fachfirma		Fachfirma
Anmerkungen	Gewölbeschub beachten	Gefahr der Rissbildung durch Setzungen	Gefahr der Rissbildung durch starke Erschütterungen beim Einrammen der Bleche	Keine Beeinflussung der Standsicherheit, Abdichtungsgrad 70 bis 80 %		Keine Beeinflussung der Standsicherheit, Korrosionsgefahr bei einigen Elektrodenarten

3.3 Problempunkt:
Horizontal eindringende Feuchtigkeit aus anstehendem Erdreich

Ausgangssituation

Eindringende Feuchtigkeit aus anstehendem Erdreich ist meist die Hauptursache für durchfeuchtete Wände und aufsteigende Feuchtigkeit.

Zur Behebung des Schadensbildes ist der Einbau von horizontalen und vertikalen Dichtungsschichten erforderlich. Hierbei kommt allerdings der vertikalen Dichtungsschicht wesentlich größere Bedeutung zu als der horizontalen, da die senkrechte Berührungsfläche zwischen Mauerwerk und Erdreich im Allgemeinen sehr viel größer ist als die horizontale Kontaktfläche. Oftmals gelingt eine weitgehende Trockenlegung des Mauerwerks bereits durch eine sorgfältige Vertikalabdichtung eventuell in Verbindung mit einer neuen Dränage. Unter bestimmten Umständen, wenn zum Beispiel eine gute Abtrocknung im stark durchlüfteten Keller gewährleistet ist oder geringe Durchfeuchtungen im unteren Wandbereich in Kauf genommen werden können, kann auf eine horizontale Abdichtung ganz verzichtet werden.

Der Einbau horizontaler Dichtungsschichten ist im vorhergehenden Kapitel beschrieben worden.

Beim Einbau senkrechter Abdichtungen sind einige grundsätzliche Dinge zu beachten:

Einbau senkrechter Dichtungsschichten

Der Einbau senkrechter Dichtungsschichten ist innen oder außen möglich. Die Innenabdichtung hat den Vorteil, dass sie leichter anzubringen ist, weil kein Arbeitsraum erstellt werden muss und die Kosten der Ausschachtung gespart werden. Ohne zusätzliche horizontale Abdichtungen ist die Innenabdichtung jedoch völlig wertlos, da angrenzende Wände und Decken feucht bleiben und weiterhin Feuchtigkeit nach innen leiten, und dies eventuell sogar verstärkt, weil Verdunstungsflächen reduziert werden.

Wenn bei alten Gebäuden sowohl die senkrechte als auch die waagerechte Dichtungsschicht fehlen, ist zunächst der Einbau der senkrechten Dichtungsschicht auf der Außenseite der Wand zu bevorzugen, weil der Aufwand geringer ist.

Vor der Wahl der geeigneten Abdichtungsart ist die Beanspruchungsart der Außenwand zu klären: Handelt es sich um Erdfeuchte, nicht drückendes oder drückendes Wasser?

Salzablagerungen durch horizontal eindringende Feuchtigkeit

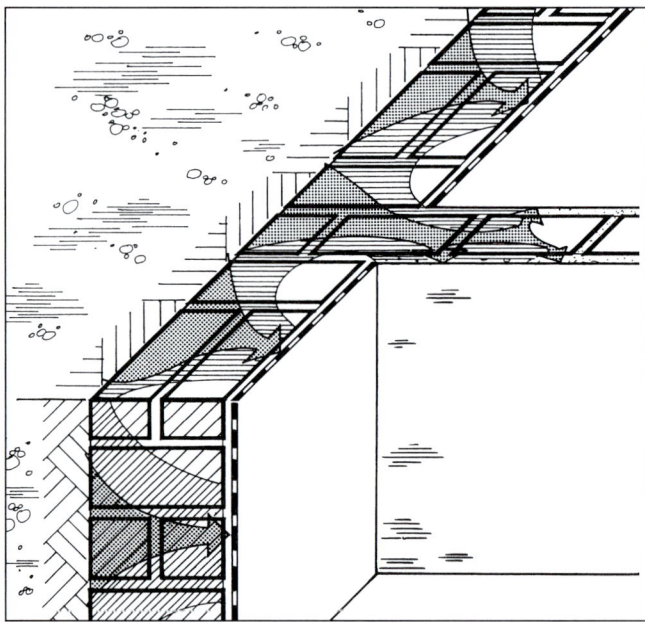

Einbindende Querwände bleiben feucht, trotz Abdichtung der Außenwände

Herstellen eines Arbeitsraumes

Grundsätzlich muss für alle äußeren Abdichtungsmaßnahmen ein Arbeitsraum erstellt werden. Dieser stellt einen erheblichen Kostenfaktor dar, der bei der Entscheidung über die eigentlichen Abdichtungsmaßnahmen berücksichtigt werden sollte.

Außerdem sollte geprüft werden, ob eine Dränage als flankierende Maßnahme eingebaut werden muss. Die zusätzlichen Kosten sind meist gering.

Die Ableitung des Wassers muss allerdings geklärt sein. Eine Ableitung in die Kanalisation ist nicht zulässig.

Vor dem Herstellen des Arbeitsraumes ist zu prüfen, ob Sicherungsmaßnahmen am Gebäude, zum Beispiel wegen Gewölbeschub, vorzusehen sind.

Für alle äußeren Abdichtungen gilt: Der Untergrund muss glatt und tragfähig sein. Unebene Untergründe sind entsprechend vorzubereiten, zum Beispiel durch Aufbringen von Zementputzen, gegebenenfalls sogar durch Betonieren einer Vorsatzschale.

Grundsätzlich müssen alle Dichtungen von Fußbodenoberkante Kellerboden bis Geländeoberkante einschließlich Spritzwasserzone im Sockelbereich ausgeführt werden.

Klärung der Durchfeuchtungsursachen

Vor der Anbringung senkrechter Dichtungsschichten ist eindeutig die Ursache der Durchfeuchtung zu klären. Oft können Wasser aus undichten Regenrohren oder Regenwassergrundleitungen, an der Fassade herabrinnendes Regenwasser oder an das Haus herangeführtes Oberflächenwasser zu erheblichen Durchfeuchtungen der Außenwand führen. Auch die Belastung durch Kondenswasser und die Belastung durch hygroskopische Salze ist zu prüfen.

Als flankierende Maßnahme können auf der Innenseite der Wand Sanierputze (entsprechend WTA-Richtlinien) aufgebracht werden, die aus dem Mauerwerk austretende Salze besonders gut aufnehmen können.

Im Folgenden sind die wichtigsten Verfahren zur Abdichtung von Außenwänden gegen Erdfeuchte dargestellt.

Äußere Abdichtungsarten verlangen umfangreiche Nebenarbeiten

Aufbringen von Sanierputz auf einer Kellerinnenwand

3.3.1   Übersicht über Lösungsmöglichkeiten

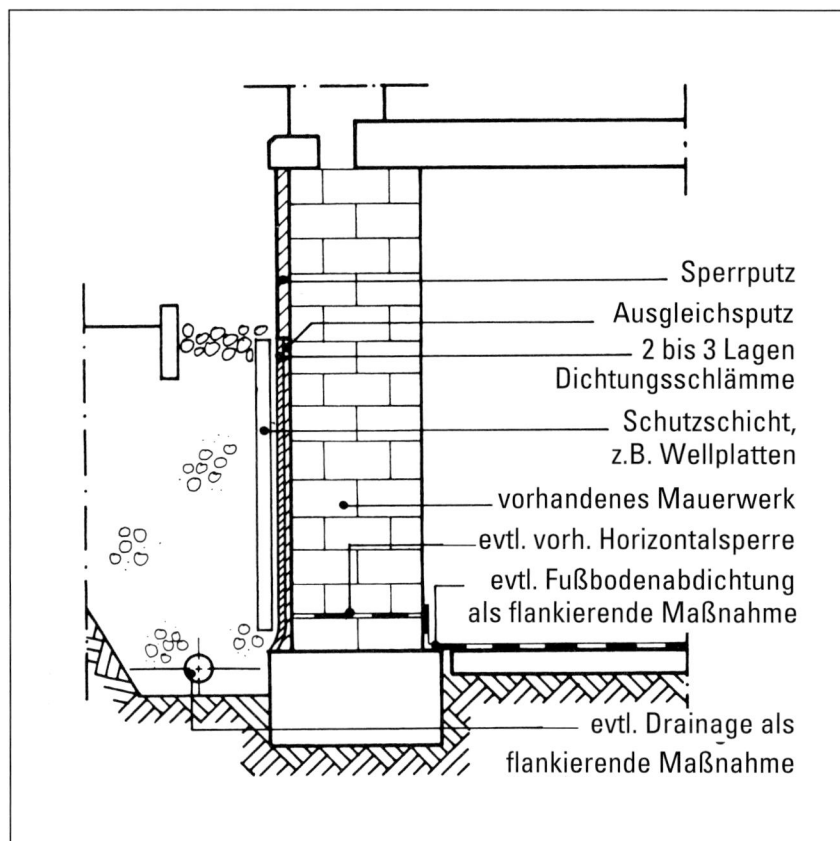

Sperrputz
Ausgleichsputz
2 bis 3 Lagen Dichtungsschlämme
Schutzschicht, z.B. Wellplatten
vorhandenes Mauerwerk
evtl. vorh. Horizontalsperre
evtl. Fußbodenabdichtung als flankierende Maßnahme
evtl. Drainage als flankierende Maßnahme

Aufbringen der Dichtungsschlämme	
Baukosten:	
Erdarbeiten (Tiefe = 2,0 m)	160,– €/m²
Abdichtung	60,– €/m²
Gesamt	220,– €/m²
Evtl. zusätzlich: Dränage	50,– €/m
Erforderliche begleitende Maßnahmen	Ausgleichsputz
Instandhaltungskosten	Keine
Lebensdauer	40 Jahre
Einbauzeiten:	
Erdarbeiten Abdichtung	3,0 bis 4,0 Std./m² 1,3 bis 1,5 Std./m²
Trocknungs-/ Wartezeiten	Keine
Anmerkungen	Abdichtung gegen Bodenfeuchtigkeit, rissgefährdet, ggf. Horizontalabdichtung ergänzen

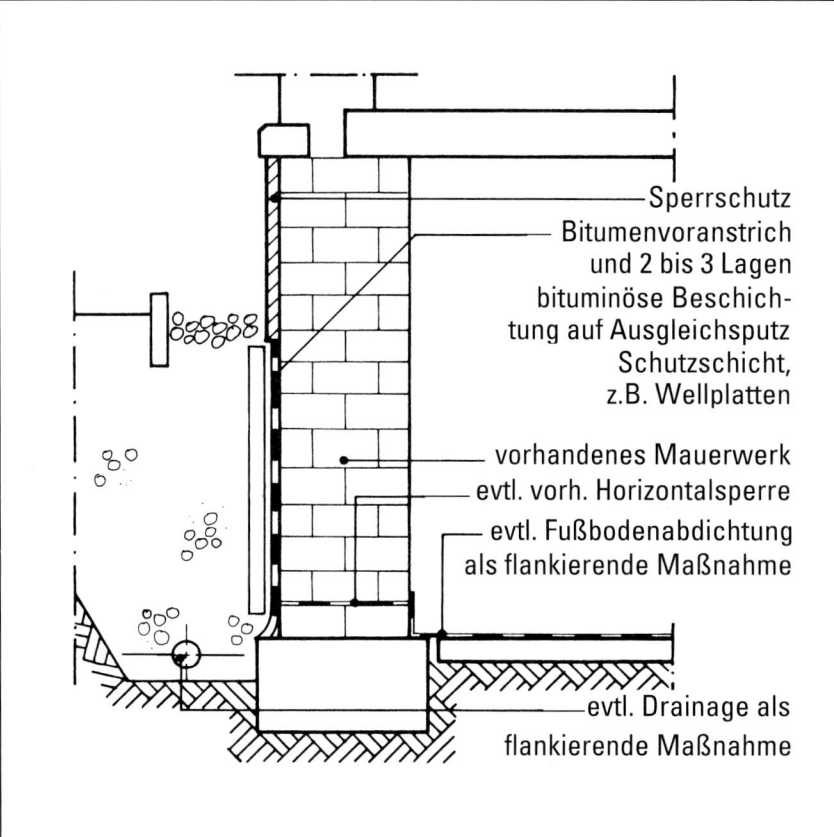

Sperrschutz
Bitumenvoranstrich und 2 bis 3 Lagen bituminöse Beschichtung auf Ausgleichsputz
Schutzschicht, z.B. Wellplatten
vorhandenes Mauerwerk
evtl. vorh. Horizontalsperre
evtl. Fußbodenabdichtung als flankierende Maßnahme
evtl. Drainage als flankierende Maßnahme

Aufbringen einer Bitumenbeschichtung	
Baukosten:	
Erdarbeiten (Tiefe = 2,0 m)	160,– €/m²
Abdichtung	55,– €/m²
Gesamt	215,– €/m²
Evtl. zusätzlich: Dränage	50,– €/m
Erforderliche begleitende Maßnahmen	Ausgleichsputz
Instandhaltungskosten	Keine
Lebensdauer	40 Jahre
Einbauzeiten:	
Erdarbeiten Abdichtung	3,0 bis 4,0 Std./m² 1,2 bis 1,3 Std./m²
Trocknungs-/ Wartezeiten	1 bis 2 Wochen nach dem Auftragen des Ausgleichsputzes
Anmerkungen	Abdichtung gegen Bodenfeuchtigkeit, bedingt rissgefährdet, ggf. Horizontalabdichtung ergänzen

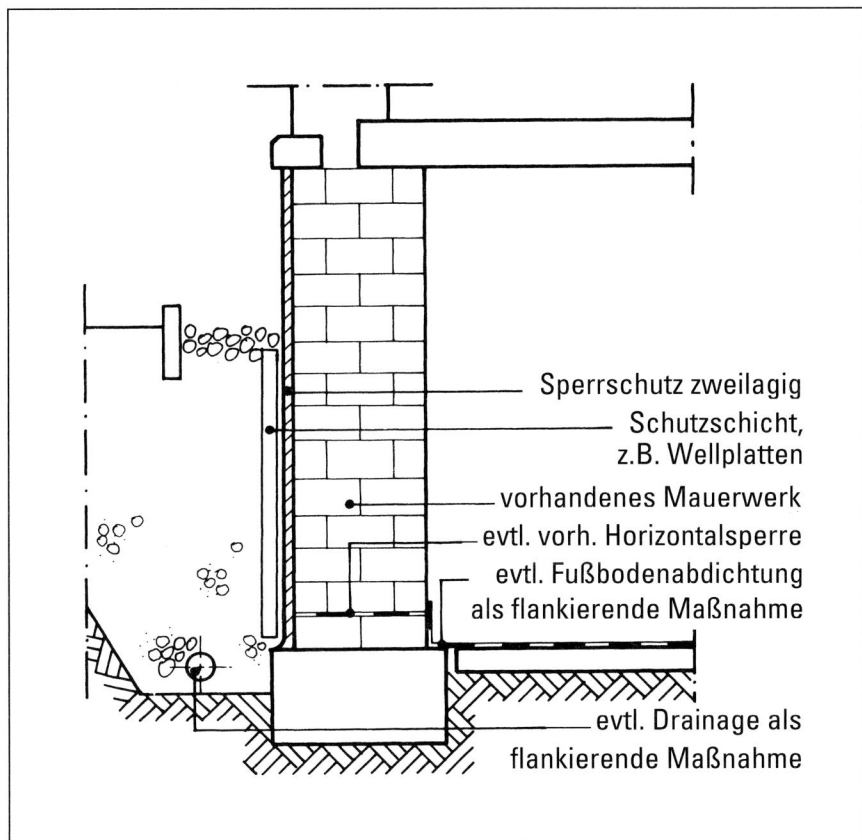

Sperrschutz zweilagig
Schutzschicht, z.B. Wellplatten
vorhandenes Mauerwerk
evtl. vorh. Horizontalsperre
evtl. Fußbodenabdichtung als flankierende Maßnahme
evtl. Drainage als flankierende Maßnahme

Aufbringen eines Sperrputzes

Baukosten:	
Erdarbeiten (Tiefe = 2,0 m)	160,– €/m²
Abdichtung	85,– €/m²
Gesamt	245,– €/m²
Evtl. zusätzlich: Dränage	50,– €/m
Erforderliche begleitende Maßnahmen	Keine
Instandhaltungskosten	Keine
Lebensdauer	40 Jahre
Einbauzeiten:	
Erdarbeiten	3,0 bis 4,0 Std./m²
Abdichtung	1,6 Std./m²
Trocknungs-/ Wartezeiten	Keine
Anmerkungen	Abdichtung gegen Bodenfeuchtigkeit, rissgefährdet, ggf. Horizontalabdichtung ergänzen

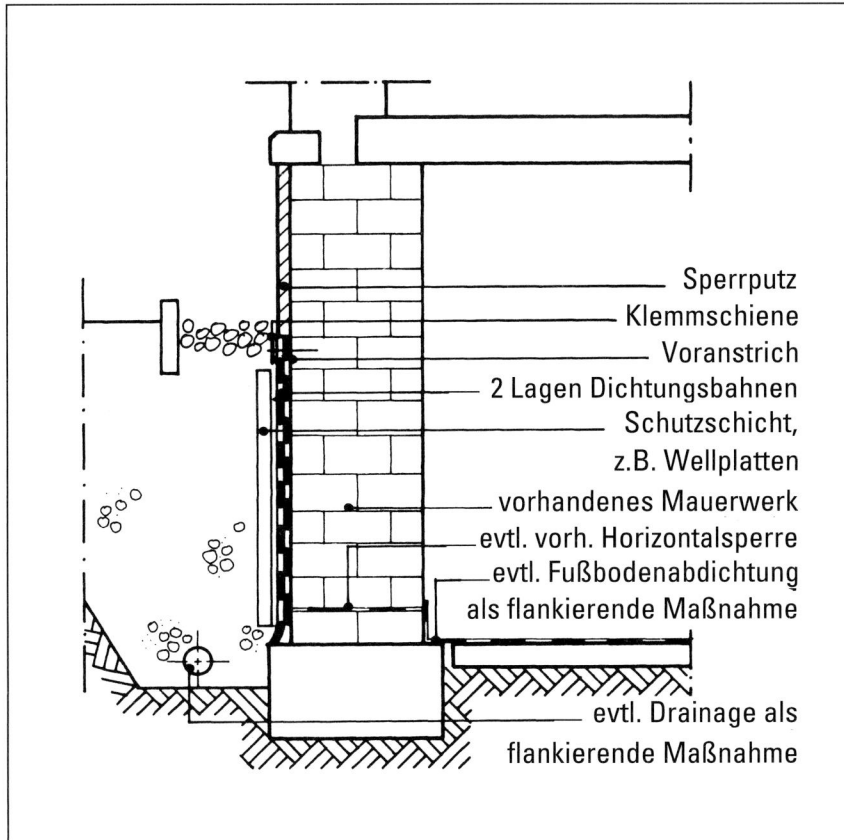

Sperrputz
Klemmschiene
Voranstrich
2 Lagen Dichtungsbahnen
Schutzschicht, z.B. Wellplatten
vorhandenes Mauerwerk
evtl. vorh. Horizontalsperre
evtl. Fußbodenabdichtung als flankierende Maßnahme
evtl. Drainage als flankierende Maßnahme

Aufbringen von Dichtungsbahnen

Baukosten:	
Erdarbeiten (Tiefe = 2,0 m)	160,– €/m²
Abdichtung	110,– €/m²
Gesamt	270,– €/m²
Evtl. zusätzlich: Dränage	50,– €/m
Erforderliche begleitende Maßnahmen	Evtl. Ausgleichsputz
Instandhaltungskosten	Keine
Lebensdauer	40 Jahre
Einbauzeiten:	
Erdarbeiten	3,0 bis 4,0 Std./m²
Abdichtung	2,0 Std./m²
Trocknungs-/ Wartezeiten	Ggf. 1 bis 2 Wochen, falls Ausgleichsputz erforderlich
Anmerkungen	Abdichtung gegen nicht drückendes Wasser, ggf. Horizontalabdichtung ergänzen

3.3.2   Vergleichende Beurteilung

	Dichtungsschlämme	Bitumen-beschichtung	Sperrputz	Dichtungsbahn
Baukosten: Erdarbeiten (Tiefe = 2,0 m) Abdichtung Gesamt	160,– €/m² 60,– €/m² 220,– €/m²	160,– €/m² 55,– €/m² 215,– €/m²	160,– €/m² 85,– €/m² 245,– €/m²	160,– €/m² 110,– €/m² 270,– €/m²
Evtl. zusätzlich: Dränage	50,– €/m	50,– €/m	50,– €/m	50,– €/m
Erforderliche begleitende Maßnahmen	Ausgleichsputz	Ausgleichsputz	Keine	Evtl. Ausgleichsputz
Instandhaltungskosten	Keine	Keine	Keine	Keine
Lebensdauer	40 Jahre	40 Jahre	40 Jahre	40 Jahre
Einbauzeiten: Erdarbeiten Abdichtung	3,0 bis 4,0 Std./m² 1,3 bis 1,5 Std./m²	3,0 bis 4,0 Std./m² 1,2 bis 1,3 Std./m²	3,0 bis 4,0 Std./m² 1,6 Std./m²	3,0 bis 4,0 Std./m² 2,0 Std./m²
Trocknungs-/Wartezeiten	Keine	1 bis 2 Wochen nach dem Auftragen des Ausgleichsputzes	Keine	Ggf. 1 bis 2 Wochen, falls Ausgleichsputz erforderlich
Anmerkungen	Abdichtung gegen Bodenfeuchtigkeit, rissgefährdet, ggf. Horizontalabdichtung ergänzen	Abdichtung gegen Bodenfeuchtigkeit, bedingt rissgefährdet, ggf. Horizontal-abdichtung ergänzen	Abdichtung gegen Bodenfeuchtigkeit, rissgefährdet, ggf. Horizontalabdichtung ergänzen	Abdichtung gegen nicht drückendes Wasser, ggf. Horizontal-abdichtung ergänzen

4 Innenwände

4.1 Problempunkt:
Einbau neuer Trennwände

Vorhandene Wohnungsgrundrisse

Aufteilung und Zuschnitt alter Wohnungen entsprechen oft nicht mehr den heute geltenden Ansprüchen. Veränderte Lebensgewohnheiten, andere Familiengrößen und neue Bewohnerschichten verlangen veränderte Wohnungszuschnitte.

Viele Mängel kennzeichnen die Grundrisse älterer Wohnungen:

- Bestimmte Räume der Wohnung sind nur über Durchgangszimmer erreichbar.
- Ein WC ist nur auf dem Treppenpodest vorhanden.
- Badezimmer sind in der Wohnung nicht vorhanden oder zu klein.
- Wohnungen sind nur zu einer Gebäudeseite ausgerichtet und dort nicht besonnt.
- Vorhandene Räume sind im Verhältnis zur gesamten Wohnung zu groß.
- Kleine Zimmer (Kammern) sind unzumutbar eng und auch nicht möblierbar.

Um zu neuen Wohnungszuschnitten zu gelangen, müssen neue Trennwände errichtet werden. Diese Trennwände sollen folgende Kriterien erfüllen:

- Bauteile und Baustoffe müssen unter Altbaubedingungen gut zu transportieren sein, das heißt, sie müssen – möglichst von einer Person – durch einige Treppenhäuser transportiert werden können. Andererseits sollen sie so groß wie möglich sein, um Transport und Montage rationell zu gestalten.
- Montage- und Bauzeiten müssen kurz sein.
- Die Wandsysteme sollen weit vorgefertigt sein und Oberflächen aufweisen, die keiner aufwändigen weiteren Bearbeitung bedürfen (keine Trocknungs- und Wartezeiten).
- Durch den Verarbeitungs- oder Herstellungsvorgang sollen nur geringe Feuchtemengen in den Bau eingebracht werden.
- Die fertigen Wandsysteme müssen möglichst geringes Gewicht besitzen, da die Tragfähigkeit vorhandener Decken im Allgemeinen nicht sehr hoch ist.
- Die Wandsysteme sollen ohne große Stemm- oder Schlitzarbeiten aufnahmefähig sein für Installationsführungen.

Sehr beengte Wohnverhältnisse in einer Altbauwohnung

4.1.1   Übersicht über Lösungsmöglichkeiten

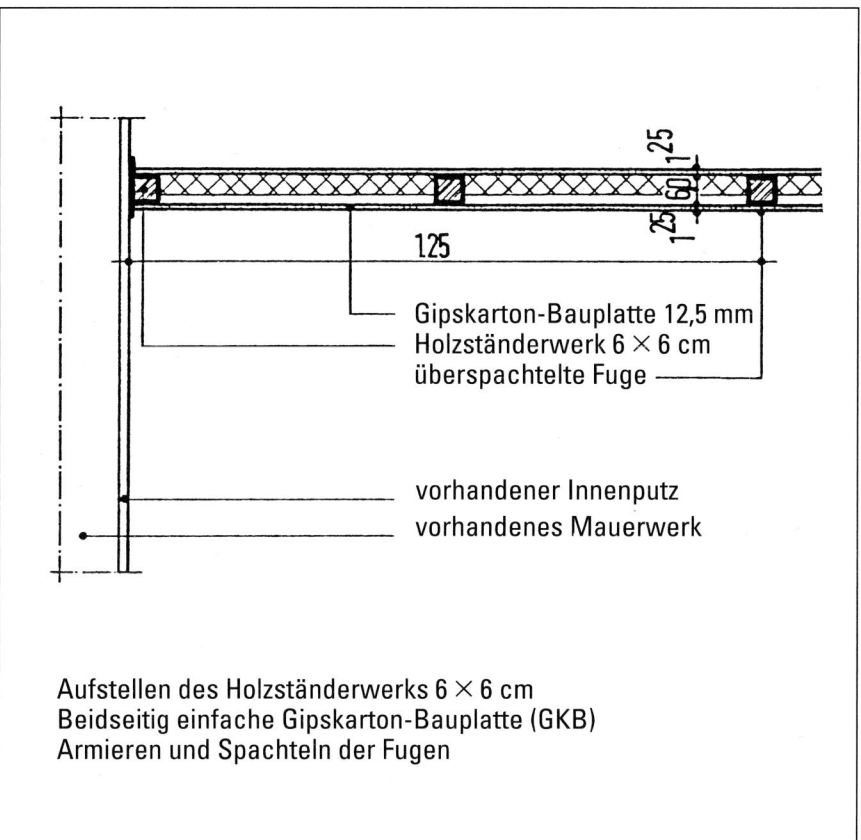

Gipskarton-Bauplatte 12,5 mm
Holzständerwerk 6 × 6 cm
überspachtelte Fuge

vorhandener Innenputz
vorhandenes Mauerwerk

Aufstellen des Holzständerwerks 6 × 6 cm
Beidseitig einfache Gipskarton-Bauplatte (GKB)
Armieren und Spachteln der Fugen

Holzständerwände mit Gipsplattenbekleidung	
Baukosten	Ca. 65,– €/m²
Einbauzeiten	1,3 Std./m²
Trocknungs-/ Wartezeiten	1,5 Tage
Schalldämmung je nach Ausbildung der flankierenden Bauteile	
bewertetes Schalldämmmaß R_{WR}	38 dB
Gewicht	27 kg/m²
Anmerkungen	Sonderelemente für hohe Wandlasten erforderlich

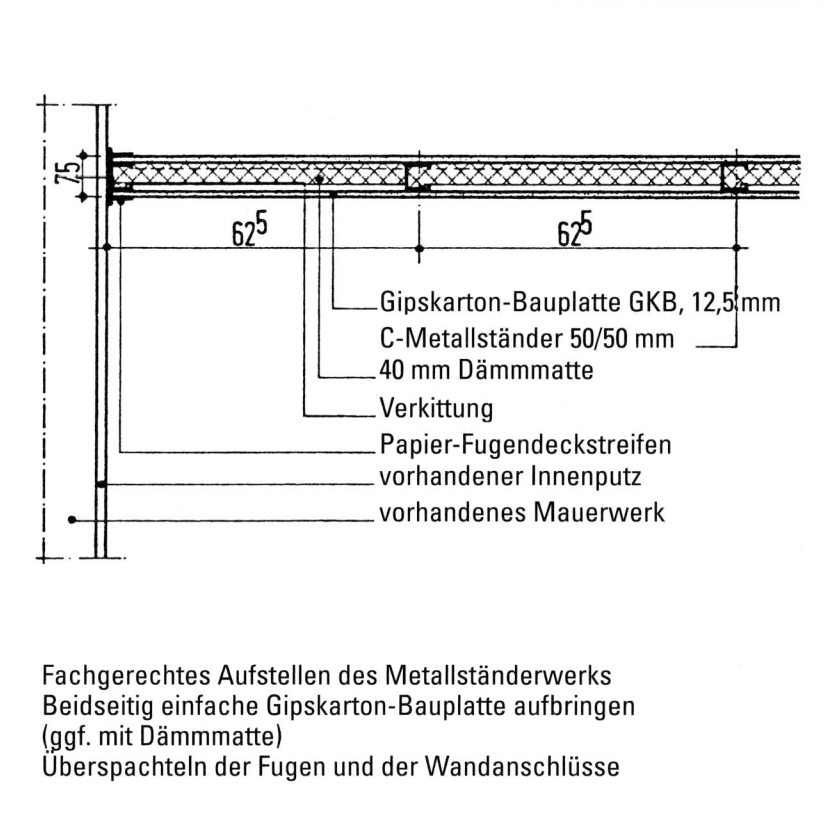

Gipskarton-Bauplatte GKB, 12,5 mm
C-Metallständer 50/50 mm
40 mm Dämmmatte
Verkittung
Papier-Fugendeckstreifen
vorhandener Innenputz
vorhandenes Mauerwerk

Fachgerechtes Aufstellen des Metallständerwerks
Beidseitig einfache Gipskarton-Bauplatte aufbringen
(ggf. mit Dämmmatte)
Überspachteln der Fugen und der Wandanschlüsse

Metalleinfachständerwände mit Gipsplattenbekleidung	
Baukosten	Ca. 65,– €/m²
Einbauzeiten	1,3 Std./m²
Trocknungs-/ Wartezeiten	1,5 Tage
Schalldämmung je nach Ausbildung der flankierenden Bauteile	
bewertetes Schalldämmmaß R_{WR}	45 dB
Gewicht	26 kg/m²
Anmerkungen	Sonderelemente für hohe Wandlasten erforderlich, bessere Schalldämmung als Holzständerwände

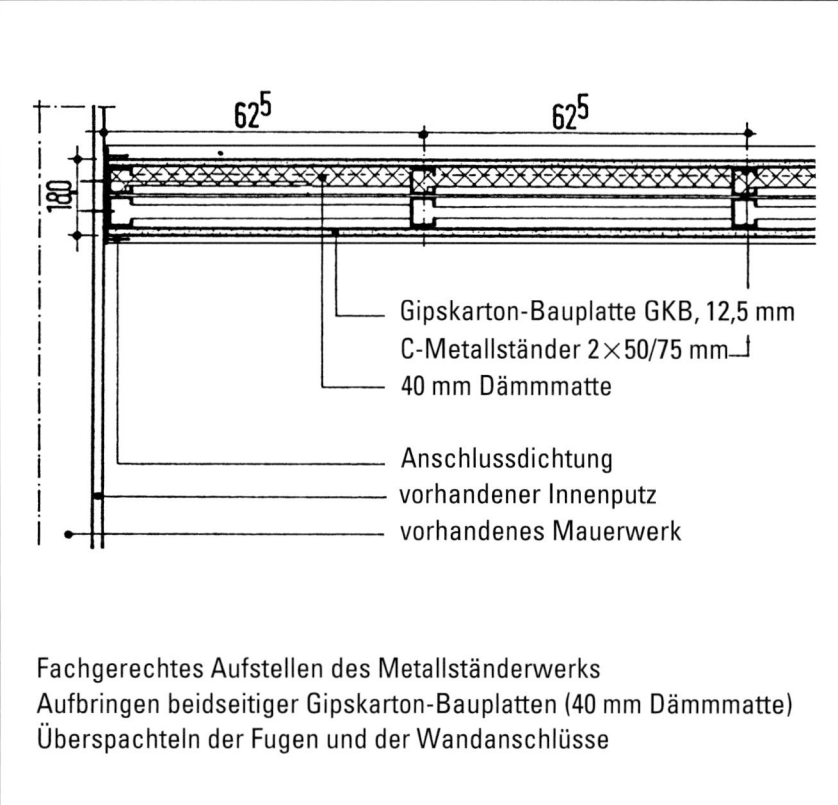

625   625

180

└── Gipskarton-Bauplatte GKB, 12,5 mm
└── C-Metallständer 2×50/75 mm─┘
└── 40 mm Dämmmatte

─── Anschlussdichtung
─── vorhandener Innenputz
─── vorhandenes Mauerwerk

Fachgerechtes Aufstellen des Metallständerwerks
Aufbringen beidseitiger Gipskarton-Bauplatten (40 mm Dämmmatte)
Überspachteln der Fugen und der Wandanschlüsse

Metalldoppelständerwände mit Gipsplattenbekleidung	
Baukosten	Ca. 100,– €/m²
Einbauzeiten	1,5 Std./m²
Trocknungs-/ Wartezeiten	1,5 Tage
Schalldämmung je nach Ausbildung der flankierenden Bauteile	
bewertetes Schalldämmmaß R_{WR}	61 dB
Gewicht	52 kg/m²
Anmerkungen	Sonderelemente für hohe Wandlasten erforderlich, gute Schalldämmung

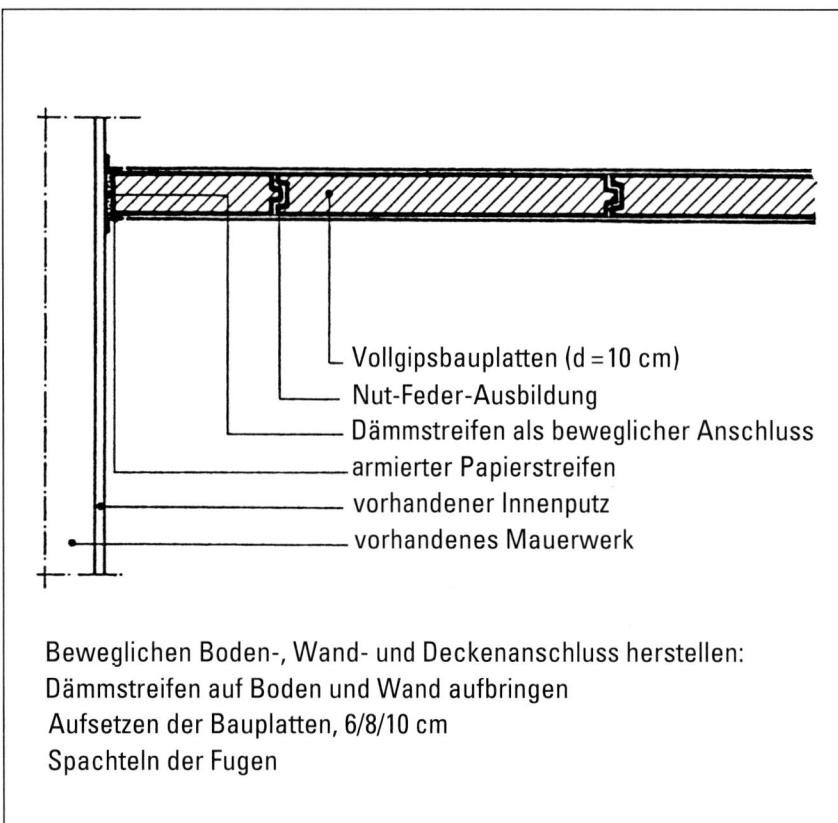

└── Vollgipsbauplatten (d = 10 cm)
└── Nut-Feder-Ausbildung
─── Dämmstreifen als beweglicher Anschluss
─── armierter Papierstreifen
─── vorhandener Innenputz
─── vorhandenes Mauerwerk

Beweglichen Boden-, Wand- und Deckenanschluss herstellen:
Dämmstreifen auf Boden und Wand aufbringen
Aufsetzen der Bauplatten, 6/8/10 cm
Spachteln der Fugen

Gips-/Kalksandstein-/ Dielenwände 10,0 cm	
Baukosten	Ca. 55,– €/m²
Einbauzeiten	1,5 Std./m² einschl. Spachtelung
Trocknungs-/ Wartezeiten	3 Tage
Schalldämmung je nach Ausbildung der flankierenden Bauteile	
bewertetes Schalldämmmaß R_{WR}	38 dB
Gewicht	105 kg/m²
Anmerkungen	Einschlitzen von Installations- leitungen, Spachtelung erforderlich, hohes Gewicht

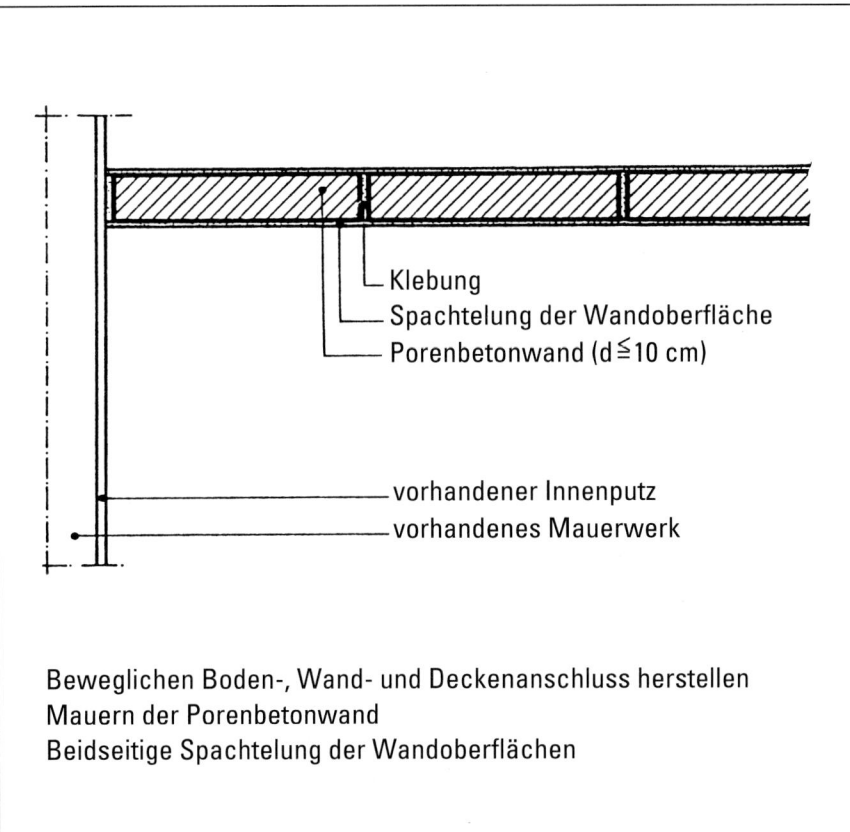

Klebung
Spachtelung der Wandoberfläche
Porenbetonwand (d ≦ 10 cm)

vorhandener Innenputz
vorhandenes Mauerwerk

Beweglichen Boden-, Wand- und Deckenanschluss herstellen
Mauern der Porenbetonwand
Beidseitige Spachtelung der Wandoberflächen

Porenbetonwände 10,0 cm	
Baukosten	Ca. 55,– €/m²
Einbauzeiten	1,5 Std./m² einschl. Spachtelung
Trocknungs-/ Wartezeiten	3 Tage
Schalldämmung je nach Ausbildung der flankierenden Bauteile	
bewertetes Schalldämmmaß R_{WR}	36 dB
Gewicht	85 kg/m²
Anmerkungen	Einschlitzen von Installations- leitungen, Spach- telung erforderlich, hohes Gewicht

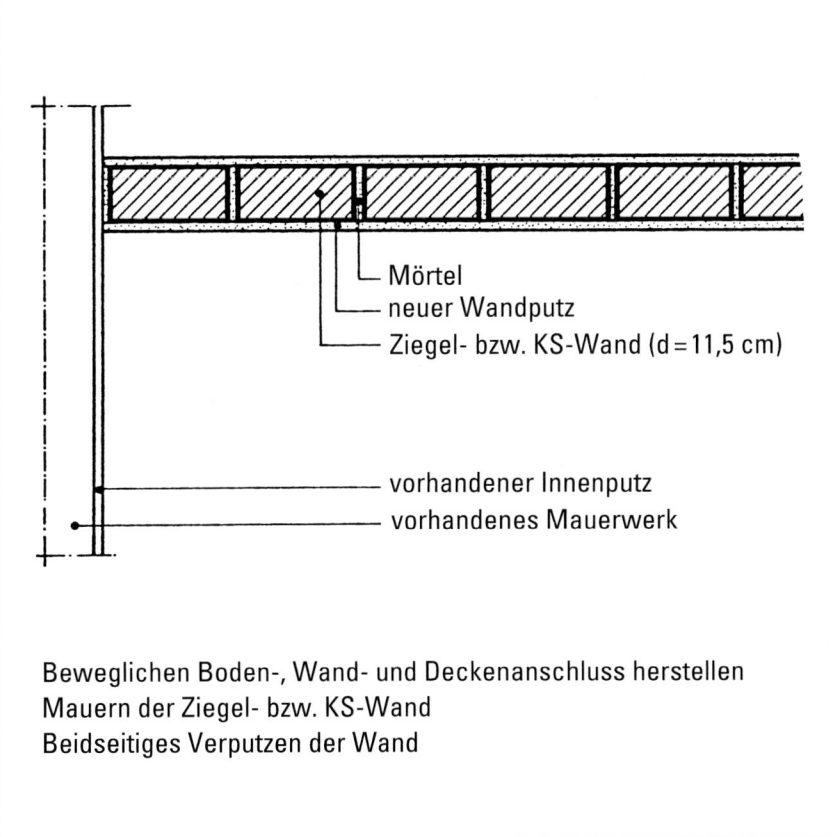

Mörtel
neuer Wandputz
Ziegel- bzw. KS-Wand (d = 11,5 cm)

vorhandener Innenputz
vorhandenes Mauerwerk

Beweglichen Boden-, Wand- und Deckenanschluss herstellen
Mauern der Ziegel- bzw. KS-Wand
Beidseitiges Verputzen der Wand

Massive Ziegel- oder KS-Wände 11,5 cm	
Baukosten	Ca. 55,– €/m²
Einbauzeiten	2,05 Std./m² einschließlich Putz
Trocknungs-/ Wartezeiten	9 Tage
Schalldämmung je nach Ausbildung der flankierenden Bauteile	
bewertetes Schalldämmmaß R_{WR}	44 dB
Gewicht	200 kg/m²
Anmerkungen	Einschlitzen von Installations- leitungen, Spach- telung erforderlich, sehr hohes Gewicht

4.1.2   Ständerwände mit Gipsplattenbeplankung – Erläuterung

Ständerwände mit Gipsplattenbeplankung sind Wandbausysteme zur Errichtung von Innenwänden in Trockenbauweise. Das Wandsystem besteht aus zwei beziehungsweise drei Komponenten: dem Traggerüst, der Beplankung und in den meisten Fällen einer Dämmstoffeinlage.

Zur Konstruktion im Einzelnen:

Traggerüst

Als Traggerüste werden Holz- oder Metallständer verwendet.

Metallständer werden im Allgemeinen bevorzugt. Sie sind leichter, maßhaltiger und schneller zu verarbeiten als Holzständer. Außerdem ist das bewertete Schalldämmmaß bei Wänden mit Metallständern immer um 8 dB besser als bei Holzständern.

Vorgesehene Aussparungen in den Metallständern gestatten die Verlegung von Elektroleitungen. Bei umsichtiger Aufstellung der Metallständer (gleiche Höhe der Aussparungen) ist auch problemlos das Verlegen von dünnen Rohrleitungen möglich (Heizung, Wasser, Gas, Abwasser).

Das Traggerüst wird als Einfach- oder Doppelständerreihe aufgestellt.

Für Trennwände zwischen Räumen der gleichen Wohnung können meist Einfachständerwände verwendet werden.

Wohnungstrennwände lassen sich im Allgemeinen nur mit Doppelständerwänden herstellen.

Der wesentliche Unterschied zwischen Einfach- und Doppelständerwänden liegt in der Qualität des erreichbaren Schallschutzes. Grundsätzlich lassen sich mit Doppelständerwänden höhere Schallschutzwerte erreichen als mit Einfachständerwänden. Durch zusätzliche Beplankungen (zwei- oder dreilagige Ausführung) lässt sich der Schallschutz weiter verbessern.

Alle Hersteller von Ständerwandsystemen geben umfangreiche Dokumentationen heraus, aus denen der erreichbare Schallschutz jedes einzelnen Wandtyps entnommen werden kann. Verallgemeinerungen sind hier nicht zulässig, da jedes Wandsystem Besonderheiten aufweist.

Beplankung

Für die Beplankung der Wände werden Gipskarton- oder Gipsfaserplatten verwendet.

Gipsfaserplatten haben ein höheres Gewicht als Gipskartonplatten. Sie sind grundsätzlich hydrophobiert und können universell in feuchtebelasteten oder brandgefährdeten Bereichen eingesetzt werden.

Gipskartonplatten werden in drei verschiedenen Ausführungen geliefert:

GKB   – Gipskartonplatten für universellen Einsatz ohne besondere Anforderungen

GKF   – Gipskartonplatten für Konstruktionen mit Anforderungen an den Brandschutz

GKBI – Imprägnierte Gipskarton-Bauplatten für Konstruktionen mit zeitweiliger Feuchtebelastung

Dämmung

Zur Verbesserung der Schalldämmung, genauer der Hohlraumdämpfung, seltener zur Wärmedämmung, werden Dämmstoffe in den Wandhohlraum eingebracht.

Hierzu werden ausschließlich Faserdämmstoffe verwendet. Maßhaltige feste Dämmstoffe, wie zum Beispiel Hartschäume, lassen sich nicht problemlos zwischen den Metallständern einfügen, außerdem ist eine lückenlose, dichte Verlegung nicht zu gewährleisten. Die Schalldämmung bei Verwendung von Hartschäumen ist überdies schlechter als bei Weichfaserdämmstoffen. Weitere Details hierzu finden sich im nächsten Abschnitt über den mangelnden Schallschutz bei Wohnungstrennwänden.

4.1.3   Ständerwände mit Gipsplattenbeplankung – Details

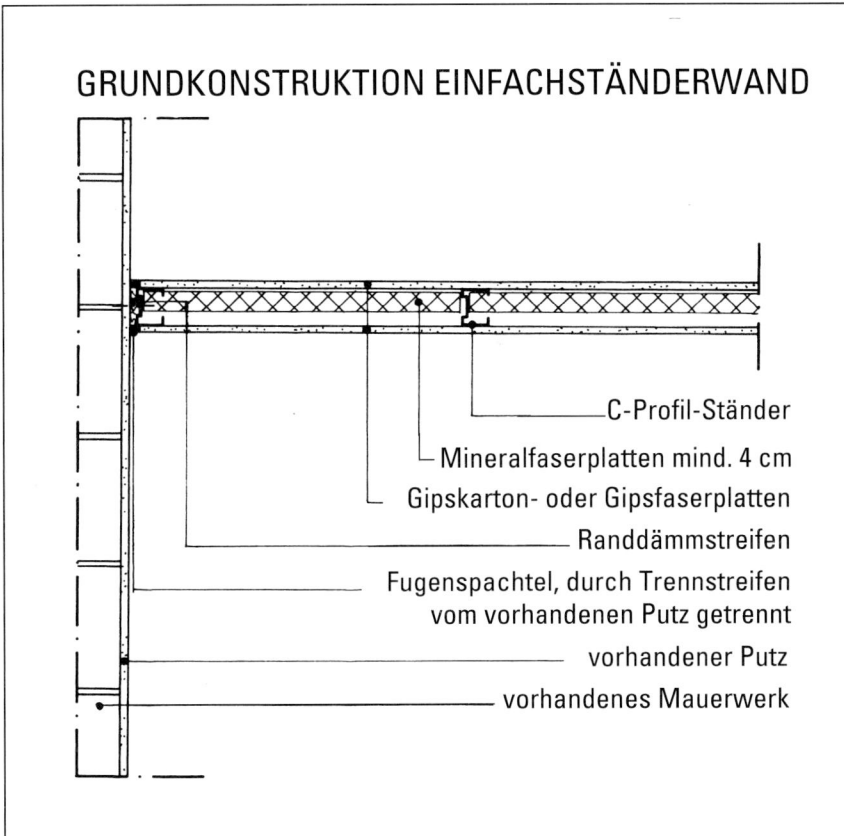

GRUNDKONSTRUKTION EINFACHSTÄNDERWAND

C-Profil-Ständer

Mineralfaserplatten mind. 4 cm

Gipskarton- oder Gipsfaserplatten

Randdämmstreifen

Fugenspachtel, durch Trennstreifen
vom vorhandenen Putz getrennt

vorhandener Putz

vorhandenes Mauerwerk

**Grundkonstruktion
Einfachständerwand**

Einfachständerwände dienen als Trennung zwischen Räumen der gleichen Wohnung.

Die Schalldämmwerte der Wände sind gering. Sie werden verbessert durch das Einlegen von Mineralfaserplatten als Hohlraumdämpfung.

Die Wände, vor allem die Fugenverspachtelungen, sind vom vorhandenen Putz und Mauerwerk durch Papierstreifen zu trennen.

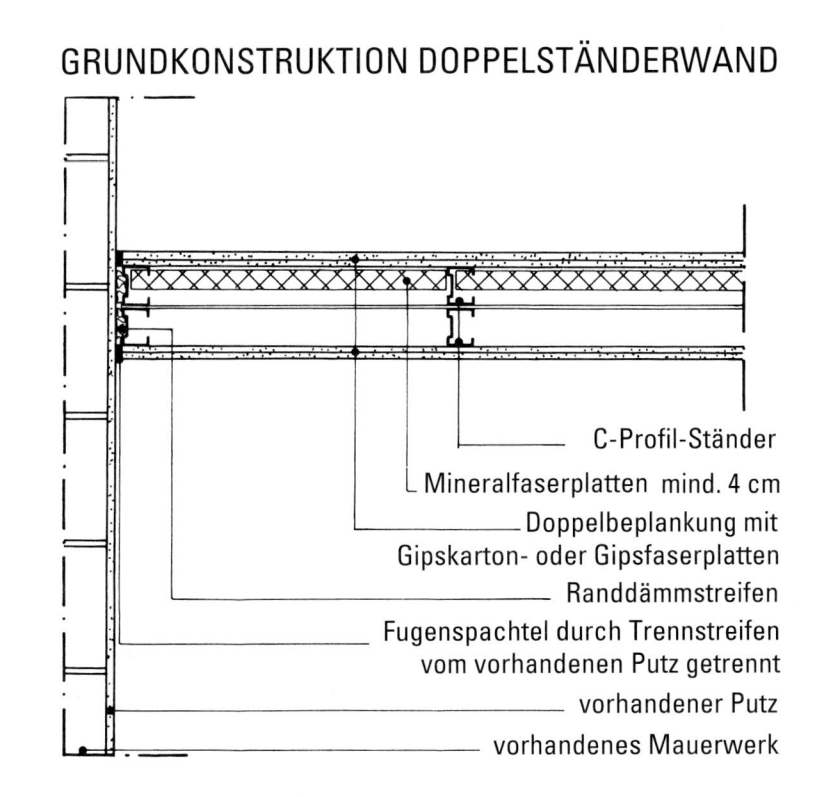

GRUNDKONSTRUKTION DOPPELSTÄNDERWAND

C-Profil-Ständer

Mineralfaserplatten mind. 4 cm

Doppelbeplankung mit
Gipskarton- oder Gipsfaserplatten

Randdämmstreifen

Fugenspachtel durch Trennstreifen
vom vorhandenen Putz getrennt

vorhandener Putz

vorhandenes Mauerwerk

**Grundkonstruktion
Doppelständerwand**

Doppelständerwände finden Verwendung bei höheren Anforderungen an den Schallschutz, zum Beispiel als Trennwand zwischen verschiedenen Wohnungen oder zwischen Schlaf- und Wohnräumen.

Zur Verbesserung des Schallschutzes werden die Wände doppelt beplankt. Alternativ können 25,0 mm dicke Gipskartonplatten in einer Lage aufgebracht werden.

Zur Vermeidung von Schallbrücken müssen die Doppelständer durch Schalldämmstreifen voneinander getrennt sein.

Das Problem der Längsschallleitung in der vorhandenen Massivwand ist zu beachten.

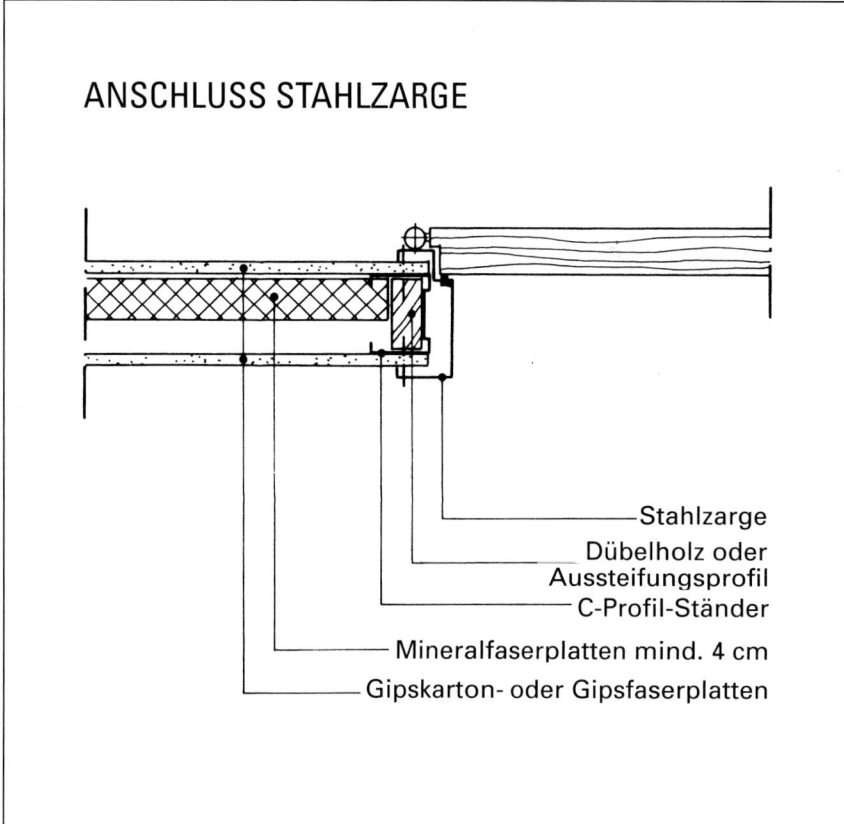

ANSCHLUSS STAHLZARGE

- Stahlzarge
- Dübelholz oder Aussteifungsprofil
- C-Profil-Ständer
- Mineralfaserplatten mind. 4 cm
- Gipskarton- oder Gipsfaserplatten

Anschluss Stahlzarge

Mauerwerkstahlzargen können für Ständerwände im Allgemeinen nicht benutzt werden, da sie eingeputzt werden müssen.

Für Ständerwände finden Sonderkonstruktionen Verwendung, die entweder direkt mit aufgestellt oder nachträglich in der Öffnung aufgeklappt werden.

Die Befestigung erfolgt an Dübelhölzern, die zuvor in die Metallständer einzuschieben sind.

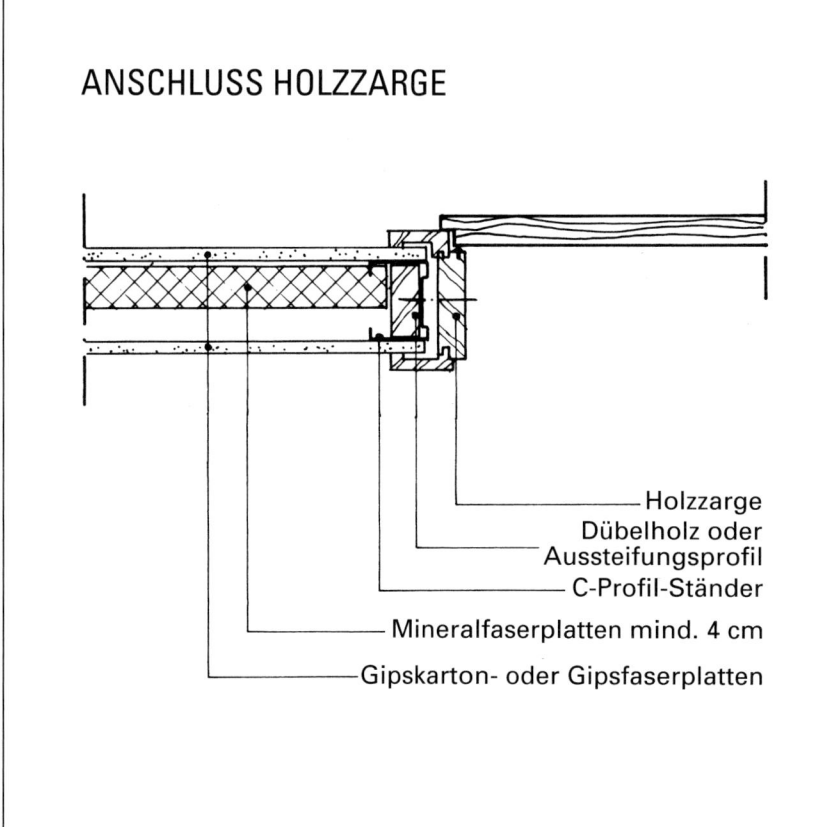

ANSCHLUSS HOLZZARGE

- Holzzarge
- Dübelholz oder Aussteifungsprofil
- C-Profil-Ständer
- Mineralfaserplatten mind. 4 cm
- Gipskarton- oder Gipsfaserplatten

Anschluss Holzzarge

Die Befestigung von Holzzargen an Ständerwänden ist unproblematisch.

Zur Verschraubung der Zarge wird bei der Montage der Wand in den Metallständer ein Dübelholz eingeschoben.

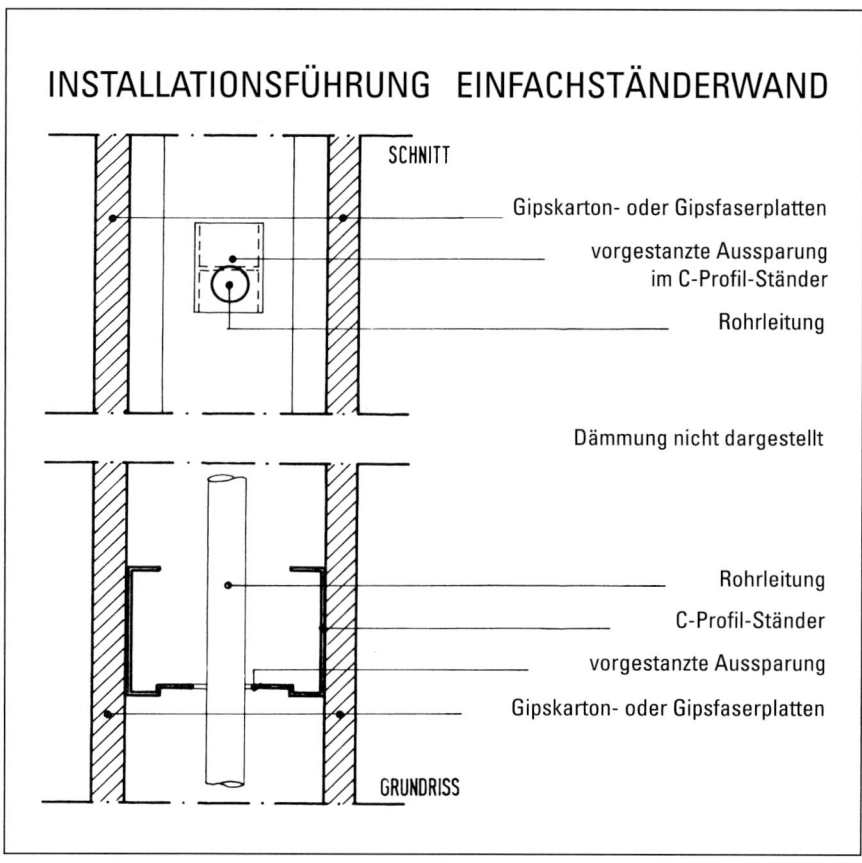

Installationsführung Einfachständerwand

Die Konstruktion der Ständerwände ist grundsätzlich für die Verlegung von Installationsleitungen vorgesehen.

Zur Vereinfachung sind in den Metallständern Aussparungen vorgestanzt, die aufgebogen werden können.

Die Größe der Aussparungen beträgt 25,0 × 35,0 mm. Wenn bei der Montage auf gleiche Höhe der Aussparungen geachtet wird, können außer Elektroleitungen auch dünne Rohrleitungen mühelos verlegt werden.

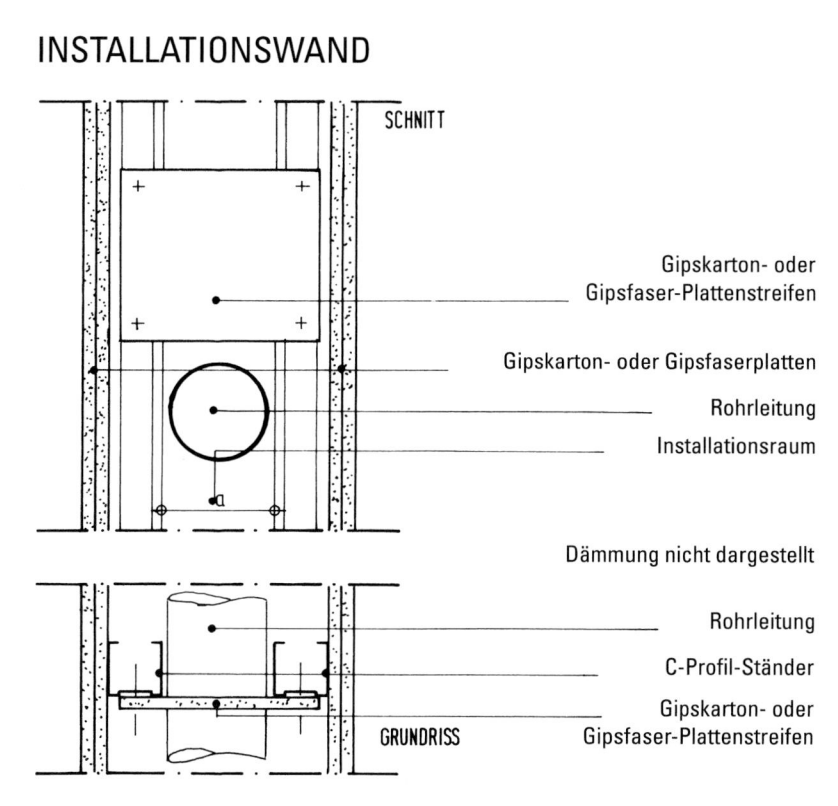

Installationswand

Installationswände gestatten die Verlegung beliebig großer Rohrquerschnitte.

Sie bestehen aus parallel aufgestellten Doppelständern, die durch Gipsplatten miteinander verbunden sind. Der Abstand der Ständer richtet sich nach den zu verlegenden Rohrleitungsquerschnitten und kann frei gewählt werden.

Vorbereitete Installation in Ständerwänden

Fertigelemente reduzieren den Montageaufwand

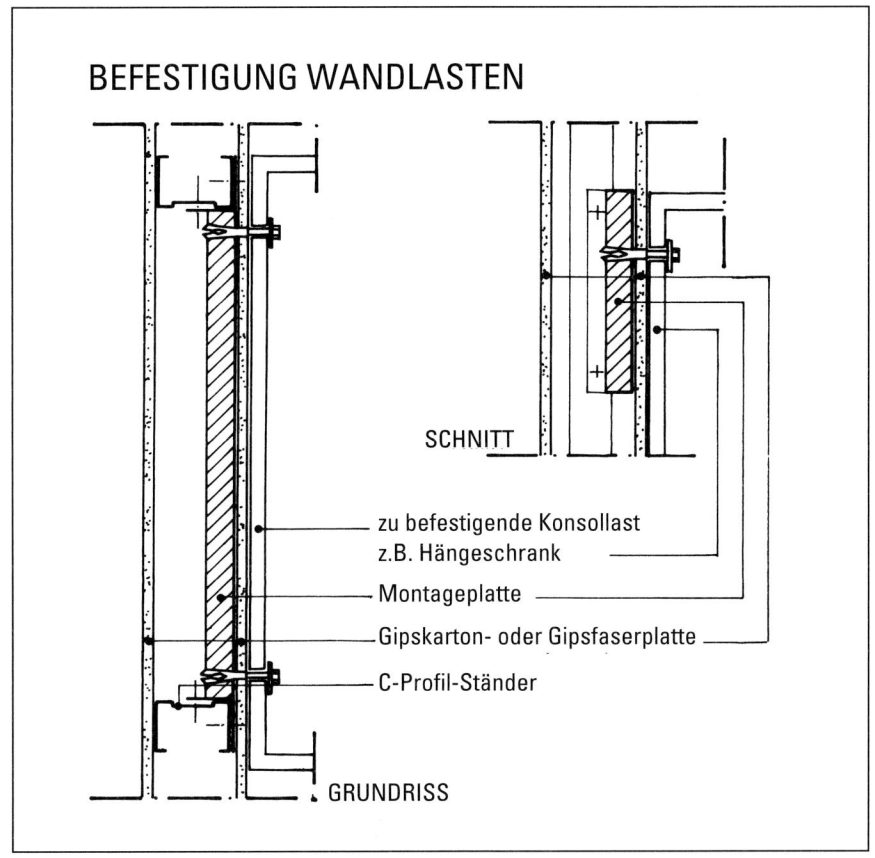

BEFESTIGUNG WANDLASTEN

SCHNITT

zu befestigende Konsollast
z.B. Hängeschrank

Montageplatte

Gipskarton- oder Gipsfaserplatte

C-Profil-Ständer

GRUNDRISS

Befestigung Wandlasten

Die Befestigung von Konsollasten, die 0,4 kN/m Wandlänge nicht überschreiten (zum Beispiel leichte Bücherregale), ist mit Spezialdübeln an jeder beliebigen Stelle der Wand möglich.

Für höhere Wandlasten, zum Beispiel Küchenschränke, ist der Einbau von Sonderelementen (Montageplatten) erforderlich. Die Montageplatten werden mit dem Ständerwerk verschraubt. Holzbohlen sollten nur in Ausnahmefällen als Montageplatte Verwendung finden, da die Verankerung mit dem Ständerwerk schwierig ist, siehe DIN 18183 »Montagewände aus Gipskartonplatten«.

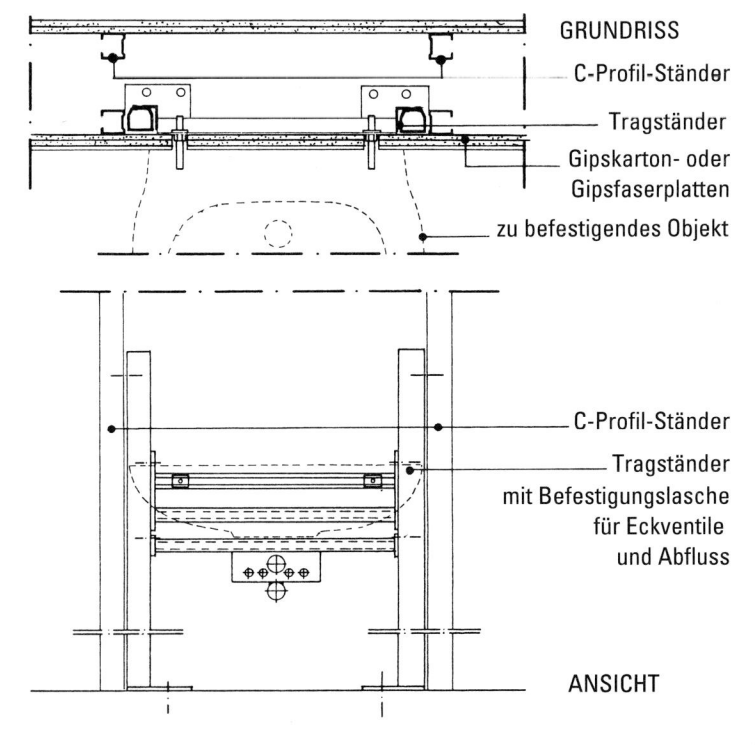

BEFESTIGUNG SANITÄRGEGENSTÄNDE

GRUNDRISS

C-Profil-Ständer

Tragständer

Gipskarton- oder
Gipsfaserplatten

zu befestigendes Objekt

C-Profil-Ständer

Tragständer
mit Befestigungslasche
für Eckventile
und Abfluss

ANSICHT

Befestigung Sanitärgegenstände

Für die Befestigung von Sanitärgegenständen, zum Beispiel Waschbecken, sind besondere Tragständer einzubauen.

Die Tragständer müssen mit dem Boden und dem Ständerwerk verschraubt werden.

Besondere Befestigungslaschen dienen der Montage von Eckventilen und Abflussrohren.

4.1.4   Vergleichende Beurteilung

	Holzständerwände mit Gipsplatten-bekleidung	Metalleinfach-ständerwände mit Gipsplatten-bekleidung	Metalldoppel-ständerwände mit Gipsplatten-bekleidung	Gips-/Kalksand-stein/Dielenwände 10,0 cm	Porenbetonwände 10,0 cm	Massive Ziegel- oder KS-Wände 11,5 cm
Baukosten	Ca. 65,– €/m²	Ca. 65,– €	Ca. 100,– €/m²	Ca. 55,– €/m²	Ca. 55,– €/m²	Ca. 55,– €/m²
Einbauzeiten	1,3 Std./m²	1,3 Std./m²	1,5 Std./m²	1,5 Std./m² einschl. Spachtelung	1,5 Std./m² einschl. Spachtelung	2,05 Std./m² einschl. Putz
Trocknungs-/ Wartezeiten	1,5 Tage	1,5 Tage	1,5 Tage	3 Tage	3 Tage	9 Tage
Schalldämmung je nach Aus-bildung der flankierenden Bauteile						
bewertetes Schalldämmmaß R_{WR}	38 dB	45 dB	61 dB	38 dB	36 dB	44 dB
Gewicht	27 kg/m²	26 kg/m²	52 kg/m²	105 kg/m²	85 kg/m²	200 kg/m²
Anmerkungen	Sonderelemente für hohe Wand-lasten erforderlich	Sonderelemente für hohe Wand-lasten erforderlich, bessere Schall-dämmung als Holzständerwände	Sonderelemente für hohe Wand-lasten erforderlich, gute Schall-dämmung	Einschlitzen von Installations-leitungen, Spachtelung erforderlich, hohes Gewicht	Einschlitzen von Installations-leitungen, Spachtelung erforderlich, hohes Gewicht	Einschlitzen von Installations-leitungen, Spachtelung erforderlich, sehr hohes Gewicht

4.2 **Problempunkt:**
Mangelnder Schallschutz bei vorhandenen Wohnungstrennwänden

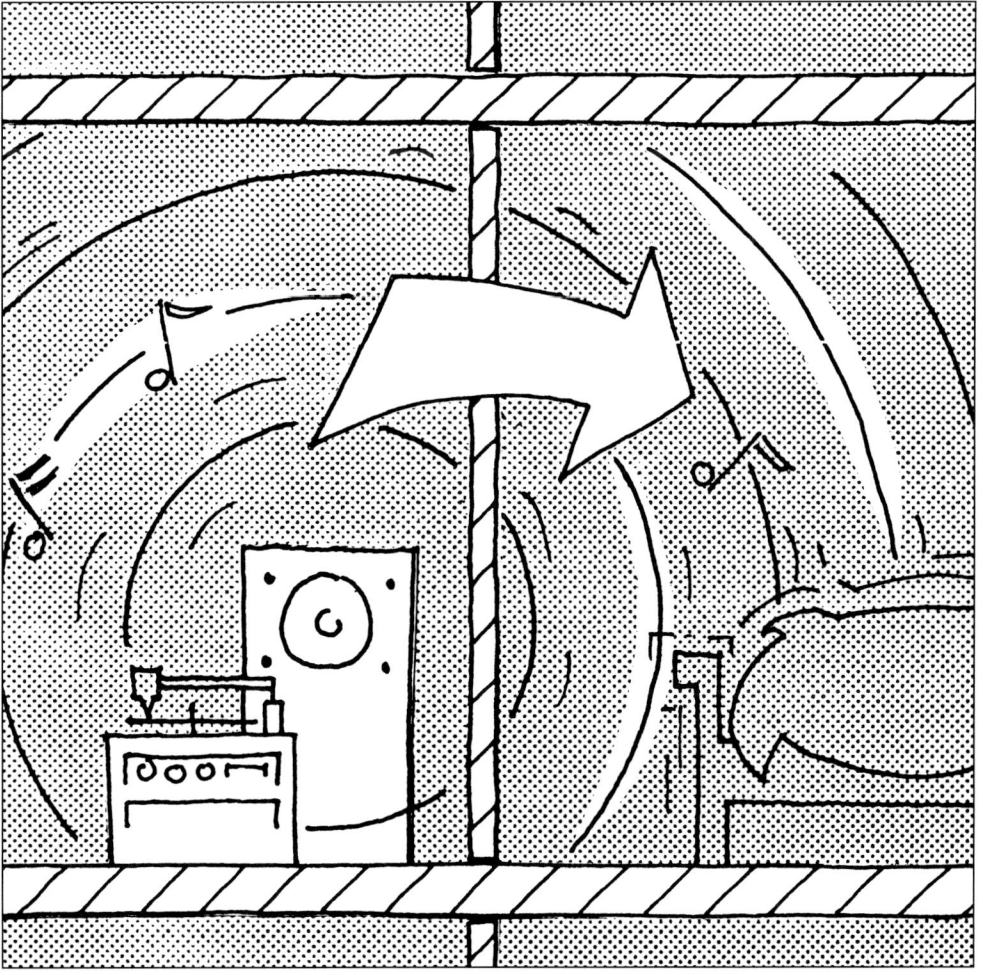

Neben dem manchmal ungenügenden Trittschallschutz vorhandener Holzbalkendecken stellt vor allem der unzureichende Luftschallschutz vorhandener dünner Trennwände in Altbauten ein erhebliches Problem dar.

Während Gebäudetrennwände und tragende Zwischenwände bei Gründerzeithäusern durch große Wandquerschnitte und ein hohes Raumgewicht der Baustoffe recht gute Schallschutzwerte aufweisen, sind die Schallschutzeigenschaften bei Häusern aus den 20er oder 50er Jahren oft katastrophal schlecht.

24,0 oder 30,0 cm dicke Gebäudetrennwände aus schallschutztechnisch unzureichendem Material, zum Beispiel Bimshohlblocksteine, erreichen bei weitem nicht den heute erforderlichen und wünschenswerten Luftschallschutz.

Noch schlechter sind die Schallschutzeigenschaften vorhandener dünner, einschaliger Zwischenwände, wie sie in den 30er und 50er Jahren als Wohnungstrennwände üblich waren.

Vorhandene massive Trennwände verfügen häufig nicht über einen ausreichenden Schallschutz

Bewertetes Schalldämmmaß R'_w gebräuchlicher einschaliger Wohnungstrennwände (Messwerte)

	Wandausführung beidseitig verputzt	Flächenbezogene Masse [kg/m²]	R'_w [dB]
240 mm	Kalksandsteine	510	55
240 mm	Vollziegel	460	55
240 mm	Hochlochziegel	350	53
240 mm	Hohlblocksteine aus Ziegelsplitt	330	51
240 mm	Hohlblocksteine aus Ziegelsplittbeton, Hohlräume mit Sand gefüllt	400	56
240 mm	Hohblocksteine aus Bimsbeton Hohlräume mit Sand gefüllt Hohlräume mit Beton gefüllt	280 350 370	49 52 53
240 mm	Bimsbeton-Vollsteine	340	52
250 mm	Schüttbeton aus Ziegelsplitt	400	53
120 mm	Normalbeton	330	52
180 mm	Normalbeton, unverputzt	430	55
250 mm	Normalbeton, unverputzt	600	60

(Aus: Gösele/Schüle/Künzel: Schall, Wärme, Feuchte – Seite 61)

Zur Verbesserung des vorhandenen Schallschutzes durch Errichten von Vorsatzschalen kommen zwei grundsätzlich verschiedene Lösungen in Betracht:

1. *Errichtung leichter, biegeweicher Vorsatzschalen,* frei vor die Wand gestellt, oder mit Schwingelementen an der Wand befestigt
2. *Errichtung schwerer Vorsatzschalen,* frei vor die Wand gestellt

Bei der Errichtung von Vorsatzschalen sind neben schalltechnischen Gesichtspunkten vor allem aber auch folgende bautechnische Einflussgrößen von Bedeutung:

1. Raumbedarf der Vorsatzschale

Die Bautiefen verschiedener Vorsatzschalenkonstruktionen sind unterschiedlich. Bei sehr beengten Platzverhältnissen oder bei Zwangsmaßen (Möblierungsbreiten neben Fenstern, Aufschlagplatz von Türen etc.) können die geringen Unterschiede der Konstruktionsmaße von Bedeutung werden. Zudem geht durch breite Konstruktionen mehr Wohnfläche verloren.

2. Gewicht der zusätzlichen Konstruktionen

Das Flächengewicht einer Vorsatzschale aus Gipskarton oder Gipsfaserplatten beträgt ca. 13 kg/m². Demgegenüber beträgt das Flächengewicht einer massiven 11,5 cm starken Ziegelwand mit 165 kg/m² mehr als das Zehnfache.

Nur in seltenen Fällen wird eine vorhandene Deckenkonstruktion das zusätzliche Gewicht der Vorsatzschale ohne weiteres aufnehmen können.

Bewertetes Schalldämmmaß und Luftschallschutz-maß verschiedener einschaliger Zwischenwände, jeweils für den eingebauten Zustand am Bau; Wände beidseitig verputzt, soweit nicht anders vermerkt (Messwerte)

	Wandausführung	Flächen-bezogene Masse [kg/m²]	Bewertetes Schall-dämm-maß R'_w [dB]
60 mm	Bimsbetonplatten	110	36
115 mm	Bimsbetonsteine	140	45
80 mm	Gipsplatten mit Einlage von Holzwolle-Leichtbauplatten	70	35
100 mm	Vollgipsplatten (ohne Putz)	105	38
60 mm	Porengipsplatten	36	28
100 mm	Porengipsplatten	62	35
100 mm	Porenbeton 600 kg/m³	95	38
250 mm	Porenbeton	190	47
100 mm	Normalbeton (unverputzt)	230	46
200 mm	Kalkleichtbetonsteine	220	47
71 mm	Hochlochziegel	145	43
115 mm	Hochlochziegel	200	47
115 mm	Vollziegel	270	49
50 mm	Holzwolle-Leichtbauplatten (verputzt)	50	37
80 mm	Glasbau-Hohlsteine je nach Format (ohne Putz)	70–80	40–46

(Aus: Gösele/Schüle/Künzel: Schall, Wärme, Feuchte – Seite 61)

3. Feuchtebelastung durch Errichten neuer Vorsatzschalen

Es sollte darauf geachtet werden, dass durch die neue Wandkonstruktion nicht unnötige Mengen Feuchtigkeit in das Bauwerk transportiert werden, wie dies bei massiven Vorsatzschalen geschieht, wenn sie verputzt werden müssen.

4. Einbauzeit der Konstruktion

Die Einbauzeiten verschiedener Vorsatzschalenkonstruktionen sind sehr unterschiedlich. Vor allem verputzte Konstruktionen haben eine sehr viel längere Bauzeit als oberflächenfertige Konstruktionen, die gegebenenfalls nur noch gespachtelt werden müssen.

5. Ausführungen

Bei allen Vorsatzschalen ist schallschutztechnisch Folgendes zu beachten:

1. Die erzielte Zweischaligkeit des Wandaufbaus ist grundsätzlich sehr günstig. Ausnahme: Die Bekleidung einer vorhandenen Wand mit einer Verbundvorsatzschale mit »harter« Dämmschicht, das heißt mit Dämmmaterial hoher dynamischer Steifigkeit (zum Beispiel Gipskarton-Verbundelement mit Polystyrol-Hartschaumkern oder verputzte Holzwolle-Leichtbauplatten, direkt auf der vorhandenen Wand befestigt). Hier kommt es zu einer Verschlechterung des Schallschutzes.

2. Bei vorhandenen leichten Trennwänden ist eine wesentlich größere Verbesserung des Schallschutzes durch Vorsatzschalen möglich als bei vorhandenen schweren Trennwänden.

Einbau einer Vorsatzschale

3. Eine Hohlraumdämpfung verbessert die Schalldämmung zweischaliger Konstruktionen, wenn als Dämmstoff Materialien mit hohem längenbezogenem Strömungswiderstand (5×10^3 bis 5×10^4 Ns/m⁴) verwendet werden.

   Poröse, aber sehr dichte Materialien (zum Beispiel Hartschaumplatten) sind für die Hohlraumdämpfung ungeeignet, sie können sogar die Schalldämmung verschlechtern.

4. Bei der Ausführung von Vorsatzschalen ist darauf zu achten, dass Schallbrücken durch unsachgemäße Ausführung unbedingt vermieden werden. Schallbrücken können das Ergebnis der gesamten Arbeit zunichte machen. Dies gilt vor allem für Schallbrücken durch Mörtelbatzen, falsche Montage von Schwingelementen oder unsachgemäßen Verschluss von Randfugen.

Die Ausbildung schwerer Vorsatzschalen ist schallschutztechnisch wenig sinnvoll. In der DIN 4109 Beiblatt 2 heißt es dazu:

»Bei zweischaligen Wänden aus zwei biegesteifen Schalen mit durchlaufenden, flankierenden Bauteilen insbesondere bei starrem Randanschluss... wird der Schall hauptsächlich über diesen Anschluss übertragen. Solche Wände aus Schalen mit gleicher flächenbezogener Masse und gleicher Dicke, zum Beispiel aus 11,5 cm dickem Mauerwerk, haben in der Regel keine höhere, eher eine geringere Schalldämmung als sich nach DIN 4109 Beiblatt 1, Tabelle 5, für die einschalige Wand mit gleicher flächenbezogener Masse ergeben würde.«

Aus diesem Grund sollten Vorsatzschalen, wenn schon massiv, dann auch mit Fugenverguss gefertigt werden, um eine schalltechnisch gemeinsam wirkende Wand herzustellen, deren Schallschutzwirkung aus dem hohen Flächengewicht resultiert. In der folgenden Übersicht sind die wichtigsten Verfahren
zur nachträglichen Verbesserung des Schallschutzes vorhandener Trennwände dargestellt.

Bei der Ausführung aller Vorsatzschalen ist darauf zu achten, dass ein erheblicher Teil der Schallweiterleitung in Form von Schalllängsleitung der flankierenden Bauteile erfolgt. Die angegebenen Werte zur Schalldämmung gelten nur bei Bauteilen mit einer flächenbezogenen Masse ≥ 300 kg/m^2. Weitere wichtige Einzelheiten hierzu enthält das Beiblatt 1 zur DIN 4109, darin insbesondere die Kapitel 3 und 4 »Luft- und Trittschalldämmung in Gebäuden in Massivbauart« und die Kapitel 5 bis 8 »Luft- und Trittschalldämmung in Gebäuden in Skelett- und Holzbauart«.

DIN 4109 »Schallschutz im Hochbau« – Erforderliche Luft- und Trittschalldämmung

Bauteile	Anforderungen in dB
Bewertetes Schalldämmmaß erf. R'_w	
Wohnungstrennwände	53
Wohnungstrenndecken	54
Treppenraumwände	52
Wände neben Durchfahrten	55
Wohnungs-Eingangstüren, in Flur führend	27
Wohnungs-Eingangstüren, in Aufenthaltsraum führend	37
Bewerteter Norm-Trittschallpegel $L'_{n,w}$	
Wohnungstrenndecken	53
Terrassen, Loggien ü. Wohnräumen, Laubengänge (erf. TSM)	53

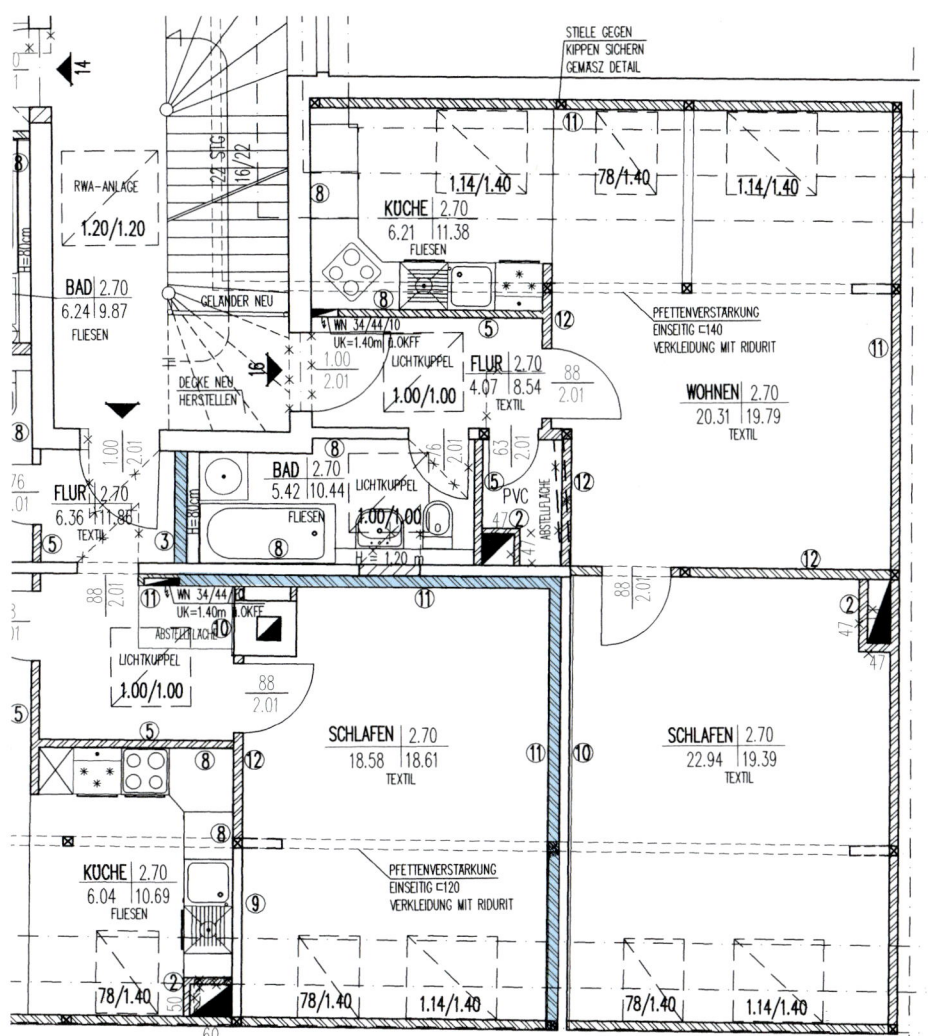

Vorsatzschale vor einer
vorhandenen Wohnungstrennwand

4.2.1   Übersicht über Lösungsmöglichkeiten

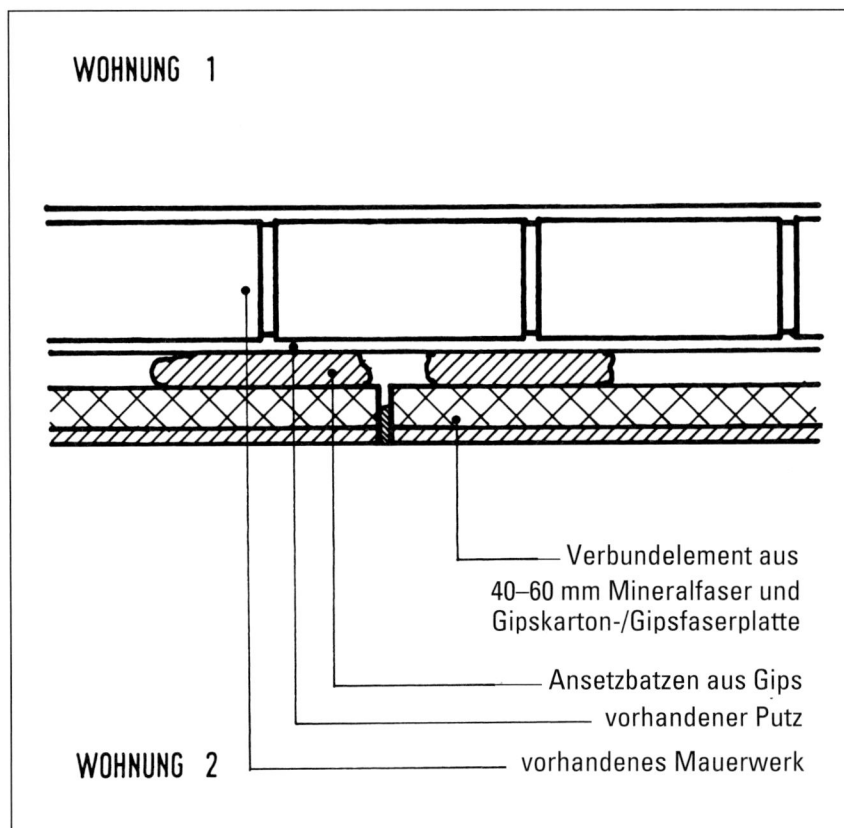

Gipsplattenverbundelement	
Baukosten	Ca. 35,– €/m²
Schalldämmung je nach Ausbildung der flankierenden Bauteile (vorh. = 24 cm Bimsmauerwerk 300 kg)	
a) Bewertetes Schalldämmmaß R'_w mit Vorsatzschale Schallschutzanforderung DIN 4109 (53 dB), erhöhter Schallschutz nach DIN 4109 (55 dB)	54 dB Wird erreicht Wird nicht erreicht
Konstruktionsstärke	Ca. 6,5 cm
Einbauzeiten	0,35 Std./m²
Trocknungs-/ Wartungszeiten	1,5 Tage
Gewicht Vorsatzschale Gesamtgewicht einschl. vorhandener Wand	14 kg/m²

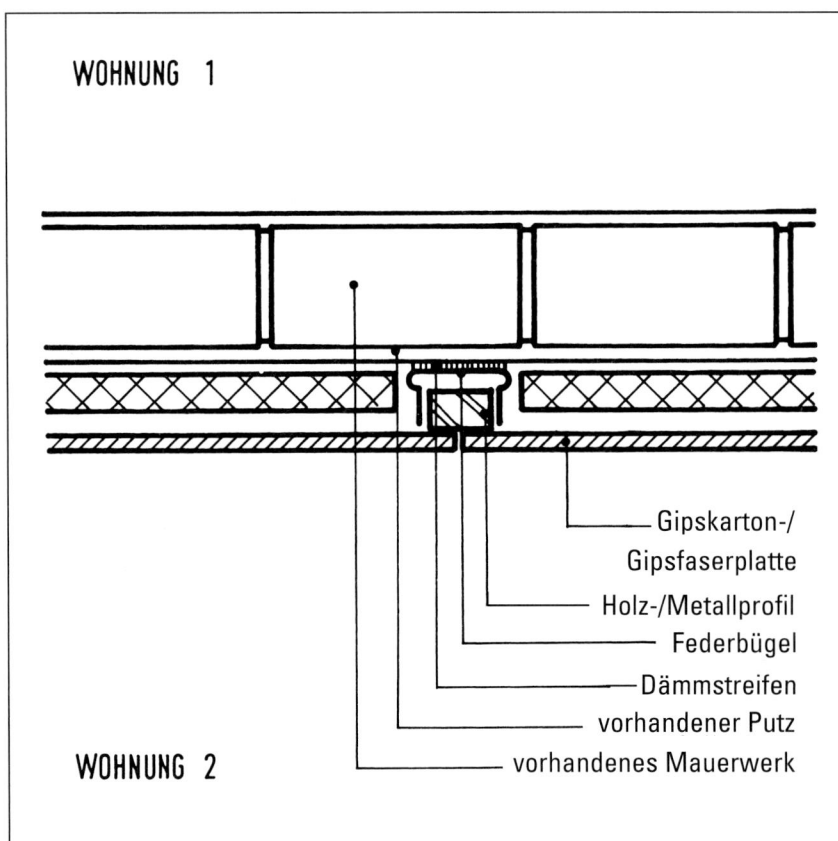

Gipsplattenbekleidung auf Schwingelementen	
Baukosten	Ca. 65,– €/m²
Schalldämmung je nach Ausbildung der flankierenden Bauteile (vorh. = 24 cm Bimsmauerwerk 300 kg)	
a) Bewertetes Schalldämmmaß R'_w mit Vorsatzschale, Schallschutzanforderung DIN 4109 (53 dB), erhöhter Schallschutz nach DIN 4109 (55 dB)	54 dB Wird erreicht Wird nicht erreicht
Konstruktionsstärke	6,5 bis 9,5 cm
Einbauzeiten	0,80 bis 1,00 Std./m²
Trocknungs-/ Wartungszeiten	1,5 Tage
Gewicht Vorsatzschale Gesamtgewicht einschl. vorhandener Wand	16 kg/m²

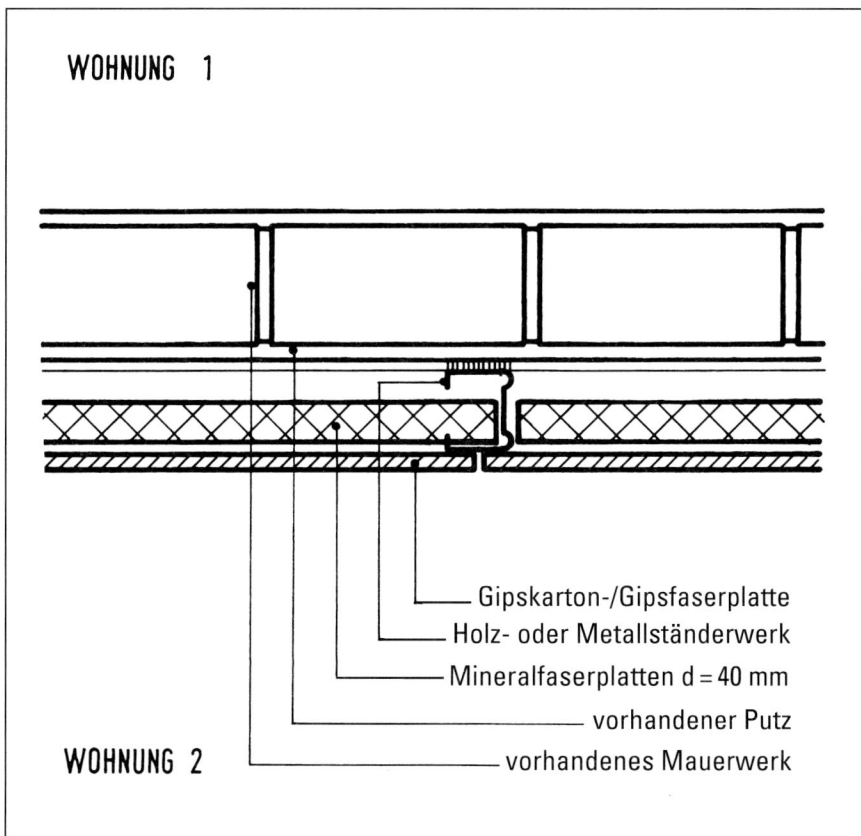

WOHNUNG 1

WOHNUNG 2

— Gipskarton-/Gipsfaserplatte
— Holz- oder Metallständerwerk
— Mineralfaserplatten d = 40 mm
— vorhandener Putz
— vorhandenes Mauerwerk

Frei stehende Ständerwand mit Gipsplattenbekleidung	
Baukosten	Ca. 70,– €/m²
Schalldämmung je nach Ausbildung der flankierenden Bauteile (vorh. = 24 cm Bimsmauerwerk 300 kg)	
a) Bewertetes Schalldämmmaß R'_w mit Vorsatzschale, Schallschutzanforderung DIN 4109 (53 dB), erhöhter Schallschutz nach DIN 4109 (55 dB)	54 dB Wird erreicht Wird nicht erreicht
Konstruktionsstärke	8,5 cm
Einbauzeiten	0,90 Std./m²
Trocknungs-/ Wartungszeiten	1,5 Tage
Gewicht Vorsatzschale Gesamtgewicht einschl. vorhandener Wand	16 kg/m²

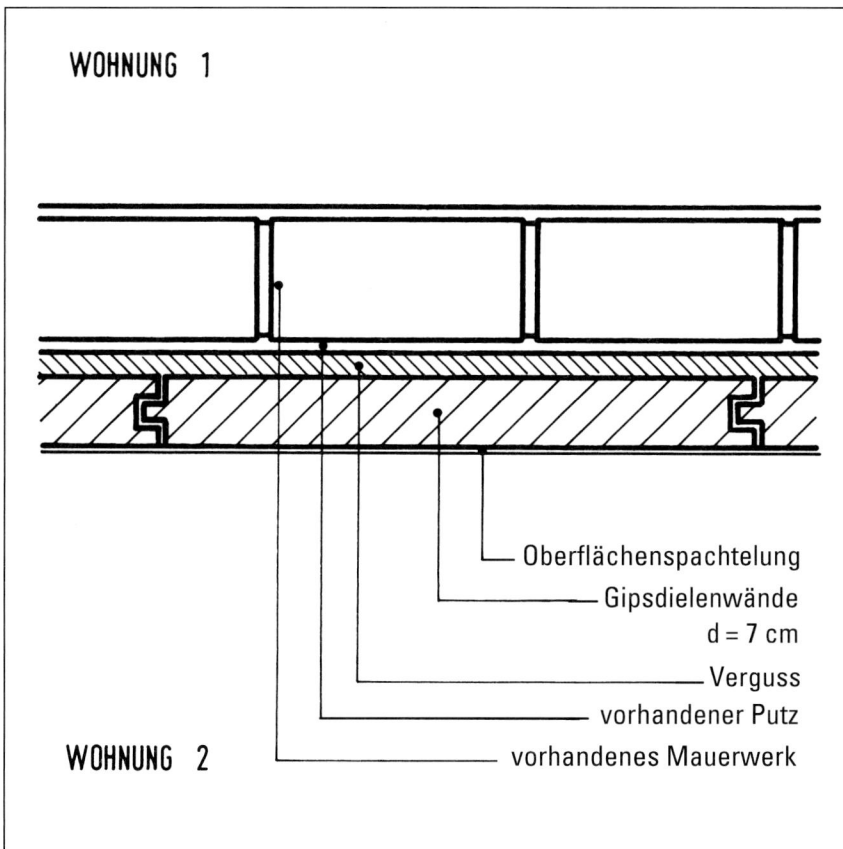

WOHNUNG 1

WOHNUNG 2

— Oberflächenspachtelung
— Gipsdielenwände d = 7 cm
— Verguss
— vorhandener Putz
— vorhandenes Mauerwerk

KS-/Dielenwand D = 7,0 cm	
Baukosten	Ca. 65,– €/m²
Schalldämmung je nach Ausbildung der flankierenden Bauteile (vorh. = 24 cm Bimsmauerwerk 300 kg)	
a) Bewertetes Schalldämmmaß R'_w mit Vorsatzschale, Schallschutzanforderung DIN 4109 (53 dB), erhöhter Schallschutz nach DIN 4109 (55 dB)	53 dB Wird knapp erreicht Wird nicht erreicht
Konstruktionsstärke	11,5 cm
Einbauzeiten	1,0 Std./m² einschl. Spachtelung
Trocknungs-/ Wartungszeiten	3 Tage
Gewicht Vorsatzschale Gesamtgewicht einschl. vorhandener Wand	74 kg/m² 374 kg/m²

Anmerkungen:
Zweischaligkeit schalltechnisch schlecht.
Gute Schalldämmung nur über hohes Flächengewicht erreichbar – deshalb Fugenverguss erforderlich

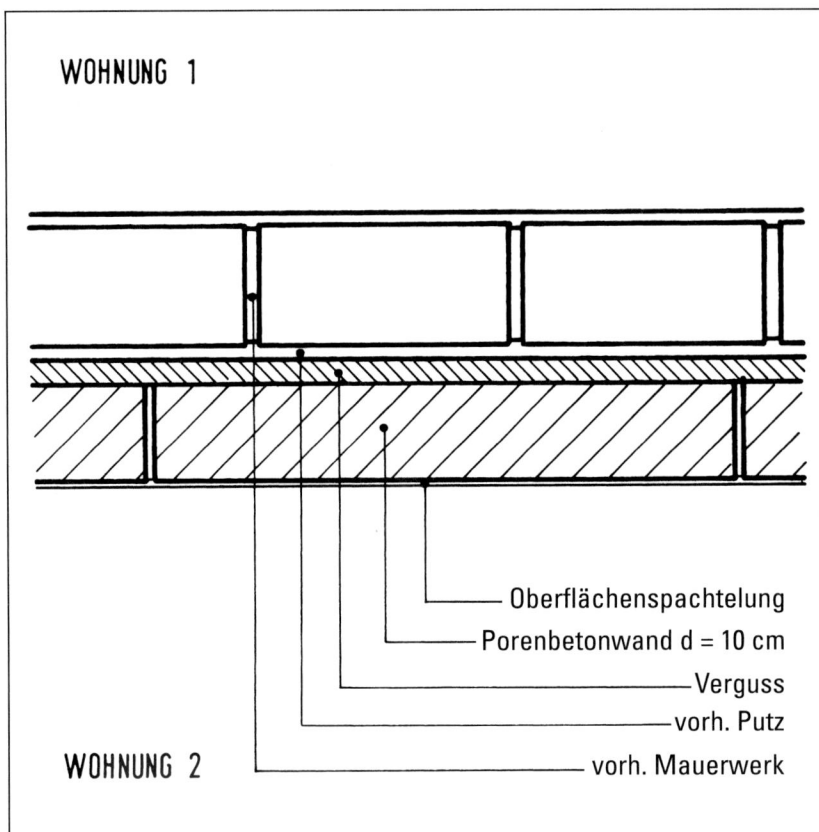

WOHNUNG 1

WOHNUNG 2

— Oberflächenspachtelung
— Porenbetonwand d = 10 cm
— Verguss
— vorh. Putz
— vorh. Mauerwerk

Porenbetonwand D = 10,0 cm	
Baukosten	Ca. 65,– €/m²
Schalldämmung je nach Ausbildung der flankierenden Bauteile (vorh. = 24 cm Bimsmauerwerk 300 kg)	
a) Bewertetes Schalldämmmaß R'_w mit Vorsatzschale, Schallschutzanforderung DIN 4109 (53 dB), erhöhter Schallschutz nach DIN 4109 (55 dB)	52 dB Wird nicht erreicht Wird nicht erreicht
Konstruktionsstärke	14,5 cm
Einbauzeiten	1,0 Std./m² einschl. Spachtelung
Trocknungs-/ Wartungszeiten	3 Tage
Gewicht Vorsatzschale Gesamtgewicht einschl. vorhandener Wand	84 kg/m² 384 kg/m²
Anmerkungen: Ausreichender Luftschallschutz für Wohnungstrennwände wird nicht erreicht. Gefahr von Resonanzen mit Einbrüchen der Schalldämmung bei ca. 250 bis 500 Hz (Hauptfrequenzbereich der menschlichen Sprache)	

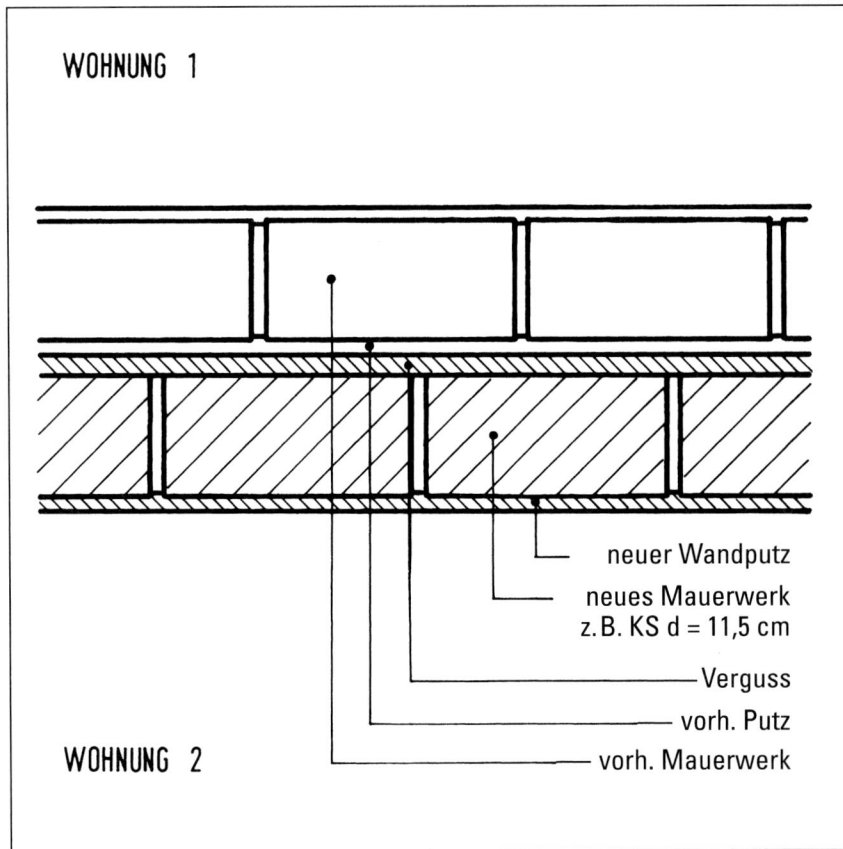

WOHNUNG 1

WOHNUNG 2

— neuer Wandputz
— neues Mauerwerk z.B. KS d = 11,5 cm
— Verguss
— vorh. Putz
— vorh. Mauerwerk

KS-/Ziegelwand D = 11,5 cm	
Baukosten	Ca. 65,– €/m²
Schalldämmung je nach Ausbildung der flankierenden Bauteile (vorh. = 24 cm Bimsmauerwerk 300 kg)	
a) Bewertetes Schalldämmmaß R'_w mit Vorsatzschale, Schallschutzanforderung DIN 4109 (53 dB), erhöhter Schallschutz nach DIN 4109 (55 dB)	54 dB Wird erreicht Wird nicht erreicht
Konstruktionsstärke	16,0 cm
Einbauzeiten	1,5 Std./m² einschl. Putz
Trocknungs-/ Wartungszeiten	8 Tage
Gewicht Vorsatzschale Gesamtgewicht einschl. vorhandener Wand	180 kg/m² 480 kg/m²
Anmerkungen: Zweischaligkeit schalltechnisch schlecht. Gute Schalldämmung nur über hohes Flächengewicht erreichbar – deshalb Fugenverguss erforderlich	

4.2.2   Verbesserung des Schallschutzes durch Vorsatzschalen auf Schwingelementen – Erläuterung

Vorsatzschalen auf Schwingelementen zeichnen sich durch folgende Vorteile aus:

- hohe Schalldämmwerte,
- geringes Gewicht,
- kleine Konstruktionsmaße,
- fertige Oberflächen,
- geringe Feuchtebelastung,
- geringe Folgearbeiten.

Die Gesamtkonstruktion besteht aus an der Wand montierten federnden Schwingelementen und darauf befestigten Gipskarton- oder Gipsfaserplatten.

Als Schwingelement werden Schwinghölzer oder Federbügel verwendet.

Schwinghölzer bestehen aus einem 100,0 mm breiten und 25,0 mm dicken Kokosfaserstreifen, der mit einer Holzleiste (24,0 × 48,0 mm) verklebt und verklammert ist.

Der Kokosfaserstreifen wird mit Mörtel oder Ansetzgips bestrichen, an die Wand angesetzt und ausgerichtet. Auf der Holzleiste wird die Wandbekleidung befestigt.

Zuvor ist unbedingt die Festigkeit des Untergrundes zu prüfen, damit sich die neue Vorsatzschale nicht mit dem alten Putz von der Wand löst.

Federbügel dienen zur Fixierung von Holz- oder Metallständern, die vor der Wand aufgestellt werden. Der Federbügel selbst besteht aus einem vorgestanzten und vorgebogenen Metallbügel, der zur Vermeidung von Schallübertragung mit Dämmstreifen auf der vorhandenen Trennwand verschraubt wird. Die Wandbekleidung wird an den Holz- oder Metallständern befestigt. Als Wandbekleidung eignen sich vor allem Gipskarton- und Gipsfaserplatten. Daneben sind andere Bekleidungen möglich, zum Beispiel Holzwolle-Leichtbauplatten mit Putzüberzug, die jedoch bauartbedingt Feuchtigkeit in das Bauwerk einbringen.

Bei der Montage von Gipskarton- oder Gipsfaserplatten ist darauf zu achten, dass Schrauben oder andere Befestigungsmittel nur mit den Schwinghölzern oder Federelementen Kontakt haben und nicht bis zur vorhandenen Trennwand reichen, weil so geschaffene Schallbrücken die Schallschutzeigenschaften der Wand erheblich beeinträchtigen.

Die Fugen zwischen neuer Wandbekleidung und flankierenden Bauteilen sind sorgfältig zu verschließen. Hierfür können elastische Dichtungsmassen (zum Beispiel auf Acrylbasis) verwendet werden. Möglich ist aber auch ein Fugenverschluss mit Gipsspachtelmassen, wenn diese durch Papierstreifen von den flankierenden Bauteilen getrennt werden, damit sie nicht unkontrolliert reißen. Für den Schallschutz ist es von großer Bedeutung, dass alle Randfugen sorgfältig verschlossen werden. Ein weiterer wichtiger Aspekt der Schalldämmung ist die Hohlraumdämpfung. Durch das Einbringen von Dämmmatten in den Hohlraum der Vorsatzschale wird die Schalldämmung erheblich verbessert. Hierfür dürfen jedoch nur Faserdämmstoffe mit einem längenbezogenen Strömungswiderstand von 5×5^3 bis 5×10^4 Ns/m^4 verwendet werden. Harte Dämmstoffe können die Schalldämmung verschlechtern.

Grundsätzlich ist bei der Errichtung von Vorsatzschalen zu bedenken, dass die Schalldämmung der vorhandenen Trennwand verbessert wird, dass aber die Schalllängsleitung durch flankierende Bauteile (Wände, Decken, Querwände) bestehen bleibt. Dies kann das Dämmergebnis beeinträchtigen.

Zur Vermeidung unnötiger Schalllängsleitung in Vorsatzschalen selbst sind die Vorsatzschalen bei neuen Querwänden zu trennen.

4.2.3   Verbesserung des Schallschutzes durch Vorsatzschalen auf Schwingelementen – Details

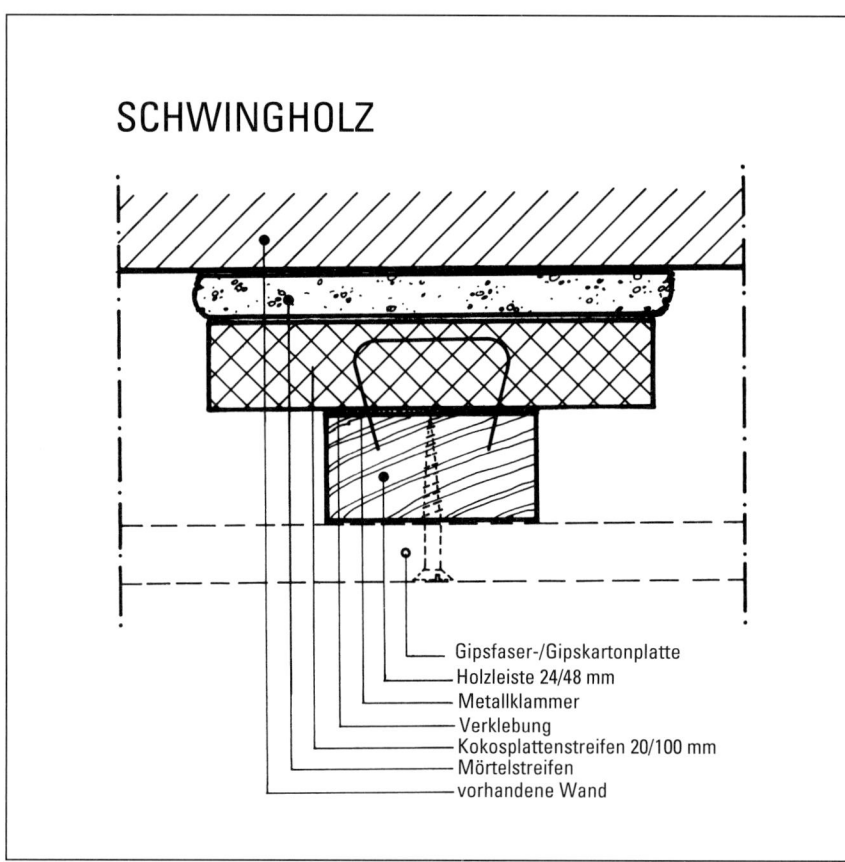

SCHWINGHOLZ

Gipsfaser-/Gipskartonplatte
Holzleiste 24/48 mm
Metallklammer
Verklebung
Kokosplattenstreifen 20/100 mm
Mörtelstreifen
vorhandene Wand

Schwingholz

Bestehend aus:

- Holzleiste 24,0 × 48,0 mm als Tragkonstruktion
- Kokosplattenstreifen 20,0 × 100,0 mm als Verbindungselement

Montage:

- Ansetzen und Ausrichten des Kokosplattenstreifens mit Ansetzmörtel an der Wand
- Befestigen von Gipsfaserplatten an den Holzleisten

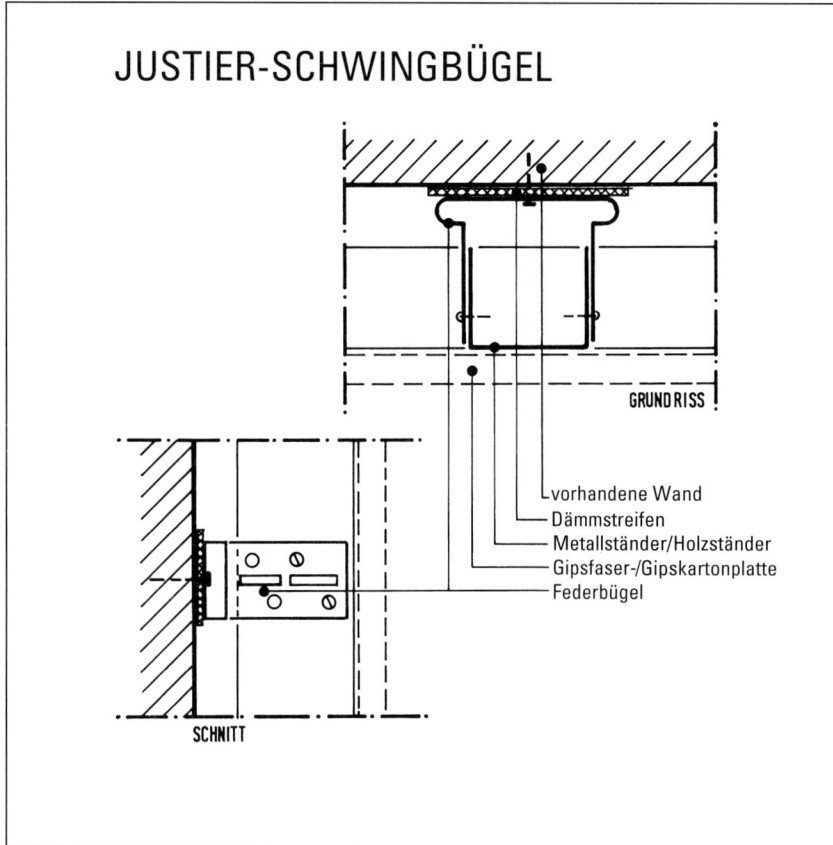

JUSTIER-SCHWINGBÜGEL

GRUNDRISS

vorhandene Wand
Dämmstreifen
Metallständer/Holzständer
Gipsfaser-/Gipskartonplatte
Federbügel

SCHNITT

Justier-Schwingbügel

Bestehend aus:

- Vorgestanzten und vorgebogenen Blechstreifen

Montage:

- Befestigen der Schwingbügel mit Dämmfilzunterlage auf der vorhandenen Wand
- Aufstellen von Holz- oder Metallständern, die mit den Schwingbügeln gehalten werden (Schrauben oder Blindnieten)
- Befestigen von Gipsfaser- oder Gipskartonplatten mit Schrauben an den Holz- oder Metallständern

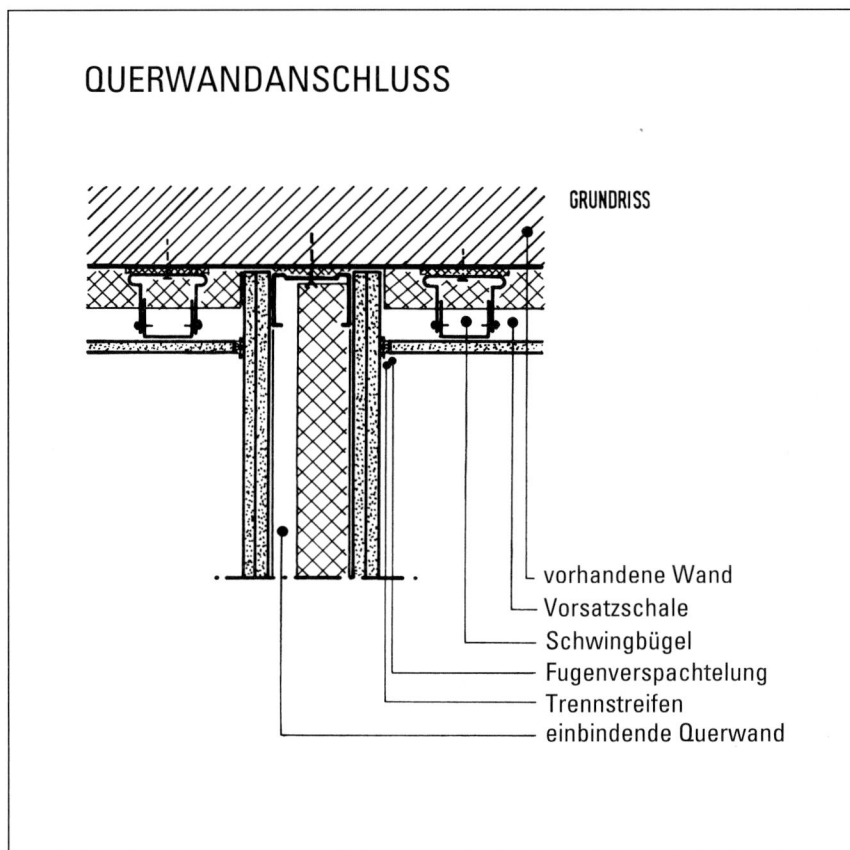

QUERWANDANSCHLUSS

GRUNDRISS

- vorhandene Wand
- Vorsatzschale
- Schwingbügel
- Fugenverspachtelung
- Trennstreifen
- einbindende Querwand

Querwandanschluss

Werden zusammen mit der Vorsatzschale auch neue Querwände erstellt, so sind die Querwände vor Errichtung der Vorsatzschale aufzustellen.

Durch diese Bauart wird eine Schalllängsleitung innerhalb der Vorsatzschale von einem Raum in den anderen verhindert (besonders wichtig bei hohen Schallschutzanforderungen an die neue Trennwand).

Die neue Querwand ist durch einen Dämmstreifen von der vorhandenen Massivwand zu trennen.

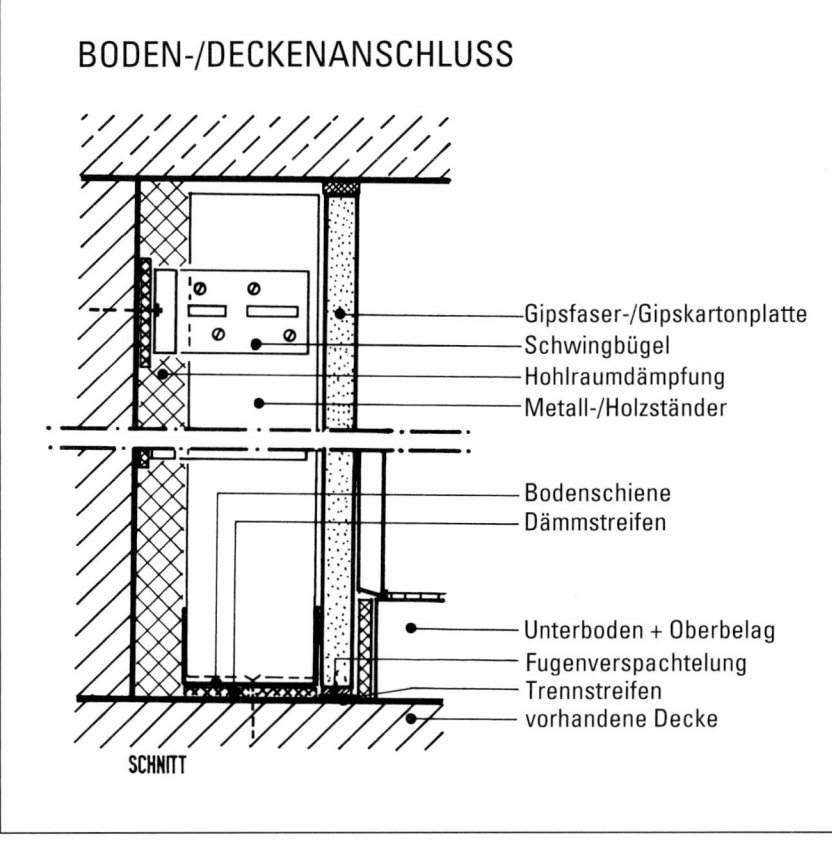

BODEN-/DECKENANSCHLUSS

- Gipsfaser-/Gipskartonplatte
- Schwingbügel
- Hohlraumdämpfung
- Metall-/Holzständer

- Bodenschiene
- Dämmstreifen

- Unterboden + Oberbelag
- Fugenverspachtelung
- Trennstreifen
- vorhandene Decke

SCHNITT

Boden-/Deckenanschluss

Der Anschluss an Boden und Decke ist unbedingt luftdicht zu verschließen. Hierzu sind Gipsspachtelmassen zu verwenden, die durch Papierstreifen von Boden oder Decke zu trennen sind, um unkontrollierte Abrisse zu verhindern. Gegebenenfalls können für den Verschluss auch elastische Materialien (zum Beispiel auf Acrylbasis) verwendet werden.

Die Bodenschiene ist durch einen Filzstreifen vom Untergrund zu trennen.

4.2.4   Vergleichende Beurteilung

	Gipsplatten-verbundelement	Gipsplatten-bekleidung auf Schwing-elementen	Frei stehende Ständerwand mit Gipsplatten-bekleidung	KS-/Dielenwand D = 7,0 cm	Porenbetonwand D = 10,0 cm	KS-/Ziegelwand D = 11,5 cm
Baukosten	Ca. 35,– €/m²	Ca. 65,– €/m²	Ca. 70,– €/m²	Ca. 65,– €/m²	Ca. 65,– €/m²	Ca. 65,– €/m²
Schalldämmung je nach Aus-bildung der flankierenden Bauteile (vorh. = 24 cm Bimsmauerwerk 300 kg)						
a) Bewertetes Schalldämm-maß R'_w mit Vorsatzschale, Schallschutz-anforderung DIN 4109 (53 dB), erhöhter Schallschutz nach DIN 4109 (55 dB)	54 dB Wird erreicht Wird nicht erreicht	54 dB Wird erreicht Wird nicht erreicht	54 dB Wird erreicht Wird nicht erreicht	53 dB Wird knapp erreicht Wird nicht erreicht	52 dB Wird nicht erreicht Wird nicht erreicht	54 dB Wird erreicht Wird nicht erreicht
Konstruktions-stärke	Ca. 6,5 cm	6,5 bis 9,5 cm	8,5 cm	11,5 cm	14,5 cm	16,0 cm
Einbauzeiten	0,35 Std./m²	0,80 bis 1,00 Std./m²	0,90 Std./m²	1,0 Std./m² einschl. Spachtelung	1,0 Std./m² einschl. Spachtelung	1,5 Std./m² einschl. Putz
Trocknungs-/Wartezeiten	1,5 Tage	1,5 Tage	1,5 Tage	3 Tage	3 Tage	8 Tage
Gewicht Vorsatzschale Gesamtgewicht einschl. vorhandener Wand	14 kg/m² –	16 kg/m² –	16 kg/m² –	74 kg/m² 374 kg/m²	84 kg/m² 384 kg/m²	180 kg/m² 480 kg/m²
Anmerkungen	–	–	–	Zweischaligkeit schalltechnisch schlecht. Gute Schalldämmung nur über hohes Flächengewicht erreichbar – deshalb Fugenverguss erforderlich	Ausreichender Luftschallschutz für Wohnungswände wird nicht erreicht. Gefahr von Resonanzen mit Einbrüchen der Schalldämmung bei ca. 250 bis 500 Hz (Hauptfrequenz-bereich der menschlichen Sprache)	Zweischaligkeit schalltechnisch schlecht. Gute Schalldämmung nur über hohes Flächengewicht erreichbar – deshalb Fugenverguss erforderlich

4.3 **Problempunkt:**
Mangelnde Dichtheit von Feuchtraumwänden

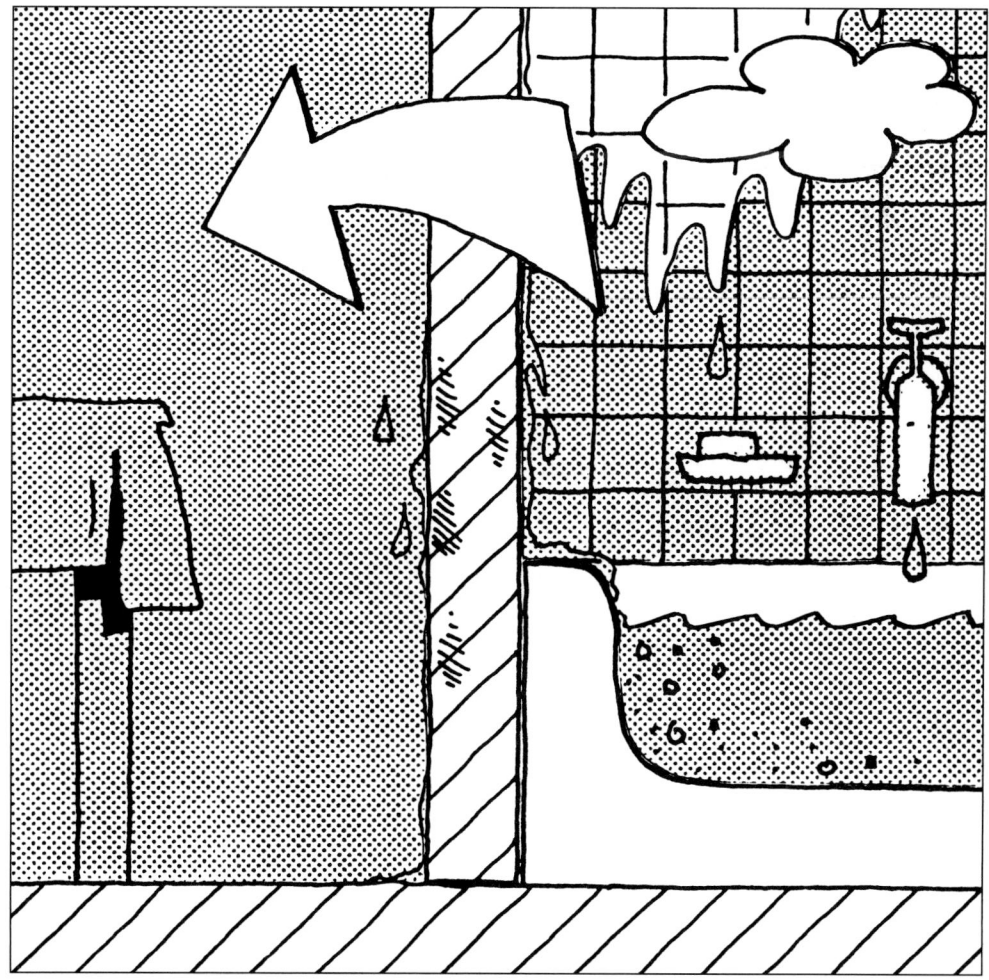

Undichtheiten von Feuchtraumwänden können, neben Oberflächenschäden wie Salzausblühungen oder Putzabplatzungen, erhebliche Schäden an der Tragkonstruktion hervorrufen, wenn diese zum Beispiel aus Holz besteht. Viele Gebäude der Gründerzeit, aber auch Häuser der 20er und 30er Jahre, haben tragende Innenwände aus Holzfachwerk, vor allem aber sehr feuchtigkeitsempfindliche Holzbalkendecken.

Ständige Durchfeuchtung von Pfosten, Riegeln, Schwellen und Deckenbalken führt zu Pilz- oder Schwammbefall, im Extremfall zu Zerstörung des Holzquerschnitts.

Schadensursachen

Ursache für die Undichtheiten sind meist defekte Anschlüsse zwischen Fliesenbelag und Badewanne beziehungsweise Brausetasse.

Seltener sind klaffende Risse im Fliesenbereich selbst die Ursache.

Im Jahre 2000 ist die DIN 18195 »Bauwerksabdichtungen« neu verfasst worden. Im Teil 5 dieser DIN werden eindeutige Regelungen für die Abdichtung gegen nicht drückendes Wasser auf Deckenflächen und in Nassräumen dargestellt. Grundsätzlich sind also die Regelungen dieser DIN zu beachten. Im Wesentlichen werden dabei Abdichtungen aus Dichtungsbahnen beziehungsweise aus kunststoffmodifizierten Bitumendickbeschichtungen vorgeschrieben.

Bei der Abfassung der Norm war man sich allerdings darüber im Klaren, dass die Umsetzung dieser Norm gerade im Altbaubereich zu großen Problemen führen würde. Deshalb gibt es im Teil 5 der DIN 18195 auch folgenden Hinweis für den Anwendungsbereich:

»1.2 Diese Norm gilt nicht für ...

– nachträgliche Abdichtungen in der Bauwerkserhaltung oder in der Baudenkmalpflege, es sei denn, es können hierfür Verfahren angewendet werden, die in dieser Norm beschrieben werden.«

Man sollte also letztlich versuchen, die dargestellten Verfahren anzuwenden, da sie ein großes Maß an Sicherheit gewährleisten. Letztlich werden Ausnahmen aber zugestanden, wenn bauliche Gegebenheiten den Verfahren entgegenstehen.

Unabhängig davon ist die Abdichtung durch Dichtungsbahnen nur sinnvoll im Zusammenhang mit der Errichtung von Vorsatzschalen. Dies ist aber bei der Altbaumodernisierung oft nicht möglich.

In der Praxis haben sich aus diesem Grund eine Reihe anderer Abdichtungsverfahren durchgesetzt, die hier näher vorgestellt werden.

Abdichtungsverfahren

Abhängig ist die Auswahl der einzelnen Verfahren von der Feuchtebeanspruchung der einzelnen Wand und vom vorhandenen Untergrund.

Verfaultes Holzfachwerk als Folge undichter Fliesenbeläge im Nachbarraum

Eine undichte Fuge zwischen Badewanne und Fliesen ist eine sehr häufige Schadensursache

Wandbekleidung mit Kunststofftapete

Bei dieser Wandbekleidung werden auf die geputzten oder gespachtelten Wände Tapeten aus Kunststoff (Vinyl) oder aus Papier mit Wasser abweisender Oberfläche aufgeklebt.

Diese Tapeten bilden keine Abdichtung im klassischen Sinn, sondern lediglich einen Spritzwasserschutz für sehr geringe Feuchtebelastungen. Das Material wird nicht »auf Maß«, sondern überlappend geklebt, um die Nähte zu dichten.

In Räumen mit geringer Feuchtebelastung (zum Beispiel Gäste-WC) ist diese Wandbekleidung völlig ausreichend. Gegenüber Fliesenbelägen besteht ein erheblicher Preisvorteil.

Zu beachten ist allerdings:

Kunststofftapeten behindern sehr stark die Feuchteregulierung der Wandoberfläche. Nicht selten kommt es deshalb bei falscher Anwendung zu extremer Schwärzepilzbildung auf der Rückseite der Tapete, nämlich dann, wenn fälschlicherweise versucht wird, durchfeuchtete Wandoberflächen so abzudichten.

Aufbringen von Fliesenbelägen mit Unterkonstruktionen aus Sperrputz

Diese Konstruktion kann sinnvollerweise nur auf noch unverputztem Mauerwerk angebracht werden. Normalerweise ist dies bei der Altbaumodernisierung die Ausnahme, da vorhandene Wände im Allgemeinen verputzt sind. Sollte ein vorhandener Altputz als Untergrund für Fliesenbeläge nicht mehr geeignet sein, ist es im Allgemeinen sinnvoller, den Altputz nur stellenweise abzuschlagen und neue Gipskarton- oder Gipsfaserplatten mit Mörtelbatzen anzusetzen.

Nur in ganz seltenen Fällen wird es unumgänglich sein, den vorhandenen Altputz vollständig abzuschlagen. In diesem Fall ist dann die Anbringung von Sperrputz eine gute Möglichkeit, um eine vorhandene Wand ausreichend gegen Feuchtigkeit abzudichten.

Problematisch ist bei dieser Ausführung die Rissgefährdung des sehr starren Putzes durch Bewegung des Untergrundes und der Anschluss des Putzes an die Abdichtung des Fußbodens. Bei Fußböden aus Beton sollte der Anschluss an eine mineralische Fußbodenabdichtung mit einer Flaschenkehle erfolgen. Durch diese Ausführung wird eine sehr große Kontaktfläche zwischen den beiden Abdichtungsflächen geschaffen.

Bei Holzbalkendecken sind Dichtungsbahnen des Fußbodens mit Schienen auf dem Putz zu sichern.

Grundsätzlich sind alle Rohrdurchführungen durch Wandabdichtungen aus Sperrputz zusätzlich zu dichten.

Abdichtung im Verbund mit Fliesenbelägen, Eckausbildung mit Fugendichtband

Fußbodenablauf mit Dichtungsbahn und Klemmflansch

Aufbringen von Kunststoffdispersionen als Dichtungsanstrich

Häufigster Untergrund für Fliesenbeläge bei Altbaumodernisierung sind Gipskarton- oder Gipsfaserplatten. Durch zusätzliche Maßnahmen muss der Feuchteschutz dieser Platten gewährleistet werden. Die Verwendung imprägnierter Platten allein reicht als Feuchteschutz nicht aus.

Besonders bewährt hat sich bei Gipskarton- oder Gipsfaserplatten das Aufbringen von Kunststoffdispersionen. Die Anstriche sind ausreichend wasserdicht und gewährleisten durch ihre Elastizität, dass Bewegung und Verformung der relativ weichen Unterkonstruktion aufgenommen werden können.

Die Anstriche besitzen allerdings keine oder nur geringe rissüberbrückende Eigenschaften. Bei kritischen Untergründungen sollte deshalb zur Verbesserung der Risssicherheit Glasgewebe in den Anstrich eingebettet werden.

Die Ecken zwischen Wänden beziehungsweise zwischen Wand und Boden sind zusätzlich mit Dichtungsbändern zu dichten. Sowohl für Anstrich als auch für Fugenbänder geben die Hersteller der Gipsständerwände Hinweise, Materialien und Verarbeitungsrichtlinien heraus. Darüber hinaus ist das Merkblatt des Fachverbandes Deutsches Fliesengewerbe »Hinweise für die Ausführung von Verbundabdichtungen mit Bekleidungen und Belägen aus Fliesen und Platten für den Innen- und Außenbereich« zu beachten.

Bei der Verwendung von Dispersionsklebern auf Dichtungsanstrichen ist Vorsicht geboten, da das Abtrocknen der Kleber – Dispersionskleber erhärten durch Trocknung – durch den wasserdichten Untergrund behindert ist. Auch bei diesen Abdichtungsverfahren müssen Rohrdurchführungen unbedingt zusätzlich gedichtet werden.

Verbundabdichtung mit Belägen aus Fliesen und Platten

Bei der Verlegung von Fliesen in Dünnbettmörtel kann eine ausreichende Dichtigkeit dadurch erreicht werden, dass der Untergrund im Zusammenhang mit der eigentlichen Fliesenverlegung mit einer zusätzlichen Dichtungsschicht versehen wird. Dieses Abdichtungsverfahren ist für Putzuntergründe ebenso geeignet wie für Untergründe aus Gipskarton- oder Gipsfaserplatten oder sonstigen Plattenwänden.

Nach Trocknung der Spachtelschicht können die Fliesen wie üblich im Dünnbettverfahren verlegt werden.

Auch bei diesem Abdichtungsverfahren sind die Ecken und die Rohrdurchführungen zusätzlich mit Dichtungsbändern zu dichten.

Das Verfahren wird detailliert in Kapitel 4.3.2 beschrieben.

Aufbringen von Dichtungsbahnen

Das Aufbringen von Dichtungsbahnen ist unumgänglich bei Bädern mit hoher Feuchtebelastung (zum Beispiel Wohnheime, Hotels, Sportstätten, Wasch- und Duschräume).

Als Schutz der Dichtungsschicht und zur Aufnahme der Fliesenbeläge sind dünne Plattenwände vorzusehen, die der vorhandenen Konstruktion vorgestellt werden.

Für die Abdichtung werden Kunststoff- oder Bitumenbahnen verwendet. Anschlüsse an die Fußbodenabdichtung, die ebenfalls aus Dichtungsbahnen bestehen sollten, sind mit einer Hohlkehle und gegebenenfalls schlaufenförmig auszuführen, um die Rissgefahr in diesem Bereich zu vermindern.

Am stärksten gefährdeter Punkt bei der Abdichtung mit Dichtungsbahnen ist die Rohrdurchführung, die deshalb auf jeden Fall mit Klemmflansch oder Dichtungsmanschette ausgeführt werden sollte.

Einbau von Fertigelementen

Die größte Sicherheit bei der Abdichtung von Feuchtraumwänden (und -böden) wird durch die Verwendung von Fertigelementen erzielt, sofern die eingebauten Türen oder Vorhänge sorgfältig genutzt werden.

Diese vorgefertigten Bauteile bestehen aus fertigen Einheiten oder aus Boden- und Wandelementen, die auf der Baustelle zu fertigen Badeinheiten zusammengesetzt werden.

Hierbei garantieren Flanschverbindungen absolute Wasserdichtheit. Die Elemente können aus einer Duschzelle oder aus einem kompletten Badezimmer bestehen. Die Einzelelemente bestehen entweder aus einem Holzkern mit einer Beschichtung aus glasfaserverstärktem Kunststoff oder vollständig aus Kunststoff. Alle Teile werden werkseitig mit gebrauchsfertigen Oberflächen aus Kunstharz hergestellt.

Wegen des hohen Preises ist ihre Verwendung auf Ausnahmen beschränkt.

4.3.1   Übersicht über Lösungsmöglichkeiten

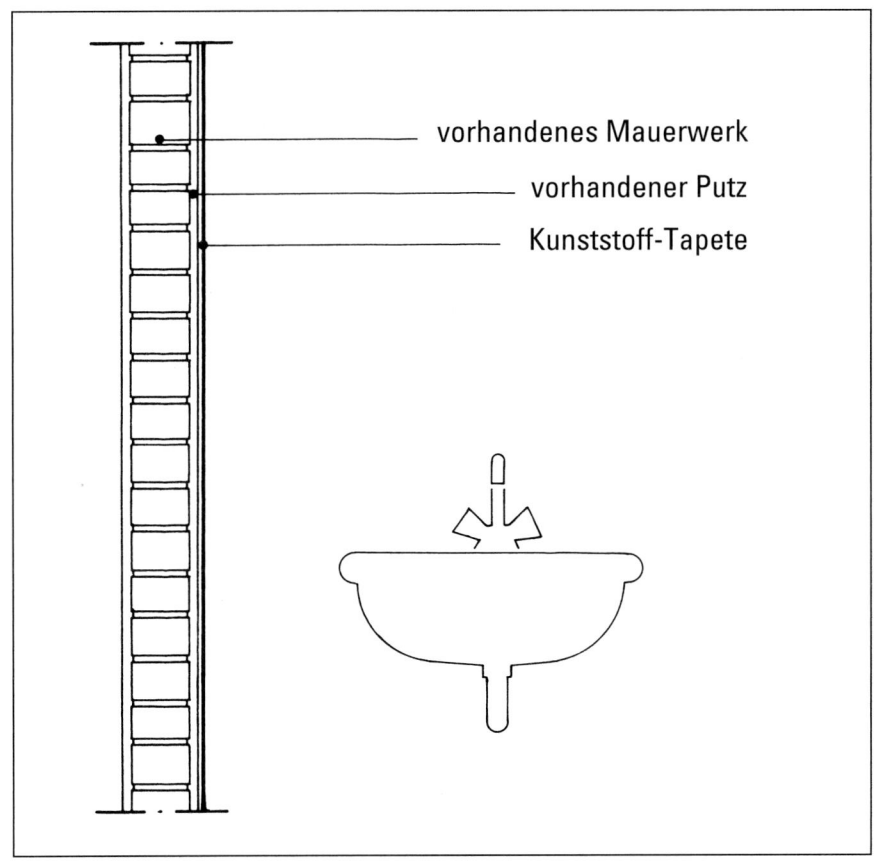

vorhandenes Mauerwerk
vorhandener Putz
Kunststoff-Tapete

Aufbringen einer Kunststofftapete	
Baukosten	Ca. 15,– €/m²
Folgekosten	Keine
Lebensdauer	5 Jahre
Einbauzeiten	0,20 Std./m²
Trocknungs-/ Wartezeiten	Keine
Dichtigkeit	Gering
Erforderliche begleitende Maßnahmen	Keine
Anmerkungen	Geeignet zum Beispiel für Gäste-WC

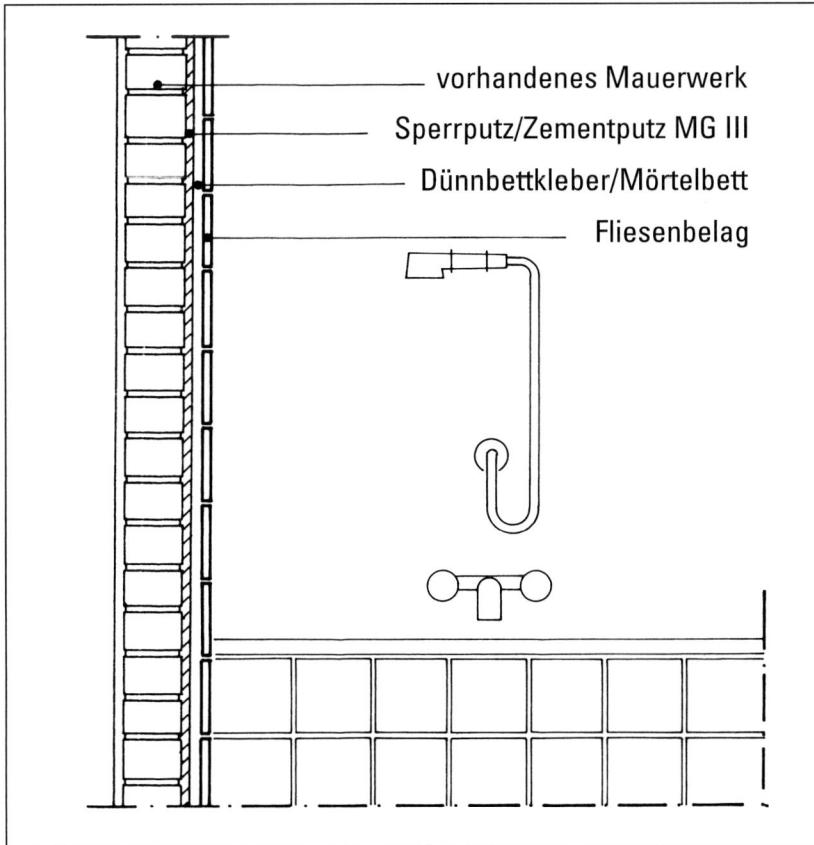

vorhandenes Mauerwerk
Sperrputz/Zementputz MG III
Dünnbettkleber/Mörtelbett
Fliesenbelag

Aufbringen eines Sperrputzes	
Baukosten	Ca. 30,– €/m²
Folgekosten	Ca. 70,– €/m² für Fliesenbelag
Lebensdauer	40 Jahre
Einbauzeiten	0,60 Std./m²
Trocknungs-/ Wartezeiten	2 Tage
Dichtigkeit	Gut, aber rissgefährdet
Erforderliche begleitende Maßnahmen	Fliesenbelag
Anmerkungen	Rohrdurch- führungen müssen zusätzlich gedichtet werden

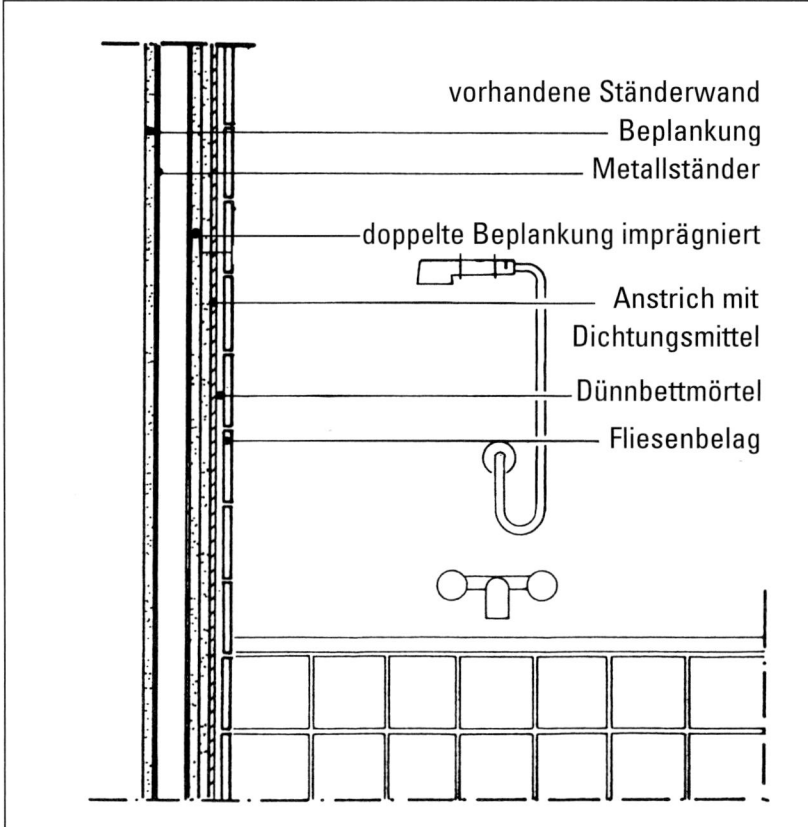

vorhandene Ständerwand
Beplankung
Metallständer

doppelte Beplankung imprägniert

Anstrich mit
Dichtungsmittel

Dünnbettmörtel

Fliesenbelag

Aufbringen eines Dichtungsanstriches	
Baukosten	Ca. 15,– €/m²
Folgekosten	Ca. 70,– €/m² für Fliesenbelag
Lebensdauer	25 bis 30 Jahre
Einbauzeiten	3 × 0,10 Std./m²
Trocknungs-/ Wartezeiten	3 × 12 Std.
Dichtigkeit	Gut, aber rissgefährdet
Erforderliche begleitende Maßnahmen	Fliesenbelag
Anmerkungen	Rohrdurchführungen müssen zusätzlich gedichtet werden

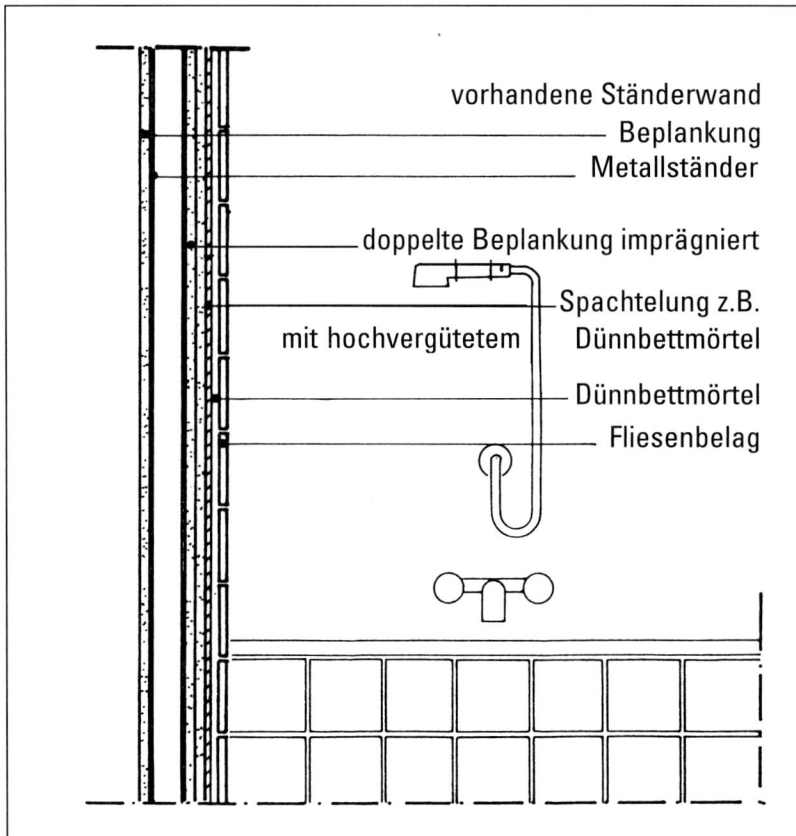

vorhandene Ständerwand
Beplankung
Metallständer

doppelte Beplankung imprägniert

Spachtelung z.B.
mit hochvergütetem   Dünnbettmörtel

Dünnbettmörtel

Fliesenbelag

Aufbringen einer Verbundabdichtung	
Baukosten	Ca. 25,– €/m²
Folgekosten	Ca. 70,– €/m² für Fliesenbelag
Lebensdauer	25 bis 30 Jahre
Einbauzeiten	0,20 Std./m²
Trocknungs-/ Wartezeiten	12 Std.
Dichtigkeit	Gut, aber etwas rissgefährdet
Erforderliche begleitende Maßnahmen	Fliesenbelag
Anmerkungen	Rohrdurchführungen müssen zusätzlich gedichtet werden

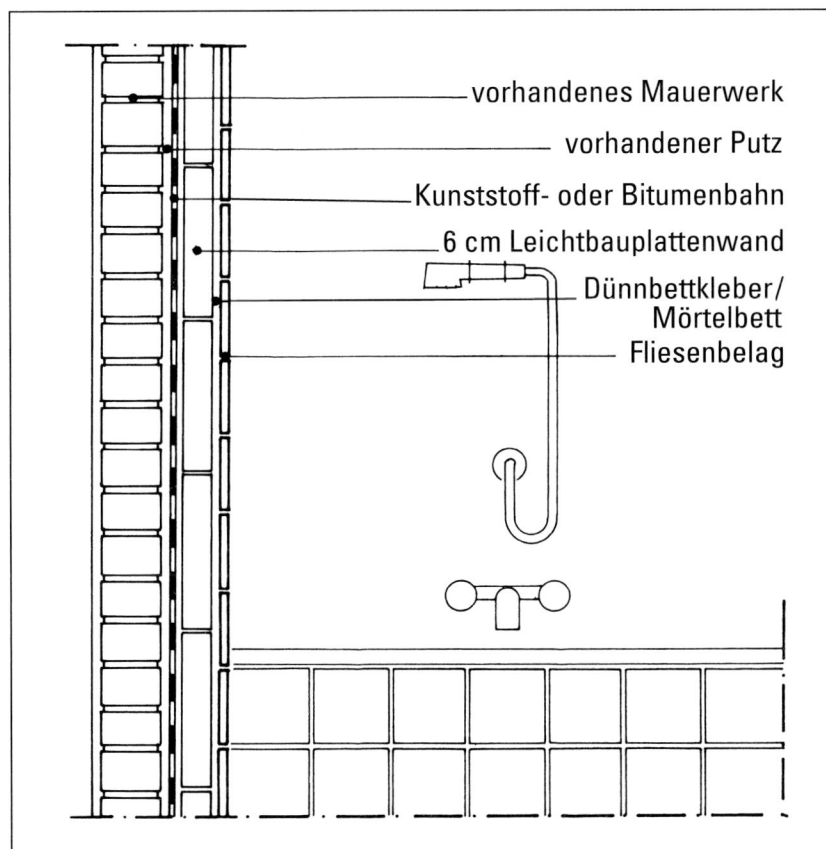

- vorhandenes Mauerwerk
- vorhandener Putz
- Kunststoff- oder Bitumenbahn
- 6 cm Leichtbauplattenwand
- Dünnbettkleber/ Mörtelbett
- Fliesenbelag

Aufbringen einer Dichtungsbahn	
Baukosten	Ca. 75,– €/m² (inkl. Vorsatzschale)
Folgekosten	Ca. 70,– €/m² für Fliesenbelag
Lebensdauer	40 Jahre
Einbauzeiten	1,0 + 1,0 Std./m²
Trocknungs-/ Wartezeiten	2 bis 3 Tage
Dichtigkeit	Sehr gut
Erforderliche begleitende Maßnahmen	Einbau Vormauer- schale, Fliesenbelag
Anmerkungen	Rohrdurch- führungen müssen zusätzlich gedichtet werden

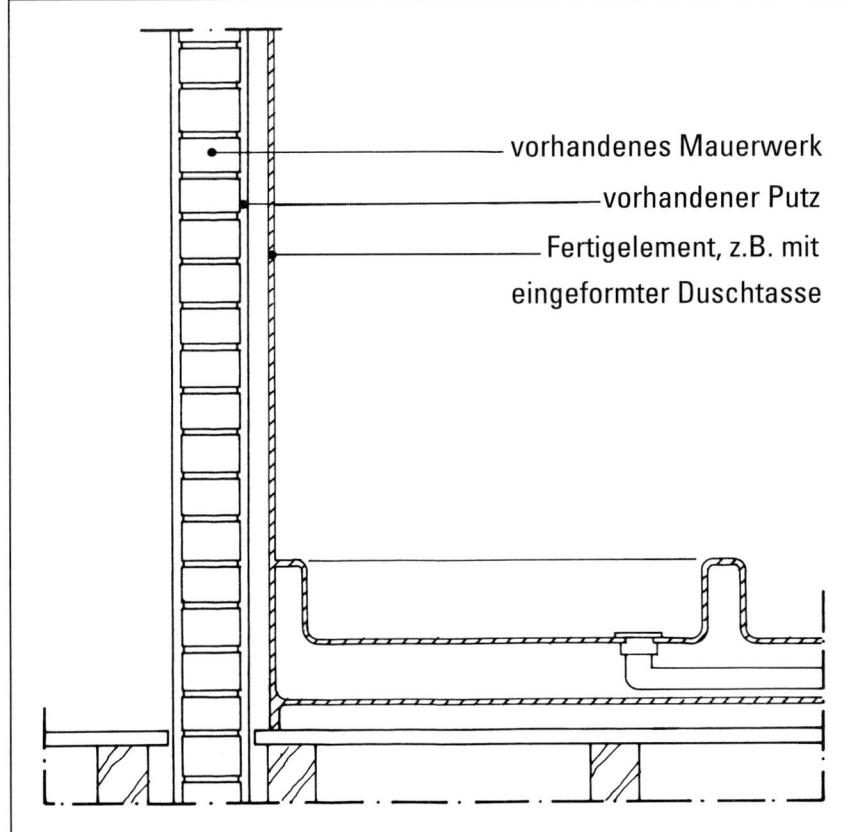

- vorhandenes Mauerwerk
- vorhandener Putz
- Fertigelement, z.B. mit eingeformter Duschtasse

Einbau von Fertigbadelementen	
Baukosten	Ca. 1.500,– €/ Dusche
Folgekosten	Keine
Lebensdauer	25 bis 30 Jahre
Einbauzeiten	6 bis 8 Std./ Dusche
Trocknungs-/ Wartezeiten	1 Tag
Dichtigkeit	Sehr gut
Erforderliche begleitende Maßnahmen	Keine

4.3.2   Abdichtung von Feuchtraumwänden durch Verbundabdichtungen mit Bekleidungen und Belägen aus Fliesen und Platten

Von den verschiedenen Verfahren zur Abdichtung von Feuchtraumwänden eignet sich die Abdichtung im Verbund mit Belägen aus Fliesen und Platten besonders gut.

Werden ohnehin Fliesen- oder Plattenbeläge eingebaut, kann durch begleitende Maßnahmen die Wasserdichtheit der Beläge so weit erhöht werden, dass sie für die häufigsten Beanspruchungsfälle im Wohnungsbau ausreicht. Gegenüber Abdichtungen mit Dichtungsbahnen oder Folien erübrigen sich zusätzliche Bauteilschichten. So lassen sich geringere Aufbauhöhen und Konstruktionsdicken realisieren. Ein weiterer Vorteil besteht darin, dass die Abdichtung in der obersten Bauteilebene stattfindet und andere Bauteilschichten nicht durchfeuchtet werden.

Für die Ausführung von Verbundabdichtungen ist das Merkblatt des Fachverbandes Deutsches Fliesengewerbe im Zentralverband des Deutschen Baugewerbes zu beachten:

»Hinweise für die Ausführung von Verbundabdichtungen mit Bekleidungen und Belägen aus Fliesen und Platten für den Innen- und Außenbereich«, Stand Januar 2005.

Das Merkblatt unterscheidet zwischen verschiedenen Feuchtigkeitsbeanspruchungsklassen im bauaufsichtlich geregelten Bereich (A 1/A 2/B/C), dies sind z. B. Wände und Böden in öffentlichen Duschen, und Feuchtigkeitsbeanspruchungsklassen im bauaufsichtlich nicht geregelten Bereich (0 / A0 1 / A0 2 / B0), also z.B. bei Wänden und Böden in Bädern mit haushaltsüblicher Nutzung.

Bekleidungen aus keramischen Belägen sind in ihrer Grundkonstruktion feuchtigkeitsbeständig und Wasser abweisend, jedoch bedingt durch jede Art der Verfugung in jedem Fall so wasserdurchlässig, dass in der Regel eine zusätzliche Abdichtung erforderlich ist.

Diese zusätzliche Abdichtung wird durch eine Vorbehandlung des Untergrundes mit einer zusätzlichen Abdichtungsschicht erreicht. Hierbei kommen verschiedene Abdichtungsstoffe zum Einsatz. Die Abdichtungsschicht ist in mindestens zwei Arbeitsgängen aufzubringen, wobei bestimmte Mindesttrockenschichtdicken gewährleistet sein müssen.

- Kunststoffdispersionen   0,5 mm
- Kunststoff-Mörtelkombinationen   2,0 mm
- Reaktionsharzabdichtungen   1,0 mm

(Mindesttrockenschichtdicken für Abdichtungen im Verbund)

Fugen, insbesondere Eckfugen sind zusätzlich durch Einlagen aus Vlies, Gewebe oder Folien zu dichten, die in die Abdichtungsschicht einzudichten sind. Bei Bewegungen des Untergrundes sind die Dichtungen schlaufenförmig auszubilden, damit Bewegungen ausgeglichen werden können.

Durchdringungen müssen mit Dichtflanschen und Dichtmanschetten eingedichtet werden.

Weiterhin ist zu beachten, dass die Abdichtungen grundsätzlich auch hinter und unter Dusch- und Badewannen durchzuführen sind. Eine dauerelastische Abdichtung zwischen Wannenrand und Wand oder Boden stellt in keinem Fall eine dauerhaft wasserdichte Konstruktion dar.

Bei der Wahl des geeigneten Abdichtungsverfahrens muss der vorhandene Untergrund und die geforderte Beanspruchungsgruppe beachtet werden. Vorhandene Untergründe in Altbauten sind häufig in sehr schlechtem Zustand. Das Merkblatt über Verbundabdichtungen definiert die Anforderungen an geeignete Untergründe hinsichtlich ihrer Ebenheit, ihrer Materialbeschaffenheit, Festigkeit und auch hinsichtlich ihres Feuchtegehaltes. Eine sichere Abdichtung im Verbund kann nur auf festen, ebenen und trockenen Untergründen aufgebracht werden. Bei unebenen und nicht tragfähigen Untergründen kann es empfehlenswert sein, entsprechende Unterkonstruktionen aus Gipskarton- oder Gipsfaserplatten aufzubringen. Gegenüber dem Neuverputz von Wänden hat dies den Vorteil, dass geringere Feuchtigkeitsmengen in den Bau eingebracht werden. Geringere Trocknungszeiten erlauben schnellere Arbeitsabläufe.

4.3.3   Abdichtung von Feuchtraumwänden durch Verbundabdichtungen mit Bekleidungen und Belägen aus Fliesen und Platten – Details

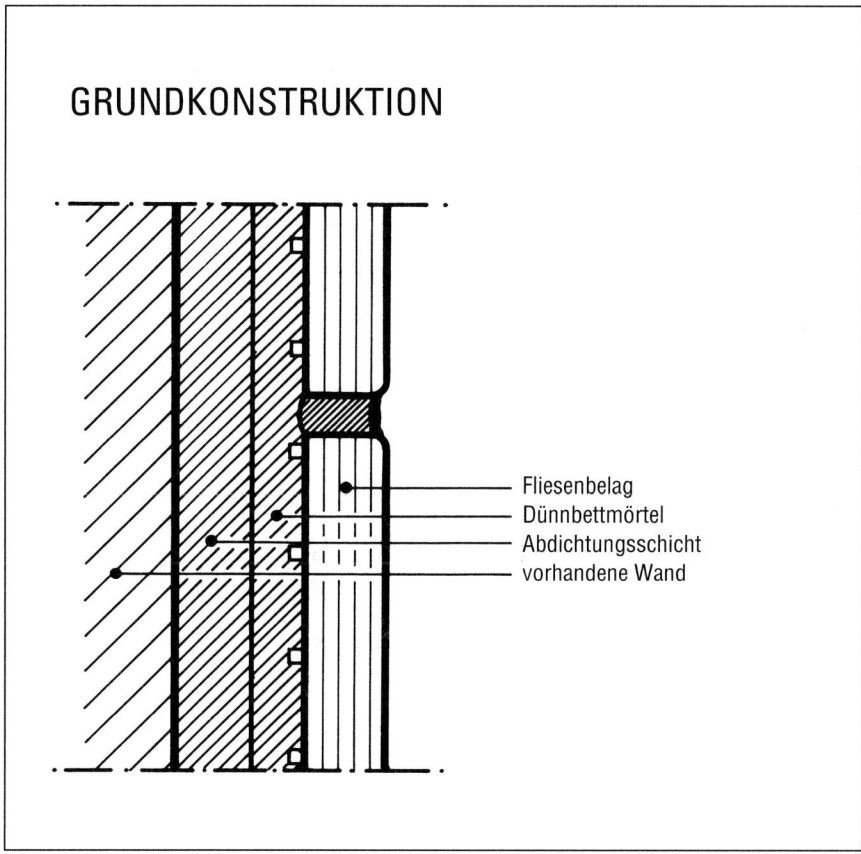

GRUNDKONSTRUKTION

— Fliesenbelag
— Dünnbettmörtel
— Abdichtungsschicht
— vorhandene Wand

Grundkonstruktion

- Aufbringen der Abdichtungsschicht auf den glatten, tragfähigen Untergrund
- Mindestens zwei Arbeitsgänge
- Nach Trocknung der Spachtelung Verlegen der Fliesen im Dünnbettmörtel

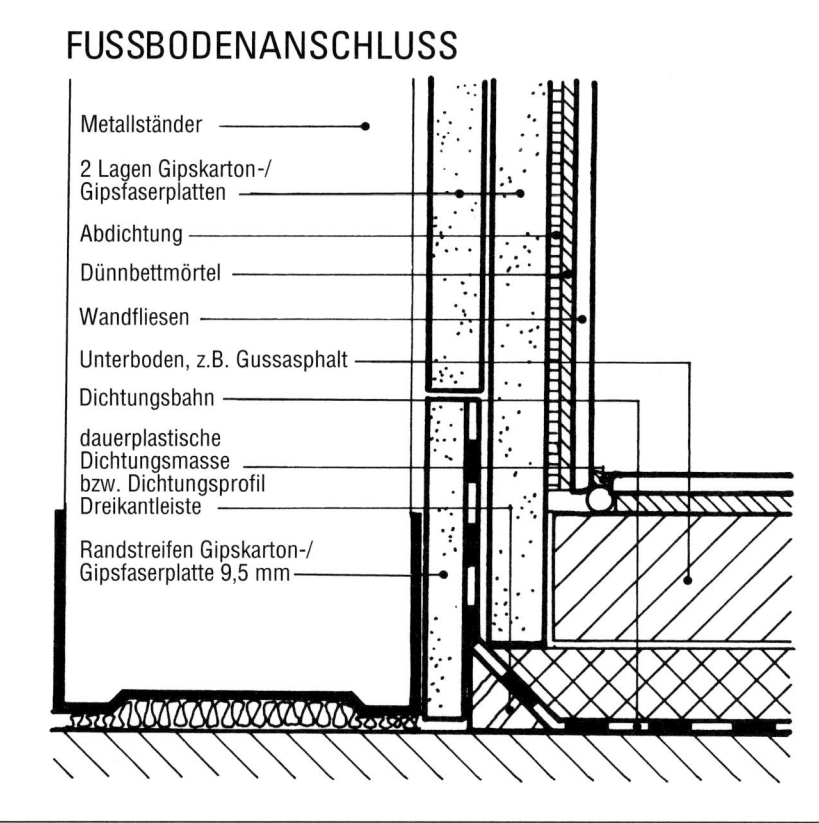

FUSSBODENANSCHLUSS

Metallständer ————

2 Lagen Gipskarton-/ Gipsfaserplatten ————

Abdichtung ————

Dünnbettmörtel ————

Wandfliesen ————

Unterboden, z.B. Gussasphalt ————

Dichtungsbahn ————

dauerplastische Dichtungsmasse bzw. Dichtungsprofil Dreikantleiste ————

Randstreifen Gipskarton-/ Gipsfaserplatte 9,5 mm ————

Fußbodenanschluss mit Dichtungsbahn

- Montage eines Gipsplattenstreifens am Ständerwerk
- Aufkanten der Fußbodenabdichtung bis über OKF
- Montage der übrigen Gipskarton-/ Gipsfaserplatten
- Aufbringen der Abdichtungsschicht
- Aufbringen des Fliesenbelages
- Dauerplastische Abdichtung der Bodenfuge

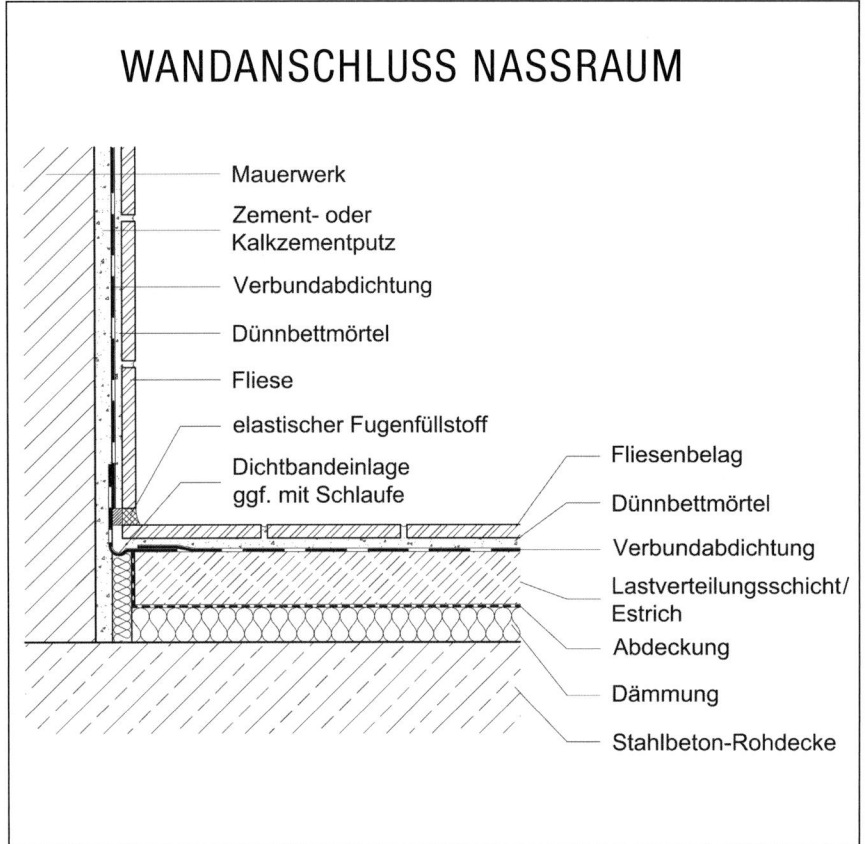

WANDANSCHLUSS NASSRAUM

- Mauerwerk
- Zement- oder Kalkzementputz
- Verbundabdichtung
- Dünnbettmörtel
- Fliese
- elastischer Fugenfüllstoff
- Dichtbandeinlage ggf. mit Schlaufe
- Fliesenbelag
- Dünnbettmörtel
- Verbundabdichtung
- Lastverteilungsschicht/ Estrich
- Abdeckung
- Dämmung
- Stahlbeton-Rohdecke

Wandanschluss Nassraum*

Ausführung der Abdichtung im Verbund am Übergang Wand/Boden (hier mit Estrich dargestellt)

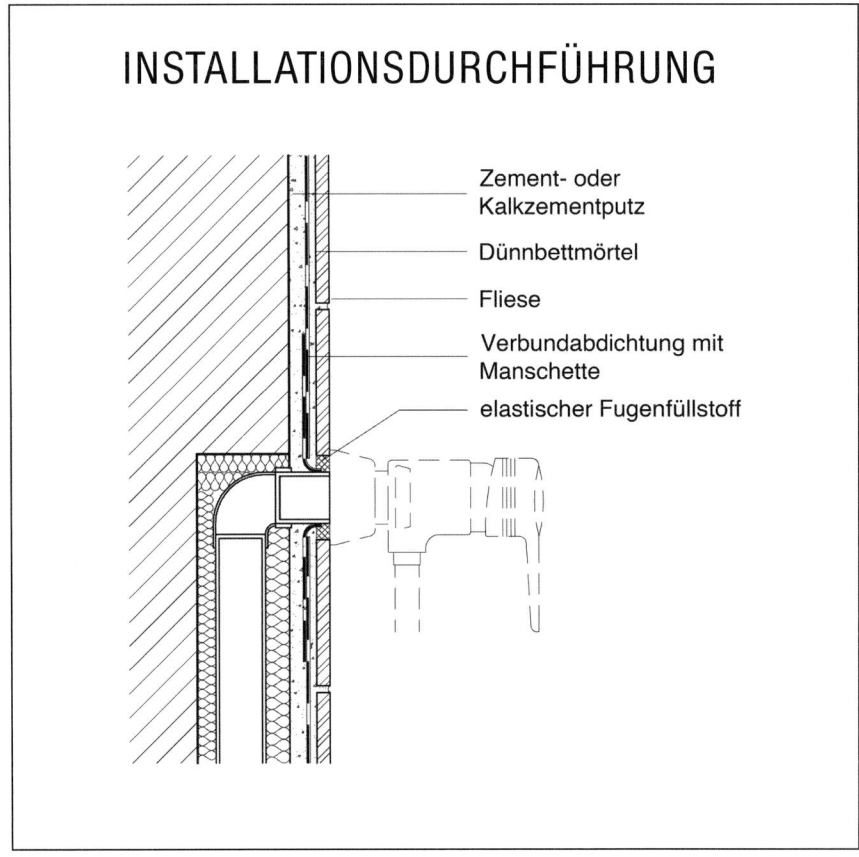

INSTALLATIONSDURCHFÜHRUNG

- Zement- oder Kalkzementputz
- Dünnbettmörtel
- Fliese
- Verbundabdichtung mit Manschette
- elastischer Fugenfüllstoff

Installationsdurchführung*

Abdichtung der Wanddurchführung mit Dichtungsmanschette

* gem. Merkblatt »Hinweise für die Ausführung von Verbundabdichtungen mit Bekleidungen und Belägen aus Fliesen und Platten für den Innen- und Außenbereich«, Fördergesellschaft Fliesen

4.3.4   Vergleichende Beurteilung

	Kunststofftapete	Sperrputz	Dichtungsanstrich	Verbundabdichtung	Dichtungsbahn	Fertigbadelement
Baukosten	Ca. 15,– €/m²	Ca. 30,– €/m²	Ca. 15,– €/m²	Ca. 25,– €/m²	Ca. 75,– €/m² (inkl. Vorsatzschale)	Ca. 1.500,– €/ Dusche
Folgekosten	keine	Ca. 70,– €/m² für Fliesenbelag	Ca. 70,– €/m² für Fliesenbelag	Ca. 70,– €/m² für Fliesenbelag	Ca. 70,– €/m² für Fliesenbelag	Keine
Lebensdauer	5 Jahre	40 Jahre	25 bis 30 Jahre	25 bis 30 Jahre	40 Jahre	25 bis 30 Jahre
Einbauzeiten	0,20 Std./m²	0,60 Std./m²	3 × 0,10 Std./m²	0,2 Std./m²	1,0 + 1,0 Std./m²	6 bis 8 Std./ Dusche
Trocknungs-/ Wartezeiten	Keine	2 Tage	3 × 12 Std.	12 Std.	2 bis 3 Tage	1 Tag
Dichtigkeit	Gering	Gut, aber rissgefährdet	Gut, aber rissgefährdet	Gut, aber rissgefährdet	Sehr gut	Sehr gut
Erforderliche begleitende Maßnahmen	Keine	Fliesenbelag	Fliesenbelag	Fliesenbelag	Einbau Vormauer- schale, Fliesen- belag	Keine
Anmerkungen	Geeignet zum Beispiel für Gäste-WC	Rohrdurch- führungen müssen zusätzlich gedichtet werden	Rohrdurch- führungen müssen zusätzlich gedichtet werden	Rohrdurch- führungen müssen zusätzlich gedichtet werden	Rohrdurch- führungen müssen zusätzlich gedichtet werden	–

5 Decken

5.1 **Problempunkt:**
Fäulnisbefall in Balkenköpfen

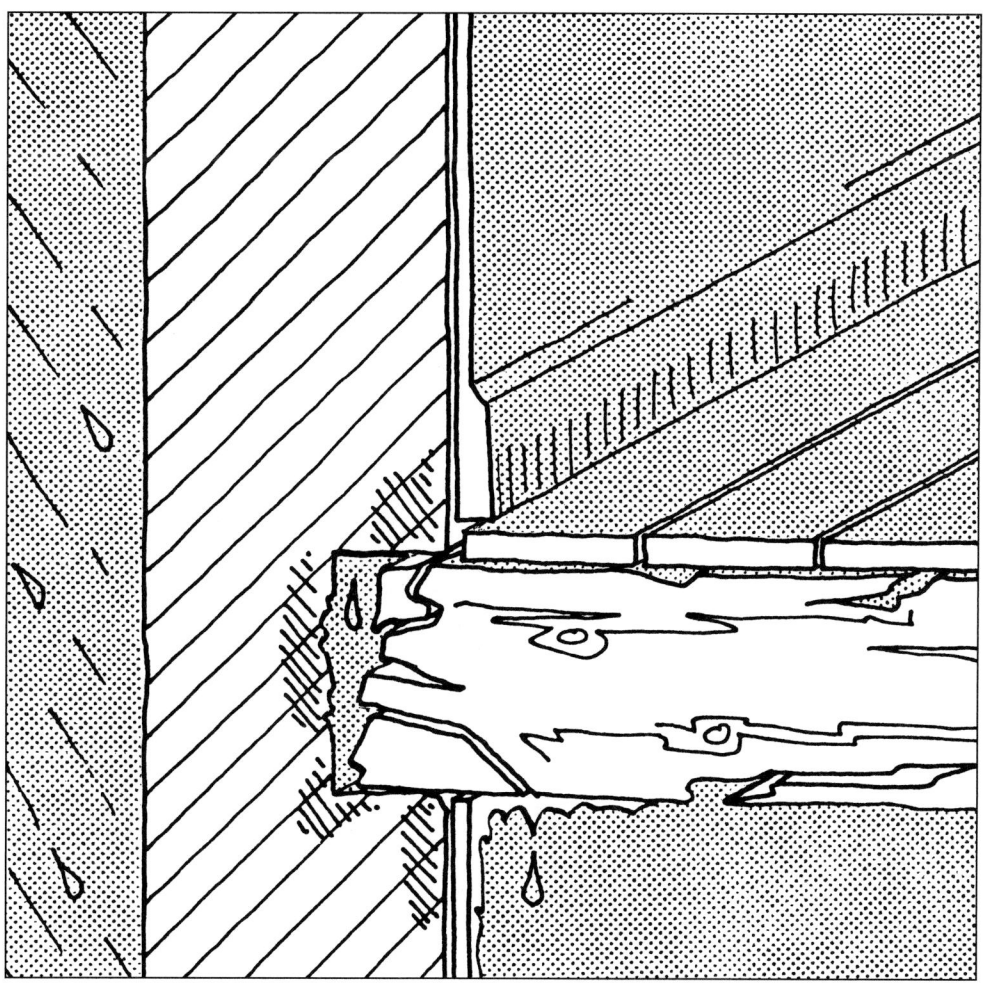

Kaum ein Altbau mit Holzbalkendecken wird völlig ohne Schäden an tragenden Deckenbalken sein. Im Allgemeinen wurden die tragenden Holzteile zum Zeitpunkt des Einbaus nicht oder nur gering gegen den Befall durch Holzschädlinge geschützt. Bisweilen wurden die Balkenköpfe im offenen Feuer geschwärzt, so dass sich eine Schutzschicht aus verkohltem Holz bildete. Manche Baumeister fertigten die Auflager der Balkenköpfe in der Weise, dass die Holzbalken keinen direkten Kontakt zum möglicherweise durchfeuchteten Mauerwerk hatten. Schon frühzeitig hatte man den Auflagerbereich als einen der Schadensschwerpunkte erkannt.

Eingebaute Hölzer können von Pilzen oder Insekten befallen werden. Häufige Schädlinge aus der Gruppe der Insekten sind der so genannte »Holzwurm«, genauer: Gemeiner Nagekäfer (Anobium punctatum) und der Hausbock. Der Hausbock zählt zu den gefährlichsten Schadinsekten, sein Vorkommen ist meldepflichtig.

Der Befall durch Schadinsekten ist, vor allem bei trockenem Holz, meist geringer als zunächst angenommen, oft ist zuvor ein Aufschluss des Holzes durch Fäulnispilze erforderlich. Viel häufiger ist bei Deckenbalken der Befall durch Pilze. Häufigste Schädlingsarten sind Braun- oder Weißfäulepilze oder der Echte Hausschwamm.

Sowohl Fäulnispilze als auch Schwämme benötigen zu ihrer Entstehung einen überdurchschnittlichen Feuchtegehalt des Holzes von mehr als 18 %. Dies ist bei normalen Innenraumverhältnissen nicht der Fall. Zu Schäden kommt es deshalb fast ausschließlich in Bereichen erhöhter Feuchtezufuhr, zum Beispiel bei Holzdecken über Kellergeschossen (deshalb hier vorzugsweise Gewölbe oder Kappendecken), im Auflagerbereich von durchfeuchteten Außenwänden (Wetterseiten) oder in Bereichen mit Sanitärgegenständen (undichte WC- oder Waschbeckenabläufe, undichte Duscheinrichtungen). In allen Bereichen, in denen das Holz ständiger Durchfeuchtung ausgesetzt wird, ist der Befall durch Fäulnispilze oder Schwämme unvermeidlich.

Hierbei ist der Echte Hausschwamm der gefährlichste Holzschädling, der nur zu seiner Entstehung eine überdurchschnittliche Holzfeuchte benötigt. Haben sich einmal Fruchtkörper gebildet, wird die zum Wachstum erforderliche Feuchte über meterlange Myzelstränge aus durchfeuchteten Bereichen herantransportiert.

Anobienbefall in einem Fußboden

Befall durch Hausbock an einem Dachstuhl

Der Echte Hausschwamm

Der Befall durch den Echten Hausschwamm ist meldepflichtig. Seine Bekämpfung muss besonders sorgfältig erfolgen, befallene Holzteile müssen einen Meter weit über
die eigentliche Befallstelle hinaus entfernt und verbrannt
werden. Eine chemische Behandlung umgebender Bereiche
ist unerlässlich. Die Lagerung des ausgebauten und befallenen Holzes auf der Baustelle ist unbedingt zu vermeiden,
weil hierdurch neue Schadensherde geschaffen werden
können.

Im WTA-Merkblatt 1-2-91 »Der Echte Hausschwamm –
Erkennung, Lebensbedingungen, vorbeugende und be-
kämpfende Maßnahmen, Leistungsverzeichnis« wird sehr
umfassend auf die Problematik und auf Lösungsmöglichkeiten eingegangen.

Zur Untersuchung auf Befall durch Holzschädlinge sind die
Deckenkonstruktionen an allen gefährdeten Stellen zu öffnen.

Das heißt grundsätzlich: Aufnehmen des Dielenbelages an
den Außenwänden, in WC-Bereichen und um Abflussrohre
herum.

Muss man bereits vor Beginn der Bauarbeiten den Zustand
der Balken untersuchen oder lässt der Oberboden (wert-
volles Parkett) ein Öffnen des Belages nicht zu, so sind die
Untersuchungen mithilfe der Endoskopie durchzuführen.
Bei dieser Untersuchungsmethode bleibt der Oberboden
weitgehend unversehrt – unvermeidliche Bohrlöcher werden nach Abschluss der Arbeiten wieder mit Dübeln verschlossen.

Nach Analyse von Schädigungen wird man die Reparatur
schadhafter Holzbalken so ausführen, dass die Beschädigung angrenzender Bauteile möglichst gering gehalten
wird. Besonders wichtig sind schonende Renovierungswei-
sen, wenn alte Stuckdecken erhalten werden müssen.

Folgende Verfahren zur Restaurierung schadhafter Holzbalken oder Balkenköpfe stehen zur Verfügung:

- Anlaschen von Holzbohlen,
- Einbau von Stahlschuhen,
- Einbau von Wechseln,
- Reparatur durch Kunstharzprothese.

Die Auswahl des geeigneten Verfahrens hängt ab vom Umfang der vorgefundenen Schädigung, von der Notwendigkeit, angrenzende Bereiche zu schützen, und von den Auf-
lagerbedingungen in der vorhandenen Wand. (Bei ständig
durchfeuchteten Mauern wird man zum Beispiel sinnvollerweise korrosionsgeschützte Stahlschuhe einbauen.)

Neben der Holzsanierung sind flankierende Maßnahmen
zur Reduzierung der Feuchtebelastung äußerst wichtig, um
erneute Schädigungen des Holzes zu vermeiden.

Flankierende Maßnahmen sind insbesondere die Trockenlegung oder Abdichtung durchfeuchteter Wandbereiche
und die Abdichtung defekter Abflussrohre.

Im Folgenden sind alle wichtigen Verfahren in einer Übersicht dargestellt.

Anobienbefall in einem Fußboden

Befall durch Hausbock an einem Dachstuhl

Reparatur der Balkenköpfe durch angelaschte Bohlen

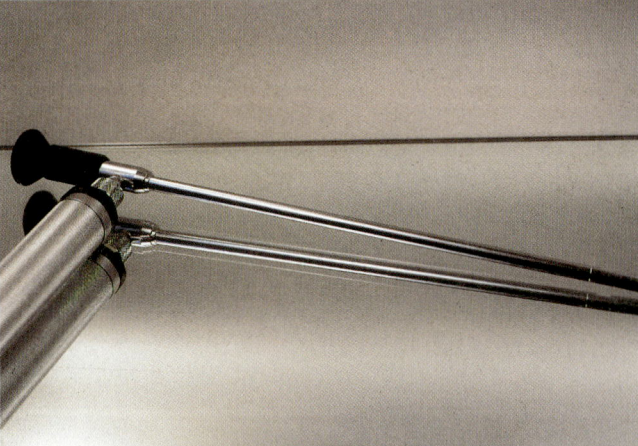

Kleines, batteriebetriebenes Endoskop

Endoskop zur Untersuchung von Deckenhohlräumen

5.1.1   Übersicht über Lösungsmöglichkeiten

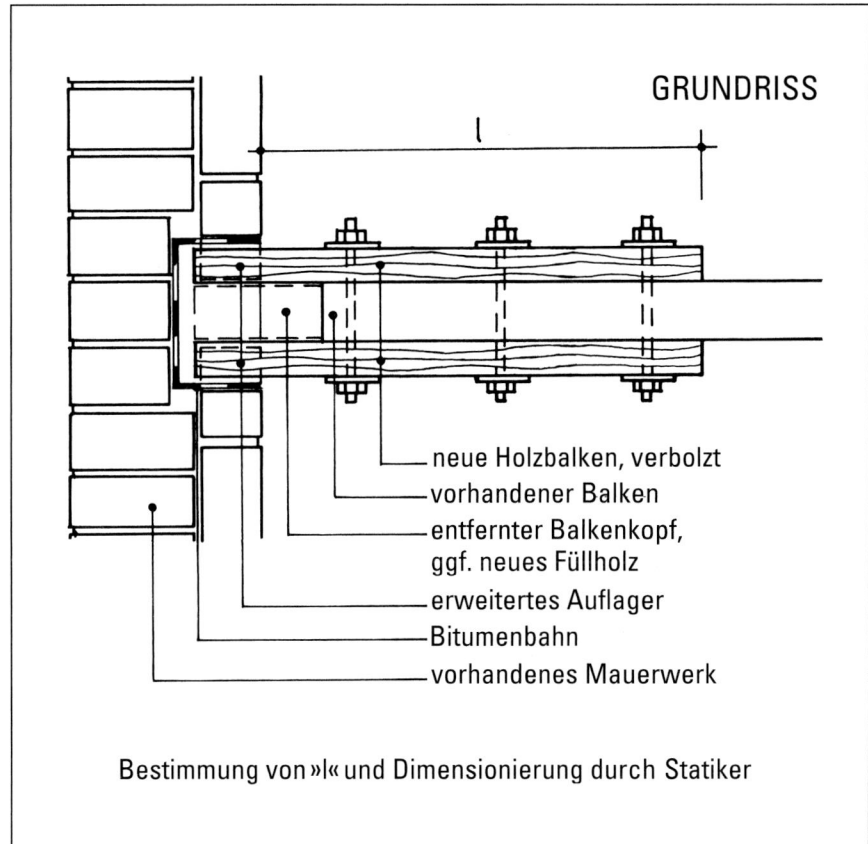

GRUNDRISS

l

— neue Holzbalken, verbolzt
— vorhandener Balken
— entfernter Balkenkopf, ggf. neues Füllholz
— erweitertes Auflager
— Bitumenbahn
— vorhandenes Mauerwerk

Bestimmung von »l« und Dimensionierung durch Statiker

Anlaschen von Bohlen	
Baukosten	Ca. 425,– € einschl. Beiarbeiten
Verhalten bei Feuchtebelastung	Gefährdet
Erforderliche begleitende Maßnahmen	Fußboden beiarbeiten
Gestaltung	Nicht geeignet für sichtbare Konstruktionen
Einbauzeiten	1/2 Tag
Trocknungs-/ Wartezeiten	Keine
Anmerkungen	Neue Konstruktion erschütterungsfrei einbauen. Nicht nageln, sondern verschrauben

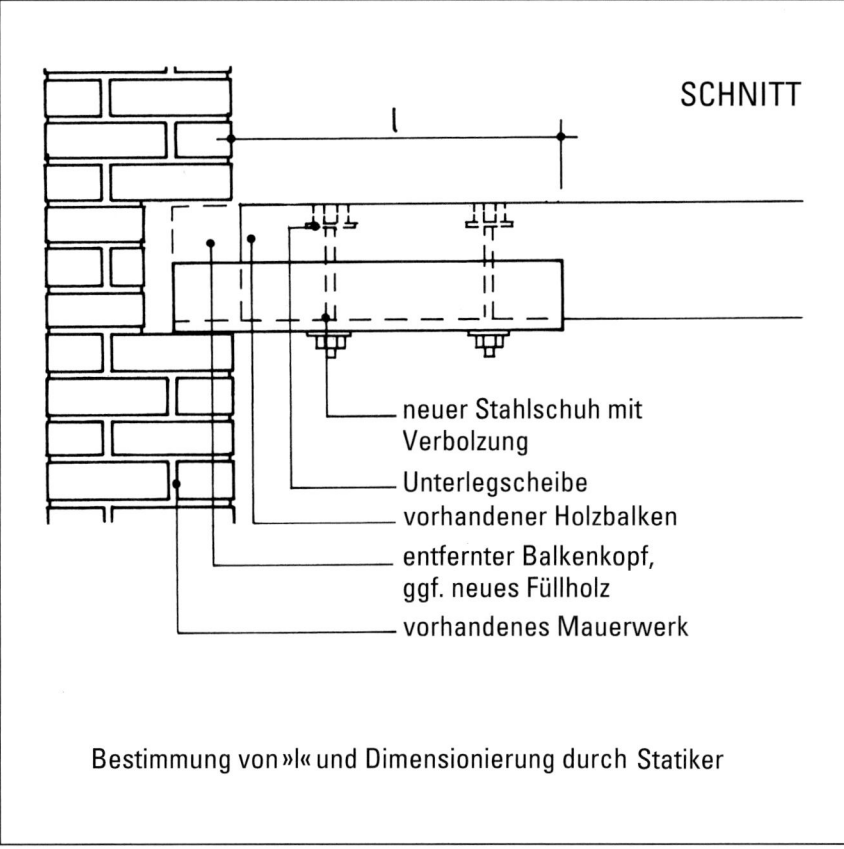

SCHNITT

l

— neuer Stahlschuh mit Verbolzung
— Unterlegscheibe
— vorhandener Holzbalken
— entfernter Balkenkopf, ggf. neues Füllholz
— vorhandenes Mauerwerk

Bestimmung von »l« und Dimensionierung durch Statiker

Einbau von Stahlschuhen	
Baukosten	Ca. 425,– € einschl. Beiarbeiten
Verhalten bei Feuchtebelastung	Nicht gefährdet
Erforderliche begleitende Maßnahmen	Ggf. Erneuerung des Deckenputzes, Fußboden beiarbeiten
Gestaltung	Bedingt geeignet für sichtbare Konstruktionen
Einbauzeiten	1/2 Tag (ohne Putzerneuerung)
Trocknungs-/ Wartezeiten	Keine
Anmerkungen	Neue Konstruktion erschütterungsfrei einbauen. Nicht nageln, sondern verschrauben. Einfache, bewährte Ausführung

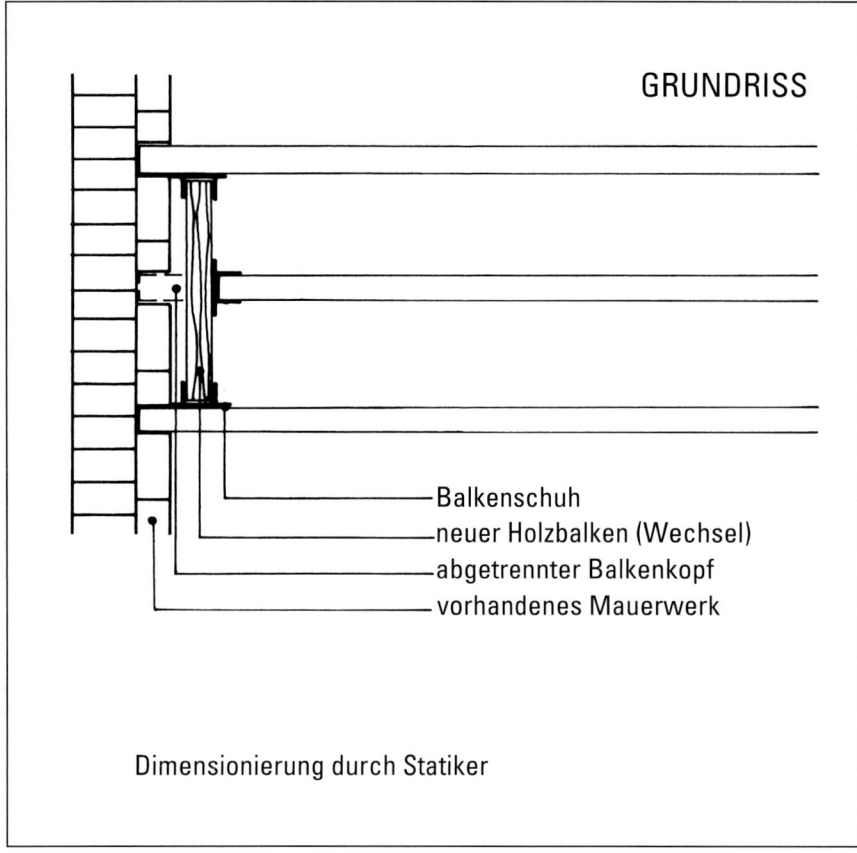

GRUNDRISS

Balkenschuh
neuer Holzbalken (Wechsel)
abgetrennter Balkenkopf
vorhandenes Mauerwerk

Dimensionierung durch Statiker

Einbau von Wechseln	
Baukosten	Ca. 370,– € einschl. Beiarbeiten
Verhalten bei Feuchtebelastung	Nicht gefährdet, aber neben- liegende Trag- balken beachten
Erforderliche begleitende Maßnahmen	Ggf. Erneuerung des Deckenputzes, Fußboden beiarbeiten
Gestaltung	Bedingt geeignet für sichtbare Konstruktionen
Einbauzeiten	1/2 Tag (ohne Putzerneuerung)
Trocknungs-/ Wartezeiten	Keine
Anmerkungen	Neue Konstruktion erschütterungsfrei einbauen. Nicht nageln, sondern verschrauben. Einfache, bewährte Ausführung

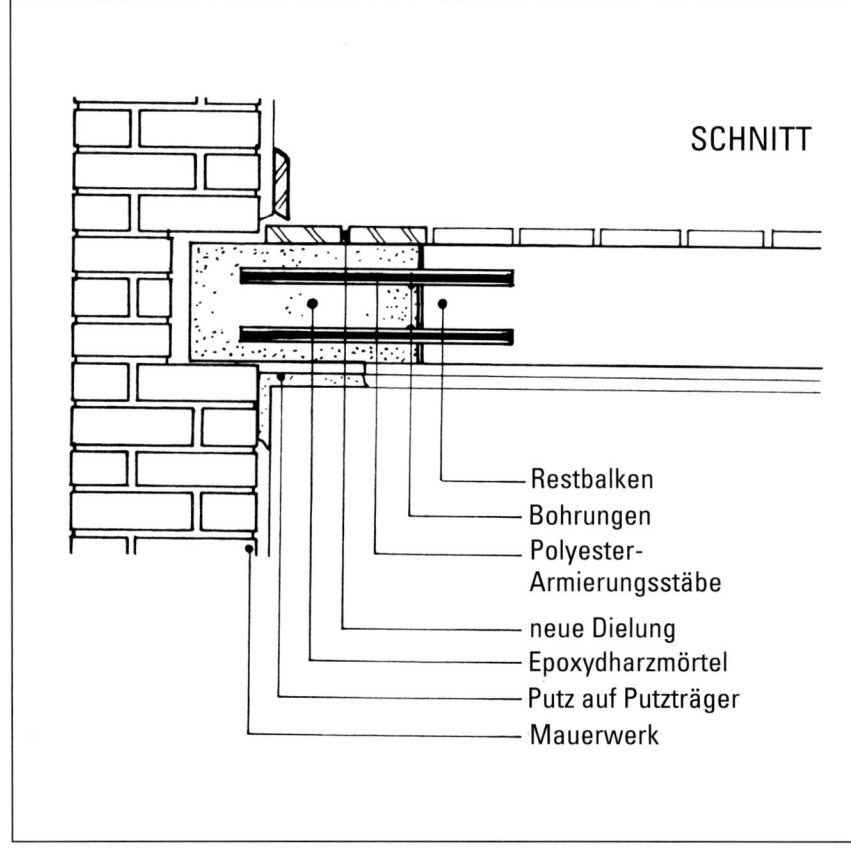

SCHNITT

Restbalken
Bohrungen
Polyester-
Armierungsstäbe
neue Dielung
Epoxydharzmörtel
Putz auf Putzträger
Mauerwerk

Reparatur durch Kunstharzprothese	
Baukosten	Ca. 450,– € einschl. Beiarbeiten
Verhalten bei Feuchtebelastung	Nicht gefährdet
Erforderliche begleitende Maßnahmen	Fußboden beiarbeiten
Gestaltung	Sehr gut geeignet für sichtbare Konstruktionen
Einbauzeiten	2 Tage
Trocknungs-/ Wartezeiten	1 Tag

5.1.2   Vergleichende Beurteilung

	Anlaschen von Bohlen	Einbau von Stahlschuhen	Einbau von Wechseln	Reparatur durch Kunstharzprothese
Baukosten	Ca. 425,– € einschl. Beiarbeiten	Ca. 425,– € einschl. Beiarbeiten	Ca. 370,– € einschl. Beiarbeiten	Ca. 450,– € einschl. Beiarbeiten
Verhalten bei Feuchtebelastung	Gefährdet	Nicht gefährdet	Nicht gefährdet, aber nebenliegende Trag- balken beachten	Nicht gefährdet
Erforderliche begleitende Maßnahmen	Fußboden beiarbeiten	Ggf. Erneuerung des Deckenputzes, Fuß- boden beiarbeiten	Ggf. Erneuerung des Deckenputzes, Fuß- boden beiarbeiten	Fußboden beiarbeiten
Gestaltung	Nicht geeignet für sichtbare Konstruktionen	Bedingt geeignet für sichtbare Konstruktionen	Bedingt geeignet für sichtbare Konstruktionen	Sehr gut geeignet für sichtbare Konstruktionen
Einbauzeiten	1/2 Tag	1/2 Tag (ohne Putzerneuerung)	1/2 Tag (ohne Putzerneuerung)	2 Tage
Trocknungs-/Wartezeiten	Keine	Keine	Keine	1 Tag
Anmerkungen	Neue Konstruktion erschütterungsfrei einbauen. Nicht nageln, sondern verschrauben. Einfache, bewährte Ausführung	Neue Konstruktion erschütterungsfrei einbauen. Nicht nageln, sondern verschrauben. Einfache bewährte Ausführung	Neue Konstruktion erschütterungsfrei einbauen. Nicht nageln, sondern verschrauben	–

5.2   Problempunkt:
Ungenügender Schallschutz von Decken

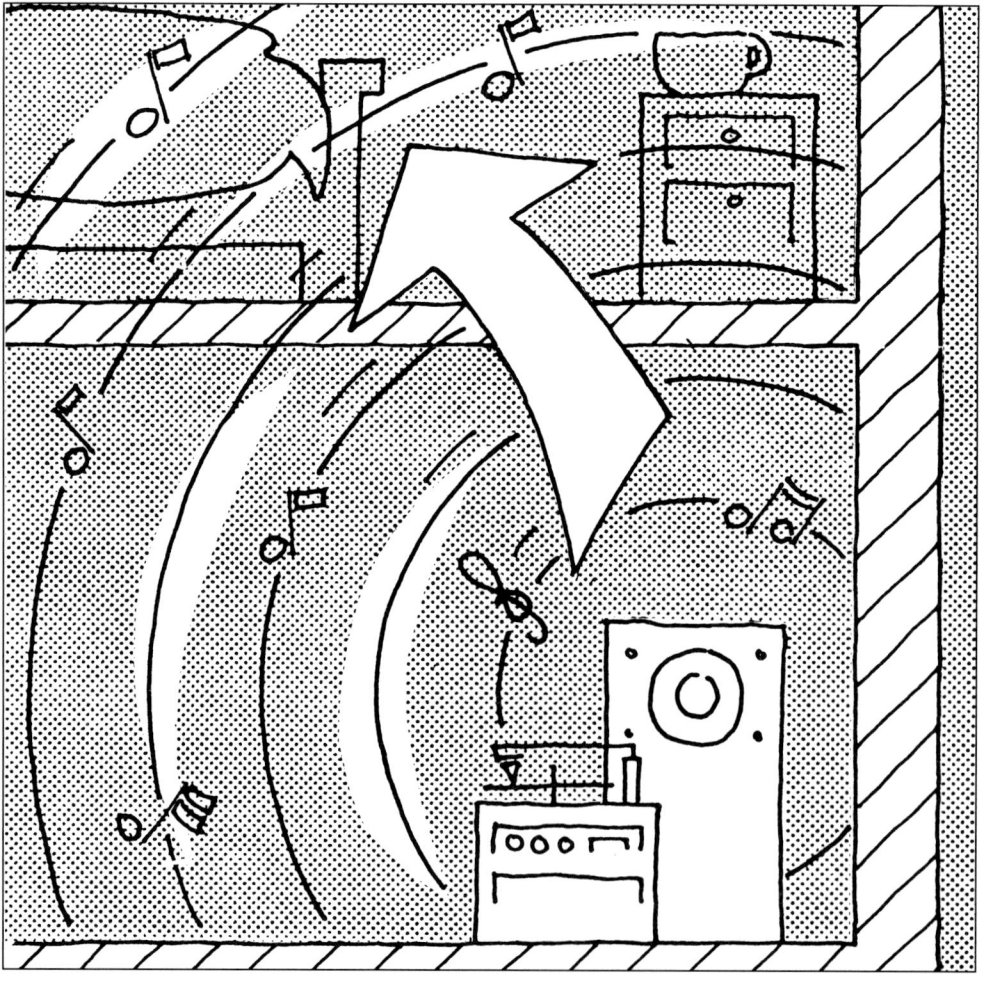

Spanplatten als neuer Unterboden

Beim nachträglichen Ausbau von Dachgeschossen ist unbedingt der Schallschutz der Decke zu beachten

Bei der Modernisierung alter Häuser trifft man auf sehr unterschiedliche Deckenkonstruktionen. In Gründerzeithäusern und in den Häusern der 20er und 30er Jahre findet man vorwiegend Holzbalkendecken, während die Häuser der 50er Jahre schon zum großen Teil Betondecken, meist mit Verbundestrich, aufweisen.

Trotz unterschiedlicher Konstruktionen ist ihnen eines gemeinsam: Ihre schallschutztechnischen Eigenschaften sowohl für den Luftschallschutz als auch für den Trittschallschutz sind im Allgemeinen nicht ausreichend.

Die derzeit gültigen Normen für den Schallschutz sind zwar ohne weiteres auf vorhandene Konstruktionen in Altbauten nicht anwendbar, sie können jedoch als Richtschnur und Vergleich dienen.

Erforderliche Luft- und Trittschalldämmung zum Schutz gegen Schallübertragung aus einem fremden Wohn- oder Arbeitsbereich

Spalte	1	2	3	4
				Anforderungen
Zeile		Bauteile	erf. R'_w dB	erf. $L'_{n,w}$ (erf. TSM) dB
1 Geschosshäuser mit Wohnungen und Arbeitsräumen				
1	Decken	Decken unter allgemein nutzbaren Dachräumen, z.B. Trockenböden, Abstellräumen und ihren Zugängen	53	53 (10)
2		Wohnungstrenndecken (auch -treppen) und Decken zwischen fremden Arbeitsräumen bzw. vergleichbaren Nutzungseinheiten	54	53 (10)
3		Decken über Keller, Hausfluren, Treppenräumen unter Aufenthaltsräumen	52	53 (10)
4		Decken über Durchfahrten, Einfahrten von Sammelgaragen und Ähnliches unter Aufenthaltsräumen	55	53 (10)

(Ausschnitt aus Tabelle 3 in DIN 4109 »Schallschutz im Hochbau«)

Trittschallschutz

Die untenstehende Tabelle aus DIN 4109 zeigt die Mindestanforderungen an den Luft- und Trittschallschutz, wie sie für Neubauten heute zu erfüllen wären. Diese Werte werden von den historischen Holzbalkendecken nicht erreicht.

Alte Holzbalkendecken weisen etwa folgende Werte auf:
- bewerteter Norm-Trittschallpegel
  $L'_{n,w}$ ca. 68 dB,
- bewertetes Schalldämmmaß
  R'_w ca. 49 dB.

Zur Verbesserung des Schallschutzes sind deshalb im Rahmen der Modernisierung geeignete Maßnahmen durchzuführen, die vor allem den Trittschallschutz verbessern. Dies ist zwar gesetzlich nicht vorgeschrieben, wird von den Nutzern jedoch erwartet.

Folgende Möglichkeiten bestehen hierzu:
- Aufbringen weich federnder Gehbeläge,
- Aufbringen schwimmender Unterböden (schwimmender Estrich, schwimmend verlegte Gips- oder Spanplatten),
- Erhöhung des Deckengewichtes,
- Einbau von zusätzlichen Unterdecken,
- Kombination verschiedener Maßnahmen.

Das Aufbringen weich federnder Gehbeläge, zumeist Teppichbeläge, ist sicher die einfachste Art zur Verbesserung der vorhandenen Konstruktion. Dadurch wird jedoch nur eine Verbesserung der Trittschalldämmung und nicht der Luftschalldämmung erreicht. Die Verbesserung auf Holzböden beträgt etwa 10 dB.

Eine ähnliche Verbesserung erhält man durch den Einbau von schwimmenden Estrichen. Die Verbesserung auf Holzbalkendecken ist jedoch nicht so gut wie auf Massivdecken. Die möglichen Verbesserungsmaße betragen 8 dB bis 16 dB.

Entscheidend für die Dämmwirkung ist das Gewicht der zusätzlichen Estrichplatte. Die Steifigkeit der Dämmschicht hat dabei keinen so großen Einfluss auf die Dämmwirkung, so dass auch mit dünnen Dämmschichten gearbeitet werden kann, was bei den notwendigerweise geringen Aufbauhöhen im Altbau von Bedeutung ist.

Trotzdem werden die bauphysikalischen Möglichkeiten ganz stark eingeschränkt durch die statischen und konstruktiven Gegebenheiten. Im Allgemeinen verfügen Holzbalkendecken über keine großen Reserven bei der Tragfähigkeit, so dass zusätzliches Gewicht aus Estrichen nur selten aufgenommen werden kann. Des Weiteren behindern vorhandene Anschlusspunkte an Türen, Fenstern und Eingängen die Höhe des möglichen Fußbodenaufbaus.

Eine erhebliche Verbesserung der Schalldämmung wird durch eine Beschwerung der Decken erreicht. Hierbei spielt es nur eine untergeordnete Rolle, an welcher Stelle im Deckenaufbau die Beschwerung eingebaut wird. Von größerer Bedeutung ist die Ausbildung der Beschwerung. Kleinteilige, biegeweiche Beschwerungen (zum Beispiel Bürgersteigplatten, Betonsteine, Sandschüttungen oder Ähnliches) verbessern die Schalldämmung einer Decke mehr als durchgehende Beton- oder Estrichscheiben.

Mit dem Einbau zusätzlicher Unterdecken kann die Schallabstrahlung über die Deckenunterseite ganz erheblich reduziert werden. Hierbei sind jedoch eine Reihe von Details zu beachten, die im nächsten Abschnitt eingehender beschrieben werden.

Schallschutz verschiedener Holzbalkendecken

lfd. Nr.	Deckenausführung	flächenbezogene Masse [kg/m²]	bewertetes Schalldämmmaß R'_w*) [dB]	bewerteter Norm-Trittschallpegel $L'_{n,w}$ [dB]
1	alte Holzbalkendecke mit Schlackenfüllung	160	49	66 bis 70
2	Normalausführung (5 cm Sandschüttung); jedoch Putzschale über Leisten befestigt, die ihrerseits über Blechbügel an den Balken angebracht sind	160	54	53
3	unterseitige Verkleidung aus 2 Lagen 12,5 mm Gipskartonplatten G über Federbügel F befestigt; Mineralwolle M im Deckenhohlraum mit Teppichboden (VM = 25 dB)	90	56	55 49
4	unterseitige Verkleidung aus Gipskartonplatten G über Federbügel F befestigt; schwimmender Zementestrich Z auf 30/25 mm Mineralfaserplatten D ohne Gehbelag mit Teppichboden (ΔL_w = 25 dB)	185	59	50 44
5	unterseitige Verkleidung mit Federbügeln, 25 mm Holzspanplatten H auf 30/25 Mineralfaserplatten D 40 mm Betonplatten B	185	60	37**)

*) R'_w gültig für Holzbauten
**) Ohne Übertragung über Wände

(Aus: Gösele/Schüle/Künzel; Schall, Wärme, Feuchte)

5.2.1   Übersicht über Lösungsmöglichkeiten

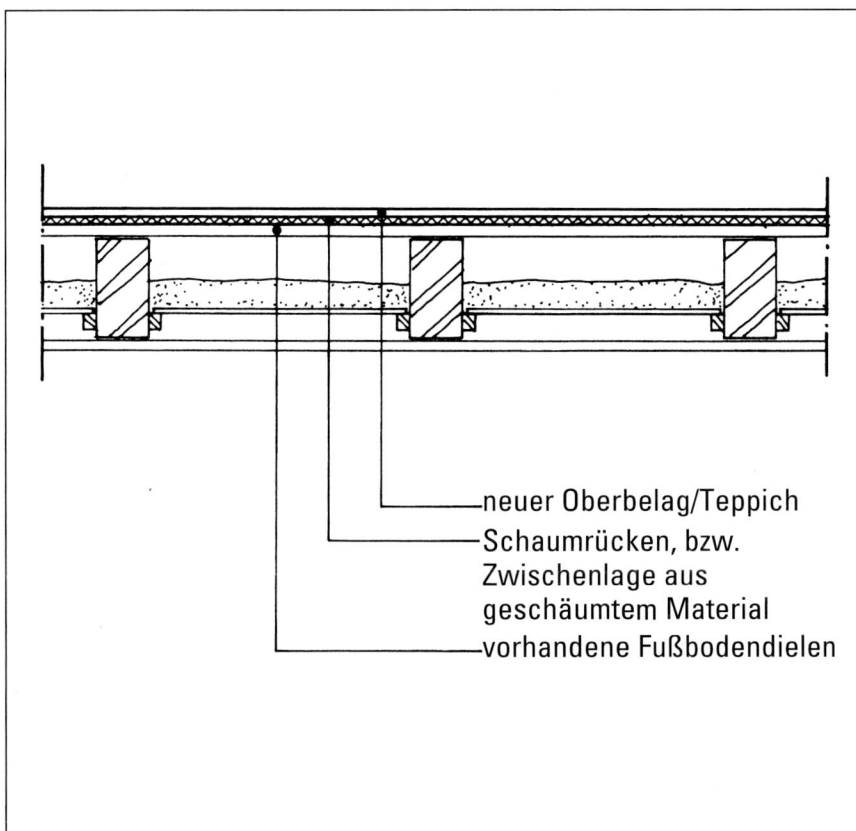

neuer Oberbelag/Teppich
Schaumrücken, bzw.
Zwischenlage aus
geschäumtem Material
vorhandene Fußbodendielen

Unterschäumte Oberbeläge	
Baukosten	Ca. 45,– €/m²
Lebensdauer	Teppich: 5 bis 10 Jahre PVC: 10 bis 20 Jahre
Schallschutz	VM = 20 dB
a) Trittschallschutz- verbesserungsmaß VM_H auf Holzbalkendecken	6 dB
b) Trittschallschutzmaß TSM ($TSM_{eqH} = -3$)	+ 3 dB
Schallschutzanforderung DIN 4109 TSM = 10 dB	Wird nicht erreicht
Erhöhter Schallschutz nach DIN 4109 TSM = 17 dB	Wird nicht erreicht
c) Luftschallschutz (bewertetes Schalldämmmaß R'_w)	54 dB (mit Unterdecke an Federschienen)
Schallschutzanforderung DIN 4109 R'_w = 54 dB	Wird erreicht
Erhöhter Schallschutz nach DIN 4109 R'_w = 55 dB	Wird nicht erreicht
Einbauzeiten	0,15 Std./m²
Trocknungs-/Wartezeiten	1 Tag (nach dem Spachteln)
Gewicht	5 kg/m²

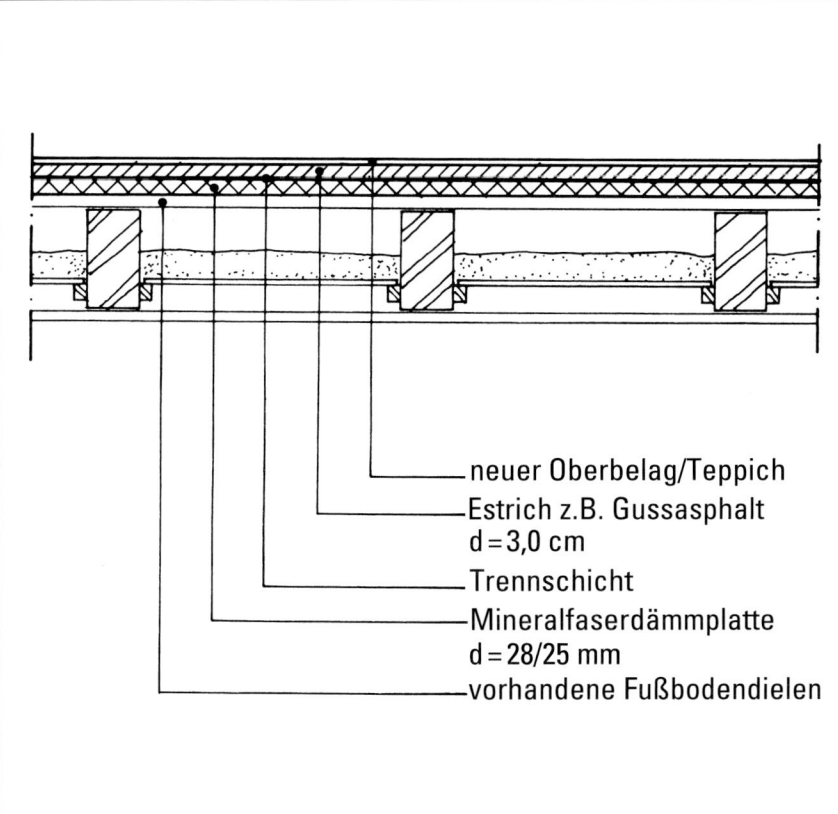

neuer Oberbelag/Teppich
Estrich z.B. Gussasphalt
d = 3,0 cm
Trennschicht
Mineralfaserdämmplatte
d = 28/25 mm
vorhandene Fußbodendielen

Schwimmende schwere Unterböden	
Baukosten (inkl. Oberbelag)	Ca. 65,– €/m²
Lebensdauer	25 bis 30 Jahre
Schallschutz	
a) Trittschallschutz- verbesserungsmaß VM_H auf Holzbalkendecken	16 dB
b) Trittschallschutzmaß TSM ($TSM_{eqH} = -3$)	+ 13 dB
Schallschutzanforderung DIN 4109 TSM = 10 dB	Wird erreicht
Erhöhter Schallschutz nach DIN 4109 TSM = 17 dB	Wird nicht erreicht
c) Luftschallschutz (bewertetes Schalldämmmaß R'_w)	55 dB (mit Unterdecke an Federschienen)
Schallschutzanforderung DIN 4109 R'_w = 54 dB	Wird erreicht
Erhöhter Schallschutz nach DIN 4109 R'_w = 55 dB	Wird nicht erreicht
Einbauzeiten	0,45 Std./m²
Trocknungs-/Wartezeiten	Mindestens 2 bis 3 Tage (Zementestrich), 1 Tag (Gussasphalt)
Gewicht	65 kg/m²

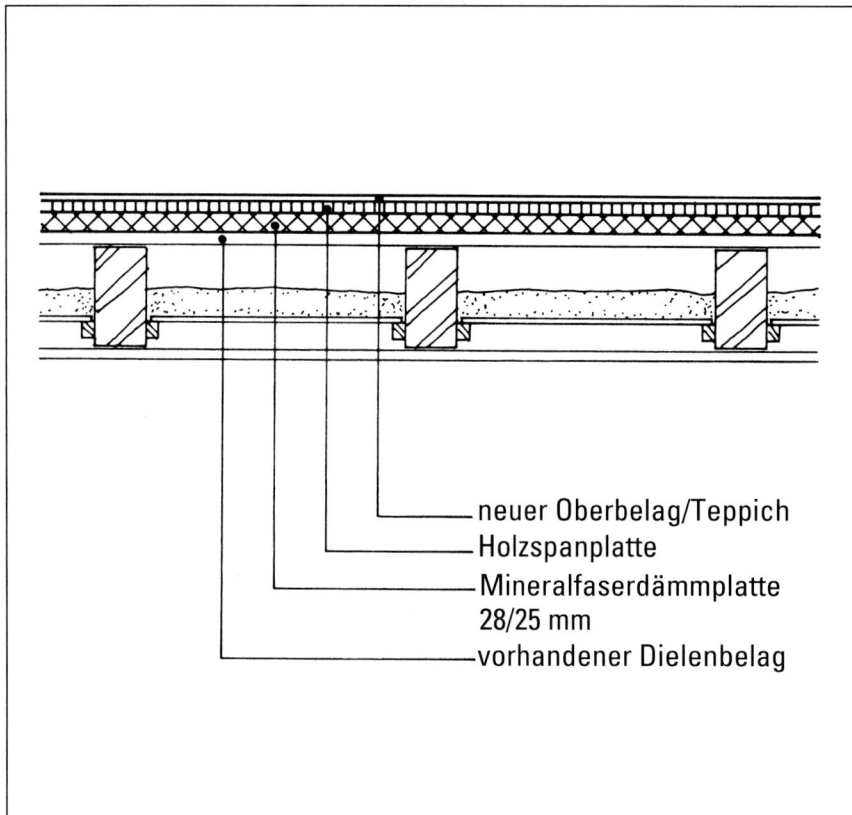

neuer Oberbelag/Teppich
Holzspanplatte
Mineralfaserdämmplatte
28/25 mm
vorhandener Dielenbelag

Schwimmende leichte Unterböden	
Baukosten (inkl. Oberbelag)	Ca. 60,– €/m²
Lebensdauer	25 bis 30 Jahre
Schallschutz	
a) Trittschallschutz-verbesserungsmaß VM$_H$ auf Holzbalkendecken	4 bis 6 dB
b) Trittschallschutzmaß TSM (TSM$_{eqH}$ = –3)	+ 1 bis 3 dB
Schallschutzanforderung DIN 4109 TSM = 10 dB	Wird erreicht
Erhöhter Schallschutz nach DIN 4109 TSM = 17 dB	Wird nicht erreicht
c) Luftschallschutz (bewertetes Schalldämmmaß R'_w)	54 dB (mit Unterdecke an Federschienen)
Schallschutzanforderung DIN 4109 R'_w = 54 dB	Wird erreicht
Erhöhter Schallschutz nach DIN 4109 R'_w = 55 dB	Wird nicht erreicht
Einbauzeiten	0,55 Std./m²
Trocknungs-/Wartezeiten	Keine
Gewicht	15 kg/m²

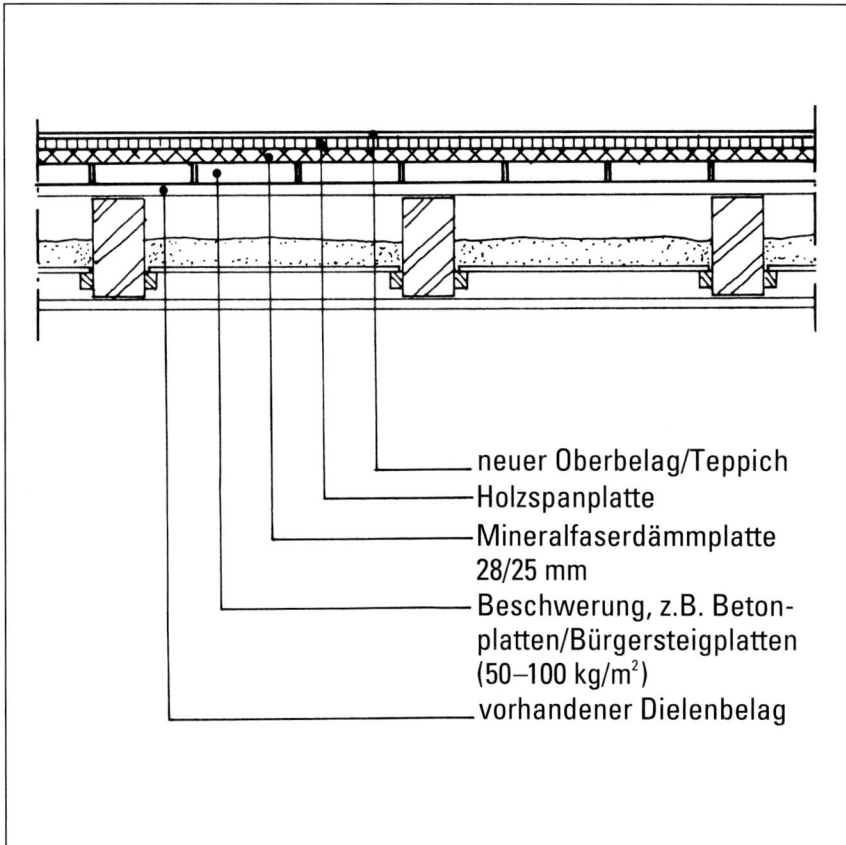

neuer Oberbelag/Teppich
Holzspanplatte
Mineralfaserdämmplatte
28/25 mm
Beschwerung, z.B. Beton-platten/Bürgersteigplatten
(50–100 kg/m²)
vorhandener Dielenbelag

Beschwerung der Decke	
Baukosten (inkl. Oberbelag)	Ca. 90,– €/m² (inkl. schwimmendem leichtem Unterboden und Oberbelag)
Lebensdauer	20 bis 30 Jahre
Schallschutz	
a) Trittschallschutz-verbesserungsmaß VM$_H$ auf Holzbalkendecken	20 bis 35 dB je nach Gewicht der Beschwerung
b) Trittschallschutzmaß TSM (TSM$_{eqH}$ = –3)	+ 17 bis 32 dB
Schallschutzanforderung DIN 4109 TSM = 10 dB	Wird erreicht
Erhöhter Schallschutz nach DIN 4109 TSM = 17 dB	Wird erreicht
c) Luftschallschutz (bewertetes Schalldämmmaß R'_w)	55 dB (mit Unterdecke an Federschienen)
Schallschutzanforderung DIN 4109 R'_w = 54 dB	Wird erreicht
Erhöhter Schallschutz nach DIN 4109 R'_w = 55 dB	Wird erreicht
Einbauzeiten	0,65 Std./m²
Trocknungs-/Wartezeiten	Keine
Gewicht	100 kg/m²

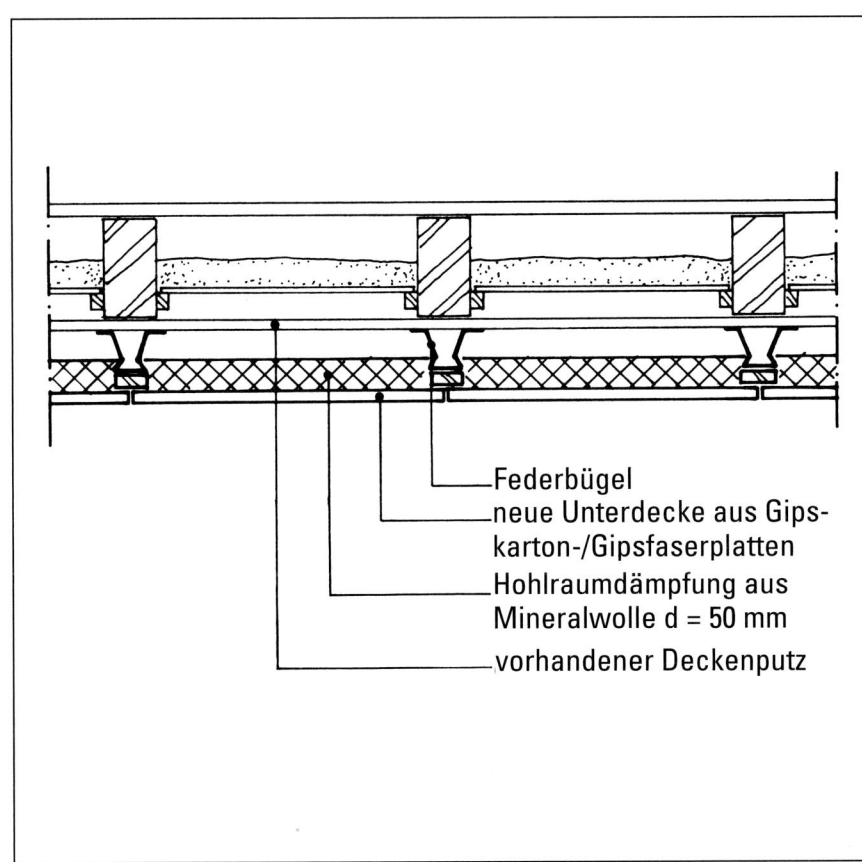

Federbügel

neue Unterdecke aus Gipskarton-/Gipsfaserplatten

Hohlraumdämpfung aus Mineralwolle d = 50 mm

vorhandener Deckenputz

Zusätzliche Unterdecke	
Baukosten	Ca. 60,– €/m²
Lebensdauer	25 bis 30 Jahre
Schallschutz	
a) Trittschallschutz-verbesserungsmaß VM$_H$ auf Holzbalkendecken	
b) Trittschallschutzmaß TSM (TSM$_{eqH}$ = −3)	+ 8 dB
Schallschutzanforderung DIN 4109 TSM = 10 dB	Wird erreicht
Erhöhter Schallschutz nach DIN 4109 TSM = 17 dB	Wird nicht erreicht
c) Luftschallschutz (bewertetes Schalldämmmaß R'$_w$)	56 dB (ohne Oberbeläge)
Schallschutzanforderung DIN 4109 R'$_w$ = 54 dB	Wird erreicht
Erhöhter Schallschutz nach DIN 4109 R'$_w$ = 55 dB	Wird erreicht
Einbauzeiten	0,90 Std./m²
Trocknungs-/Wartezeiten	Keine
Gewicht	15 kg/m²

5.2.2   Verbesserung des Schallschutzes durch zusätzliche Unterdecken – Erläuterung

Die häufigste Form der Deckenkonstruktion im Altbau ist die Holzbalkendecke mit Dielenbelag, Blindboden, Schlackeschüttung und unterseitigem Deckenputz auf Holzspalierlattung.

Durch den Einbau abgehängter Decken kann die Schalldämmung einer solchen Decke um bis zu 20 dB verbessert werden.

Hierbei ist Folgendes zu beachten:

Die neue untergehängte Deckenkonstruktion muss biegeweich sein. Als Material kommen vor allem Gipsfaser- oder Gipskartonplatten infrage. Neuere Untersuchungen haben ergeben, dass eine zweite Lage Gipsfaser- oder Gipskartonplatten die Schalldämmung um etwa weitere 4 dB verbessern kann. Üblich sind Platten von 10,0 oder 12,5 mm Dicke.

Zur Vermeidung von Schallbrücken sind die Deckenplatten punktweise, besser an Federelementen zu montieren. Als Federelemente können Schwingbügel oder Federschienen verwendet werden. Der Achsabstand der Schienen sollte mindestens 40 cm betragen, um die Biegeweichheit der Unterdecke nicht durch eine zu starre Befestigung zu gefährden.

Genau wie bei den Vorsatzschalen vor Wänden muss auch bei der abgehängten Decke zur Verbesserung des Schallschutzes eine Hohlraumdämpfung eingebracht werden. Verwendet werden sollten Materialien mit einem längenbezogenen Strömungswiderstand von 5×10^3 bis 10^4 Ns/m^4, hierzu zählen vor allem weiche, faserige Dämmstoffe. Die Dämmstoffdicke sollte mindestens 50 mm betragen.

Die Randanschlüsse der abgehängten Decke sind luftdicht herzustellen. Hierzu sind die Randfugen mit Gipsspachtelmassen zu verschließen, alternativ können dauerplastische Dichtungsmaterialien Verwendung finden.

Grundsätzlich ist bei der Ausführung der Decke zu beachten, dass Schallbrücken zwischen vorhandener Deckenkonstruktion und neuer Unterdecke, zum Beispiel durch Kontakt an vorhandenen Unterzügen, vermieden werden.

Die Möglichkeiten der Schalldämmung werden auch hier eingeschränkt durch das Problem der Schalllängsleitung in den flankierenden Bauteilen, also den Wänden. Gute Schalldämmeigenschaften werden nur erreicht bei einer flächenbezogenen Masse der flankierenden Bauteile von mindestens 350 kg/m^2. Andernfalls müssen die Wände zusätzlich mit biegeweichen Vorsatzschalen versehen werden.

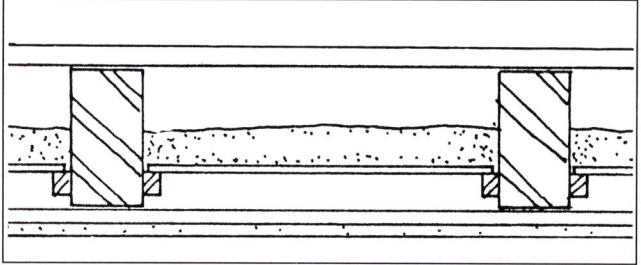

Alte Holzbalkendecke mit neuer Unterdecke

Zusätzliche Unterdecke zur Verbesserung des Schallschutzes, vor Anbringung der Unterbekleidung

5.2.3   Verbesserung des Schallschutzes durch zusätzliche Unterdecken – Details

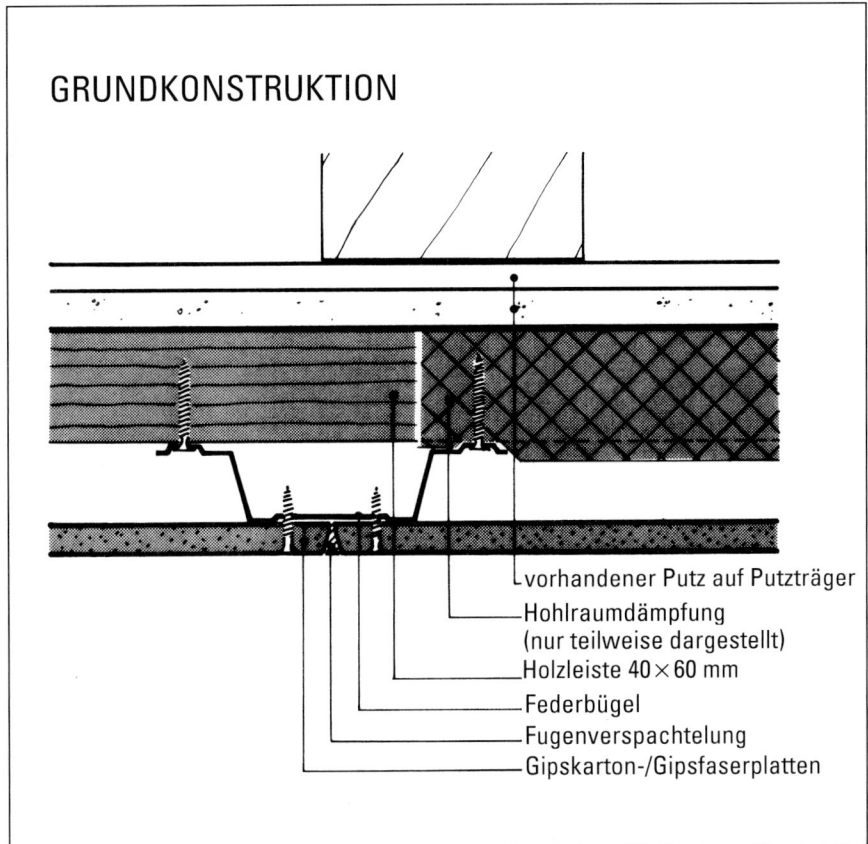

GRUNDKONSTRUKTION

vorhandener Putz auf Putzträger
Hohlraumdämpfung
(nur teilweise dargestellt)
Holzleiste 40 × 60 mm
Federbügel
Fugenverspachtelung
Gipskarton-/Gipsfaserplatten

Grundkonstruktion

- Anbringen und Ausrichten von Holz-leisten 40,0 × 60,0 mm unter der vorhandenen Decke
- Anschrauben von Federschienen (Abstand > 40,0 cm) an den Holz-leisten
- Einbau der Hohlraumdämpfung (z. B. Mineralfasermatten d = 50,0 mm)
- Anschrauben der Gipskarton- oder Gipsfaserplatten
- Verspachteln der Fugen

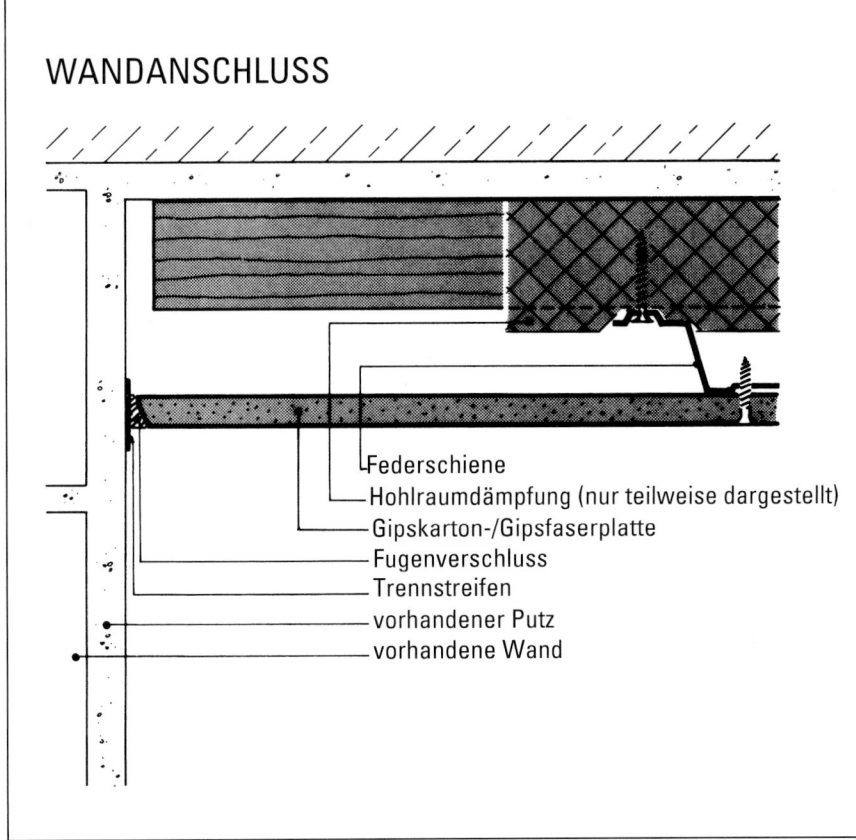

WANDANSCHLUSS

Federschiene
Hohlraumdämpfung (nur teilweise dargestellt)
Gipskarton-/Gipsfaserplatte
Fugenverschluss
Trennstreifen
vorhandener Putz
vorhandene Wand

Wandanschluss

Für die Schallschutzeigenschaften der Unterdecke ist es wichtig, dass die Deckenränder dicht abgeschlossen wer-den.

Ein ausreichend dichter Anschluss wird erreicht, wenn der Fugenverschluss mit Gipsspachtelmassen vorgenommen wird. Hierbei ist der Spachtel durch einen Trennstreifen vom Altputz zu trennen, um unkontrollierte Abrisse zu vermeiden. Alternativ können für den Fugenverschluss elastische Dichtungs-massen (zum Beispiel auf Acrylbasis) verwendet werden.

5.2.4   Vergleichende Beurteilung

	Unterschäumte Oberbeläge	Schwimmende schwere Unterböden	Schwimmende leichte Unterböden	Beschwerung der Decke	Zusätzliche Unterdecke
Baukosten	Ca. 45,– €/m²	Ca. 65,– €/m² (inkl. Oberbelag)	Ca. 60,– €/m² (inkl. Oberbelag)	Ca. 90,– €/m² (inkl. schwimmendem leichtem Unterboden und Oberbelag)	Ca. 60,– €/m²
Lebensdauer	Teppich: 5 bis 10 Jahre PVC: 10 bis 20 Jahre	25 bis 30 Jahre	25 bis 30 Jahre	20 bis 30 Jahre	25 bis 30 Jahre
Schallschutz	VM = 20 dB				
a) Trittschallschutz-verbesserungsmaß VM_H auf Holzbalkendecken	6 dB	16 dB	4 bis 6 dB	20 bis 35 dB je nach Gewicht der Beschwerung	
b) Trittschallschutzmaß TSM (TSM_{eqH} = –3)	+ 3 dB	+ 13 dB	+ 1 bis 3 dB	+ 17 bis 32 dB	+ 8 dB
Schallschutzanforderung DIN 4109 TSM = 10 dB	Wird nicht erreicht	Wird erreicht	Wird erreicht	Wird erreicht	Wird erreicht
Erhöhter Schallschutz nach DIN 4109 TSM = 17 dB	Wird nicht erreicht	Wird nicht erreicht	Wird nicht erreicht	Wird erreicht	Wird nicht erreicht
c) Luftschallschutz (bewertetes Schalldämmmaß R'_w)	54 dB (mit Unterdecke an Federschienen)	55 dB (mit Unterdecke an Federschienen)	54 dB (mit Unterdecke an Federschienen)	55 dB (mit Unterdecke an Federschienen)	56 dB (ohne Oberbeläge)
Schallschutzanforderung DIN 4109 R'_w = 54 dB	Wird erreicht	Wird erreicht	Wird erreicht	Wird erreicht	Wird erreicht
Erhöhter Schallschutz nach DIN 4109 R'_w = 55 dB	Wird nicht erreicht	Wird nicht erreicht	Wird nicht erreicht	Wird erreicht	Wird erreicht
Einbauzeiten	0,15 Std./m²	0,45 Std./m²	0,55 Std./m²	0,65 Std./m²	0,90 Std./m²
Trocknungs-/ Wartezeiten	1 Tag (nach dem Spachteln)	Mindestens 2 bis 3 Tage (Zementestrich), 1 Tag (Gussasphalt)	Keine	Keine	Keine
Gewicht	5 kg/m²	65 kg/m²	15 kg/m²	100 kg/m²	15 kg/m²

5.3   **Problempunkt:**
Ungenügender Wärmeschutz von Decken

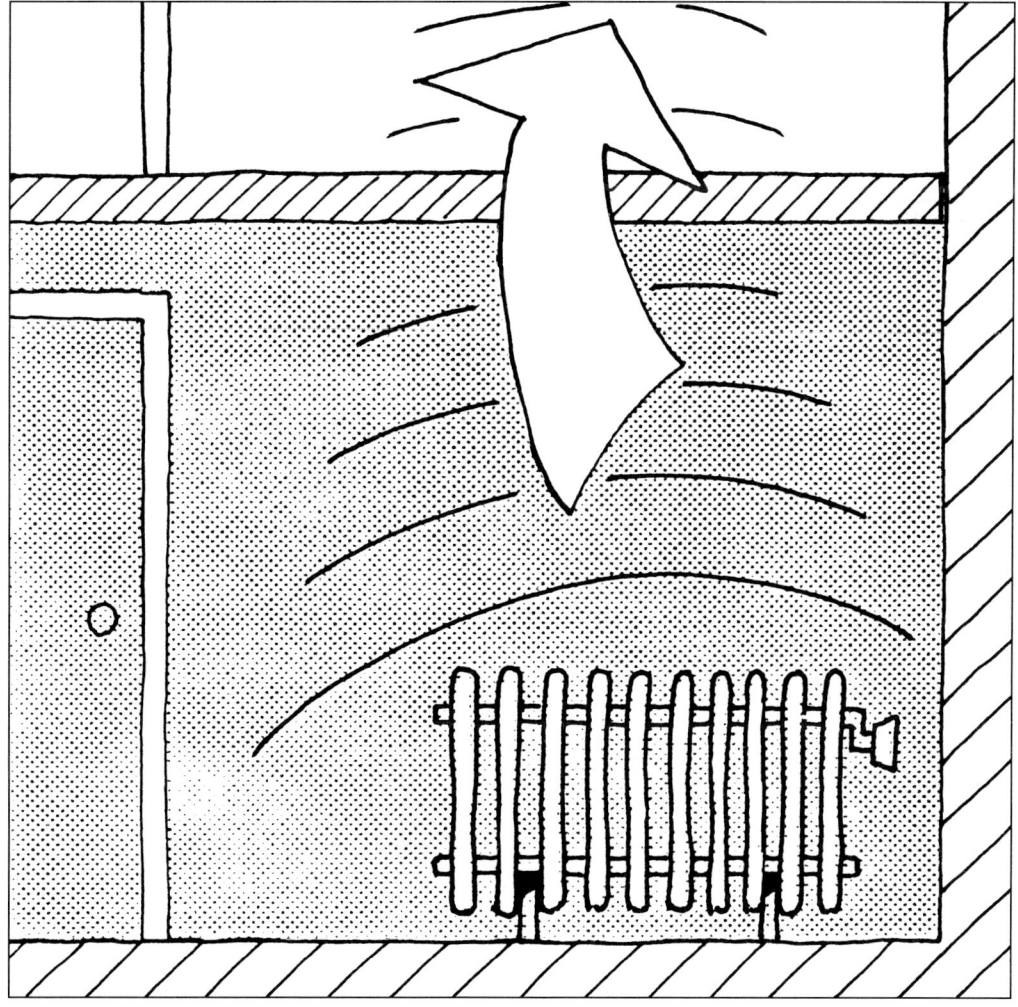

Der ungenügende Wärmeschutz von Decken wirkt sich vor allem in Erdgeschossräumen über unbeheizten Kellern und in Obergeschossen mit nicht gedämmten Decken zum Dachboden aus.

Der mangelnde Wärmeschutz führt zu unnötig hohen Heizkosten und beeinträchtigt erheblich das Wohlbefinden der Bewohner (Strahlungswärmeverluste des Körpers an umgebende kalte Bauteilflächen). Außerdem besteht die Gefahr von Kondensatbildung.

Nachträgliche Wärmedämmung von Kellerdecken

Wärmedämmung durch aufgespritzte Zellulose

Energieeinsparverordnung

Die Energieeinsparverordnung EnEV stellt differenzierte Anforderungen an die Höchstwerte der Wärmedurchgangskoeffizienten bei erstmaligem Einbau, Ersatz und Erneuerung von Bauteilen.

Folgende Höchstwerte sind festgelegt:

1. Für Decken unter nicht ausgebauten Dachräumen gilt, wenn beispielsweise Dämmschichten, zusätzliche Bekleidungen, Dämmschichten an Wänden oder Decken zum unbeheizten Dachraum eingebaut werden:

   $U_{max} = 0{,}30 \text{ W/(m}^2 \cdot \text{K)}$.

Ausnahme: Wird die Wärmedämmung als Zwischensparrendämmung ausgeführt und ist ihre Dämmschichtdicke wegen der Konstruktionshöhe begrenzt, so gilt die Anforderung als erfüllt, wenn die nach den Regeln der Technik höchstmögliche Dämmschichtdicke eingebaut wird.

2. Für Decken gegen ungeheizte Räume und gegen Erdreich gilt:

   $U_{max} = 0{,}40 \text{ W/(m}^2 \cdot \text{K)}$,

   wenn die Dämmung auf der kalten Seite angebracht wird.

3. Für Decken gegen ungeheizte Räume und gegen Erdreich gilt, wenn die Wärmedämmung auf der warmen Seite, also zum Beispiel als zusätzlicher Fußbodenaufbau, angebracht wird:

   $U_{max} = 0{,}50 \text{ W/(m}^2 \cdot \text{K)}$.

   Ausnahme: Die Anforderungen an die Wärmedämmung gelten auch als erfüllt, wenn ein Fußbodenaufbau mit der ohne Anpassung der Türhöhen höchstmöglichen Dämmschichtdicke (bei einer Wärmeleitfähigkeit von 0,04 W/(m²·K) ausgeführt wird.

Bei üblichen vorhandenen Konstruktionsmaterialien bedeutet dies in etwa die Verwendung folgender Dämmstoffstärken:

- Dächer und Decken zu Dachräumen   14 cm
- Kellerdecken   8–10 cm

Die genannten Dämmstoffstärken können selbstverständlich nur Anhaltswerte sein, da für die Berechnung des Wärmedurchgangswertes (U-Wert) immer auch die vorhandenen Bauteilschichten berücksichtigt werden können, die bei jedem Bauvorhaben anders ausgebildet sind.

Weitere detaillierte Hinweise finden sich in Kapitel 1, Abschnitt 1.7.3 (Wärmeschutz).

Zusätzliche Wärmedämmung bei Decken über Kellergeschossen

Eine zusätzliche Wärmedämmung kann am einfachsten erreicht werden durch Anbringen von Dämmstoffen an der Deckenunterseite. Die Bereiche sind im Allgemeinen gut zugänglich, und das Anbringen der Wärmedämmung bereitet meist keine Probleme.

Am einfachsten ist es, wenn Hartschaumplatten direkt an die Decke geklebt werden können. Mineralische Dämmstoffe eignen sich für diese Anbringungsart weniger gut. Sie sind vorzugsweise in Verbindung mit einer Deckenabhängung aus Gipskarton- oder Gipsfaserplatten einzusetzen.

Immer häufiger zur Anwendung kommt eine Wärmedämmung durch aufgespritzte Zellulose. Rohrleitungen, Aussparungen und Überhänge lassen sich dadurch besser überbrücken.

Laut Energieeinsparverordnung wird die Dämmstoffdicke etwa 80,0 mm betragen (für übliche Dämmstoffe), beziehungsweise 140,0 mm über Durchfahrten. Die maximalen Wärmedurchgangskoeffizienten (U-Werte) sind einzuhalten.

Voraussetzung für diese Art der Anbringung von Dämmstoffen ist eine ausreichende Kellerhöhe und eine gerade Kellerdecke. Für Gewölbekeller scheidet die unterseitige Anbringung von Dämmstoffen aus konstruktiven Gründen meist aus. Zu groß wären auch die Wärmeverluste des Gewölbes an flankierende Bauteile wie zum Beispiel die Außenmauern.

Bei Erdgeschoss-Fußböden aus Holzdielen auf Lagerhölzern besteht die Möglichkeit, den vorhandenen Deckenhohlraum mit Dämmstoff auszufüllen. Hierzu werden Löcher in den Dielenbelag gebohrt und loses Dämmmaterial in den Deckenhohlraum eingeblasen. Mithilfe von Kontrollöffnungen lässt sich die Verteilung des Dämmstoffes in der Decke überwachen. Voraussetzung ist ein ausreichend großer Deckenhohlraum für die erforderlichen Dämmstoffstärken. Schwierig ist allerdings die werkgerechte Anordnung einer Dampfsperre.

Befindet sich der vorhandene Fußboden des Erdgeschosses in einem Zustand, der eine grundlegende Renovierung erforderlich macht, so kann unter bestimmten Umständen auch ein neuer Fußboden als schwimmender Estrich auf zusätzlicher Wärmedämmschicht eingebracht werden.

Hierdurch wird das Fußbodenniveau des Erdgeschosses um mindestens 11,0 bis 13,0 cm angehoben, wenn der alte Fußboden nicht abgebrochen wird, was sicher die Ausnahme ist. Diese Lösung ist daher nur möglich bei ausreichend hohen Räumen und bei Türen mit großer Durchgangshöhe. Die EnEV gestattet hier aber eine Ausnahme: Die Anforderungen gelten als erfüllt, wenn die maximale Dämmstoffdicke ohne Veränderung der Fußbodenhöhe eingebaut wird.

Um unnötige Trocknungs- und Wartezeiten zu vermeiden, sind schwimmende Estriche in Trockenbauweise oder solche mit kurzen Abbindezeiten (zum Beispiel Gussasphalt) zu verwenden.

Zusätzliche Wärmedämmung bei Decken unter Dachgeschoss

Auch hier kann die Wärmedämmung am einfachsten außerhalb des Wohnraumes aufgebracht werden. Bei nicht begangenen Dachböden (Spitzböden) geschieht dies am einfachsten durch Auflegen von Dämmstoffen auf die Decke oberhalb des Geschosses. Laut Energieeinsparverordnung wird die Mindestdämmstoffdicke hier überschläglich 140,0 mm betragen, wenn keine nennenswerten anderen Dämmschichten vorhanden sind.

Bei begehbaren und genutzten Dachräumen muss die aufgebrachte Dämmung gegen mechanische Beschädigungen und, bei Trockenspeichern, gegen Feuchtebelastung geschützt werden. Dies kann zum Beispiel erreicht werden durch die Verwendung von Verbundelementen aus Polystyrol-Hartschaumplatten mit oberseitiger Holzplatte. Eine Lackierung der Spanplatte verhindert das Eindringen von geringen Feuchtigkeitsmengen. Gegen gelegentliches Abtropfen bei feuchter Wäsche mag das ein ausreichender Schutz sein. Bei stärkerer Feuchtebelastung müssen andere Maßnahmen getroffen werden, zum Beispiel Verlegung von Kunststoffböden. Hierbei muss jedoch unbedingt die Problematik der Kondensatbildung beachtet werden. Unter der Wärmedämmung muss eine Dampfsperrschicht angeordnet sein, die eine größere Dampfdichtigkeit aufweist als der oberseitig aufgebrachte Bodenbelag. Ansonsten kommt es zum Eindringen von Feuchtigkeit aus dem warmen Raumbereich in die Konstruktion, mit der Gefahr der Kondensation und der Gefährdung durch Kondensatfeuchte, was insbesondere bei Holzkonstruktionen zu schwer wiegenden Schäden führen kann.

Statt Verbundelementen können zur Dämmung des Dachgeschosses aber auch Lagerhölzer mit Spanplatten verlegt werden. Die Zwischenräume zwischen den einzelnen Lagerhölzern werden mit mineralischen Dämmstoffen ausgefüllt. Hier kann ebenfalls die Oberseite der Spanplatten durch Anstrich vor Feuchteeinwirkung geschützt werden. Da mineralische Dämmstoffe einen wesentlich geringeren Diffusionswiderstand haben als Polystyrolhartschäume, muss hier der Gefahr der Kondensatbildung noch größere Beachtung geschenkt werden.

Ist es nicht möglich, die Wärmedämmung auf die Decke aufzulegen, bieten sich folgende Möglichkeiten der zusätzlichen Wärmedämmung an:

Bei manchen Arten von Holzbalkendecken, vor allem wenn keine Schüttungen vorhanden sind, bestehen ausreichend große durchgehende Hohlräume, die mit Dämmstoff ausgefüllt werden können. Am zweckmäßigsten geschieht dies durch Einblasen von Dämmstoff. Erforderliche Füll- und Kontrollöffnungen können meist ohne Probleme im Dachgeschoss hergestellt werden.

Am aufwändigsten ist die Anbringung zusätzlicher Wärmedämmungen auf der Unterseite der Decke. Hierzu müssen neue Unterdecken aus Gipskarton- oder Gipsfaserplatten eingezogen werden. Die erforderliche Wärmedämmung wird dann im Deckenhohlraum untergebracht. Auch bei dieser Konstruktion ist es außerordentlich wichtig, eine Dampfsperre unterhalb der nicht dampfdichten Wärmedämmung einzubauen, vor allem, wenn nicht auszuschließen ist, dass sich in der vorhandenen Deckenkonstruktion über der Wärmedämmung diffusionsdichte Schichten befinden, die den Durchtritt von Wasserdampf behindern und so zu Kondensatschäden in der Konstruktion führen können.

Diese Dampfsperre kann gleichzeitig die nach EnEV geforderte Luftdichtheitsschicht darstellen. Hierbei sind die Verklebung der Nähte und der Anschluss der Folie an die begrenzenden Bauteile mit großer Sorgfalt zu planen und auszuführen.

Eine *Ausnahme* lässt die Energieeinsparverordnung insofern zu, als dass beim Einbau von Dämmstoffen in die vorhandene Konstruktion das vollständige Ausfüllen des Konstruktionsraumes mit Dämmstoffmaterial (0,04) als ausreichend angesehen wird (EnEV, Anhang 3).

5.3.1   Übersicht über Lösungsmöglichkeiten

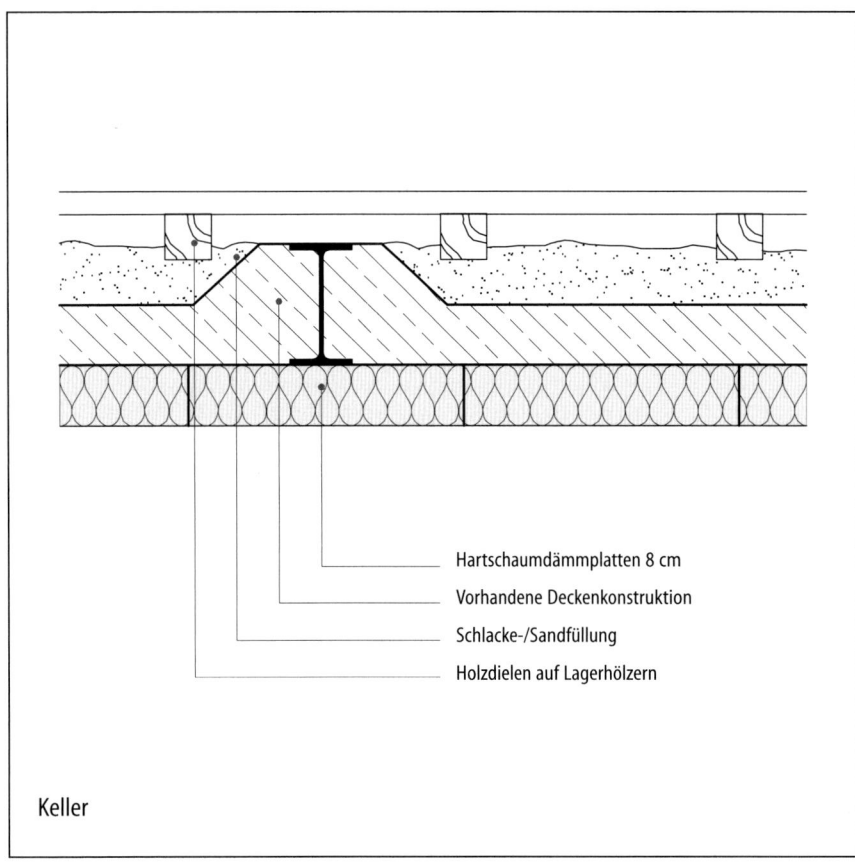

Hartschaumdämmplatten 8 cm
Vorhandene Deckenkonstruktion
Schlacke-/Sandfüllung
Holzdielen auf Lagerhölzern

Keller

Dämmung unter der Kellerdecke	
Baukosten	Ca. 20,– €/m²
Lebensdauer	Ca. 15 bis 20 Jahre
Einbauzeiten	0,25 Std./m²
Beeinträchtigung der Wohnnutzung	Keine Beeinträchtigung
Gewicht	6 kg/m²
Konstruktionshöhe	4,0 cm
Anmerkungen	Gefahr der mechanischen Beschädigung

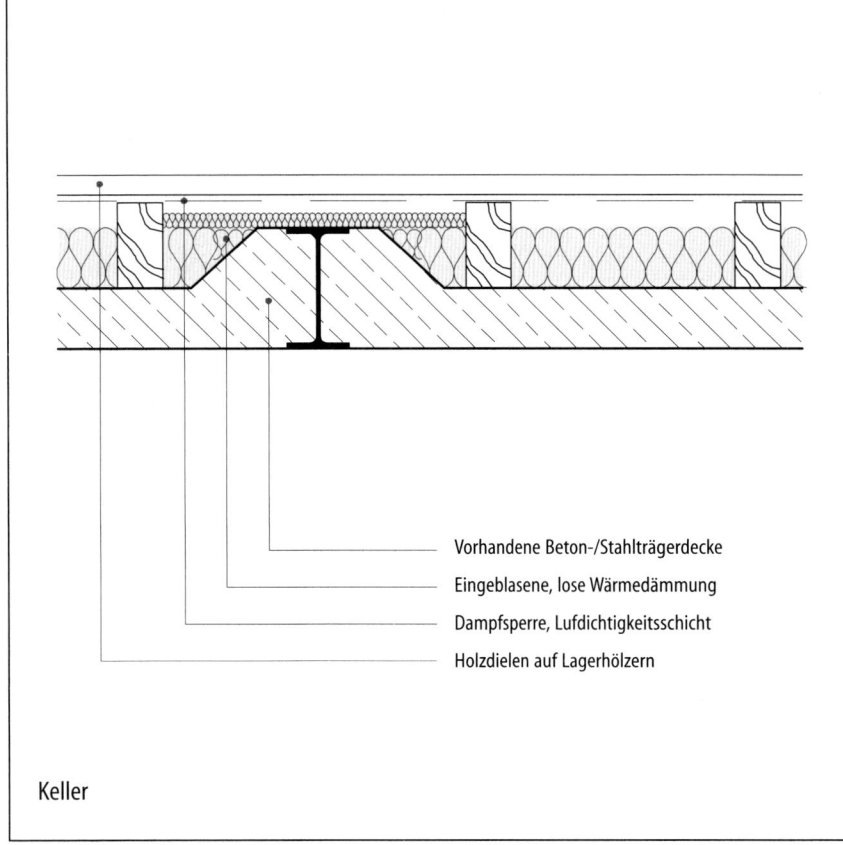

Vorhandene Beton-/Stahlträgerdecke
Eingeblasene, lose Wärmedämmung
Dampfsperre, Luftdichtigkeitsschicht
Holzdielen auf Lagerhölzern

Keller

Dämmung innerhalb der Deckenkonstruktion	
Baukosten	Ca. 25,– €/m²
Lebensdauer	Ca. 40 bis 50 Jahre
Einbauzeiten	0,15 Std./m²
Beeinträchtigung der Wohnnutzung	Geringe Beeinträchtigung
Gewicht	12 kg/m²
Konstruktionshöhe	Innerhalb der Decke
Anmerkungen	–

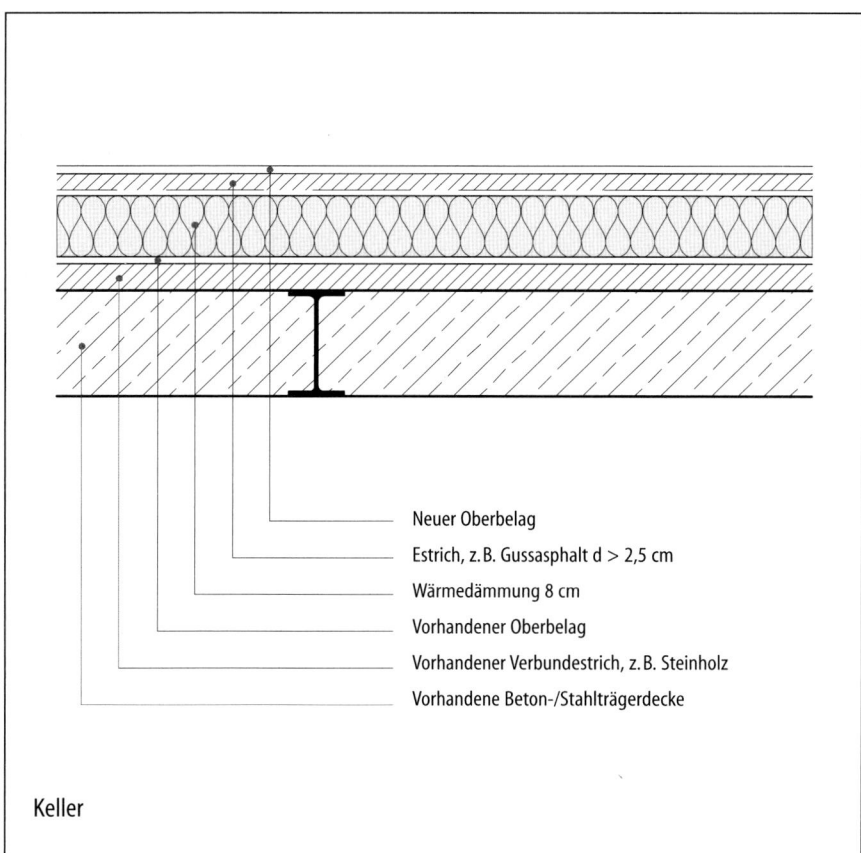

Neuer Oberbelag

Estrich, z. B. Gussasphalt d > 2,5 cm

Wärmedämmung 8 cm

Vorhandener Oberbelag

Vorhandener Verbundestrich, z. B. Steinholz

Vorhandene Beton-/Stahlträgerdecke

Keller

Oberseitige Wärmedämmung mit schwimmendem Estrich	
Baukosten	Ca. 35,– €/m² ohne Abbruch des alten Bodens
Lebensdauer	25 bis 30 Jahre
Einbauzeiten	0,50 Std./m²
Beeinträchtigung der Wohnnutzung	Starke Beeinträchtigung
Gewicht	65 kg/m²
Konstruktionshöhe	8,0 cm
Anmerkungen	Durchgehende Dämmung über den Wänden

Dachboden

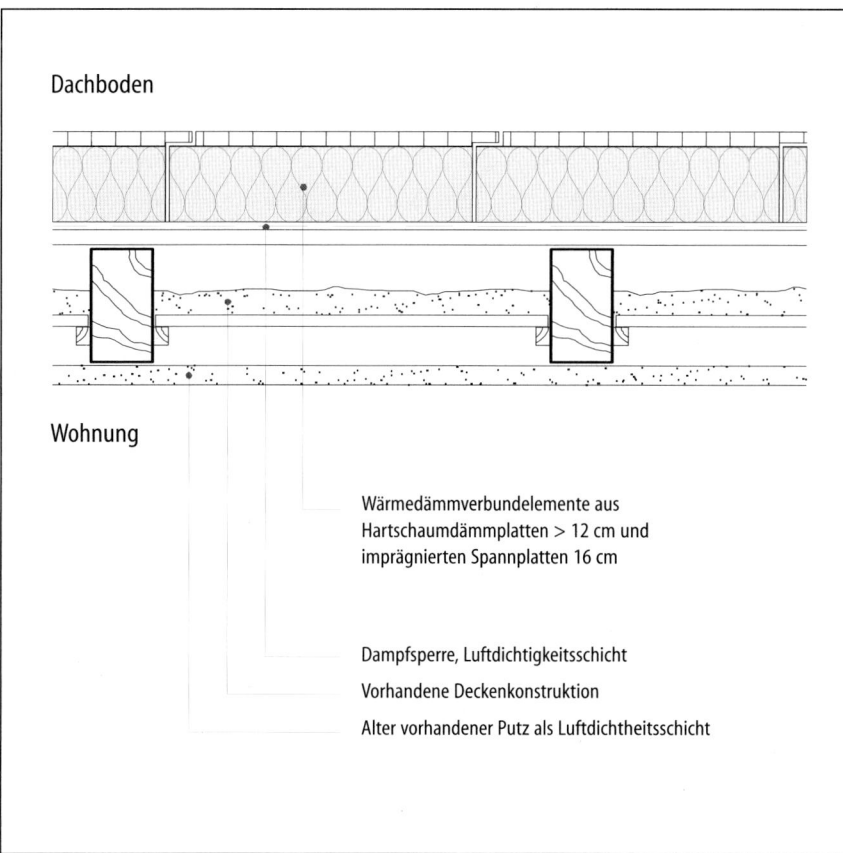

Wohnung

Wärmedämmverbundelemente aus Hartschaumdämmplatten > 12 cm und imprägnierten Spannplatten 16 cm

Dampfsperre, Luftdichtigkeitsschicht

Vorhandene Deckenkonstruktion

Alter vorhandener Putz als Luftdichtheitsschicht

Aufbringen von Wärmedämmelementen auf DG-Fußboden	
Baukosten	Ca. 45,– €/m²
Lebensdauer	Ca. 15 bis 20 Jahre
Einbauzeiten	0,30 Std./m²
Beeinträchtigung der Wohnnutzung	Keine Beeinträchtigung
Gewicht	17 kg/m²
Konstruktionshöhe	6,0 cm
Anmerkungen	Durchgehende Dämmung über den Wänden

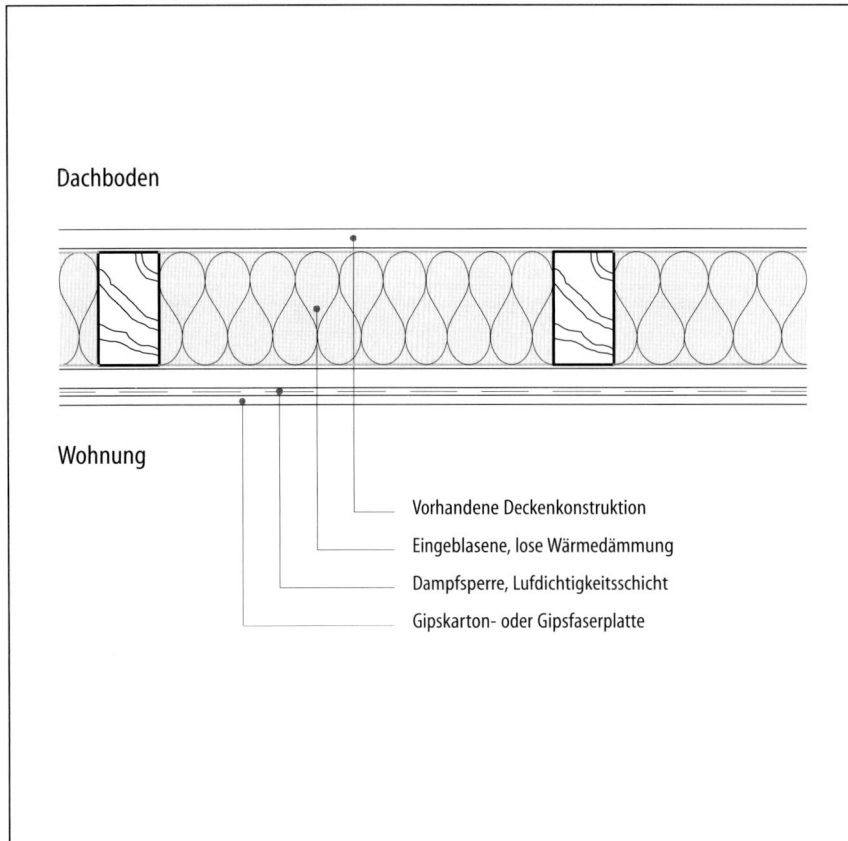

Dachboden

Wohnung

Vorhandene Deckenkonstruktion

Eingeblasene, lose Wärmedämmung

Dampfsperre, Luftdichtigkeitsschicht

Gipskarton- oder Gipsfaserplatte

Einbringen von Dämmstoff in Deckenkonstruktion	
Baukosten	Ca. 25,– €/m²
Lebensdauer	Ca. 40 bis 50 Jahre
Einbauzeiten	0,15 Std./m²
Beeinträchtigung der Wohnnutzung	Keine Beeinträchtigung
Gewicht	12 kg/m²
Konstruktionshöhe	Innerhalb der Decke
Anmerkungen	Ggf. unterseitige Dampfsperre erforderlich

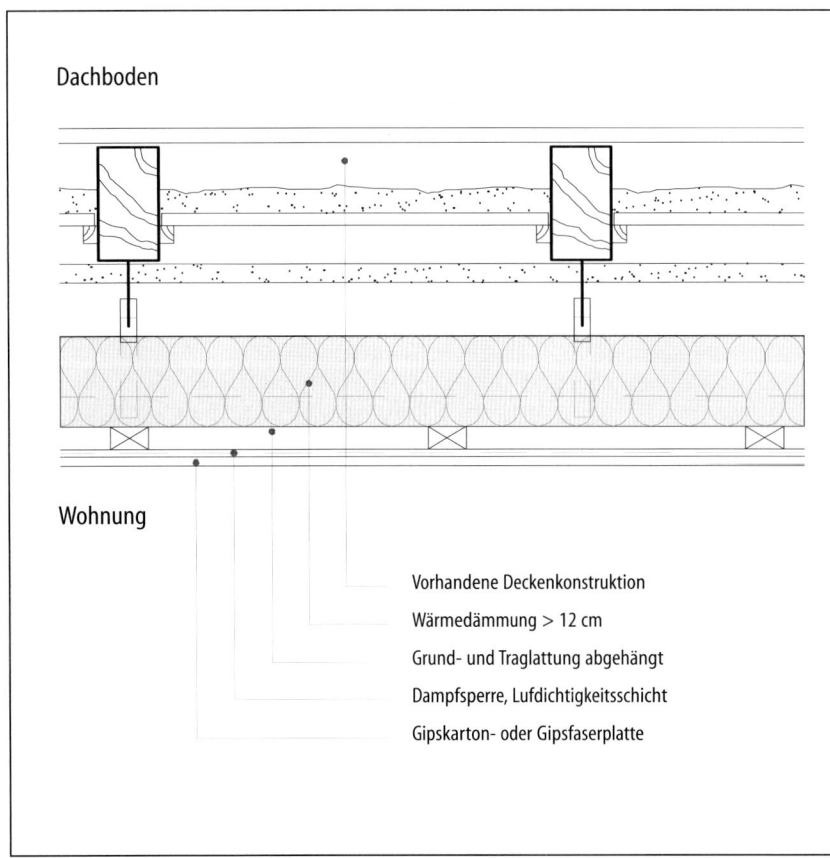

Dachboden

Wohnung

Vorhandene Deckenkonstruktion

Wärmedämmung > 12 cm

Grund- und Traglattung abgehängt

Dampfsperre, Luftdichtigkeitsschicht

Gipskarton- oder Gipsfaserplatte

Deckenabhängung im OG	
Baukosten	Ca. 55,– €/m²
Lebensdauer	25 bis 30 Jahre
Einbauzeiten	0,90 Std./m²
Beeinträchtigung der Wohnnutzung	Starke Beeinträchtigung
Gewicht	17 kg/m²
Konstruktionshöhe	8,0 cm
Anmerkungen	Dampfsperre und Luftdichtigkeitsschicht beachten

5.3.2   Vergleichende Beurteilung

	Kellerdecke			Decke zum Dachboden		
	Dämmung unter der Kellerdecke	**Dämmung innerhalb der Deckenkonstruktion**	**Oberseitige Wärmedämmung mit schwimmendem Estrich**	**Aufbringen von Wärmedämmelementen auf DG-Fußboden**	**Einbringen von Dämmstoff in Deckenkonstruktion**	**Deckenabhängung im OG**
Baukosten	Ca. 20,– €/m²	Ca. 25,– €/m²	Ca. 35,– €/m² ohne Abbruch des alten Bodens	Ca. 45,– €/m²	Ca. 25,– €/m²	Ca. 55,– €/m²
Lebensdauer	Ca. 15 bis 20 Jahre	Ca. 40 bis 50 Jahre	25 bis 30 Jahre	Ca. 15 bis 20 Jahre	Ca. 40 bis 50 Jahre	25 bis 30 Jahre
Einbauzeiten	0,25 Std./m²	0,15 Std./m²	0,50 Std./m²	0,30 Std./m²	0,15 Std./m²	0,90 Std./m²
Beeinträchtigung der Wohnnutzung	Keine Beeinträchtigung	Geringe Beeinträchtigung	Starke Beeinträchtigung	Keine Beeinträchtigung	Keine Beeinträchtigung	Starke Beeinträchtigung
Gewicht	6 kg/m²	12 kg/m²	65 kg/m²	17 kg/m²	12 kg/m²	17 kg/m²
Konstruktionshöhe	4,0 cm	Innerhalb der Decke	8,0 cm	6,0 cm	Innerhalb der Decke	8,0 cm
Anmerkungen	Gefahr der mechanischen Beschädigung	–	Durchgehende Dämmung über den Wänden	Durchgehende Dämmung über den Wänden	Ggf. unterseitige Dampfsperre erforderlich	Dampfsperre in Räumen mit hoher Feuchteentwicklung erforderlich

6 Dächer

6.1 Problempunkt:
Schadhafte Eindeckung von geneigten Dächern

Vorhandene
Dacheindeckung mit
Tondachziegeln

Gründe der Dacherneuerung

Zahlreiche Gründe sind ausschlaggebend für Erneuerungsarbeiten an geneigten Dachflächen. Dies können sein:

- undichte Dachflächen,
- fehlende Unterspannbahn,
- fehlende Wärmedämmung,
- defekte Randanschlüsse,
- beschädigte oder nicht ausreichend tragfähige Unterkonstruktion,
- Ausbau des Dachgeschosses,
- Sicherung des Bestandes im Zuge von allgemeinen
  Sanierungsarbeiten.

Die *undichte* Dachfläche ist der dringendste Grund für eine
Dachinstandsetzung. Durch Frosteinwirkung und durch
mechanische Beschädigungen addieren sich kleine Schäden an Dachziegeln zu nennenswertem Umfang, der eine
Reparatur unumgänglich macht.

Oft kommt hinzu, dass ein *Mörtelverstrich* immer stärker
reißt und herausbricht, so dass Wind- und Staubdichtigkeit
des Daches nicht mehr gewährleistet sind.

Bei anderen Dächern fehlt die *Unterspannbahn* als Sicherung gegen Staub, Treibregen und Flugschnee. Da es keine
sinnvolle Möglichkeit gibt, Unterspannbahnen nachträglich
von innen anzubringen und an die Dachentwässerung anzuschließen, bleibt die Neu- oder Umdeckung als einzige
Möglichkeit, eine Unterspannbahn einzubauen.

Das Gleiche gilt für fehlende Wärmedämmung, die sinnvollerweise nur dann nachträglich eingebaut werden kann,
wenn die funktionsfähige Unterdeckung vorhanden ist.

Defekte Randanschlüsse werden selten allein für eine Dach-
erneuerung ursächlich sein. Umfangreiche Erneuerungsarbeiten an Dachanschlüssen können aber vielleicht ausschlaggebend sein für Erneuerungsarbeiten am gesamten
Dach.

Häufig kommt es an alten Dachstühlen, die noch ohne
chemischen Holzschutz ausgeführt wurden, zu *Befall durch
Holzschädlinge* (Pilze, Anobien, Hausbock etc.). Sind zur
Behebung der Schäden umfangreiche Arbeiten am Dachstuhl erforderlich, und muss die Dachfläche dazu in Teilbe-
reichen entfernt werden, so kann es sinnvoll sein, mit den
erforderlichen Reparaturarbeiten die Sanierung oder Erneuerung der Dachfläche zu verbinden.

Daneben können *optische Gründe* für die Erneuerungsarbeiten bestimmend sein, wenn zum Beispiel alte Dachflächen oft mit andersfarbigen Ziegeln repariert wurden
und jetzt wieder ein einheitliches Bild der Dachfläche gewünscht wird.

Umdecken der vorhandenen Dacheindeckung

Ist eine vorhandene Dacheindeckung noch intakt, und sind
fehlende Unterspannbahn und fehlende Wärmedämmung
für die Erneuerungsarbeiten entscheidend, so kann die bestehende Dachfläche mit Erfolg umgedeckt werden.

Hierzu wird der vorhandene Dachbelag flächenweise auf-
gedeckt und die alte Lattung entfernt. Nach dem Aufbringen der Unterspannbahn werden neue Lattung und Konterlattung aufgebracht und die alten Ziegel wieder aufgelegt.

Dieses Verfahren lohnt sich vor allem dann, wenn das
Dach mit guten, festen Ziegeln eingedeckt ist oder besonders wertvolle Ziegel, zum Beispiel aus Gründen des Denkmalschutzes, erhalten werden sollen. Sind die Ziegel sehr
alt und brüchig, ist das Verfahren unrentabel, da zu viele
Dachziegel beim Umdecken zerstört werden und ersetzt
werden müssen.

Neueindecken des Daches

Bei der Erneuerung von Dachflächen stellt sich die Frage, ob *Tonziegel* oder *Betondachsteine* für die Neueindeckung verwendet werden sollen.

Dies ist vor allem eine Frage des Erscheinungsbildes. Alte denkmalgeschützte Gebäude wird man sicher wieder mit Tonziegeln decken, während neuere Gebäude, für die keine Denkmalschutzanforderungen bestehen, auch mit Betondachsteinen gedeckt werden können.

Betondachsteineindeckungen bieten einen erheblichen Preisvorteil gegenüber Tonziegeln und haben oft eine höhere Lebensdauer.

Das Gewicht beider Deckungen ist nahezu gleich. Alternativ sind für bestimmte Gebäude auch Deckungen mit *profilierten Kurzwellplatten* aus Faserzement möglich. Die Profilierung dieser Platten garantiert den erforderlichen freien Lüftungsquerschnitt ohne zusätzliche Lattung. Das Erscheinungsbild des Daches wird jedoch stark verändert. Dies ist zu berücksichtigen.

Bei der Erneuerung von Dachflächen mit Schieferdeckung ist es nicht immer erforderlich, Naturschiefer zu verwenden, vor allem wenn es sich um die Erneuerung kleiner Flächen bei Dachgauben oder Kaminen handelt. Aus Kostengründen können hier auch Faserzementplatten als Schieferersatz verwendet werden. Hier sind letztlich Aspekte der Wirtschaftlichkeit, des Erscheinungsbildes und des Denkmalschutzes gegeneinander abzuwägen.

Neue Dacheindeckung mit Tondachziegeln

Neue Dacheindeckung mit Betondachsteinen

6.1.1   Übersicht über Lösungsmöglichkeiten

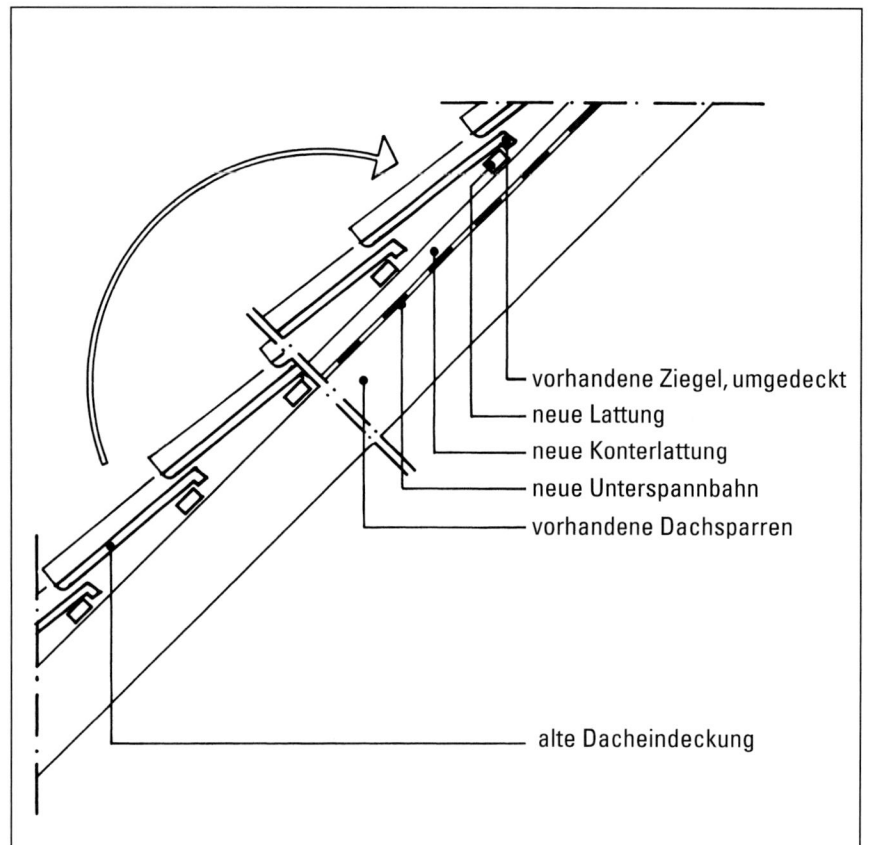

vorhandene Ziegel, umgedeckt
neue Lattung
neue Konterlattung
neue Unterspannbahn
vorhandene Dachsparren

alte Dacheindeckung

Umdecken der vorhandenen Ziegel	
Baukosten	Ca. 45,– €/m²
Lebensdauer	Abhängig vom Zustand der vorhandenen Deckung
Einbauzeiten	0,80 Std./m²
Gewicht	Abhängig von der vorhandenen Deckung
Anmerkungen	Sehr gute Eignung bei denkmal- geschützten Gebäuden

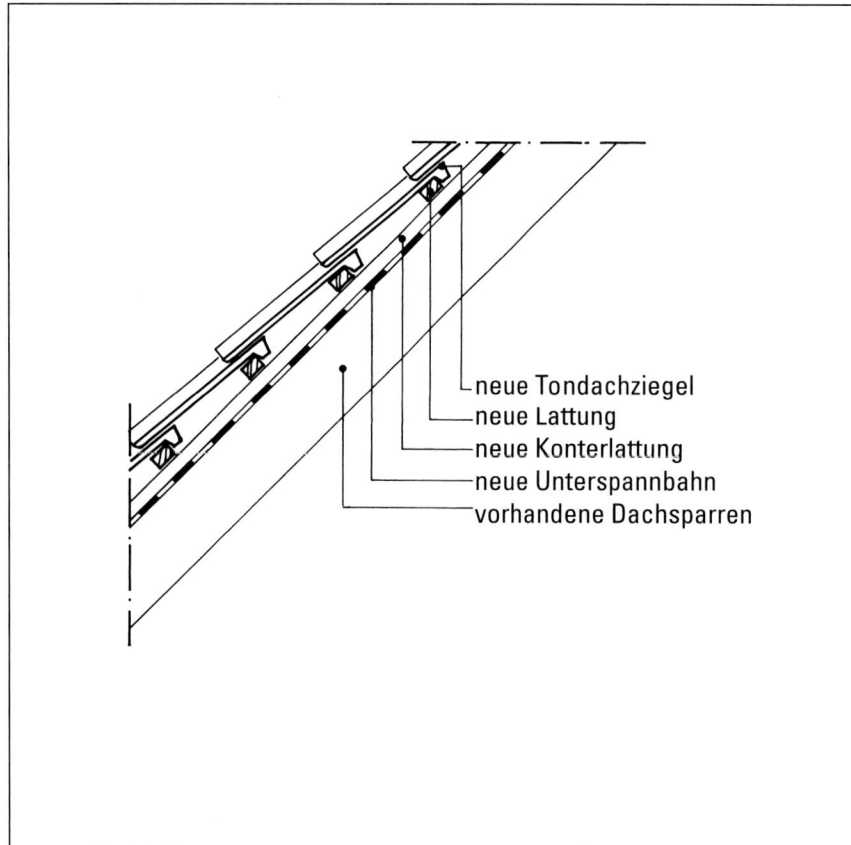

neue Tondachziegel
neue Lattung
neue Konterlattung
neue Unterspannbahn
vorhandene Dachsparren

Neue Tondachziegel	
Baukosten	Ca. 75,– €/m²
Lebensdauer	25 bis 30 Jahre
Einbauzeiten	1,0 Std./m²
Gewicht	50 bis 55 kg/m²
Anmerkungen	Sehr gute Eignung bei denkmal- geschützten Gebäuden

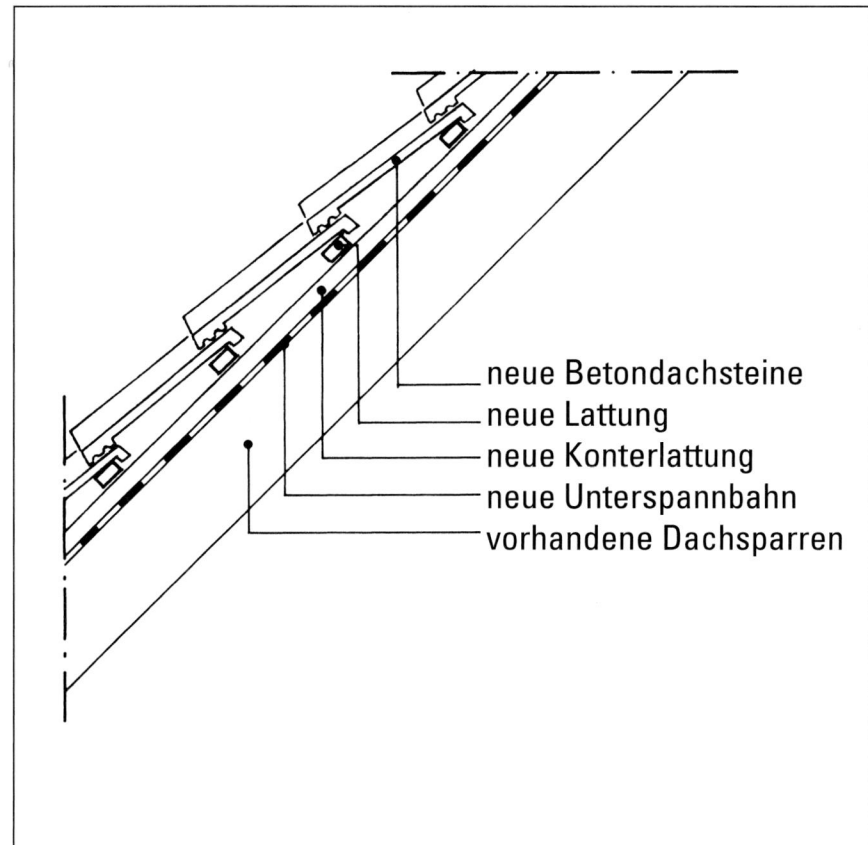

neue Betondachsteine
neue Lattung
neue Konterlattung
neue Unterspannbahn
vorhandene Dachsparren

Neue Betondachsteine	
Baukosten	Ca. 65,– €/m²
Lebensdauer	30 bis 50 Jahre
Einbauzeiten	1,0 Std./m²
Gewicht	50 bis 60 kg/m²
Anmerkungen	Umstrittene Eignung bei denkmalgeschützten Gebäuden

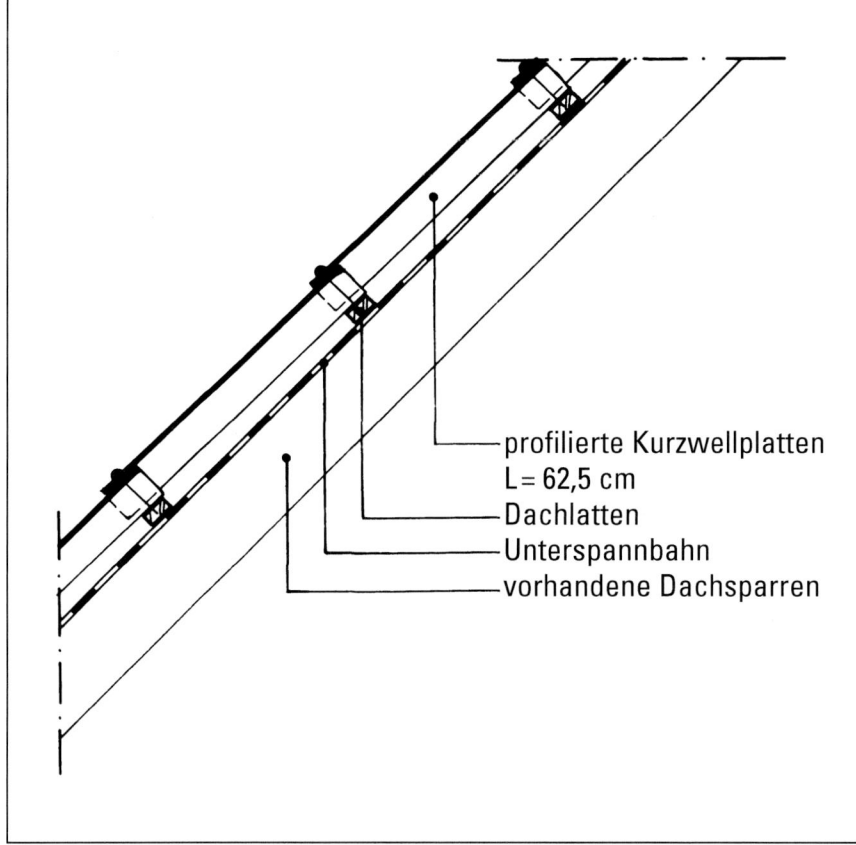

profilierte Kurzwellplatten
L = 62,5 cm
Dachlatten
Unterspannbahn
vorhandene Dachsparren

Neue Faserzementwellplatten	
Baukosten	Ca. 60,– €/m²
Lebensdauer	25 bis 30 Jahre
Einbauzeiten	0,70 Std./m²
Gewicht	20 kg/m²
Anmerkungen	Keine Eignung bei denkmalgeschützten Gebäuden

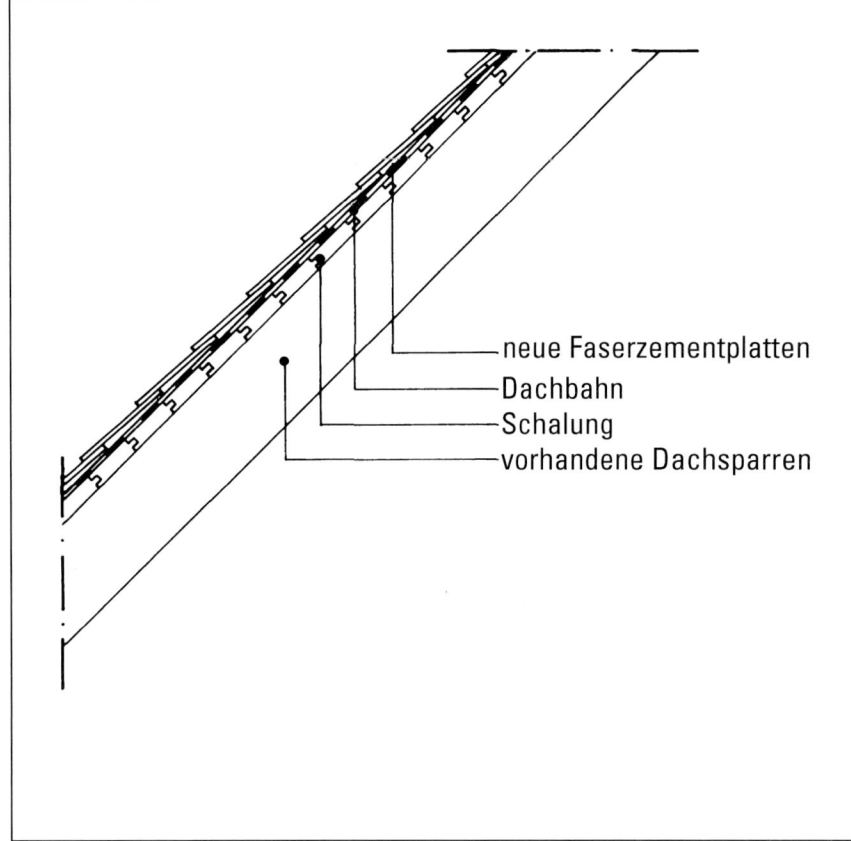

neue Faserzementplatten
Dachbahn
Schalung
vorhandene Dachsparren

Faserzementplatten als Schieferersatz	
Baukosten	Ca. 90,– €/m²
Lebensdauer	25 bis 30 Jahre
Einbauzeiten	2,3 Std./m²
Gewicht	35 kg/m²
Anmerkungen	Fragliche Eignung bei denkmal- geschützten Gebäuden

6.1.2   Erneuerung der vorhandenen Dacheindeckung durch Tondachziegel oder Betondachsteine – Erläuterung

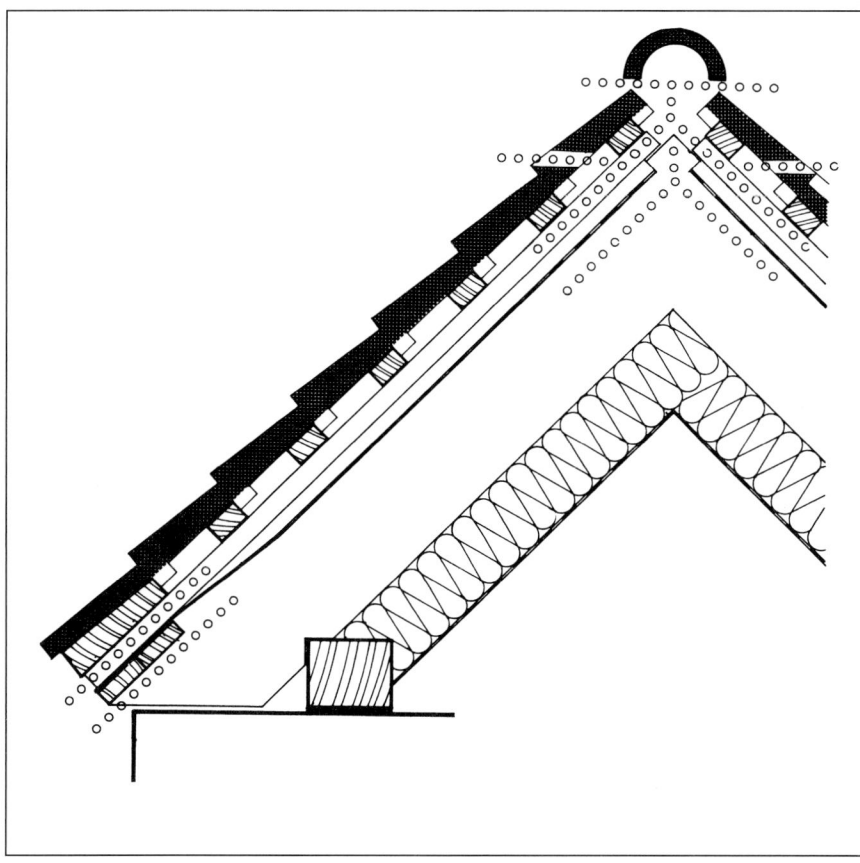

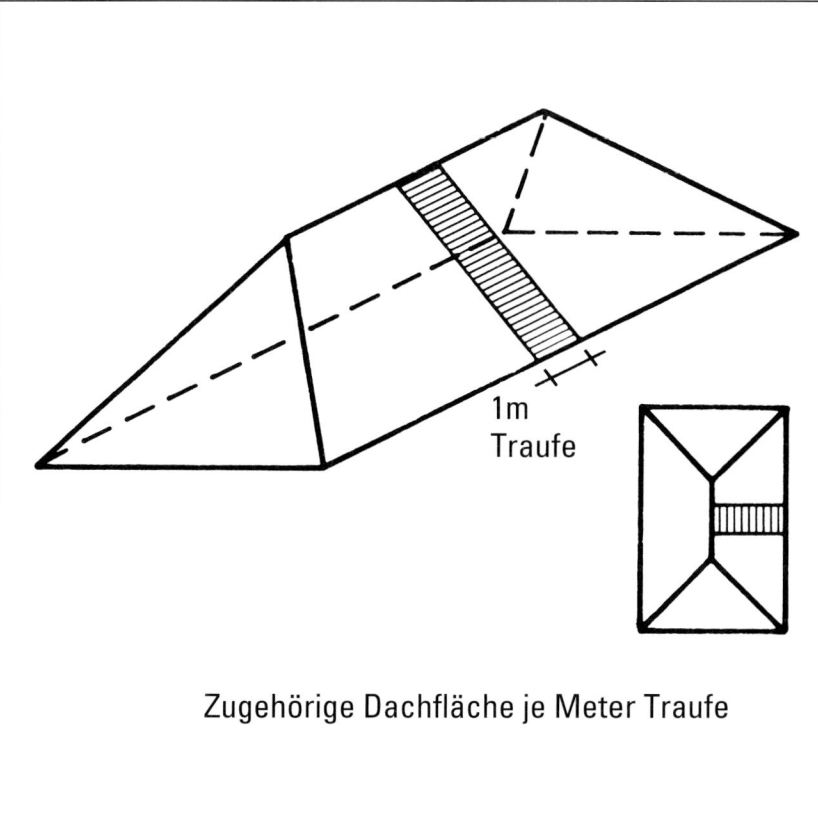

Zugehörige Dachfläche je Meter Traufe

1m
Traufe

Bei der Erneuerung der Dacheindeckung muss zwischen Betondachsteinen oder Tondachziegeln gewählt werden, beide Dachziegelarten stehen in großer Formen- und Farbenauswahl zur Verfügung. Selbst klassische Ziegelformen sind inzwischen als Betondachsteine erhältlich.

Die Wahl des Dachdeckungsmaterials ist deshalb von mehreren Faktoren abhängig:

- vom gewünschten optischen Eindruck (Form und Farbe des Ziegels),
- vom geplanten Kostenrahmen (15 bis 25 % Preisvorteil bei Betondachsteinen gegenüber Tondachziegeln),
- von Auflagen des Denkmalpflegeamtes (das im Allgemeinen Tondachziegel bevorzugt),
- von der vorhandenen Dachneigung (bestimmte flache Dachneigungen können nur mit Sonderziegeln gedeckt werden).

Für die meisten Ziegelarten stehen entsprechende Sonderformate wie Lüfter-, Ortgang-, Firststeine etc. zur Verfügung.

Unterspannbahn und Belüftung der Konstruktion

Unabhängig von speziellen Sonderlösungen ist bei allen Erneuerungsarbeiten am Dach vor allem die richtige konstruktive Gesamtlösung, das heißt der richtige Einbau von Unterdeckungen oder Unterspannbahnen und die richtige Ausbildung der Durchlüftung mit Zu- und Abluftöffnungen besonders wichtig. Hierzu sind die Ausführungen des Deutschen Dachdeckerhandwerks zu beachten:

Bei der Erneuerung von Dachdeckungen sind immer Unterdeckungen oder Unterspannbahnen als Schutz gegen Staub, Flugschnee oder Treibregen zusätzlich mit einzubauen.

Für die Ausführung von Unterdeckungen und Unterspannbahnen ist das entsprechende Merkblatt des Regelwerks des Deutschen Dachdeckerhandwerks zu beachten.

Mindestlüftungsquerschnitte

Mindestlüftungsquerschnitte			Sperrwert
Traufe und Pultdachabschluss	**First und Grat**	**Dachfläche**	**unterhalb der Belüftungsschicht**
≥ 2 ‰ mindestens 200 cm²/m	≥ 0,5 ‰ mindestens 50 cm²/m	2 cm frei Höhe¹⁾	≥ 2 m

¹⁾ Punktuelle Unterschreitung ist möglich, der Lüftungsquerschnitt darf jedoch an keiner Stelle weniger als 5 mm betragen

(Aus: Merkblatt »Wärmeschutz bei Dach und Wand«, Regelwerk des Deutschen Dachdeckerhandwerks)

Um eine ausreichende Lüftung des Raumes zwischen Unterspannbahn und Dachdeckung zu gewährleisten, sind Konterlatten mindestens 24,0 mm dick auf den Sparren über der Unterspannbahn anzubringen.

Am First sollen die Unterspannbahnen ca. 50,0 mm unterhalb des Firstscheitelpunktes enden.

An der Traufe sind die Unterspannbahnen an die Dachrinne, auf einen Traufstreifen oder unter die Traufbohle zu führen.

Weiterhin ist zu bedenken, dass sowohl der Raum zwischen Unterspannbahn und Dachdeckung als auch der Raum unter der Unterspannbahn an Traufe und First entlüftet werden muss.

Der Lüftungsquerschnitt an den Traufen muss mindestens 2‰ der zur Traufe zugehörigen Dachfläche, jedoch mindestens 200,0 cm²/m Traufe uneingeschränkter Lüftungsquerschnitt betragen. Konterlatten und Sparren, die den Lüftungsraum einengen, sind bei der Bemessung der Höhe des Lüftungsspaltes zu berücksichtigen, ebenso der einengende Querschnitt von Traufgittern.

Am First muss der Lüftungsquerschnitt mindestens 0,5‰ der gesamten dazugehörigen Dachfläche betragen, jedoch mindestens 50 cm²/m. Der ermittelte Lüftungsquerschnitt kann durch den Einsatz von geeigneten Lüftungssystemen oder -elementen, wie Lüftungsziegel oder Firstspaltentlüftung, erreicht werden.

Auch an eventuell vorhandenen Graten wird ein Mindest-Lüftungsquerschnitt von 0,5‰ der dazugehörigen Dachfläche gefordert. Ist eine Lüftung über die Gratziegel oder Gratsteine nicht möglich, dann müssen in jedem Sparrenfeld ausreichend viele Lüftungsziegel oder Lüftungssteine eingebaut werden. Die Ausbildung des Lüftungsquerschnitts ist außerordentlich wichtig, um Schäden an der Dachkonstruktion zu vermeiden.

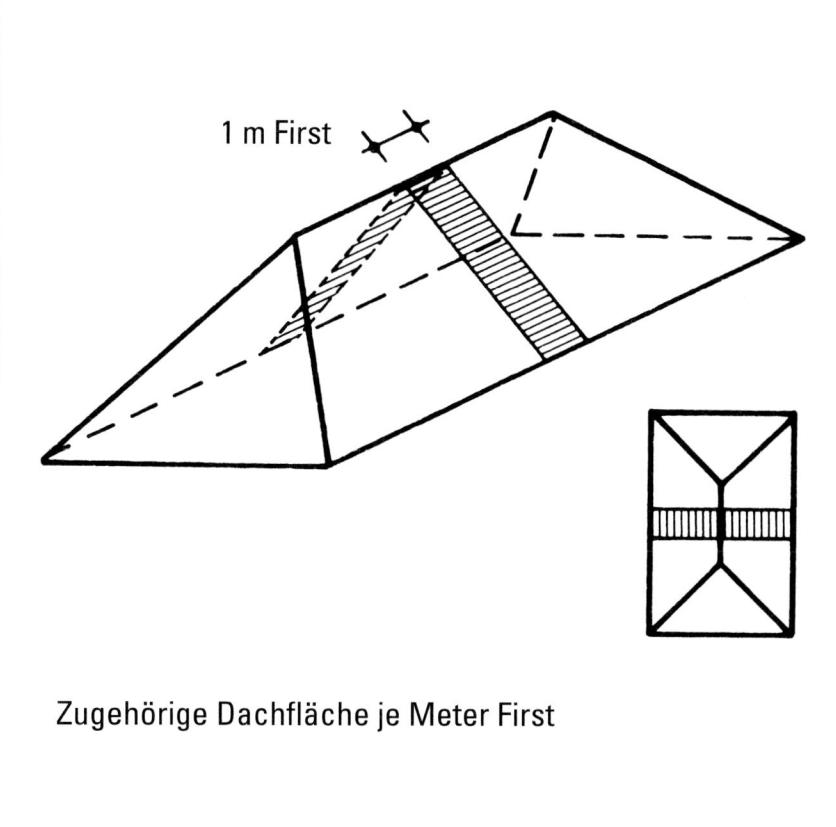

1 m First

Zugehörige Dachfläche je Meter First

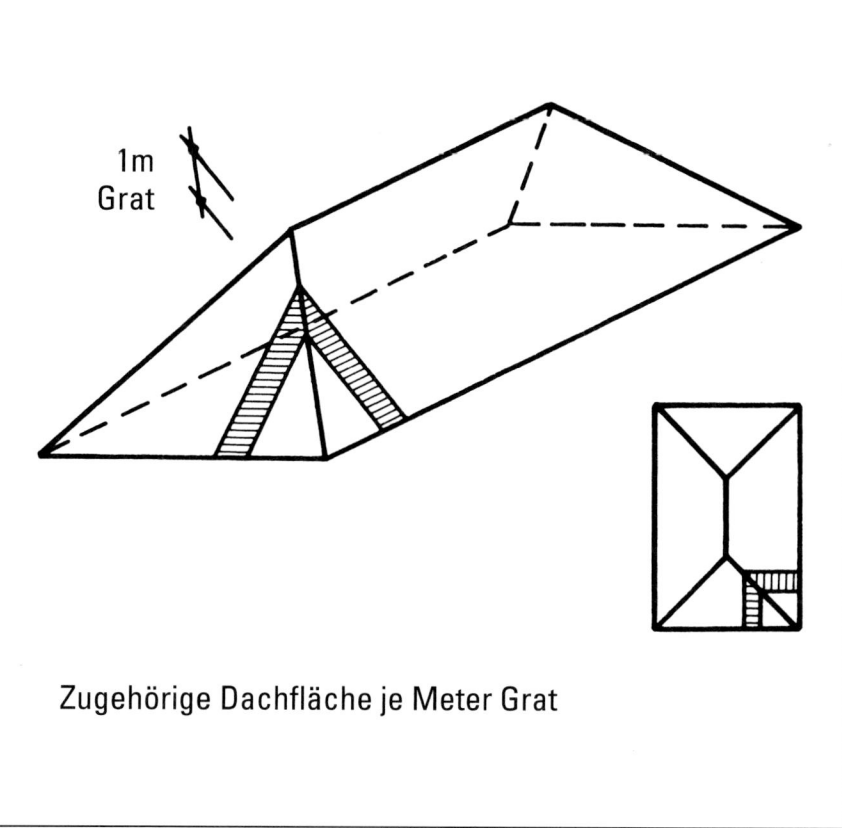

1m
Grat

Zugehörige Dachfläche je Meter Grat

Wasserdampfdiffusion

Aus den bewohnten Räumen des Hauses dringt Wasserdampf durch die Konstruktion in den Raum zwischen Unterspannbahn und Dachhaut. Wird dieser Wasserdampf nicht durch Belüftung abgeführt, kommt es zur Kondensatbildung auf der Unterseite der Dachdeckung. Besonders kritisch ist dies bei Dachziegeln, die das Kondenswasser kapillar aufnehmen. Ein Teil des aufgenommenen Wassers wird durch Verdunstung an der Oberfläche zwar wieder abgegeben, bei Übersättigung kommt es jedoch durch Frost-/Tauwechselschäden zur Zerstörung der Ziegel.

So sind zum Beispiel jahrhundertealte Ziegel durch falsche Anbringung einer Unterspannbahn innerhalb kürzester Zeit zerstört worden.

Analog zur Unterspannbahn sind auch Unterdächer oder Unterdeckungen möglich. Die Anforderungen an die Lüftung gelten entsprechend.

Die Entscheidung, ob für die Eindeckung Tonziegel oder Betondachsteine verwendet werden, hängt letztlich vom Gestaltungswunsch ab. Betondachsteine bieten gegenüber Tonziegeln einen Preisvorteil von etwa 10,– bis 15,– €/m². Das Gewicht beider Konstruktionen ist etwa gleich. Es beträgt einschließlich Lattung ca. 50 kg/m².

**6.1.3   Erneuerung der vorhandenen Dacheindeckung durch Tondachziegel oder Betondachsteine –
Details**

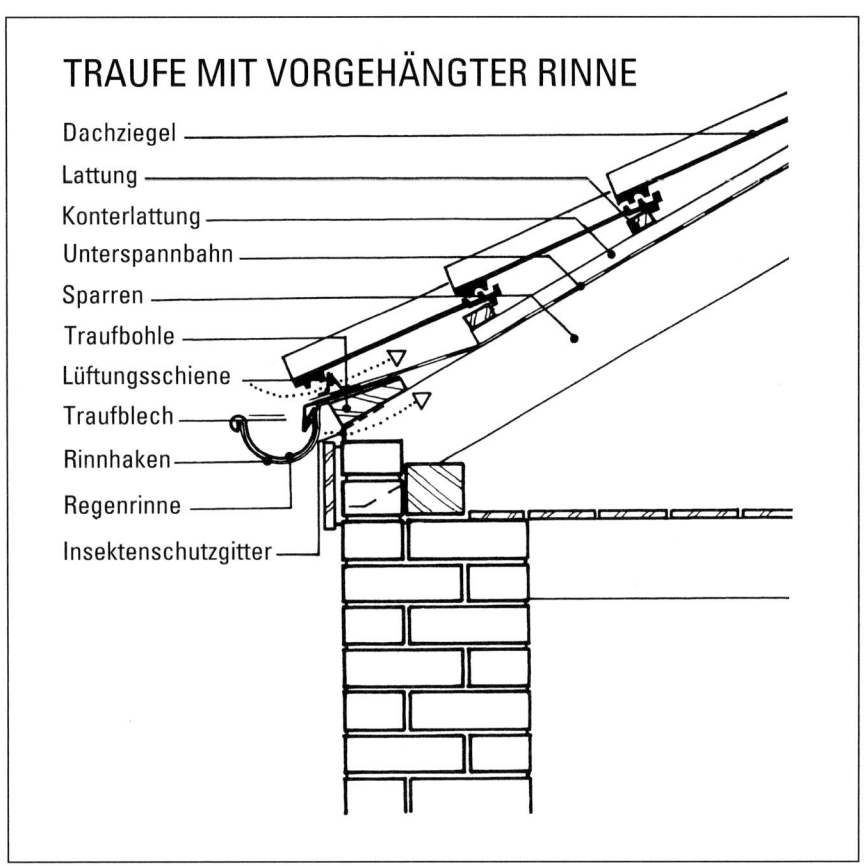

TRAUFE MIT VORGEHÄNGTER RINNE

- Dachziegel
- Lattung
- Konterlattung
- Unterspannbahn
- Sparren
- Traufbohle
- Lüftungsschiene
- Traufblech
- Rinnhaken
- Regenrinne
- Insektenschutzgitter

Traufe mit vorgehängter Rinne

- Belüftung unter- und oberhalb der
  Unterspannbahn
- Aufsetzen einer Traufbohle, um Aus-
  klinken der Sparren zu vermeiden
- Das Hochführen der Unterspannbahn auf die Traufbohle birgt die Gefahr der Wassersackbildung. Diese
  Konstruktion ist deshalb nur bei
  einer Dachneigung über 25 Grad anzuwenden.

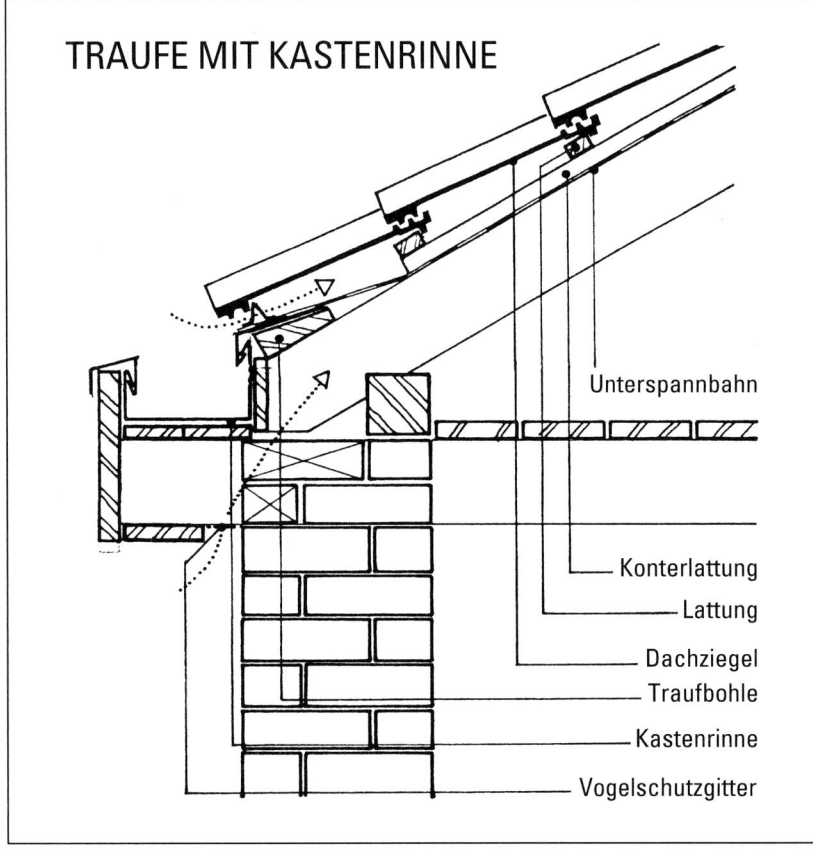

TRAUFE MIT KASTENRINNE

- Unterspannbahn
- Konterlattung
- Lattung
- Dachziegel
- Traufbohle
- Kastenrinne
- Vogelschutzgitter

Traufe mit Kastenrinne

- Belüftung unter- und oberhalb der
  Unterspannbahn
- Aufsetzen einer Traufbohle, um Aus-
  klinken der Sparren zu vermeiden
- Sicherung der unteren Luftöffnung
  durch entsprechende Ausbildung des
  Kastenrinnenbodens und gegebenenfalls durch Entfernen von Steinen aus
  dem Mauerabschluss.

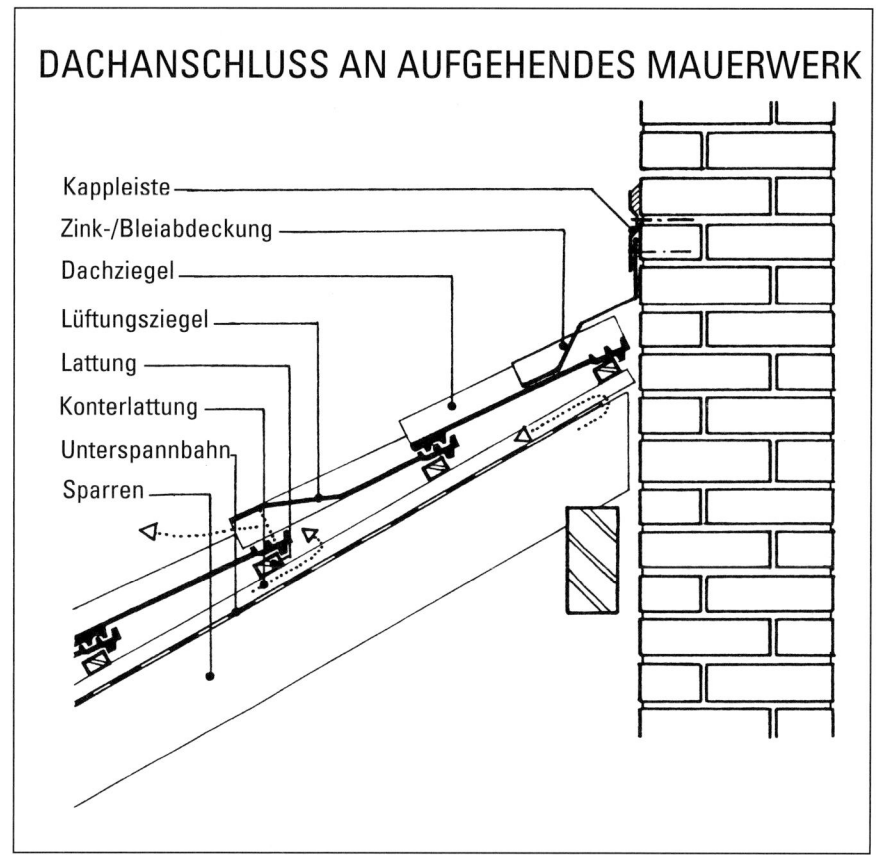

DACHANSCHLUSS AN AUFGEHENDES MAUERWERK

Kappleiste

Zink-/Bleiabdeckung

Dachziegel

Lüftungsziegel

Lattung

Konterlattung

Unterspannbahn

Sparren

Dachanschluss an aufgehendes Mauerwerk

- Oberer Wandanschluss mit Brustblech, Walzbleistreifen und normalem Mittelfeldziegel
- Obere und untere Lüftungsschicht werden gemeinsam durch Lüftungsziegel entlüftet
- Abluft aus den Sparrenfeldern durch einen mindestens 4,0 cm breiten Abluftspalt, den die Unterspannbahn vor der Mauer frei lässt, in die obere Lüftungsschicht führen

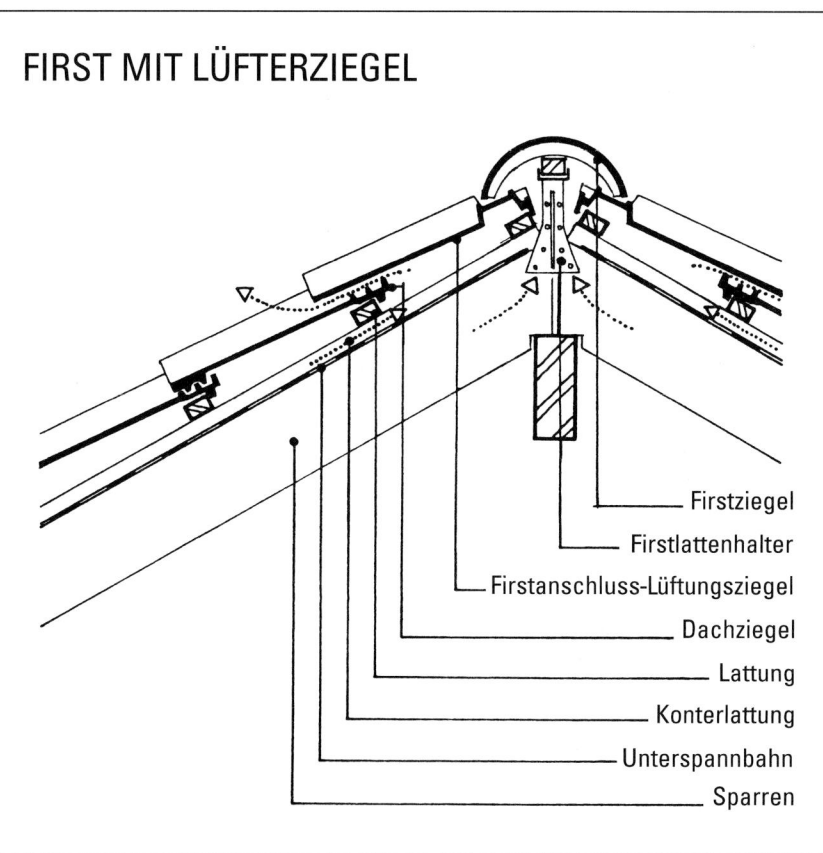

FIRST MIT LÜFTERZIEGEL

Firstziegel

Firstlattenhalter

Firstanschluss-Lüftungsziegel

Dachziegel

Lattung

Konterlattung

Unterspannbahn

Sparren

First mit Lüfterziegel

- Ausbildung mit Firstziegel und anschließendem längs verschiebbaren Firstanschluss-Lüftungsziegel
- Entlüftung von oberer und unterer Lüftungsschicht gemeinsam durch den Firstanschluss-Lüftungsziegel
- Sicherung des Firstspaltes durch Abdeckblech

6.1.4   Vergleichende Beurteilung

	Umdecken der vorhandenen Ziegel	Neue Tondachziegel	Neue Betondachsteine	Neue Faserzement-wellplatten	Faserzementplatten als Schieferersatz
Baukosten	Ca. 45,– €/m²	Ca. 75,– €/m²	Ca. 65,– €/m²	Ca. 60,– €/m²	Ca. 90,– €/m²
Lebensdauer	Abhängig vom Zustand der vor-handenen Deckung	25 bis 30 Jahre	30 bis 50 Jahre	25 bis 30 Jahre	25 bis 30 Jahre
Einbauzeiten	0,80 Std./m²	1,0 Std./m²	1,0 Std./m²	0,70 Std./m²	2,30 Std./m²
Gewicht	Abhängig von der vorhandenen Deckung	50 bis 55 kg/m²	50 bis 60 kg/m²	20 kg/m²	35 kg/m²
Anmerkungen	Sehr gute Eignung bei denkmal-geschützten Gebäuden	Sehr gute Eignung bei denkmal-geschützten Gebäuden	Fragliche Eignung bei denkmal-geschützten Gebäuden	Keine Eignung bei denkmal-geschützten Gebäuden	Fragliche Eignung bei denkmal-geschützten Gebäuden

6.2 **Problempunkt:**
Geringe Wärmedämmung von Dächern

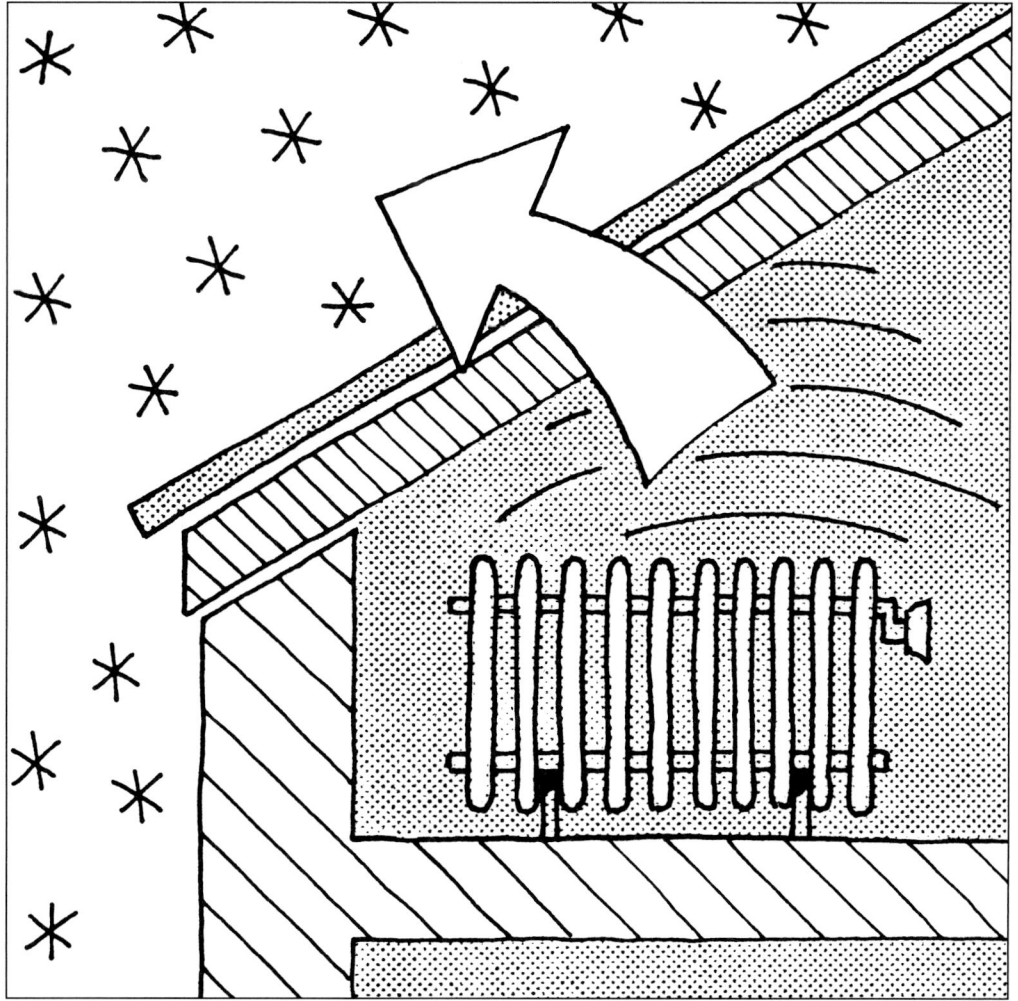

Der nachträgliche Ausbau von Dachgeschossen oder gestiegene Anforderungen an vorhandene Dachraumausbauten machen eine zusätzliche Wärmedämmung der gering oder gar nicht gedämmten Dachkonstruktion notwendig.

Bei den Häusern der Gründerzeit, der 20er und 30er Jahre sowie den Häusern der 50er Jahre bildet das Flachdach die Ausnahme. Es werden hier deshalb vor allem Konstruktionslösungen für geneigte Dächer vorgestellt. Für die nachträgliche unterseitige Wärmedämmung von Flachdächern können, soll die vorhandene Dachhaut erhalten bleiben, die im Punkt *5.3 Ungenügender Wärmeschutz von Decken* vorgestellten Konstruktionen sinngemäß angewendet werden, wobei raumseitig unbedingt eine Dampfsperre eingebaut werden muss.

Zur Vermeidung von Bauschäden ist diese Dampfsperre sehr sorgfältig auszubilden. Hinweise zur Ausführung der »raumseitigen diffusionshemmenden Schicht« (Dampfsperre) können der DIN 4108-3 (Bemessung) und der DIN 4108-7 (Planungs- und Ausführungsbeispiele) entnommen werden.

Bei nicht luftdichter Dachkonstruktion, wie dies bei sogenannten Kaltdächern der Fall sein kann, muss zusätzlich noch ein raumseitiger luftdichter Abschluss hergestellt werden. Diese Funktion kann die Dampfsperre mit übernehmen.

Geneigte Dächer

Für die nachträgliche Wärmedämmung geneigter Dächer bestehen grundsätzlich verschiedene Konstruktionsmöglichkeiten:

* Die Dämmung oberhalb der Sparren
* Die Dämmung unter den Sparren
* Die Dämmung zwischen den Sparren

Energieeinsparverordnung

Für Ausbildung und Dimensionierung der Wärmedämmung an Dächern gelten technische Regeln und gesetzliche Verordnungen, insbesondere

* DIN 4108 »Wärmeschutz und Energieeinsparung in Gebäuden«
* Energieeinsparverordnung EnEV gültig seit Februar 2002

Die DIN 4108 formulierte früher lediglich Mindestanforderungen an den Wärmeschutz, Ziel war hierbei der *Schutz der Konstruktion* vor Kondensatschäden.

Mit Einführung der Energieeinsparverordnung im Jahr 2002 ist die DIN 4108 umfassend erneuert und erweitert worden. Neben neuen, detaillierten Anforderungen enthält sie jetzt auch sehr anschauliche und praxisgerechte Detaillösungen und konkrete Ausführungsempfehlungen. Technische Lösungen stehen hier im Vordergrund.

Ergänzend stellt die Energieeinsparverordnung (EnEV) Anforderungen an den Wärmeschutz mit dem Ziel der *erheblichen Einsparung von Heizenergie zur Reduzierung des CO_2-Ausstoßes*. Ziel ist hierbei die Umsetzung umweltpolitischer Ansprüche.

Im ersten Kapitel dieses Buches ist der Frage des Wärmeschutzes, insbesondere der Energieeinsparverordnung ein ganzer Abschnitt gewidmet. Hier werden deshalb nur die Aspekte für das Dach behandelt.

Nachträglich ausgebautes Dachgeschoss

Wärmedämmung zwischen den Sparren durch Mineralfaserplatten

Anforderungen der Energieeinsparverordnung EnEV

Grundsätzlich gilt für die Wärmedämmung von Dächern bei Altbauten zunächst einmal Bestandsschutz, wenn die vorhandene Konstruktion schadenfrei ist.

Werden an Dach oder Dachraum des Gebäudes keine Veränderungen vorgenommen, muss auch die Wärmedämmung nicht verändert oder ergänzt werden. Einzige Ausnahme: Zugängliche, aber nicht begehbare oberste Geschossdecken über beheizten Räumen müssen bis 31.12.2006 gedämmt werden.

Erst wenn umfangreichere bauliche Maßnahmen durchgeführt oder Wärmedämmschichten eingebaut werden, müssen die Anforderungen der EnEV eingehalten werden.

Die EnEV folgt hinsichtlich der Anforderungen an Altbauten einem klaren und einfachen Prinzip. Solange der Bestand nicht verändert wird, bestehen keine Anforderungen aus der EnEV. Werden allerdings Veränderungen vorgenommen, dann müssen im Rahmen dieser Veränderungen die Anforderungen der EnEV erfüllt werden.

In Anhang 3 der EnEV ist geregelt, welche Baumaßnahmen an Dächern zu Anforderungen an die Dimensionierung der Wärmedämmung führen:

- Erneuerung von Decken oder Dächern,
- Erneuerung der Dacheindeckung,
- Einbau von Bekleidungen oder Verschalungen,
- Einbau von Dämmschichten,
- Einbau zusätzlicher Bekleidungen oder Dämmschichten.

In diesen Fällen müssen für die neue Konstruktion folgende Wärmedurchgangskoeffizienten eingehalten werden:

$$U_{max} = 0,30 \text{ W/(m}^2\cdot\text{K)} \quad \text{(bei Steildächern)}$$

$$U_{max} = 0,25 \text{ W/(m}^2\cdot\text{K)} \quad \text{(bei Flachdächern)}$$

Um diese Werte zu erreichen, müssen etwa 12 – 14 cm einer üblichen Wärmedämmung eingebaut werden.

Die Anbringung dieser Dämmstoffdicken dürfte im Allgemeinen keine Schwierigkeit darstellen, wenngleich man häufig zweilagige Dämmstofflagen verwenden wird, weil der zur Verfügung stehende freie Sparrenquerschnitt nicht den erforderlichen Freiraum für eine ausreichend bemessene Dämmung aufweist.

Der Wärmedurchgangskoeffizient U wird nach DIN EN ISO 6946:2003-10, Abschnitt 7 berechnet.

Häufig ist die detaillierte Berechnung jedoch entbehrlich. Mit einer einfachen Überschlagsrechnung lässt sich ein Anhaltswert für die Dicke der Wärmedämmung ermitteln. Hierbei werden Wärmedämmwerte vorhandener Bauteile und die Wärmeübergangswerte nicht angesetzt; die Berechnung liegt also auf der sicheren Seite.

Die Formel lautet:

$$U = \frac{4,0}{\text{Dämmstoffdicke [cm]}}$$

(Überschlagsberechnung U-Wert für Wärmeleitfähigkeit 0,040)

Die Formel gilt selbstverständlich auch für andere Wärmeleitfähigkeiten, zum Beispiel für die Wärmeleitfähigkeit 0,035:

$$U = \frac{3,5}{\text{Dämmstoffdicke [cm]}}$$

Beispielrechnung

Bei einer gewählten Dämmstoffdicke von 14 cm und der Wärmeleitfähigkeit 0,040 ergibt sich folgender Wert:

$$U_{vorh} = \frac{4,0}{14 \text{ [cm]}} = 0,29 \text{ [W/m}^2\cdot\text{K]}$$

Die gewählte Dämmstoffdicke reicht in diesem Fall aus, um die Anforderungen an Steildächer ($U_{max} = 0,30$) zu erfüllen.

Bei einer Wärmeleitfähigkeit von 0,035 reicht sogar eine Dämmstoffdicke von 12 cm:

$$U_{vorh} = \frac{3,5}{12 \text{ [cm]}} = 0,29 \text{ [W/m}^2\cdot\text{K]}$$

Umgekehrt lässt sich die Dicke ermitteln:

$$D_{erf} = \frac{4,0}{U}$$

(Überschlagsrechnung Dicke der Wärmedämmung für Wärmeleitfähigkeit 0,040)

Für Flachdächer mit $U_{erf} = 0,25$ und Wärmeleitfähigkeit 0,040 ergibt sich folgende Berechnung:

$$\text{Dicke}_{erf} = \frac{4,0}{0,25} = 16 \text{ cm}$$

Für die Wärmeleitfähigkeit 0,035 ergibt sich dementsprechend folgender Wert:

$$\text{Dicke}_{erf} = \frac{3,5}{0,25} - 14 \text{ cm}$$

Diese Beispiele zeigen, wie einfach sich mit der Überschlagsberechnung erste Dimensionierungen der erforderlichen Dämmstoffdicken vornehmen lassen. Genaue Berechnungen unter Berücksichtigung der vorhandenen Bauteilschichten können nach DIN EN ISO 6946:2003-10, Abschnitt 7 erfolgen.

Dämmung oberhalb der Sparren

Diese Konstruktion hat den Vorteil, dass keinerlei Eingriffe im vorhandenen Dachwohnraum vorgenommen werden müssen. Die vorhandende Dachunterseite bleibt völlig erhalten. Die Konstruktion eignet sich vor allem für Anwendungsfälle, in denen ein bestehender Dachgeschossausbau durch zusätzliche Wärmedämmmaßnahmen nicht beeinträchtigt werden soll, oder für Fälle, in denen die Dachsparren aus gestalterischen Gründen sichtbar bleiben sollen.

Voraussetzung für diese Konstruktion ist allerdings, dass die gesamte Dacheindeckung abgenommen wird.

Sie bietet sich deshalb vor allem dann an, wenn defekte Dacheindeckungen vollständig erneuert werden müssen, und man nicht in den Dachinnenraum eingreifen will.

Die Dämmung oberhalb der Sparren kann entweder in Form von Fertigelementen oder in Form von Hartschaumplatten auf einer Schalung mit Unterdeckung aufgebracht werden.

Fertigelemente bestehen aus einer Kombination aus Wärmedämmung, Unterspannbahn und Dachlattung. Die Verarbeitung als »Kombiprodukt« ist einfach, weil mehrere Arbeitsgänge in einem Produkt zusammengefasst sind. Eine zufrieden stellende und Zeit sparende Verlegung ist allerdings nur möglich auf flächenebenen Dachkonstruktionen.

So unkompliziert sich die Aufsparrendämmung für den Innenraum darstellt, so sorgfältig muss sie auf der Außenseite geplant werden.

1. Aufsparrendämmung ist vor allem für Neubauten entwickelt worden, bei denen vorgefertigte Teile in standardisierten Verfahren Zeit sparend und schnell zusammengefügt werden. Dies stellt bestimmte Anforderungen an die Ebenheit der Unterkonstruktion, damit die Dämmelemente passgenau zusammengefügt werden können. Diese Ebenheit des Untergrundes ist bei Altbauten im Allgemeinen nicht gegeben und muss durch Auffüttern der vorhandenen Sparren hergestellt werden.

2. Die Dicke der Dämmung kann nahezu frei gewählt werden, da einengende Anschlussmaße nicht bestehen. Die Anforderungen der EnEV können also gut erfüllt werden. Es muss allerdings eine konstruktive Lösung für die Dachränder gefunden werden, um die dort freiliegende Dämmung zu sichern und zu schützen.

3. Sinnvollerweise sollte die Aufsparrendämmung – wenn nicht spezielle Fertigelemente verwendet werden – auf einer Schalung verlegt werden, um die Durchtrittsicherheit während der Bauarbeiten zu gewährleisten, um eine ausreichende Unterdeckung verlegen zu können und vor allem um eine ordnungsgemäße Luftdichtheitsschicht einbauen zu können.

4. Die Luftdichtheitsschicht ist von großer Bedeutung. Zum einen verhinderten sie ungewollten Luftaustausch zwischen Innen- und Außenraum. Die EnEV schreibt diese Luftdichtheit zumindest für Neubauten vor. Für bestehende Gebäude ist sie mindestens ebenso wichtig, weil sie auch hier ungewollte Zugerscheinungen verhindert; hierdurch zum Wohlbefinden der Bewohner, zur Vermeidung ungewollter Wärmeverluste und zur Vermeidung von Bauschäden beiträgt.

5. Die Luftdichtheitsschicht muss sorgfältig ausgeführt werden. Sie ist in ausreichender Dicke (äquivalente Luftschichtdicke s_d beachten) und fugendicht herzustellen. Dazu sind die Fugen untereinander zu verkleben, zu verschweißen oder mit Klebebändern abzudichten. Entsprechende Hinweise hierzu enthält das Regelwerk des Deutschen Dachdeckerhandwerks sowie die DIN 4108 in Teil 7.

6. Werden für die Aufsparrendämmung keine speziellen Dämmelemente mit statisch wirksamen Einbauteilen, sondern Hartschaumplatten verwendet, die durch die Befestigung der Konterlattung auf der Schalung befestigt und gehalten werden, sind die auftretenden Schubkräfte zu beachten. Die Vernagelung oder Verschraubung der Konterlattung durch die Dämmung hindurch bietet keinen ausreichenden statischen Verbund zu den Sparren. Durch die zwischenliegende Wärmedämmschicht werden die Nägel oder Schrauben vielmehr unzulässig auf Biegung beansprucht. Der kraftschlüssige Verbund der Konterlattung muss an Traufe und First durch scherfeste Verschraubungen über zusätzliche Holzdistanzstücke hergestellt werden.

7. Sind die Dämmelemente nicht so ausgebildet, dass sie eindringendes Wasser ableiten (zum Beispiel durch besondere Falzausbildungen oder überlappende Dichtungsschichten), so muss die Dachkonstruktion durch Einbau von Unterspannbahnen gegen Flugschnee und Treibregen geschützt werden.

8. Bei Konzeption des gesamten Dachaufbaus sind die Luftdichtheitswerte der einzelnen Konstruktionsschichten sorgfältig aufeinander abzustimmen. Sie müssen von innen nach außen abnehmen. Auf einen rechnerischen Nachweis kann verzichtet werden, wenn die Regelaufbauten des Regelwerks des Deutschen Dachdeckerhandwerks oder der DIN 4108 eingehalten werden. Dies ist immer der Fall, wenn die innere Dampfsperre eine äquivalente Luftschichtdicke $s_{di} \geq 100$ m aufweist, z. B. bei einer Polyethylenfolie mit einer Dicke $\geq 0{,}25$ mm.

Dämmung unter den Sparren

Bei vorhandener unterseitiger Dachbekleidung und funktionsfähiger dichter Dacheindeckung kann eine zusätzliche Wärmedämmung unterhalb der Sparren angebracht werden.

Hierzu werden unterseitig Hölzer in Dämmstoffdicke senkrecht zu den Sparren aufgeschraubt, die Zwischenräume mit Wärmedämmung ausgefüllt und eine unterseitige Bekleidung aus Gipskarton- oder Gipsfaserplatten aufgebracht.

Raumseitig ist eine Dichtungsschicht einzubauen welche die Funktion der Luftdichtheitsschicht und der Dampfsperre übernehmen muss. Konzeption und Ausführung müssen mit großer Sorgfalt erfolgen. Die raumseitige Dichtungsschicht ist in ausreichender Dicke (äquivalente Luftschichtdicke s_d beachten) und fugendicht herzustellen. Dazu sind die Fugen untereinander zu verkleben, zu verschweißen oder mit Klebebändern abzudichten. Ebenso sind alle Bauteilanschlüsse und Durchdringungen sorgfältig abzudichten.

Es ist vor allem darauf zu achten, dass die Dichtungsschicht nicht durch den Einbau von Heizungsleitungen, Kabelführungen, Schaltern, Steckdosen oder Ähnlichem durchbrochen wird. Hierzu kann es sinnvoll sein, vor der Dichtungsschicht eine zweite Ebene einzufügen, in der Installationen verlegt werden.

Der Vorteil der unterseitigen Wärmedämmung liegt vor allem darin, dass sie ohne Öffnen oder Umdecken der Dachhaut eingebaut werden kann. Man muss allerdings in Kauf nehmen, dass ein Teil der Wohnfläche beziehungsweise der Höhe unter Dachschrägen verloren geht.

Durch die geforderten Dämmstoffstärken der Energieeinsparverordnung entstehen sehr große Konstruktionshöhen, wenn die gesamte Dämmung unter den Sparren angebracht wird. Dieses Verfahren bietet sich deshalb besonders dann an, wenn zusätzliche Dämmungen eingebaut werden sollen.

Dämmung zwischen den Sparren

In konstruktiver Hinsicht ist der Raum zwischen den Sparren für den Einbau der Wärmedämmung besonders gut geeignet.

Der Einbau der Dämmung erfolgt vorzugsweise von unten, vom Dachinnenraum.

Theoretisch kann die Wärmedämmung auch von außen eingebaut werden. Diese Überlegung kommt immer dann zum Tragen, wenn der Dachraum bewohnt ist und im Zuge der Erneuerung der Dacheindeckung die fehlende Dämmung ergänzt werden soll ohne in den Innenraum einzugreifen. In diesem Fall ist jedoch die Anbringung einer funktionsfähigen Dampfsperre und Luftdichtung fast nicht möglich. Ein Herumführen der Dichtungsschicht um die Sparren sollte auf keinen Fall erfolgen, weil dies zu gravierenden Kondensat- und Fäulnisschäden an den Sparren führen kann. Eine streifenweise Verlegung unter der Wärmedämmung ist nicht zu empfehlen weil ein dichter Anschluss an Sparren, Durchdringungen, Kamine und Dachflächenfenster nicht zu gewährleisten ist.

Es bleibt letztlich nur die Möglichkeit, eine durchgehende Dampf- und Luftdichtigkeitsschicht auf der Rauminnenseite anzuordnen und mit einer neuen Innenschale zu überdecken, dies hätte den Vorteil eines zusätzlichen Installationsbereiches raumseitig von der Dichtungsschicht, bedingt dann aber doch wieder Baumaßnahmen im Innenbereich.

Wird die Dämmung von der Unterseite aus eingebaut, kann auch eine sorgfältig abgedichtete Luftdichtheitsschicht und Dampfsperre eingebaut werden. Hier sind die Anschlüsse an alle angrenzenden Bauteile an Durchdringungen, Dachfenster, Gauben und Ähnliches sorgfältig zu planen und auszuführen. DIN 4108-7 enthält wichtige Empfehlungen und Beispiele hierzu.

In jedem Fall ist zu prüfen, ob ein ausreichend großer Sparrenquerschnitt zur Verfügung steht, damit die erforderlichen Dämmstoffstärken eingebaut werden können.

Will oder muss man die Anforderungen der EnEV einhalten, so wird der zur Verfügung stehende Sparrenquerschnitt häufig zu knapp bemessen sein.

Hier lässt die EnEV für die Dämmung zwischen den Sparren eine Ausnahme zu: Ist die Dämmschichtdicke wegen einer innenseitigen Bekleidung und der Sparrenhöhe begrenzt, gelten die Anforderungen als erfüllt, wenn in den zur Verfügung stehenden Sparrenzwischenraum die nach den Regeln der Technik höchstmögliche Dämmschichtdicke eingebaut wird.

Will man größere Dämmstoffdicken einbauen, müssen die Sparren aufgedickt werden. Dies ist durch Aufbringen von Leisten oder durch so genannte Sparrenexpander möglich. Alternativ kann zusätzlich eine Dämmung über oder unter den Sparren angebracht werden.

Für die Dämmung zwischen den Sparren kommen vor allem mineralische Dämmstoffe in Platten oder Bahnen zur Anwendung, die sich Unregelmäßigkeiten der Konstruktion besser anpassen als harte Dämmstoffe. Auch die Dämmung mit Schütt- und Einblasdämmstoffen ist möglich.

Es muss beachtet werden, dass manche mineralischen Dämmstoffe nach dem Einbau eine Volumenvergrößerung erfahren, wodurch vorhandene Lüftungsquerschnitte innerhalb des Dachaufbaus eingeengt werden können. Dies ist bei der Dimensionierung des vorgesehenen Konstruktionsraums für die Dämmung zu berücksichtigen.

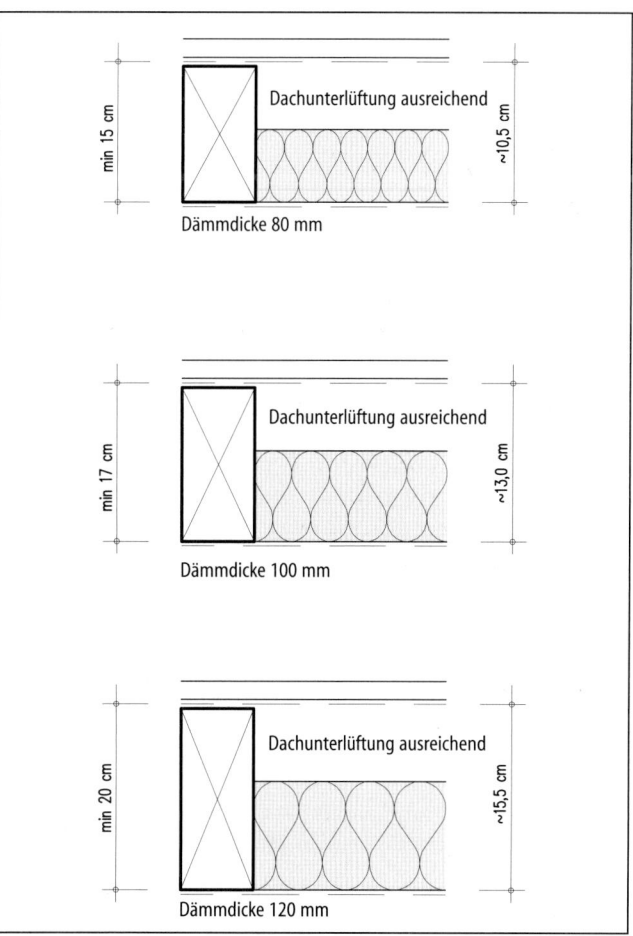

Erforderliche Sparrenhöhe bei Verwendung mineralischer Dämmstoffe (Volumenvergrößerung der Dämmung)

Auch bei Konstruktionen ohne Belüftungsschicht zwischen Wärmedämmung und Unterspannbahn ist darauf zu achten, dass durch Volumenvergrößerungen der Dämmschichten die Unterspannbahn nicht unter die Dacheindeckung gedrückt wird. Hier besteht sonst die Gefahr, dass Kondensat, Flugschnee oder Treibregen unterhalb der Dacheindeckung nicht abtrocknet und durch direkten Kontakt in die Wärmedämmung gelangen kann.

In jedem Fall sind innere Dampfsperre/Luftdichtheitsschicht und äußere Unterspannbahn in ihren Dampfdiffusionswiderständen aufeinander abzustimmen. Die innere Dichtung muss immer dampfdichter sein als die äußere. Bei einer wasserdampfdiffusionsäquivalenten Luftschichtdicke von $s_{d,i} \geq 100$ m unterhalb der Wärmedämmschicht kann auf einen rechnerischen Nachweis verzichtet werden.

Dieser Wert wird erreicht z. B. durch eine Polyethylenfolie, Dicke $\geq 0,25$ mm.

Ansonsten sind die Tabellenwerte der DIN 4108-3 zu beachten.

Dämmung zwischen und unter den Sparren

Bei dieser Art der Verlegung werden zwei zuvor beschriebene Konstruktionen miteinander kombiniert. Dies bietet eine Menge Vorteile:

1. Der ohnehin zur Verfügung stehende Sparrenzwischenraum wird für die Unterbringung der Dämmung und damit sinnvoll genutzt.

2. Der Dicke des Dämmstoffes sind keine Grenzen gesetzt, weil zusätzliche Dämmung unterhalb der Sparren angebracht wird. Die Anforderungen der EnEV oder eigene Ansprüche können damit vollständig umgesetzt werden.

3. Die unterseitige Bekleidung der Sparren erfordert zum Ausgleich von Unebenheiten ohnehin eine eigene Unterkonstruktion, so dass auch hier zusätzlicher Konstruktionsraum sinnvoll genutzt wird.

4. Bei vorhandener Dämmung zwischen den Sparren kann durch die zusätzliche unterseitige Dämmung sehr einfach der gewünschte oder geforderte Dämmwert erreicht werden.

Wichtig sind allerdings auch hier wieder einige Punkte, die sorgfältig beachtet werden müssen:

1. Raumseitig muss eine funktionsfähige Luftdichtigkeitsschicht und Dampfsperre eingebaut werden. Diese Dampfsperre kann auch innerhalb der Konstruktion liegen, zum Beispiel direkt unterhalb der Sparren, wenn innenseitig davon nicht mehr als 20 % der Gesamtdämmung angebracht sind.

2. Auch hier darf die Dampfsperre und Luftdichtheitsschicht nicht durch Einbauten zerstört werden. Sind Einbauten unvermeidbar, so bietet es sich besonders an, die Dampfsperre unterhalb der Sparren anzuordnen und davor einen Bereich für zusätzliche Dämmung und Installationsführung zu schaffen – eine Lösung, die sich besonders für Drempelbereiche anbietet.

6.2.1   Übersicht über Lösungsmöglichkeiten

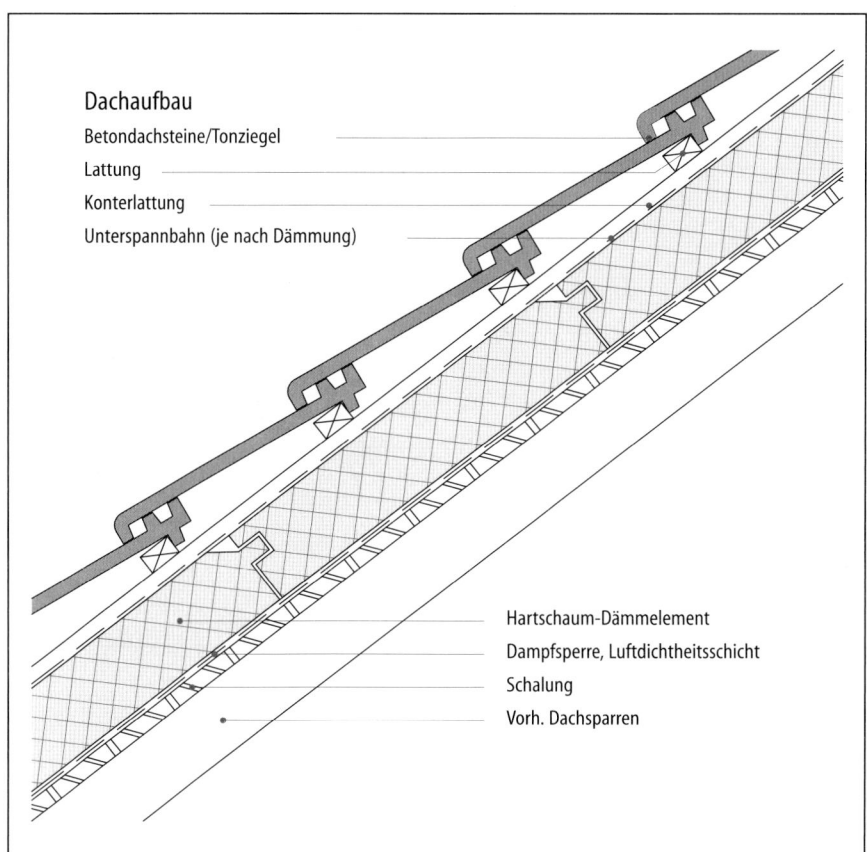

Dachaufbau

Betondachsteine/Tonziegel
Lattung
Konterlattung
Unterspannbahn (je nach Dämmung)

Hartschaum-Dämmelement
Dampfsperre, Luftdichtheitsschicht
Schalung
Vorh. Dachsparren

Dämmung auf den Sparren	
Baukosten	Ca. 50,– €/m² einschl. Schalung (ohne Dacheindeckung)
Lebensdauer	Ca. 20 bis 25 Jahre
Einbauzeiten	0,60 Std./m²
Gewicht	19 kg/m² (einschl. Schalung)
Erforderliche begleitende Maßnahmen	Schalung auf den Sparren
Beeinträchtigung der Wohnnutzung	Nein, wenn Schalung vorhanden
Verlust an Wohnfläche	Nein
Geeignet für sichtbare Sparren	Ja
Anmerkungen	Besonders wichtig ist die Fugenabdichtung der Dampfsperre, um eine ausreichende Luftdichtheit zu gewährleisten

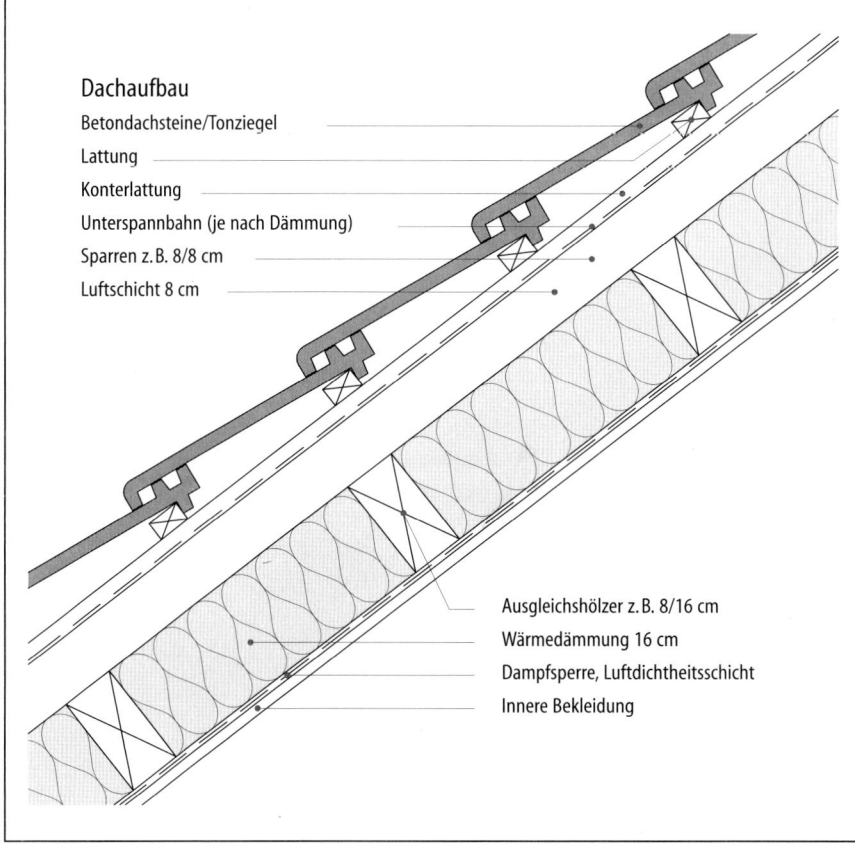

Dachaufbau

Betondachsteine/Tonziegel
Lattung
Konterlattung
Unterspannbahn (je nach Dämmung)
Sparren z. B. 8/8 cm
Luftschicht 8 cm

Ausgleichshölzer z. B. 8/16 cm
Wärmedämmung 16 cm
Dampfsperre, Luftdichtheitsschicht
Innere Bekleidung

Dämmung unter den Sparren	
Baukosten	Ca. 30,– €/m², ohne innere raumseitige Bekleidung
Lebensdauer	Ca. 20 bis 25 Jahre
Einbauzeiten	0,10 Std./m²
Gewicht	14 kg/m²
Erforderliche begleitende Maßnahmen	Keine
Beeinträchtigung der Wohnnutzung	Ja
Verlust an Wohnfläche	Ja
Geeignet für sichtbare Sparren	Nein
Anmerkungen	Besonders wichtig ist die Fugenabdichtung der Unterspannbahn, um eine ausreichende Luftdichtheit zu gewährleisten

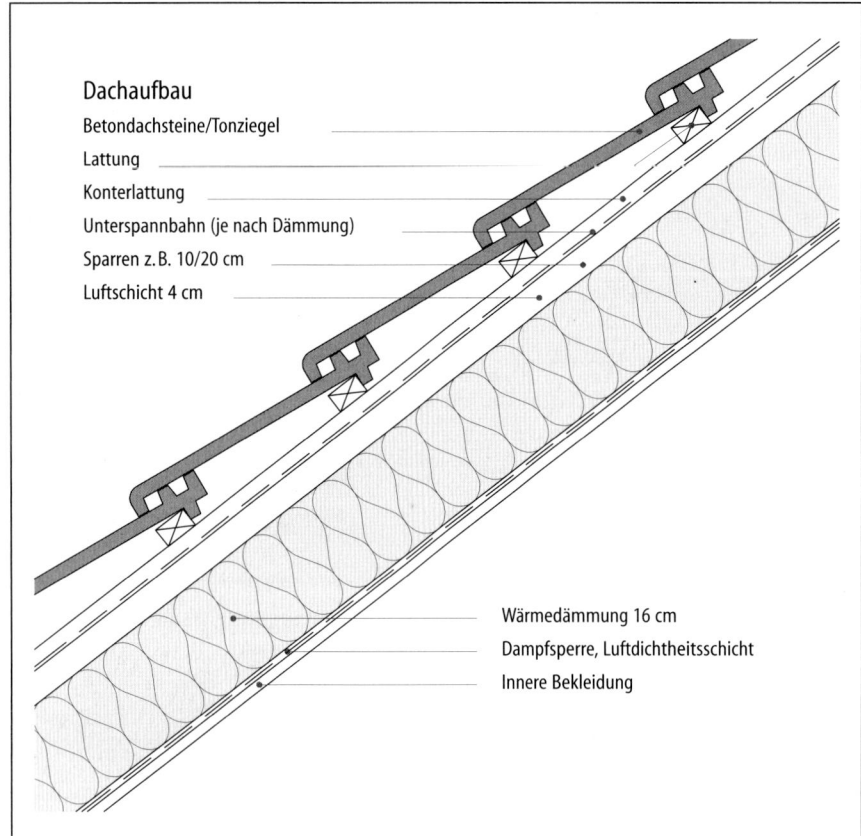

Dachaufbau

Betondachsteine/Tonziegel

Lattung

Konterlattung

Unterspannbahn (je nach Dämmung)

Sparren z. B. 10/20 cm

Luftschicht 4 cm

Wärmedämmung 16 cm

Dampfsperre, Luftdichtheitsschicht

Innere Bekleidung

Dämmung zwischen den Sparren	
Baukosten	Ca. 25,– €/m²
Lebensdauer	Ca. 20 bis 25 Jahre
Einbauzeiten	0,10 Std./m²
Gewicht	8 kg/m²
Erforderliche begleitende Maßnahmen	Keine
Beeinträchtigung der Wohnnutzung	Ja
Verlust an Wohnfläche	Nein
Geeignet für sichtbare Sparren	Nein
Anmerkungen	Besonders wichtig ist die Fugen- abdichtung der Dampfsperre, um eine ausreichende Luftdichheit zu gewährleisten

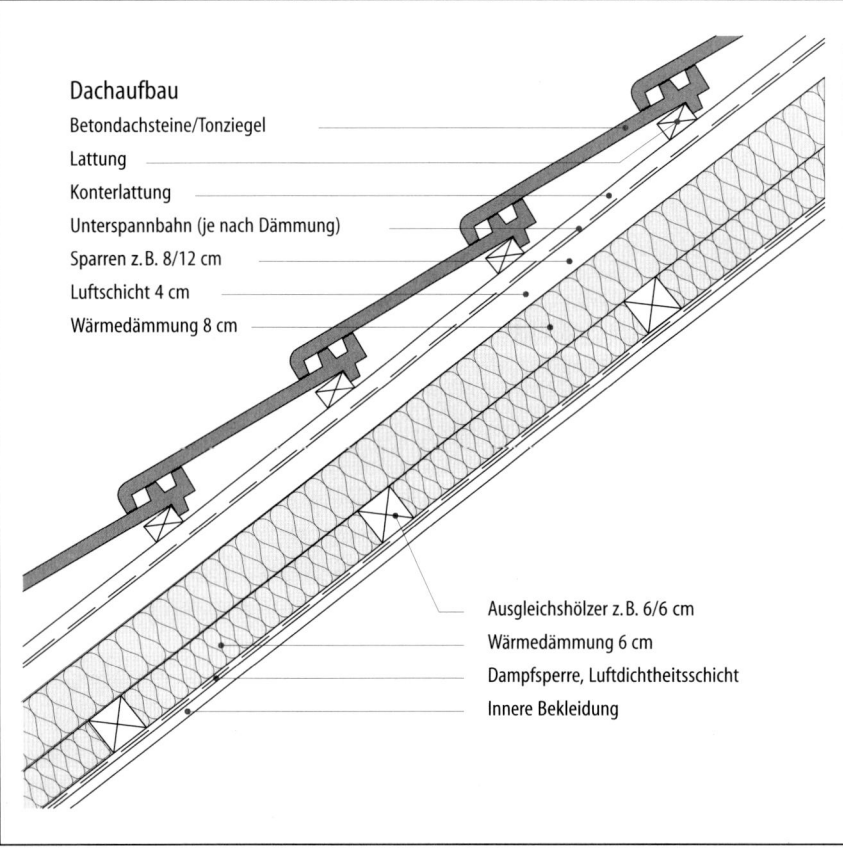

Dachaufbau

Betondachsteine/Tonziegel

Lattung

Konterlattung

Unterspannbahn (je nach Dämmung)

Sparren z. B. 8/12 cm

Luftschicht 4 cm

Wärmedämmung 8 cm

Ausgleichshölzer z. B. 6/6 cm

Wärmedämmung 6 cm

Dampfsperre, Luftdichtheitsschicht

Innere Bekleidung

Dämmung zwischen und unter den Sparren	
Baukosten	Ca. 35,– €/m², + 35,– €/m für innere Bekleidung
Lebensdauer	Ca. 20 bis 25 Jahre
Einbauzeiten	0,25 Std./m²
Gewicht	14 kg/m²
Erforderliche begleitende Maßnahmen	Keine
Beeinträchtigung der Wohnnutzung	Ja
Verlust an Wohnfläche	Ja, gering
Geeignet für sichtbare Sparren	Nein
Anmerkungen	Besonders wichtig ist die Fugen- abdichtung der Dampfsperre, um eine ausreichende Luftdichheit zu gewährleisten

6.2.2   Zusätzliche Wärmedämmung – Luftdichtheitsschicht/Dampfsperre

Unabhängig davon, ob eine zusätzliche Wärmedämmung zwischen den Sparren – was sicher der häufigste Fall sein dürfte – über den Sparren, unter den Sparren oder als Kombination aus diesen Möglichkeiten eingebaut wird, müssen bestimmte technische Regeln in jedem Fall beachtet werden und gelten für alle Konstruktionen gleichermaßen. Vor allem die Forderung nach Luftdichtheit und die Forderung zum Schutz der Konstruktion gegen Tauwasserbildung im Innern von Bauteilen sind sorgfältig zu beachten. Hier wirken mehrere konstruktive Bestandteile, wie Luftdichtheitsschicht, Dampfsperre und Entlüftungsschichten zusammen. Ihr Zusammenwirken ist komplex und muss sorgfältig geplant und ausgeführt werden.

DIN 4108 und EnEV formulieren die wesentlichen Anforderungen an die Ausführung des Wärmeschutzes und den Schutz der Konstruktion vor klimabedingten Feuchteschäden.

Neben großen Dämmstoffdicken wird auch die dauerhafte Luftdichtheit der Gebäudehülle gefordert.

Luftdichtheitsschicht/Dampfsperre

In § 5 EnEV wird für zu errichtende Gebäude gefordert, die gesamte Wärme abgebende Außenhaut dauerhaft luftundurchlässig herzustellen.

Diese Forderung gilt allerdings unter bestimmten Bedingungen auch für Altbauten, denn in § 8 (3) EnEV wird ergänzend formuliert: »Bei der Erweiterung des beheizten Gebäudevolumens um zumindest 30 Kubikmeter sind für den neuen Gebäudeteil die jeweiligen Vorschriften für zu errichtende Gebäude einzuhalten«. Das heißt, jeder Dachgeschossausbau mit mindestens einem Zimmer von 12 m² erfordert schon die Einhaltung der geltenden Anforderungen für Neubauten und damit die Einhaltung der Werte für den Primärenergiebedarf und den Einbau von Luftdichtheitsschichten.

Teil 7 der DIN 4108 »Luftdichtheit von Gebäuden« formuliert „Anforderungen, Planungs- und Ausführungsempfehlungen sowie -beispiele" hierzu.

Ziel ist die Reduzierung von Wärmeverlusten durch ungewollten Luftaustausch.

Die Forderung nach Luftdichtheit bezieht sich nicht mehr nur, wie in früheren Wärmeschutzverordnungen, auf Fenster und Türen, sondern auf die gesamte Gebäudehülle. Dies hat Konsequenzen für den gesamten Entwurf. Alle Details sind vorab sorgfältig zu planen, es genügt nicht, auf eine richtige Ausführung durch die ausführenden Firmen zu vertrauen.

Die Forderung nach absoluter Luftdichtheit der Gebäudehülle hat natürlich Auswirkungen auch auf die erforderliche Lüftung und den Mindestluftwechsel. Deshalb wird in § 5 EnEV auch gefordert, dass Gebäude so zu planen und auszuführen sind, dass der zum Zwecke der Gesundheit und Beheizung erforderliche Mindestluftwechsel sichergestellt ist. Es muss allerdings nicht zwingend eine Lüftungsanlage vorgesehen werden, sondern als Lüftungseinrich-

Alu-kaschierte Mineralwollematten zwischen den Sparren. Die Alu-Kaschierung reicht in aller Regel nicht als ausreichende Dampfsperre/Luftdichtheitsschicht

Luftdichtheitsschicht mit Flanschanschluss für Rohrdurchführung und seitlicher Verklebung

tung können auch und vor allem Fenster verwendet werden.

Hier besteht zumindest andeutungsweise ein Zielkonflikt, der in letzter Konsequenz noch nicht gelöst ist. Wahrscheinlich werden auf Dauer vermehrt Lüftungsanlagen erforderlich werden.

Es kann nicht mehr davon ausgegangen werden, dass ein automatischer Luftaustausch durch Undichtigkeiten stattfindet. Ein Aspekt, der bei Aufstellung von Öfen unbedingt beachtet werden muss. Für die Zufuhr der Verbrennungsluft müssen geeignete Zulufteinrichtungen geplant werden.

Sicherung der Luftdichtheit

Luftdichtheitsschichten/Dampfsperren können durch Einbau von Folien ausgebildet werden. Luftdichtheitsschichten allein können aber auch in Form von Mauerwerk, Beton oder dichten Plattenmaterialien aus Gips oder Holz hergestellt werden. Gerade bei Plattenmaterialien besteht jedoch die Gefahr, dass Plattenstöße und Fugen nicht dauerhaft luftdicht sind, so dass vor allem im Dachraum in den meisten Fällen die Luftdichtheit durch den Einbau von Folie geschaffen wird.

Sinnvollerweise werden die Anforderungen an Luftdichtheitsschicht und Dampfsperre in diesem Fall in einer Folie miteinander kombiniert.

Die Dampfsperre hat die Aufgabe, die Konstruktion wirksam davor zu schützen, dass Feuchtigkeit aus der Raumluft durch Diffusion in die Konstruktion eintritt, dort kondensiert und dauerhafte Schäden verursacht.

Innenseitig angeordnete Dampfsperren mit einer diffusionsäquivalenten Luftschichtdicke von $s_{d,i} \geq 100$ genügen grundsätzlich den Anforderungen der DIN 4108 an eine ausreichende Dampfsperre ohne rechnerischen Nachweis und unabhängig vom gewählten Dachaufbau. Werden andere Dampfsperren gewählt, sind die Tabellenwerte der Dachdeckerrichtlinen und der DIN 4108 zu beachten, oder es ist der rechnerische Nachweis nach DIN 4108 zu führen.

Teil 7 der DIN 4108 enthält sehr gute und konstruktive Hinweise für die Ausführung der Luftdichtheitsschicht:

»Die Luftdichtung der Überlappungen erfolgt beispielsweise durch einseitig oder beidseitig selbstklebende Bänder, durch Klebemassen sowie durch Verschweißen. Eine mechanische Sicherung erhöht die Sicherheit der Konstruktionen im Hinblick auf die Dauerhaftigkeit (z. B. Anpresslatte).«

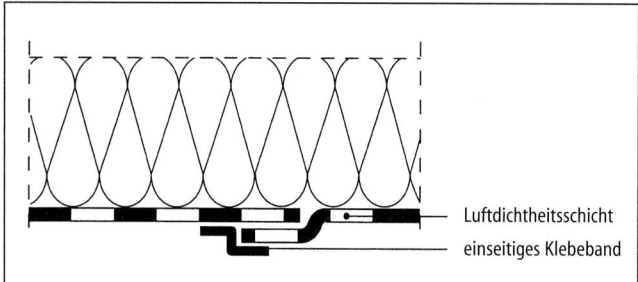

Prinzipskizze für die Ausbildung von Überlappungen mit einseitigem Klebeband

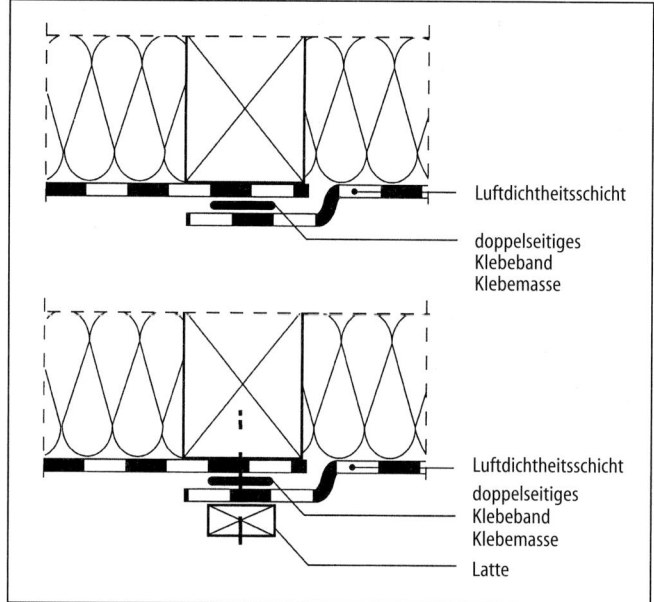

Prinzipskizze für die Ausbildung von Überlappungen mit doppelseitigem Klebeband oder Klebemasse mit harter Hinterlage

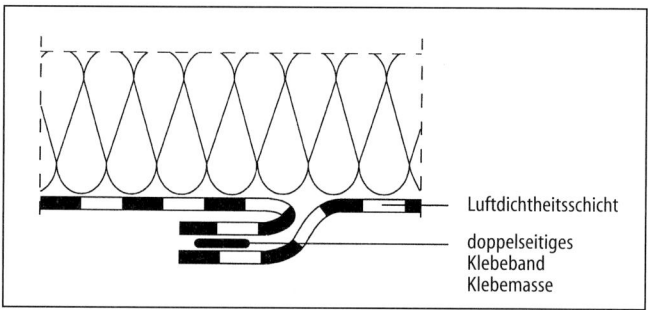

Prinzipskizze für die Ausbildung von Überlappungen mit doppelseitigem Klebeband oder Klebemasse ohne harte Hinterlage (Querstoß)

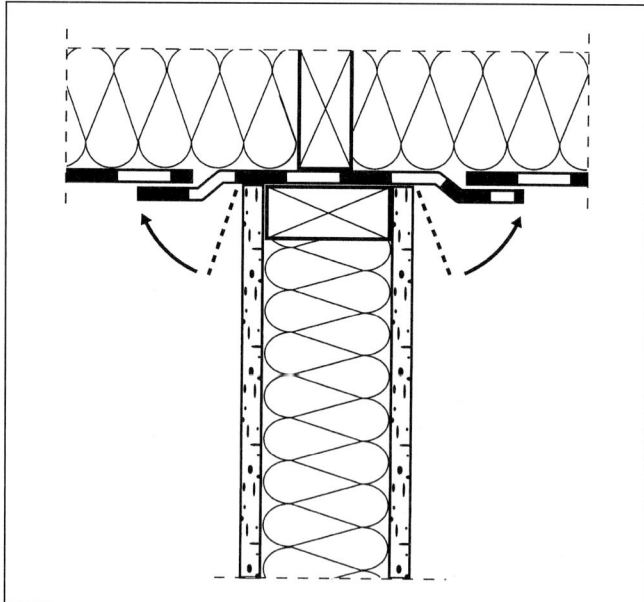

Prinzipskizze für eine luftdichte Einbindung einer Innenwand an das Dach

(Wiedergegeben mit Erlaubnis des DIN Deutsches Institut für Normung e.V. Maßgebend für das Anwenden der DIN-Norm ist deren Fassung mit dem neuesten Ausgabedatum, die bei der Beuth Verlag GmbH, Burgstr. 6, 10787 Berlin erhältlich ist.)

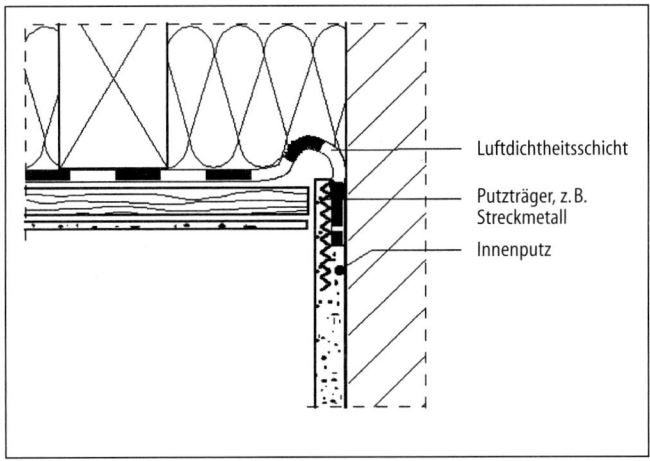

Anschluss der Bahn an eine Wand aus verputztem Mauerwerk oder Beton durch Einputzen

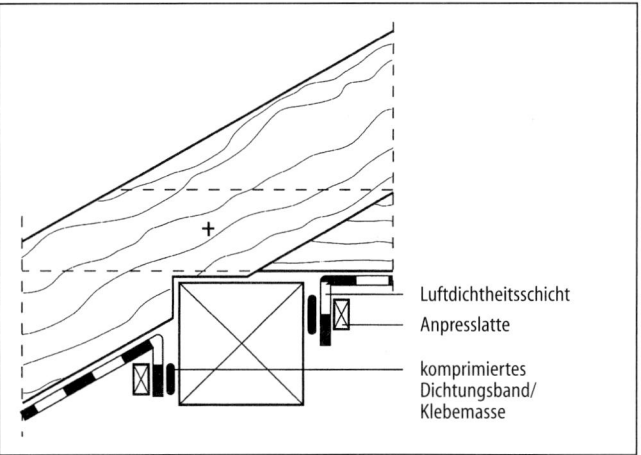

Prinzipskizze zum Anschluss der Bahn an eine Pfette

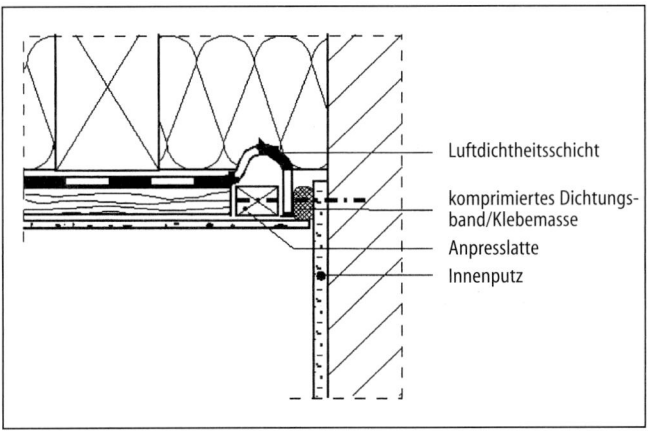

Anschluss der Bahn an eine Wand aus verputztem Mauerwerk oder Beton mit komprimiertem Dichtband bzw. geeigneter Klebemasse und verschraubter Anpresslatte

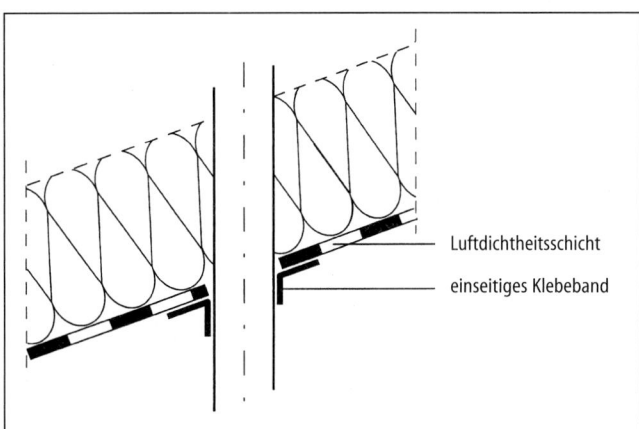

Prinzipskizze zum Anschluss einer Bahn an eine Durchdringung

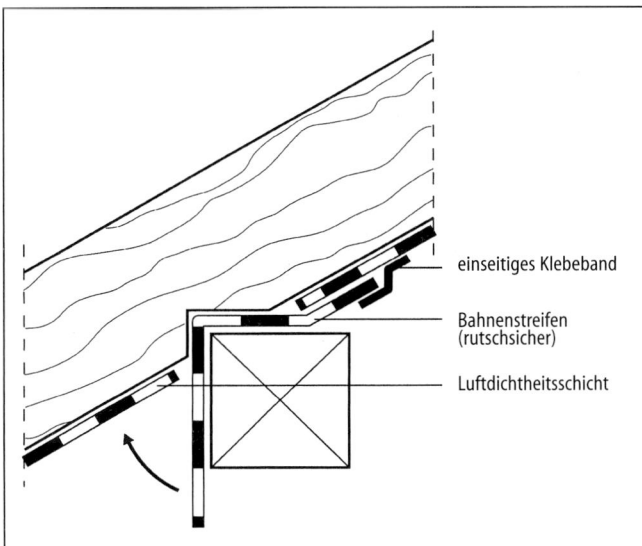

Prinzipskizze zum Anschluss der Bahn an eine Pfette

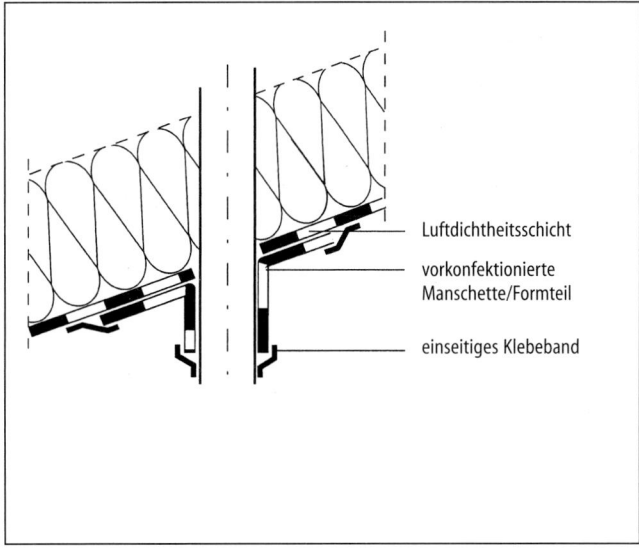

Prinzipskizze zum Anschluss einer Bahn an eine Durchdringung unter Einsatz einer vorkonfektionierten Manschette oder eines Formteils

Die Luftdichtheitsschicht/Dampfsperre muss grundsätzlich raumseitig der Wärmedämmung angeordnet werden. Maximal 20 % der Gesamtwärmedämmung dürfen noch innenseitig davon angeordnet sein.

Die Luft- und Dampfsperre darf nicht durch Installationen und Einbauten durchbrochen werden. Dies betrifft vor allem Elektro- und Heizungsinstallationen. Sinnvollerweise ist raumseitig eine Installationsebene anzuordnen, in der alle Arten von Installationen eingebaut werden können.

In allen Bereichen ist die Luft- und Dampfsperre an die angrenzende Konstruktion, Wände, Decken, Böden, Schornsteine, Fenster, Dachflächenfenster, Installationen dauerhaft dicht anzuschließen.

Der Anschluss erfolgt durch Verklebung – auf vorher geglättetem Untergrund – und ist sinnvollerweise zusätzlich noch mechanisch durch Anpressleisten zu sichern.

Anschlüsse an Fenster und vor allem an Dachflächenfenster müssen verklebt werden.

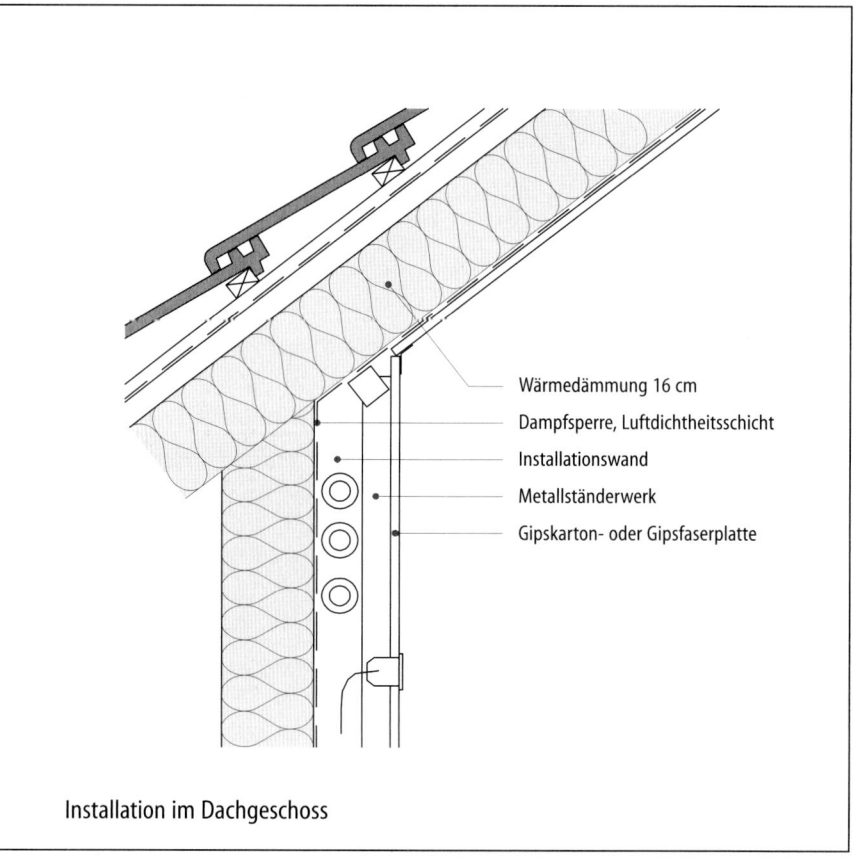

Wärmedämmung 16 cm
Dampfsperre, Luftdichtheitsschicht
Installationswand
Metallständerwerk
Gipskarton- oder Gipsfaserplatte

Installation im Dachgeschoss

Untereinander sind die einzelnen Bahnen miteinander zu verkleben. Die Verklebung muss auf den Sparren erfolgen, damit eine sorgfältige Verpressung der Bahnen untereinander gewährleistet ist. Muss ausnahmsweise in Feldmitte verklebt werden, sind die Bahnen aufzufalten, gegeneinander zu kleben und die Klebeflächen umzufalzen.

Auch an Durchdringungen wie Rohrleitungen muss die Luft- und Dampfsperre angeklebt werden. Hierzu stehen vorgefertigte Manschetten mit verschiedenen Durchmessern zur Verfügung. Bei anbindenden Querwänden ist die Luft- und Dampfsperre vor Montage der Querwand anzubringen. Montageschäume sind auf Grund ihrer nur geringen Fähigkeit, Bauteilbewegungen oder Schwinden auszugleichen, nicht zur Herstellung von Luftdichtheit geeignet.

Wird nicht eine Folie, sondern die raumseitige Bekleidung z.B. in Form von Gipskartonplatten als Luftdichtheitsschicht herangezogen, sind für die Installation besondere Maßnahmen erforderlich, z.B. luftdichte Hohlwanddosen.

DIN 4108-7 enthält Planungs- und Ausführungsempfehlungen sowie Beispiele zur Ausbildung der Luftdichtheitsschicht.

Belüftete/Unbelüftete Dächer

Dächer können als belüftete oder unbelüftete Konstruktion, das heißt mit ein oder zwei Luftschichten ausgebildet werden. Im „Merkblatt Wärmeschutz bei Dach und Wand" des Deutschen Dachdeckerhandwerks werden die möglichen Konstruktionen ausführlich beschrieben.

Eine erste Luftschicht wird grundsätzlich immer zwischen Dacheindeckung und Unterspannbahn angeordnet. Diese Luftschicht dient dem Abtransport von Feuchtigkeit, die von außen unter die Dacheindeckung gelangt ist, oder aus dem Innenraum durch diffusionsoffene Unterspannbahnen in diesen Raum hineindiffundieren konnte. Der Belüftungsquerschnitt ist ausreichend zu bemessen und über ausreichende Öffnungen mit der Außenluft zu verbinden. (Mindestquerschnitte und Details siehe Kapitel 6.1.2).

Bei belüfteten Konstruktionen wird eine zusätzliche zweite Luftschicht zwischen Wärmedämmung und Unterspannbahn beziehungsweise Unterdeckung angeordnet. Die Luftschicht zwischen Wärmedämmung und Unterspannbahn soll dem Abtransport von eingedrungener oder vorhandener Feuchtigkeit dienen. Dies kann Feuchtigkeit aus der Holzkonstruktion sein, Feuchtigkeit, die während der Bauzeit in die Konstruktion eingedrungen ist, oder Feuchtigkeit, die aus der Innenraumluft in die Konstruktion durch Diffusion eingedrungen ist.

Wird eine solche zweite Belüftungsebene zwischen Wärmedämmung und Unterspannbahn angeordnet, dann muss sie ausreichend im Querschnitt bemessen und mit ausreichend großen Zu- und Abluftöffnungen versehen sein. Ihr Wasserdampfdiffusionswiderstandswert muss geringer sein als bei der raumseitigen Dampfsperre.

Wasserdampfdiffusionswiderstandszahlen

Stoff	Richtwert der Wasserdampfdiffusionswiderstandszahl μ
Wärmedämmstoffe	
Holzwolle-Leichtbauplatten	2/5
Korkdämmstoffe	5/10
Schaumkunststoffe	
Polystyrol-Partikelschaum, je nach Rohdichte	20/50 bis 40/100
Polystyrol-Extruder-Schaum	80/300
Polyurethan-Hartschaum	30/100
Phenolharz-Hartschaum	10/50
Mineralische und pflanzliche Faserdämmstoffe	1
Schaumglas nach DIN 18174	Praktisch dampfdicht
PVC-Folien, Dicke $\geq 0,1$ mm	20 000/50 000
Polyethylenfolien, Dicke $\geq 0,1$ mm	100 000
Aluminiumfolien, Dicke $\geq 0,05$ mm	Praktisch dampfdicht
Andere Metallfolien, Dicke $\geq 0,1$ mm	Praktisch dampfdicht

Hierbei ist zu beachten, dass durch Volumenvergrößerungen von Dämmstoffen keine Einengung des Lüftungsquerschnittes erfolgen darf. Sind Volumenvergrößerungen von Dämmstoffen zu erwarten, sind die Belüftungsquerschnitte entsprechend größer auszuführen (siehe Abbildungen Seite 153)

Es sind Fälle bekannt geworden, in denen unter bestimmten Bedingungen große Mengen Kondensat in der zweiten Belüftungsebene zwischen Wärmedämmung und Unterspannbahn angefallen sind. Zum Beispiel beim Transport feuchter Luft von der warmen auf die kalte Seite des Daches, oder bei starker Feuchteabfuhr aus der Dachkonstruktion durch die Dämmung hindurch, verbunden mit starker nächtlicher Abkühlung einer exponierten Dachfläche.

Vieles spricht deshalb dafür, die Dachkonstruktion auch ohne zweite Luftschicht als so genannte »Vollsparrendämmung« auszuführen. Hierbei wird der Zwischenraum zwischen Innenverkleidung und Unterspannbahn vollständig mit dimensionsstabilem Dämmstoff ausgefüllt. Die Wärmedämmung darf die Unterspannbahn nicht nach außen drücken und den Belüftungsraum unter der Dacheindeckung nicht einengen.

Bei dieser Ausführung sind innere Dampfsperre und äußere Unterspannbahn in ihren Dampfdiffusionswiderständen regelgerecht aufeinander abzustimmen. Der rechnerische Nachweis ist nach DIN 4108 Teil 3 zu führen. Auf einen rechnerischen Nachweis kann verzichtet werden, wenn raumseitig unterhalb der Dampfschicht eine Dampfsperre mit einer diffusionsäquivalenten Luftschichtdicke $s_{d,i} \geq 100$ angeordnet wird. Andere Werte sind den Tabellen der DIN 4108-3 oder dem Regelwerk des Deutschen Dachdeckerhandwerks zu entnehmen.

Mindestlüftungsquerschnitte

Mindestlüftungsquerschnitte			Sperrwert
Traufe und Pultdachabschluss	First und Grat	Dachfläche	unterhalb der Belüftungsschicht
≥ 2 ‰ mindestens 200 cm²/m	$\geq 0,5$ ‰ mindestens 50 cm²/m	2 cm frei Höhe¹⁾	≥ 2 m

¹⁾ Punktuelle Unterschreitung ist möglich, der Lüftungsquerschnitt darf jedoch an keiner Stelle weniger als 5 mm betragen

(Aus: Regelwerk Deutsches Dachdeckerhandwerk – Merkblatt Wärmeschutz bei Dach und Wand)

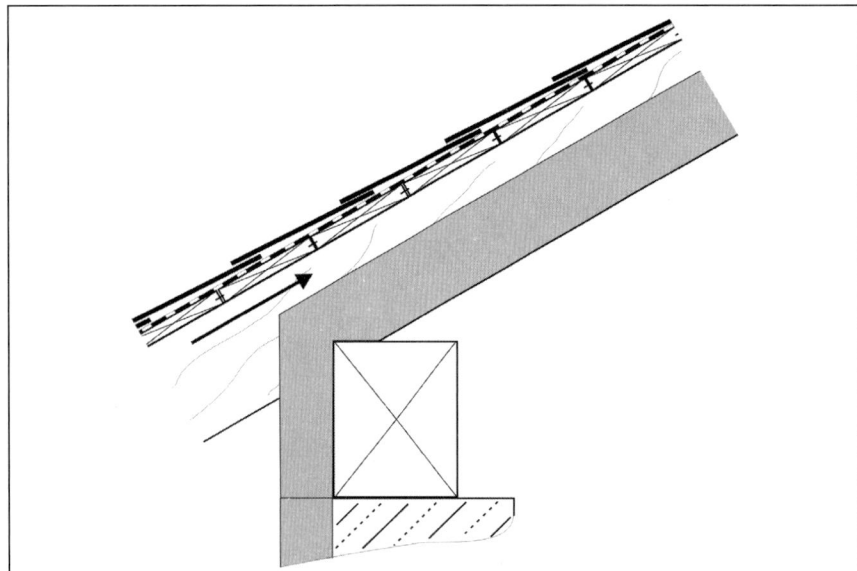

Traufe

mindestens 200 cm²/m Traufe
bzw. 2‰ der zugehörigen Dachfläche

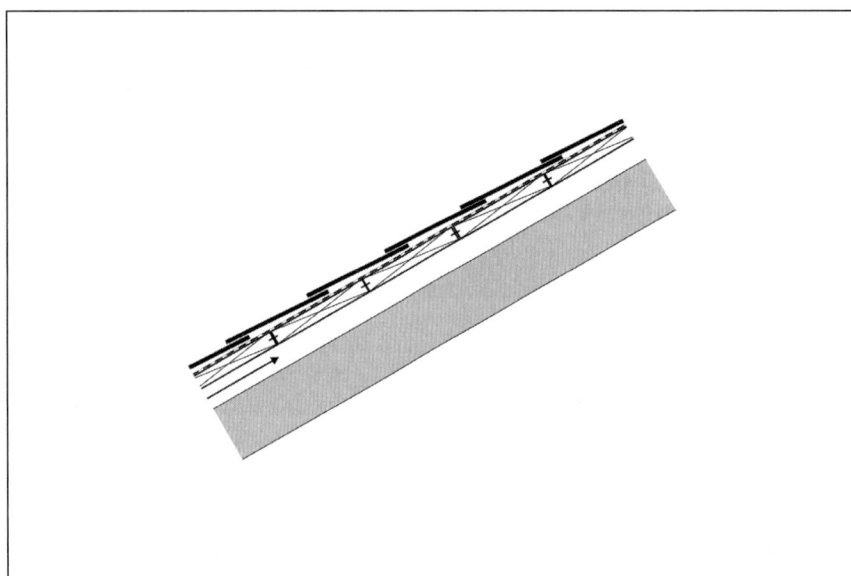

Dachfläche

mindestens 200 cm²/m bzw.
mindestens 2 cm freie Höhe

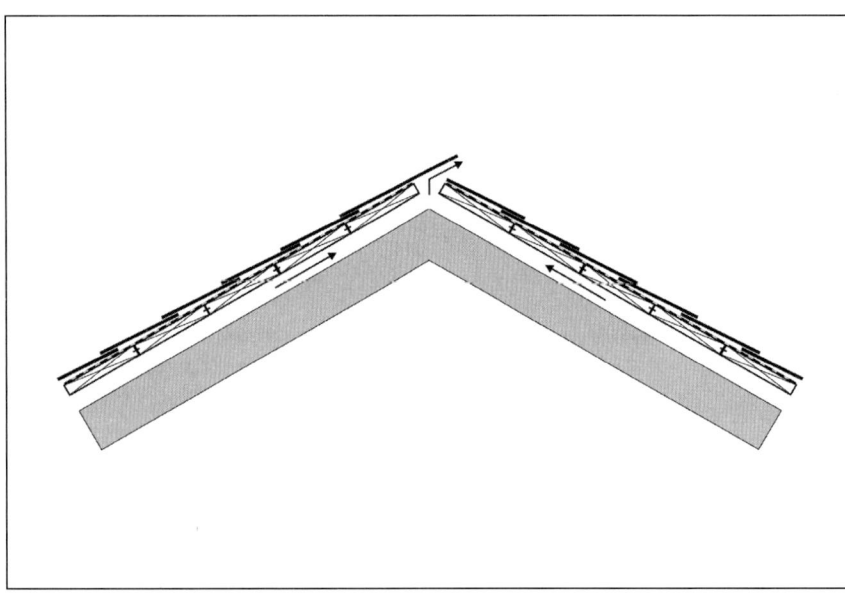

First bzw. Grat

mindestens 50 cm²/m
bzw. 0,5‰
der zugehörigen Dachfläche

Lüftungsquerschnitte für belüftete wärmegedämmte Dächer mit Dachneigung ≥ 5°
(Aus: Regelwerk Deutsches Dachdeckerhandwerk – Merkblatt Wärmeschutz bei Dach und Wand)

6.2.3 Vergleichende Beurteilung

	Dämmung auf den Sparren	Dämmung unter den Sparren	Dämmung zwischen den Sparren	Dämmung zwischen und unter den Sparren
Baukosten	Ca. 50,– €/m² (einschl. Schalung)	Ca. 30,– €/m² (ohne innere raumseitige Bekleidung)	Ca. 25,– €/m²	Ca. 25,– €/m²
Lebensdauer	Ca. 20 bis 25 Jahre	Ca. 20 bis 25 Jahre	Ca. 20 bis 25 Jahre	Ca. 20 bis 25 Jahre
Einbauzeiten	0,60 Std./m²	0,10 Std./m²	0,10 Std./m²	0,10 Std./m²
Gewicht	19 kg/m² einschl. Schalung	14 kg/m²	8 kg/m²	8 kg/m²
Erforderliche begleitende Maßnahmen	Schalung auf den Sparren	Keine	Keine	Keine
Beeinträchtigung der Wohnnutzung	Nein, wenn Schalung vorhanden	Ja	Ja	Ja
Verlust an Wohnfläche	Nein	Ja	Nein	Nein
Geeignet für sichtbare Sparren	Ja	Nein	Nein	Nein
Anmerkungen	Besonders wichtig ist die Fugenabdichtung der Dampfsperre, um eine ausreichende Luftdichtheit zu gewährleisten	Besonders wichtig ist die Fugenabdichtung der Unterspannbahn, um eine ausreichende Luftdichtheit zu gewährleisten	Besonders wichtig ist eine Fugenabdichtung der Dampfsperre, um eine ausreichende Luftdichtheit zu gewährleisten	Besonders wichtig ist eine Fugenabdichtung der Dampfsperre, um eine ausreichende Luftdichtheit zu gewährleisten

7   Treppen

**7.1   Problempunkt:
Ausgetretene Holzstufenbeläge**

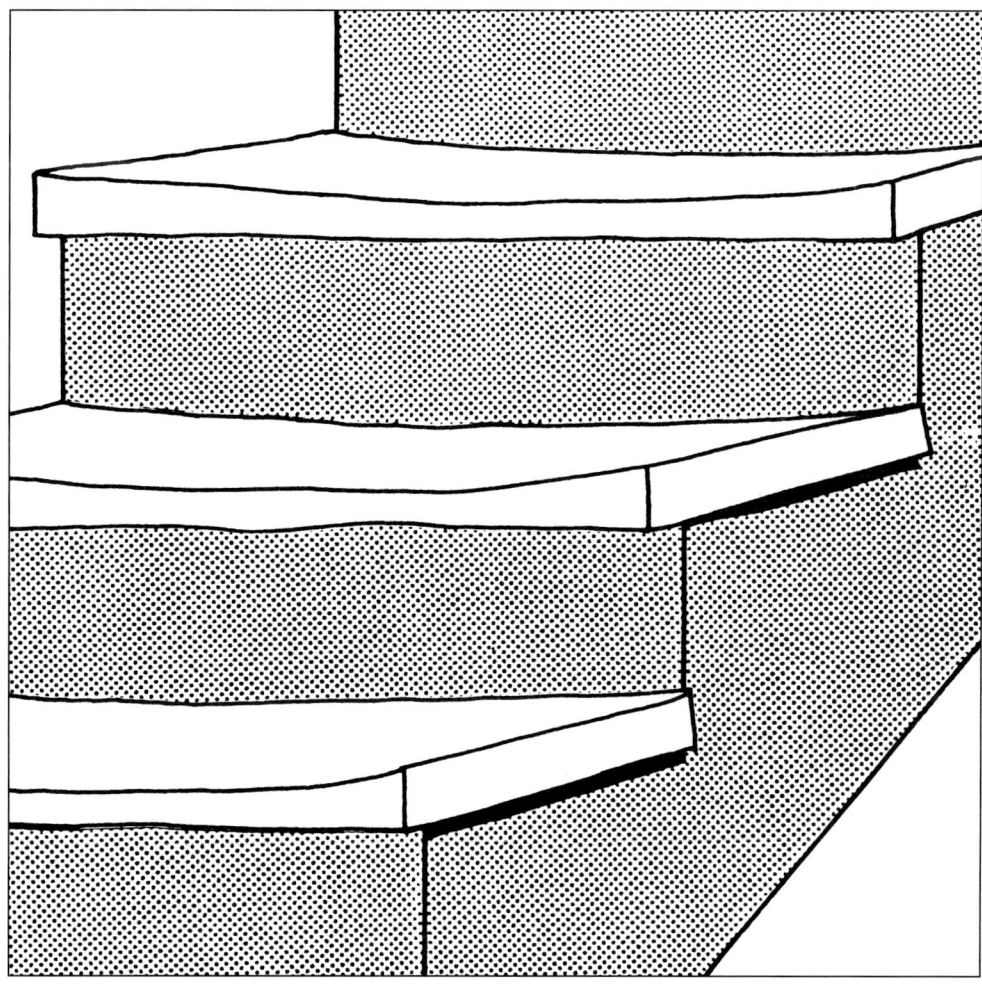

Reparatur einer Treppenstufe durch Kantenprofil und Spachtelung

Kaum ein altes Haus, in dem sich keine ausgetretenen Stufen befinden. Zumeist bei Holztreppen, seltener bei Steinstufen, zeigen sich die typischen Laufspuren an den Vorderkanten der Stufen. Typisch ist die Abnahme der ausgetretenen Stufen von unten nach oben, eben entsprechend der Treppennutzung.

Bewohner eines Hauses gewöhnen sich im Allgemeinen so stark an ausgetretene Treppenstufen, dass Fehlstellen oft nicht mehr wahrgenommen werden. Dennoch bedeuten die ausgetretenen Stufen eine erhebliche Stolpergefahr. Darüber hinaus sehen die abgetretenen Kanten meist sehr unschön aus.

Zur Reparatur der Treppenstufen gibt es verschiedene Möglichkeiten, deren Einsatz im Wesentlichen von der gewünschten Gestaltung der Treppe abhängt.

Kantenprofil

Am einfachsten, gestalterisch aber oft unbefriedigend, ist die Reparatur, wenn die Treppe mit einem neuen Oberbelag aus Teppich oder Kunststoff belegt wird, die alte Holzstufe nicht sichtbar bleibt.

In diesem Falle wird auf die Stufenvorderkante eine Metallschiene zur Begradigung aufgeschraubt. Die Metallschiene dient als Lehre und als Halt für die Ausspachtelung der Vertiefung. Der neue Oberbelag verdeckt Spachtelung und Schienenansatz, so dass wieder ein befriedigendes Erscheinungsbild der Stufe entsteht. Die Setzstufe kann, bis auf einen Erneuerungsanstrich, unbearbeitet bleiben, da sie selten Schäden aufweist.

Stufenknarren

Ein besonderes Problem bildet das Knarren der Stufen beim Begehen.

Bei der Herstellung der Treppe werden die Stufen unter Spannung vom Tischler zusammengefügt. Durch das Trocknen des Holzes geht die Spannung verloren, und die obere Verbindung zwischen Tritt- und Setzstufe löst sich. Dieses Trocknen des Holzes trat in eher feuchten, unbeheizten Treppenhäusern selten auf. Es wird begünstigt durch die Zentralbeheizung von Häusern und durch die Anordnung von Heizkörpern in Treppenhäusern.

Ausgetretene Treppenstufen in einem alten Treppenhaus

Zur Sanierung der Treppe wird die (untere) Verschraubung zwischen Tritt- und Setzstufe gelöst, die Triffstufen werden gegeneinander ausgekeilt und die Setzstufe wird an der Trittstufe neu verschraubt. Nach Entfernen der Keile sitzt die Setzstufe wieder unter Spannung zwischen den Trittstufen. Bewegungen und Knarrgeräusche sind unterbunden. Dies ist ein sehr wirkungsvolles, aber auch arbeitsintensives und damit teures Verfahren.

Aufdoppeln der Trittstufe

Das Aufbringen von Teppich- oder Kunststoffbelägen bedeutet eine starke optische Veränderung der Treppe, die nicht immer erwünscht ist.

Soll die Holzoberfläche der Stufe erhalten bleiben, muss die Stufe nach dem Spachteln aufgedoppelt werden. Hierzu kann eine neue Holzplatte mit vorderer Abschlussleiste auf die Trittstufe aufgeschraubt werden. Dies ist die klassische, tischlermäßige Reparaturmethode.

Es gibt aber auch die Möglichkeit, eine dünne Sperrholzplatte mit einem Stufenkantenprofil zu kombinieren. Dies führt zu einem niedrigeren Konstruktionsaufbau, ist aber gestalterisch oft sehr kritisch.

Aufdoppeln von Tritt- und Setzstufe

Beim Aufdoppeln von Tritt- und Setzstufe wird über die gesamte vorhandene Konstruktion eine neue komplette Stufe aufgesetzt, die mit der Unterkonstruktion verschraubt wird.

Statt einer massiven Holzkonstruktion sind auch Kombinationen aus Stufenkantenprofil und dünnen Sperrholzplatten auf Spachtelunterlage möglich.

Zur Verbesserung der Montage kann es erforderlich sein, den vorspringenden Teil der Trittstufe abzuschneiden.

Vor allem bei den Konstruktionen mit Sperrholzplatten ist sehr sorgfältig auf die Ausführung zu achten, da viele Systeme gestalterisch unbefriedigend sind.

7.1.1   Übersicht über Lösungsmöglichkeiten

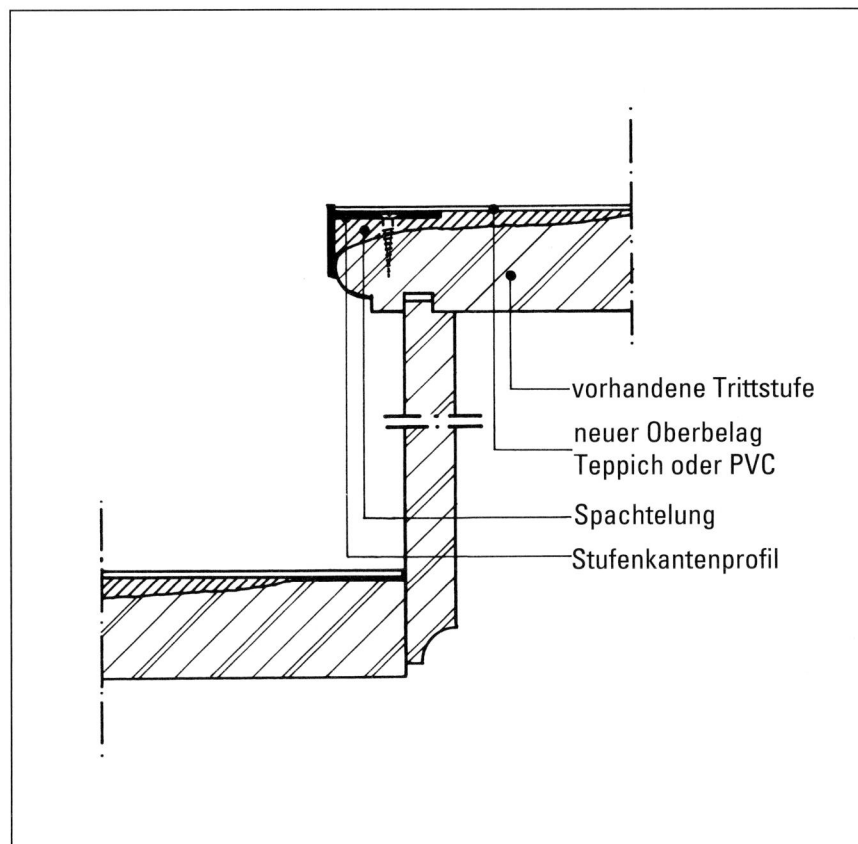

vorhandene Trittstufe

neuer Oberbelag
Teppich oder PVC

Spachtelung

Stufenkantenprofil

Kantenprofil, Spachtelung, PVC/Teppich	
Baukosten	Ca. 35,– €/Stufe
Erforderliche begleitende Maßnahmen	Keine
Instandhaltungs-kosten	Keine
Lebensdauer	15 bis 20 Jahre
Einbauzeiten	0,45 Std./Stufe
Trocknungs-/ Wartezeiten	1 Tag nach der Spachtelung
Konstruktionshöhe	0,5 cm

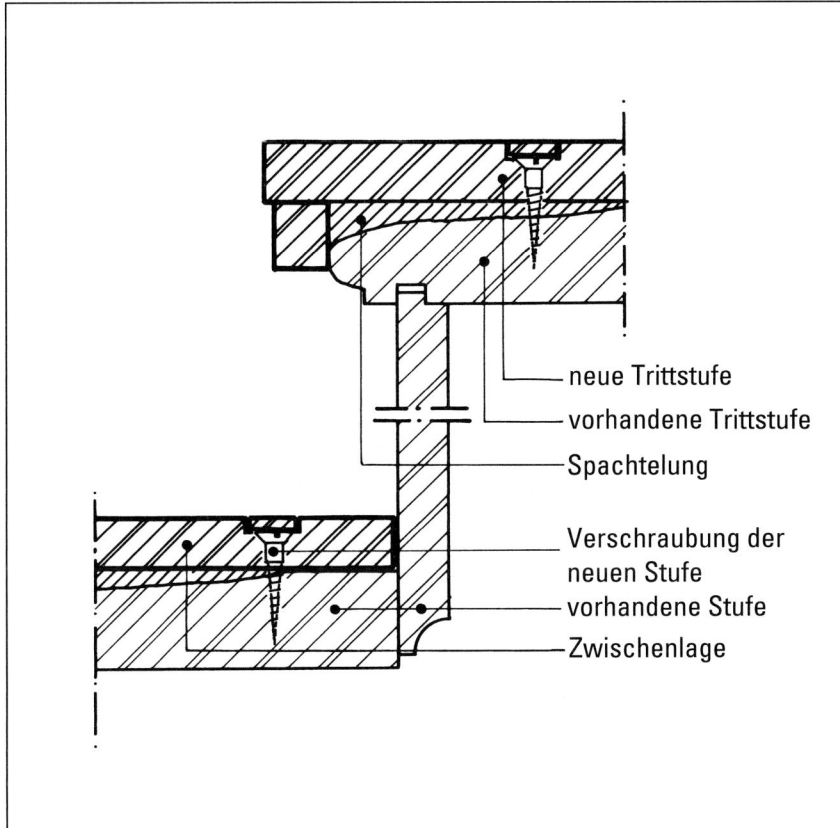

neue Trittstufe

vorhandene Trittstufe

Spachtelung

Verschraubung der neuen Stufe

vorhandene Stufe

Zwischenlage

Aufdoppelung Trittstufe	
Baukosten	Ca. 190,– €/Stufe
Erforderliche begleitende Maßnahmen	Ggf. Lackierung
Instandhaltungs-kosten	18,– €/Stufe alle 10 Jahre für Versiegelung. Anstricherneuerung alle 7 Jahre
Lebensdauer	25 bis 30 Jahre
Einbauzeiten	0,50 Std./Stufe
Trocknungs-/ Wartezeiten	Keine, wenn fertig lackierte Stufen eingebaut werden
Konstruktionshöhe	3,0 cm
Anmerkungen	Beim Aufdoppeln der Stufen Geländerhöhe berücksichtigen

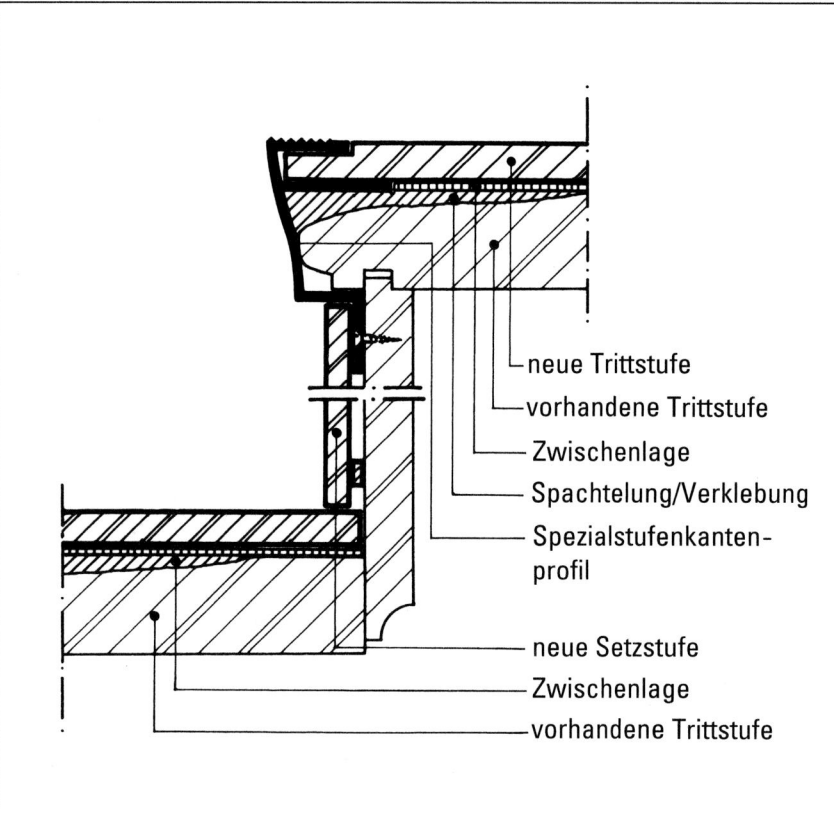

neue Trittstufe
vorhandene Trittstufe
Zwischenlage
Spachtelung/Verklebung
Spezialstufenkanten-
profil

neue Setzstufe
Zwischenlage
vorhandene Trittstufe

Aufdoppelung von Tritt- und Setzstufen	
Baukosten	Ca. 240,– €/Stufe
Erforderliche begleitende Maßnahmen	Ggf. Lackierung
Instandhaltungs-kosten	20,– €/Stufe alle 10 Jahre für Versiegelung. Anstricherneuerung alle 7 Jahre
Lebensdauer	25 bis 30 Jahre
Einbauzeiten	0,70 Std./Stufe
Trocknungs-/ Wartezeiten	Keine, wenn fertig lackierte Stufen eingebaut werden
Konstruktionshöhe	3,0 cm

7.1.2   Vergleichende Beurteilung

	Kantenprofil, Spachtelung, PVC/Teppich	Aufdoppelung Trittstufe	Aufdoppelung Tritt- und Setzstufen
Baukosten	Ca. 35,– €/Stufe	Ca. 190,– €/Stufe	Ca. 240,– €/Stufe
Erforderliche begleitende Maßnahmen	Keine	Ggf. Lackierung	Ggf. Lackierung
Instandhaltungskosten	Keine	18,– €/Stufe alle 10 Jahre für Versiegelung. Anstricherneuerung alle 7 Jahre	20,– €/Stufe alle 10 Jahre für Versiegelung. Anstricherneuerung alle 7 Jahre
Lebensdauer	15 bis 20 Jahre	25 bis 30 Jahre	25 bis 30 Jahre
Einbauzeiten	0,45 Std./Stufe	0,50 Std./Stufe	0,70 Std./Stufe
Trocknungs-/Wartezeiten	1 Tag nach der Spachtelung	Keine, wenn fertig lackierte Stufen eingebaut werden	Keine, wenn fertig lackierte Stufen eingebaut werden
Konstruktionshöhe	0,5 cm	3,0 cm	3,0 cm
Anmerkungen	–	Beim Aufdoppeln der Stufen Geländerhöhe berücksichtigen	–

8 Fußböden

8.1 **Problempunkt:**
Ausgetretene, unebene Fußbodenbeläge

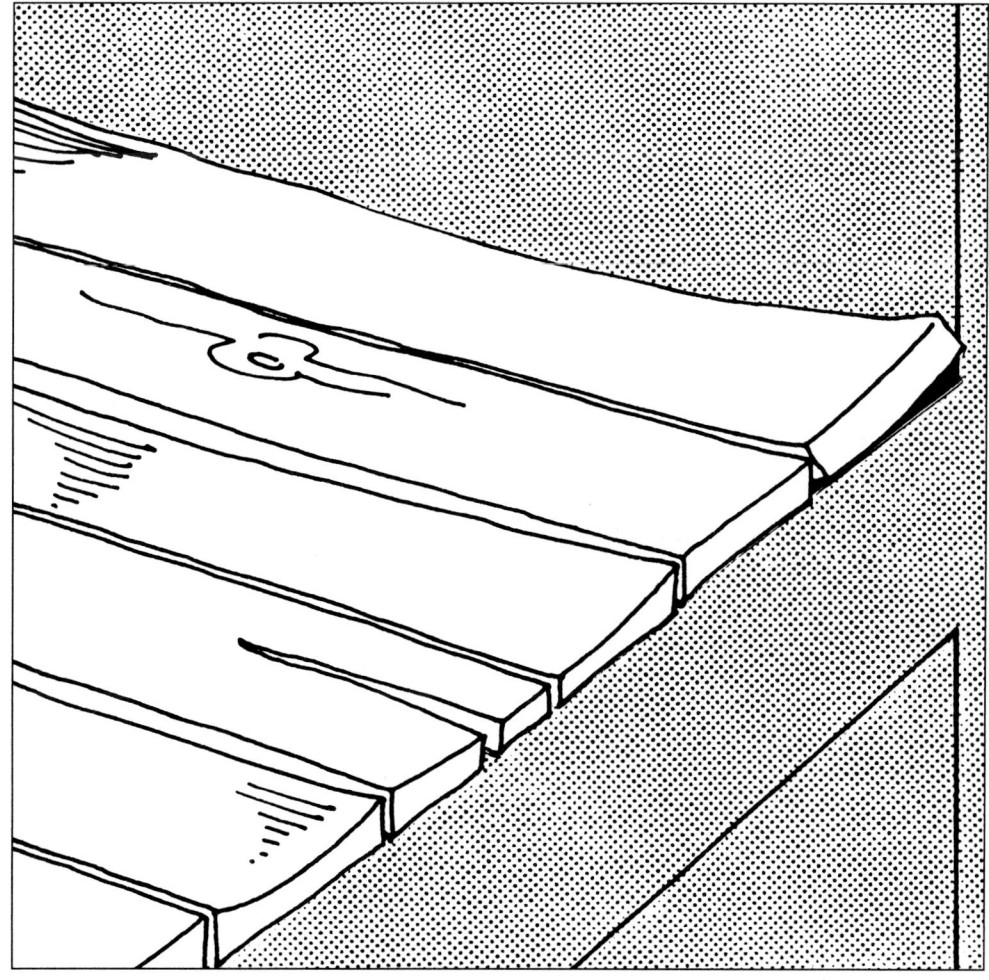

Alter, ausgetretener Dielenbelag mit breiten Fugen

Einbau von Gussasphalt als neuen Unterboden

Die meisten alten Häuser zeigen unebene, ausgetretene Fußbodenbeläge. Die Ursachen hierfür sind vielfältig: ausgetretene Naturstein- oder losgetretene Fliesenbeläge in Hausfluren, durchgetretene Oberbeläge über sandenden Zement- oder staubenden Steinholzfußböden, verzogene und ausgetretene Holzdielenfußböden.

Am häufigsten findet man ausgetretene Holzdielenböden. Da die Sanierungsmöglichkeiten für Holzdielenböden am ehesten auf andere Fußbodenarten übertragen werden können und bei Holzuntergründen die schwierigsten Ausgangsbedingungen bestehen, wird dieses Schadensbild hier als Grundmuster dargestellt.

Bei der Sanierung von Fußbodenbelägen muss unterschieden werden zwischen Unebenheiten des Bodens und Schieflagen der gesamten Deckenkonstruktion.

Während Unebenheiten des Bodenbelages durch einen neuen Oberboden ausgeglichen werden können, lassen sich Schieflagen der Decke durch entsprechende Zwischenschichten (Schüttungen, Dämmstofflagen) beheben. Von größter Bedeutung ist hierbei das Gewicht der zusätzlich aufgebrachten Konstruktion.

Folgende Konstruktionen in Form von neuen Unterböden kommen als Sanierungsmöglichkeit in Betracht:

- Ausgleichsspachtelung,
- Trockenunterböden aus Span- oder Gipsplatten,
- Gussasphaltestrich,
- Anhydritestrich,
- Zementestrich.

Spachtelung eines alten Holzdielenbodens

Ausgleichsspachtelung

Als Unterbodenspachtelmassen werden pulverförmige Haft- und Planierzement-Mehrzweckspachtelmassen verwendet.

Die Spachtelmassen werden mit Wasser angerührt und in Schichtstärken bis zu 1,0 cm auf den Untergrund aufgetragen. Sie erhärten innerhalb von 5 bis 6 Stunden. Holzböden, die durch Bohnern oder Wachsen an der Oberfläche Fette aufweisen, sind vor dem Aufbringen der Spachtelmassen zu entfetten, zusätzlich ist das Aufbringen eines Voranstriches, zum Beispiel aus Chloropren-Kautschuk-Kleber, empfehlenswert.

Spachtelmassen auf mineralischer Basis (Gips, Zement, Anhydrit) dürfen normalerweise nur auf starren Untergründen aufgebracht werden. Durch Zusatz von Kunstharzen lassen sich Spachtelmassen jedoch so elastisch einstellen, dass sie auch auf (gering beweglichen) Holzböden verwendet werden können. In die Spachtelmasse eingebettete Glasfasergewebe erhöhen zusätzlich die Risssicherheit.

Zur Erzielung einer ausreichend ebenen Oberfläche sind sehr häufig mehrere Lagen Spachtelmasse aufzutragen. Dies ist bei der Ausschreibung zu beachten, da viele ausführende Firmen nur einlagige Spachtelaufträge kalkulieren und ausführen. In jedem Fall lohnt sich eine genaue Information über die Qualifikation und die Erfahrung der ausführenden Firmen. Da das Spachtelmaterial im Allgemeinen sehr teuer ist, und die unebenen Böden große Mengen an Ausgleichsmasse erfordern, sind hier Konflikte bei der Ausführung nicht selten.

Auf die ausgehärtete Spachtelmasse können die Bodenbeläge direkt verlegt werden. Zwischen den einzelnen Spachtelgängen ist jeweils etwa ein Tag Trocknungszeit einzuhalten.

Trockenunterböden aus Spanplatten

Zur Überdeckung größerer Unebenheiten eignen sich Unterböden aus Spanplatten.

Durch ihre Stabilität und Festigkeit können sie Hohllagen der Unterkonstruktion schadenfrei überbrücken, gegebenenfalls ist die schwimmende Verlegung auf Schüttungen (zum Beispiel aus geblähtem und gemahlenem Steinmaterial) möglich.

Verwendet werden fast ausschließlich kunstharzgebundene Holzspanplatten. Entsprechend ihrer Feuchtebeständigkeit werden sie in drei Werkstoffklassen eingeteilt.

V 20   = beständig in Räumen mit niedriger Luftfeuchte
          (< 70 %), Verleimung nicht wetterbeständig

V 100   = beständig gegen hohe Luftfeuchte (< 80 %),
          Verleimung nicht wetterbeständig

V 100 G = wie V 100, jedoch mit Holzschutzmittel gegen
          Pilzbefall geschützt

In Innenräumen ist die Verwendung von Holzspanplatten V 100 G im Allgemeinen nicht erforderlich (Ausnahme: bei Decken über Kellergewölben etc.).

Spanplatten für den Fußbodenbereich werden mit Nut und Feder hergestellt. Die einzelnen Platten werden untereinander verleimt und mit dem Unterboden verschraubt. Beim Verlegen sind Kreuzfugen nicht zulässig.

Vor dem Verlegen von Oberbelägen sind die Plattenstöße und die Schraublöcher zu spachteln.

Vorteile von Spanplattenunterböden sind ihre schnelle Verlegbarkeit, die glatte Oberfläche und die trockene Bauweise.

Trockenunterböden aus Gipsplatten

Als Alternative zu Holzspanplatten stehen Gipsplattenfußbodenelemente zur Verfügung.

Sie bestehen aus zwei bis drei miteinander verklebten Gipskarton- bzw. Gipsfaserplatten, deren Rand mit Nut und Feder oder mit Stufenfalz ausgebildet ist. Der mechanische Randverbund der verlegten Platten untereinander wird durch Verklebung hergestellt.

Für besondere Anwendungsfälle gibt es Fußbodenverbundelemente mit Hartschaumunterlage. Sie eignen sich für die Verwendung bei Anforderungen an den Schall- oder Wärmeschutz. Ihre Konstruktionshöhe beträgt allerdings mindestens 5,0 bis 6,0 cm.

Unterböden aus Gussasphaltestrich

Gussasphaltestriche werden überall dort eingesetzt, wo höhere Anforderungen an den Unterboden gestellt werden. Gegenüber Böden aus Spanplatten oder Gipsplatten lässt sich zum Beispiel der hohle Klang oder das Knarren beim Begehen der Decken vermeiden.

Gussasphalt besteht aus Steinmehl, Sand, Splitt und ca. 10 % Bitumen als Bindemittel. Der Gussasphalt wird in stationären Anlagen hergestellt und in beheizbaren Kochern mit Rührwerk transportiert und angeliefert.

Auf der Baustelle wird der Gussasphalt, der etwa 200 bis 240 °C heiß ist, von Hand eingebaut, mit Sand abgerieben und geglättet. Nach ca. 2 bis 4 Stunden ist der Gussasphalt erhärtet und kann begangen werden.

Gussasphalt wird im Allgemeinen auf einer Schüttung mit Trennlage in 2,0 bis 3,0 cm Stärke eingebaut. Er besitzt auch ohne weich federnde Unterschichten eine recht gute Schalldämpfung und eine gute Wärmedämmung.

Neben der kurzen Aushärtezeit liegt ein großer Vorteil vor allem darin, dass keine zusätzliche Feuchte in den Bau gebracht wird.

Problematisch sind bei Gussasphalt die mit dem Einbau verbundene Hitze- und Geruchsentwicklung sowie später, während der Nutzung, die Eindruckgefahr punktförmiger Lasten.

Außerdem muss berücksichtigt werden, dass bei Flächen unter 100 m² hohe Mindermengenzuschläge anfallen.

Wenn die statischen Verhältnisse es zulassen, kann Gussasphalt problemlos auf Holzbalkendecken verlegt werden.

Unterböden aus Anhydritestrich

Als Alternative zu Gussasphaltestrich kommen Anhydritestriche in Betracht.

Es handelt sich hierbei um Estriche aus einem Gemisch aus Sand und Anhydritbinder, meist mit einem Zusatz von Fließmitteln, die vorzugsweise auf Schüttung und Trennlage eingebaut werden.

Der Estrich wird nass eingebracht, eben abgezogen und geglättet. Bei der zunehmenden Verwendung von Fließestrichen kann das Abziehen entfallen, da auch so ausreichend ebene Oberflächen erzielt werden.

Bei Estrichflächen bis zu 1000 m² ist die Ausbildung von Fugen nicht erforderlich.

Der Estrich kann nach ein bis zwei Tagen begangen werden und ist im Allgemeinen nach zehn Tagen so weit getrocknet, dass Bodenbeläge verlegt werden können. Ein Spachteln des Estrichs ist nicht erforderlich, da Anhydritestriche mit sehr glatter Oberfläche hergestellt werden können.

Anhydritestrich ist sehr feuchtempfindlich und darf ständig einwirkender Feuchte nicht ausgesetzt werden. Dies ist besonders zu beachten bei Feuchtegefährdung durch Dampfdiffusion (zum Beispiel bei Holzbalkendecken über Badezimmern). Hier ist in jedem Fall eine Dampfsperre unter dem Estrich einzubauen.

Unterböden aus Zementestrich

Zementestriche als Gemisch aus Sand und Zement, feucht eingebracht, verdichtet, abgerieben und geglättet, sind bei der Altbaumodernisierung eher die Ausnahme, da sie einige Nachteile mit sich bringen.

Normale Zementestriche erhärten relativ langsam, bringen erhebliche Feuchtemengen in das Haus, müssen wegen des starken Schwindverhaltens in kurzen Abständen Fugen erhalten und sind relativ schwer.

Ihre Vorteile liegen im Preis, in der hohen Festigkeit, der Feuchtebeständigkeit und vor allem darin, dass sie relativ einfach herzustellen sind. Sie haben in der Altbaumodernisierung ihre Bedeutung vor allem dort, wo kleinere Flächen aus Estrich hergestellt werden müssen.

Diese Arbeiten können dann von Rohbauunternehmen mit durchgeführt werden, ohne dass Spezialfirmen hinzugezogen werden müssen.

8.1.1   Übersicht über Lösungsmöglichkeiten

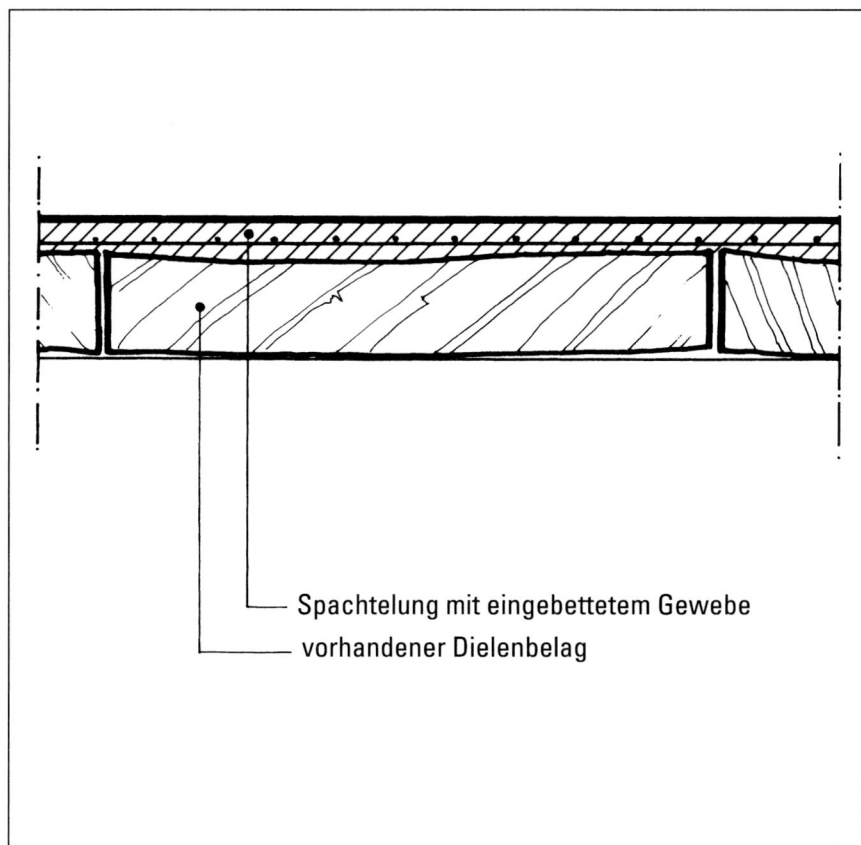

Spachtelung mit eingebettetem Gewebe
vorhandener Dielenbelag

Ausgleichsspachtelung	
Baukosten	Ca. 20,– €/m²
Folgekosten	Keine
Erforderliche begleitende Maßnahmen	Keine
Lebensdauer	20 Jahre
Einbauzeiten	0,13 Std./m²
Trocknungs-/ Wartezeiten	3 × 1 Tag
Gewicht	(d = 0,5 cm) 7,0 kg/m²
Konstruktionshöhe	0,5 cm
Feuchtebeständigkeit	Normal
Ausführendes Unternehmen	Fußbodenleger

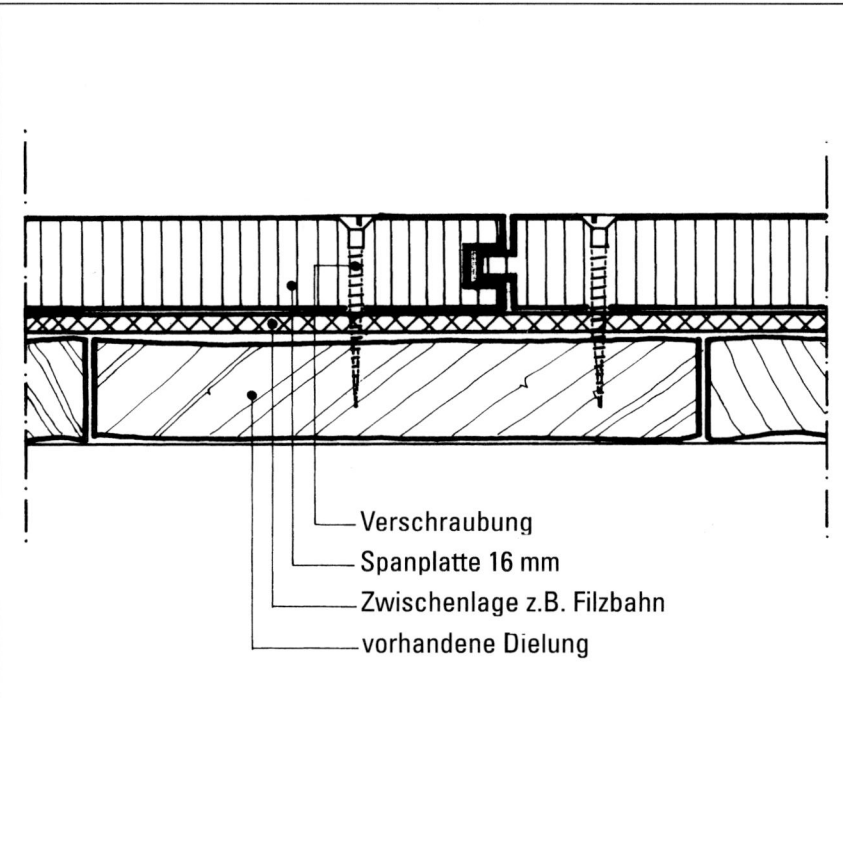

Verschraubung
Spanplatte 16 mm
Zwischenlage z.B. Filzbahn
vorhandene Dielung

Trockenunterboden aus Spanplatten	
Baukosten	Ca. 20,– €/m²
Folgekosten	Keine
Erforderliche begleitende Maßnahmen	Keine
Lebensdauer	20 Jahre
Einbauzeiten	0,36 Std./m²
Trocknungs-/ Wartezeiten	1 Tag
Gewicht	(d = 19,0 cm) 16,0 kg/m²
Konstruktionshöhe	1,9 cm
Feuchtebeständigkeit	Gering
Ausführendes Unternehmen	Fußbodenleger

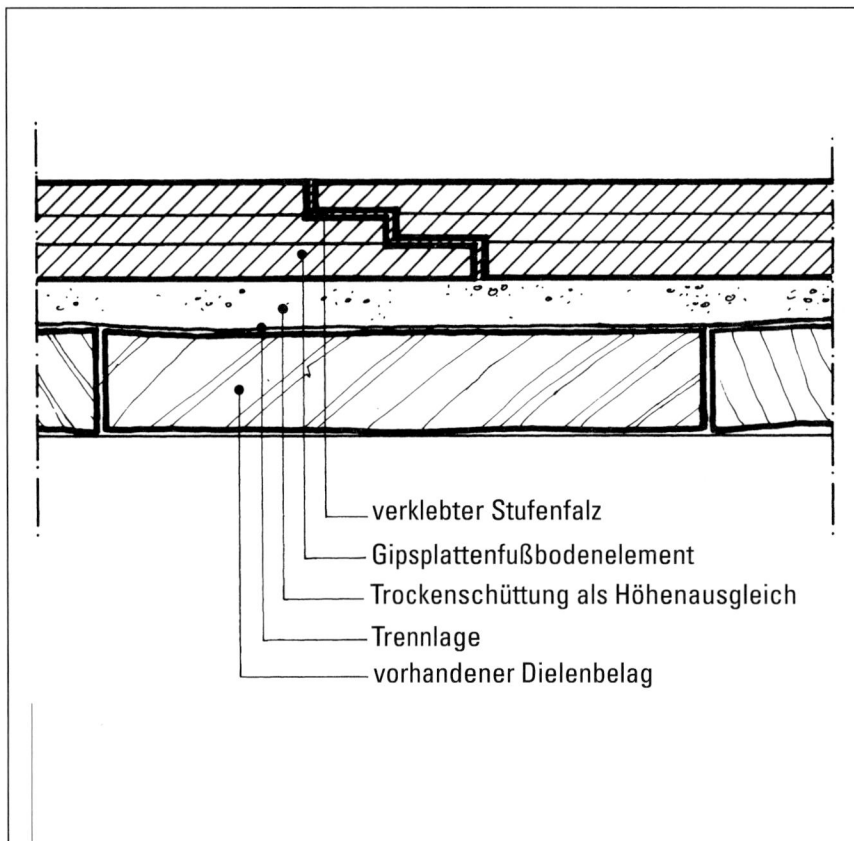

verklebter Stufenfalz
Gipsplattenfußbodenelement
Trockenschüttung als Höhenausgleich
Trennlage
vorhandener Dielenbelag

Trockenunterboden aus Gipsplatten	
Baukosten	Ca. 35,– €/m²
Folgekosten	Keine
Erforderliche begleitende Maßnahmen	Keine
Lebensdauer	20 Jahre, noch wenig Langzeiterfahrung
Einbauzeiten	0,23 Std./m²
Trocknungs-/ Wartezeiten	1 Tag
Gewicht	(d = 2,5 cm) 22,0 kg/m²
Konstruktionshöhe	2,5 cm
Feuchtebeständigkeit	Gering
Ausführendes Unternehmen	Trockenbauer

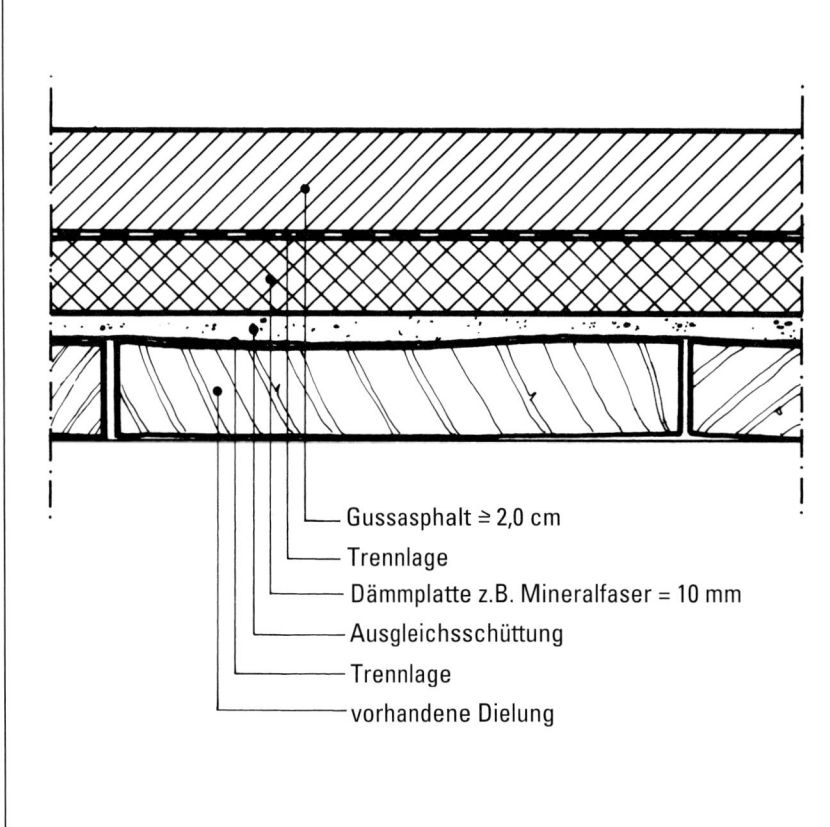

Gussasphalt ≧ 2,0 cm
Trennlage
Dämmplatte z.B. Mineralfaser = 10 mm
Ausgleichsschüttung
Trennlage
vorhandene Dielung

Gussasphaltestrich	
Baukosten	ca. 30,– €/m²
Folgekosten	3,– €/m²
Erforderliche begleitende Maßnahmen	Spachtelung
Lebensdauer	30 bis 40 Jahre
Einbauzeiten	0,80 Std./m²
Trocknungs-/ Wartezeiten	2 Stunden
Gewicht	(d = 3,5 cm) 80,5 kg/m²
Konstruktionshöhe	4,5 cm
Feuchtebeständigkeit	Sehr gut
Ausführendes Unternehmen	Fachunternehmen
Anmerkungen	Starke Geruchsbelästigung beim Einbau

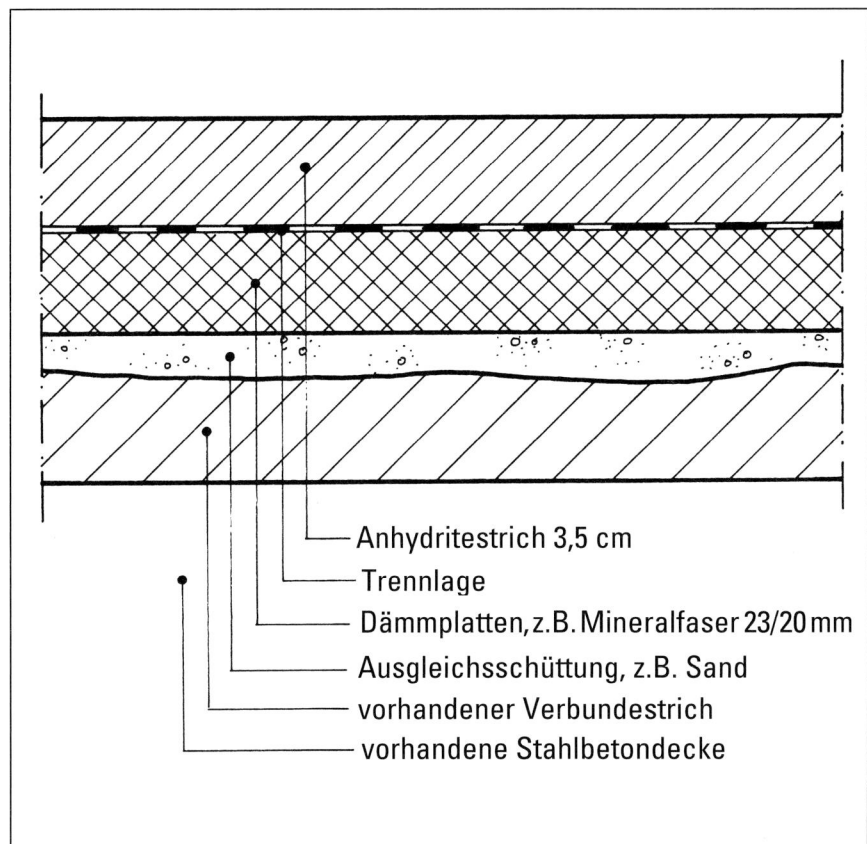

— Anhydritestrich 3,5 cm
— Trennlage
— Dämmplatten, z.B. Mineralfaser 23/20 mm
— Ausgleichsschüttung, z.B. Sand
— vorhandener Verbundestrich
— vorhandene Stahlbetondecke

Anhydritestrich	
Baukosten	Ca. 30,– €/m²
Folgekosten	1,– €/m²
Erforderliche begleitende Maßnahmen	Abschleifen
Lebensdauer	25 bis 30 Jahre
Einbauzeiten	0,15 Std./m²
Trocknungs-/ Wartezeiten	1 bis 2 Tage (10 Tage)
Gewicht	(d = 3,5 cm) 77,0 kg/m²
Konstruktionshöhe	6,0 cm
Feuchtebeständigkeit	Gering
Ausführendes Unternehmen	Estrichleger

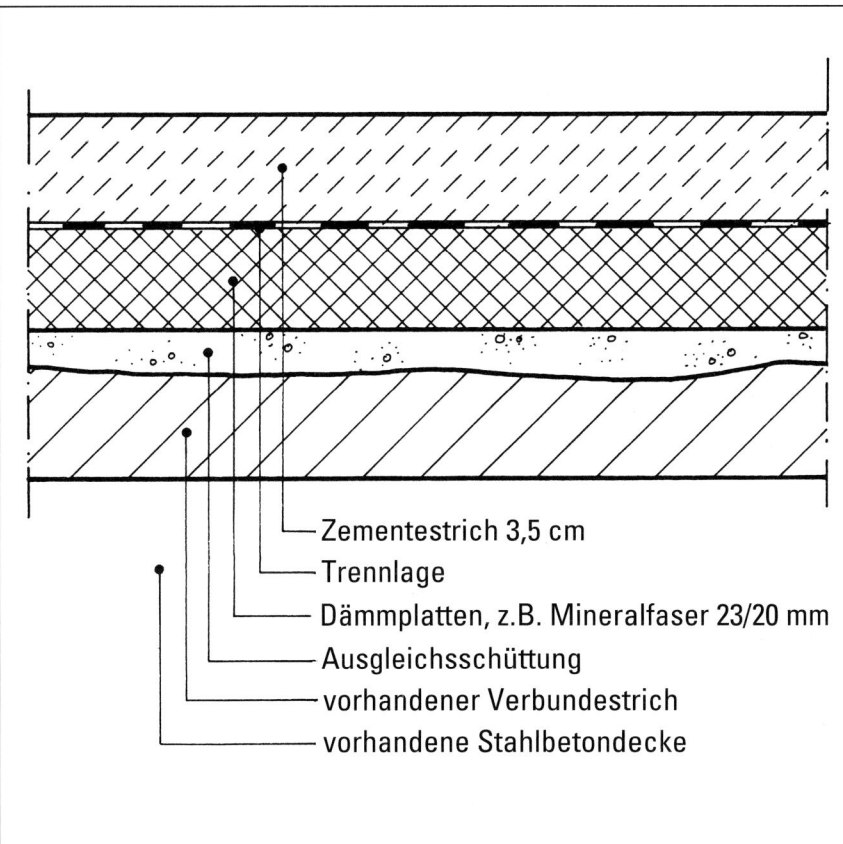

— Zementestrich 3,5 cm
— Trennlage
— Dämmplatten, z.B. Mineralfaser 23/20 mm
— Ausgleichsschüttung
— vorhandener Verbundestrich
— vorhandene Stahlbetondecke

Zementestrich	
Baukosten	Ca. 30,– €/m²
Folgekosten	3,– €/m²
Erforderliche begleitende Maßnahmen	Spachtelung
Lebensdauer	30 bis 40 Jahre
Einbauzeiten	0,45 Std./m²
Trocknungs-/ Wartezeiten	2 bis 3 Tage (28 Tage)
Gewicht	(d = 3,5 cm) 77,0 kg/m²
Konstruktionshöhe	6,0 cm
Feuchtebeständigkeit	Sehr gut
Ausführendes Unternehmen	Estrichleger, Rohbauer
Anmerkungen	Hohe Feuchtebelastung bei Einbau

8.1.2   Vergleichende Beurteilung

	Ausgleichs-spachtelung	Spanplatten	Gipsplatten	Gussasphalt-estrich	Anhydritestrich	Zementestrich
Baukosten	Ca. 20,– €/m²	Ca. 20,– €/m²	Ca. 35,– €/m²	Ca. 30,– €/m²	Ca. 30,– €/m²	Ca. 30,– €/m²
Folgekosten	Keine	Keine	Keine	3,– €/m²	1,– €/m²	3,– €/m²
Erforderliche begleitende Maßnahmen	Keine	Keine	Keine	Spachtelung	Abschleifen	Spachtelung
Lebensdauer	20 Jahre	20 Jahre	20 Jahre, noch wenig Langzeiterfahrung	30 bis 40 Jahre	25 bis 30 Jahre	30 bis 40 Jahre
Einbauzeiten	0,13 Std./m²	0,36 Std./m²	0,23 Std./m²	0,80 Std./m²	0,15 Std./m²	0,45 Std./m²
Trocknungs-/ Wartezeiten	3 × 1 Tag	1 Tag	1 Tag	2 Stunden	1 bis 2 Tage (10 Tage)	2 bis 3 Tage (28 Tage)
Gewicht	(d = 0,5 cm) 7,0 kg/m²	(d = 19,0 cm) 16,0 kg/m²	(d = 2,5 cm) 22,0 kg/m²	(d = 3,5 cm) 80,5 kg/m²	(d = 3,5 cm) 77,0 kg/m²	(d = 3,5 cm) 77,0 kg/m²
Konstruktions-höhe	0,5 cm	1,9 cm	2,5 cm	4,5 cm	6,0 cm	6,0 cm
Feuchte-beständigkeit	Normal	Gering	Gering	Sehr gut	Sehr gering	Sehr gut
Ausführendes Unternehmen	Fußbodenleger	Fußbodenleger	Trockenbauer	Fachunternehmen	Estrichleger	Estrichleger, Rohbauer
Anmerkungen	–	–	–	Starke Geruchs-belästigung beim Einbau	–	Hohe Feuchte-belastung beim Einbau

8.2 Problempunkt:
Unzureichende Wasserdichtheit von Badezimmerböden

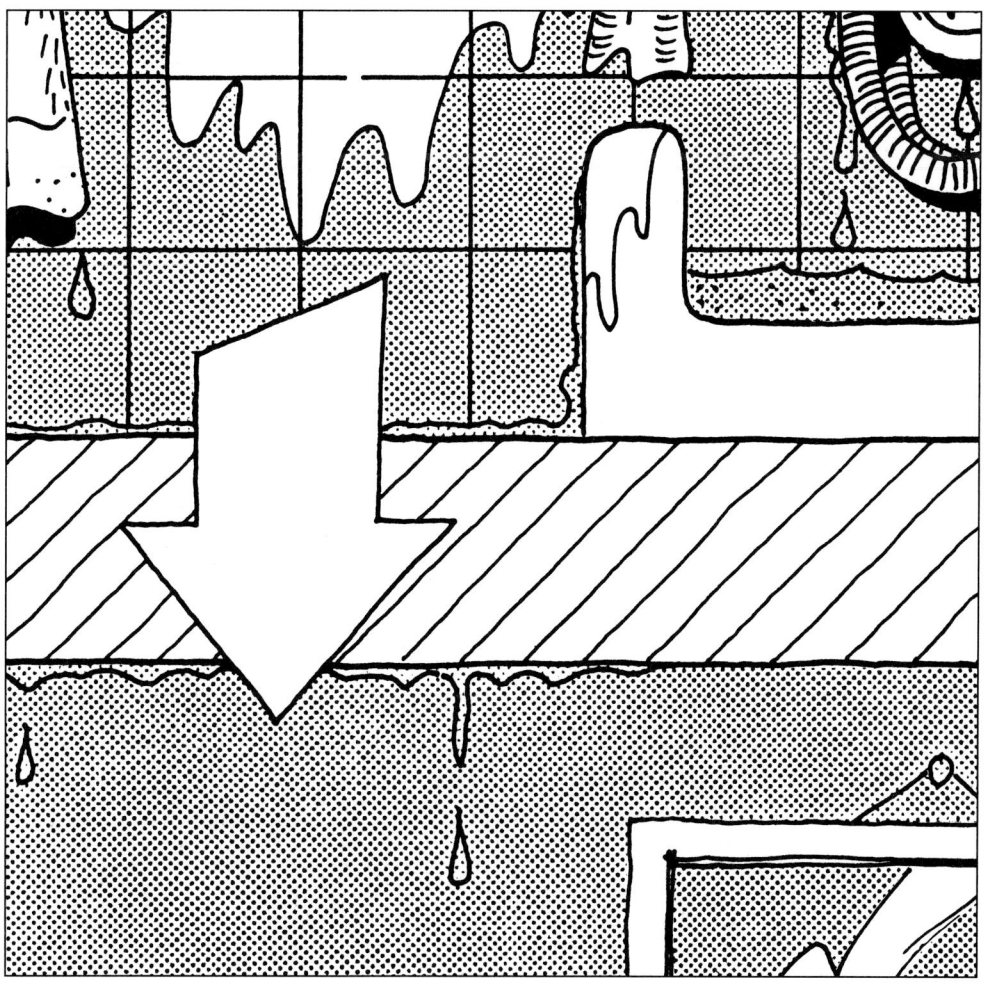

Gumminoppenbelag
als Badezimmerboden

Die unzureichende Wasserdichtheit von Badezimmerböden ist ein häufiger und gravierender Mangel bei alten Gebäuden.

Während sich Schadensbilder bei undichten Fußböden über Betondecken noch auf Verfärbungen und schlimmstenfalls auf Abplatzungen des Deckenputzes beschränken, führen ständige Durchfeuchtungen bei Holzbalkendecken unweigerlich zu Pilz- oder Schwammbefall mit Zerstörung des Holzquerschnitts und Verlust der Tragfähigkeit.

Insbesondere beim nachträglichen Einbau von Duschen werden Wände und Fußböden von Badezimmern stark durch Spritzwasser beansprucht.

Eventuell vorhandene Duschabtrennungen werden leider nur in den seltensten Fällen sorgfältig genug benutzt. Bei der Planung ist deshalb immer davon auszugehen, dass ein Großteil des Duschwassers als Spritz- oder Schwallwasser auf den Fußboden gelangt.

Zur Abdichtung des Fußbodens stehen folgende Konstruktionen zur Verfügung:

- Einbau eines PVC- oder Kautschuk-Belages, dessen Fugen verschweißt sind,
- Verbundabdichtungen mit Bekleidungen und Belägen aus Fliesen und Platten,
- Einbau von Bitumen- oder Kunststoffdichtungsbahnen.

Die DIN 18195 »Bauwerksabdichtungen« Teil 5 beschreibt Regelungen für die Abdichtung gegen nicht drückendes Wasser auf Deckenflächen und in Nassräumen. Grundsätzlich sind die Regelungen dieser DIN zu beachten. Im Wesentlichen werden dabei Abdichtungen aus Dichtungsbahnen beziehungsweise aus kunststoffmodifizierten Bitumendickbeschichtungen vorgeschrieben.

Bei der Abfassung der Norm war man sich allerdings darüber im Klaren, dass die Umsetzung dieser Norm gerade im Altbaubereich zu großen Problemen führen würde. Deshalb gibt es im Teil 5 der DIN 18195 auch folgenden Hinweis für den Anwendungsbereich:

»1.2   Diese Norm gilt nicht für ...

nachträgliche Abdichtungen in der Bauwerkserhaltung oder in der Baudenkmalpflege, es sei denn, es können hierfür Verfahren angewendet werden, die in dieser Norm beschrieben werden.«

Man sollte also letztlich versuchen, die dargestellten Verfahren anzuwenden, da sie ein großes Maß an Sicherheit gewährleisten, letztlich werden Ausnahmen aber zugestanden, wenn bauliche Gegebenheiten den Verfahren entgegenstehen.

Unabhängig davon sollten Badezimmerböden auf Holzbalkendecken immer mit Dichtungsbahnen ausgebildet werden, da alle anderen Dichtungsverfahren durch die Bewegungen des Bodens und die damit verbundene Rissgefahr zu stark gefährdet sind.

Einzige Alternative bilden Holzbalkendecken mit Gussasphalt, hier kann der Feldbereich als gering rissgefährdet angesehen werden, Gefahrenstellen liegen hier vor allem im Anschluss an aufgehende Bauteile, der mit Dichtungsbändern zusätzlich gesichert werden muss.

Grundsätzlich sind auch bei allen hoch beanspruchten Badezimmern wie in Hotels, Studentenheimen etc. Abdichtungen nach DIN 18195 vorzunehmen.

Bei weniger intensiver Nutzung oder bei Massivdecken sind alternative Konstruktionen aber durchaus möglich.

Abdichtung mit PVC- bzw. Synthese-Kautschuk-Belägen als Spritzwasserschutz bei sehr geringer Beanspruchung

Der vorhandene Dielenboden wird durch Aufbringen einer Spachtelung oder einer Spanplatte begradigt. Besonders günstig ist das Aufbringen eines Gussasphalts, da dieser fugenlos eingebaut werden kann und selbst schon relativ wasserbeständig ist.

Auf den vorbereiteten Unterboden werden PVC- oder Kautschuk-Beläge in Bahnen oder Platten aufgeklebt.

Für die Verklebung sollten Zweikomponenten-Reaktionsharzkleber verwendet werden.

Die Platten- oder Bahnstöße werden aufgefräst und anschließend mit thermoplastischen Dichtungsschnüren verschweißt. Hierdurch ist im Feldbereich eine recht gute Dichtheit zu erzielen.

Besonders schwierig ist der wasserdichte Anschluss an aufgehende Bauteile. Hier sind unbedingt vorgefertigte Wandanschlussprofile zu verwenden. Die Verwendung dauerplastischer Dichtungsmassen zum Verschluss der Randfuge reicht in keinem Fall zur Abdichtung aus.

Auf die Gefahr, dass durch die fehlende Durchlüftung Bauschäden (z.B. Schwamm) entstehen können, muss in diesem Zusammenhang hingewiesen werden. Die Gefahr darf aber nicht überschätzt werden. Zur Entwicklung von Hausschwamm und anderen pflanzlichen Holzschädlingen ist immer die Zufuhr von Feuchtigkeit erforderlich. In einem schadensfreien, zentral beheizten Gebäude sind die Deckenbereiche in aller Regel trocken. Erst die Zufuhr von Feuchtigkeit durch schadhafte Konstruktionen, wie zum Beispiel undichte Böden, oder Diffusion und anschließende Kondensation an kalten Bauteilen, führt zu Schäden, wenn die Feuchtigkeit am Entweichen aus der Holzkonstruktion durch dampfdichte Bodenbeläge gehindert wird.

Wandanschluss

Die Wandanschlussprofile sind vor Verlegung des Boden-belages sorgfältig an der Wand zu befestigen, anschließend ist der Bodenbelag auf den unteren Teil des Profils aufzukleben. Eckausbildungen des Wandanschlussprofils sind auf Gehrung zu schneiden und zu verschweißen, am besten sind vorgefertigte Eckteile zu verwenden.

Der Anschluss des Wandprofils an unebene Wandoberflächen ist nicht unkritisch. Die Abdichtungsfähigkeit im Anschluss an Wandbereiche darf deshalb nicht überschätzt werden.

Verbundabdichtungen mit Bekleidungen und Belägen aus Fliesen und Platten

Die sicher häufigste Abdichtung von feuchtebelasteten Fußböden im Wohnungsbau ist die Abdichtung im Verbund mit Bekleidungen aus Fliesen und Platten. Werden ohnehin Fliesen- oder Plattenbeläge auf ebenen, tragfähigen Untergründen eingebaut, kann durch begleitende Maßnahmen die Wasserdichtheit der Beläge so weit erhöht werden, dass sie für die häufigsten Beanspruchungsfälle im Wohnungsbau ausreicht.

Das Problem im Altbau besteht darin, dass häufig keine ebenen und festen Untergründe vorhanden sind. Bei der Wahl des geeigneten Abdichtungsverfahrens muss daher der vorhandene Untergrund und die geforderte Beanspruchungsgruppe beachtet werden.

In Altbauten werden sehr unterschiedliche Deckenkonstruktionen angetroffen:
* Holzbalkendecken,
* Holzkonstruktionen auf Kappen- oder Gewölbedecken,
* Betondecken mit Zement- oder Steinholzestrichen,
* Verbund- oder schwimmende Estriche,
* Stegzement- oder Betondielen,
* Hohlkörperdecken.

Bei der Wahl des geeigneten Abdichtungsverfahrens ist deshalb immer zu prüfen, ob der vorhandene Untergrund den gestellten Anforderungen hinsichtlich Durchbiegung, Verformung, Schwingungsverhalten und Risssicherheit gerecht wird. Verfahren, die für starre Betondecken geeignet sind, können auf relativ beweglichen Holzbalkendecken schnell versagen.

In solchen Fällen und bei hoher Beanspruchung sind immer Abdichtungen mit Bahnen oder Folien nach DIN 18195 einzubauen.

Für die Ausführung von Verbundabdichtungen ist das Merkblatt des Fachverbandes Deutsches Fliesengewerbe im Zentralverband des Deutschen Baugewerbes zu beachten (»Hinweise für die Ausführung von Verbundabdichtungen mit Bekleidungen und Belägen aus Fliesen und Platten für den Innen- und Außenbereich«, Stand: Januar 2005.)

Das Merkblatt unterscheidet zwischen verschiedenen Feuchtigkeitsbeanspruchungsklassen im bauaufsichtlich geregelten Bereich (A 1/A 2/B/C), z.B. Wände und Böden in öffentlichen Duschen, und Feuchtigkeitsbeanspruchungsklassen im bauaufsichtlich nicht geregelten Bereich (0/A0 1/A0 2/B0), also z.B. Wände und Böden in Bädern mit haushaltsüblicher Nutzung.

Bekleidungen aus keramischen Belägen sind in ihrer Grundkonstruktion feuchtigkeitsbeständig und Wasser abweisend, jedoch bedingt durch jede Art der Verfugung in jedem Fall so wasserdurchlässig, dass in der Regel eine zusätzliche Abdichtung erforderlich ist.

Diese zusätzliche Abdichtung wird durch eine Vorbehandlung des Untergrundes mit einer zusätzlichen Abdichtungsschicht erreicht. Hierbei kommen verschiedene Abdichtungsstoffe zum Einsatz. Die Abdichtungsschicht ist in mindestens zwei Arbeitsgängen aufzubringen, wobei bestimmte Mindesttrockenschichtdicken gewährleistet sein müssen.

* Kunststoffdispersionen   0,5 mm
* Kunststoff-Mörtelkombinationen   2,0 mm
* Reaktionsharzabdichtungen   1,0 mm

(Mindesttrockenschichtdicken für Abdichtungen im Verbund)

Fugen, insbesondere Eckfugen sind zusätzlich durch Einlagen aus Vlies, Gewebe oder Folien zu dichten, die in die Abdichtungsschicht einzudichten sind. Bei Bewegungen des Untergrundes sind die Dichtungen schlaufenförmig auszubilden, damit Bewegungen ausgeglichen werden können.

Durchdringungen müssen mit Dichtflanschen und Dichtmanschetten eingedichtet werden.

Weiterhin ist zu beachten, dass die Abdichtungen grundsätzlich auch hinter und unter Dusch- und Badewannen durchzuführen sind. Eine dauerelastische Abdichtung zwischen Wannenrand und Wand oder Boden stellt in keinem Fall eine dauerhaft wasserdichte Konstruktion dar.

Einbau von Bitumen- oder Kunststoffdichtungsbahnen

Der Einbau von Dichtungsbahnen ist die sicherste, aber auch aufwändigste Art der Fußbodenabdichtung. Verwendet werden Bitumenbahnen, vorzugsweise Schweißbahnen, oder Kunststoffbahnen, zum Beispiel solche, die quellverschweißt werden. Dichtungsbahnen werden bei der Altbaumodernisierung direkt auf der Dielung verlegt. Die Abdeckung erfolgt mit geeigneten Unterböden, vorzugsweise Gussasphalt, gegebenenfalls auch anderen Estrichen oder Span- bzw. Gipsplatten auf Ausgleichsschüttungen.

Neben der Flächendichtheit besteht ein großer Vorteil der Dichtungsbahnen darin, dass die Abdichtung ohne große Probleme an der Wand hochgeführt werden kann. Dies erleichtert den Anschluss an die Abdichtung der Wände, die immer über die Bodenabdichtung geführt werden soll.

Besonders gut ist die Ausbildung des Wandanschlusses bei Verwendung von Ständerwänden mit Beplankung aus Gipskarton- oder Gipsfaserplatten zu lösen.

Nach Aufstellen des Ständerwerkes ist die Abdichtung zunächst an einem schmalen Plattenstreifen aufzukanten. Die weitere Beplankung überlappt die Abdichtung, so dass eine sehr gute Dichtheit gewährleistet ist. Für die Wandabdichtung können verschiedene Verfahren gewählt werden, wie sie in Kapitel 4.3 beschrieben wurden.

8.2.1   Übersicht über Lösungsmöglichkeiten

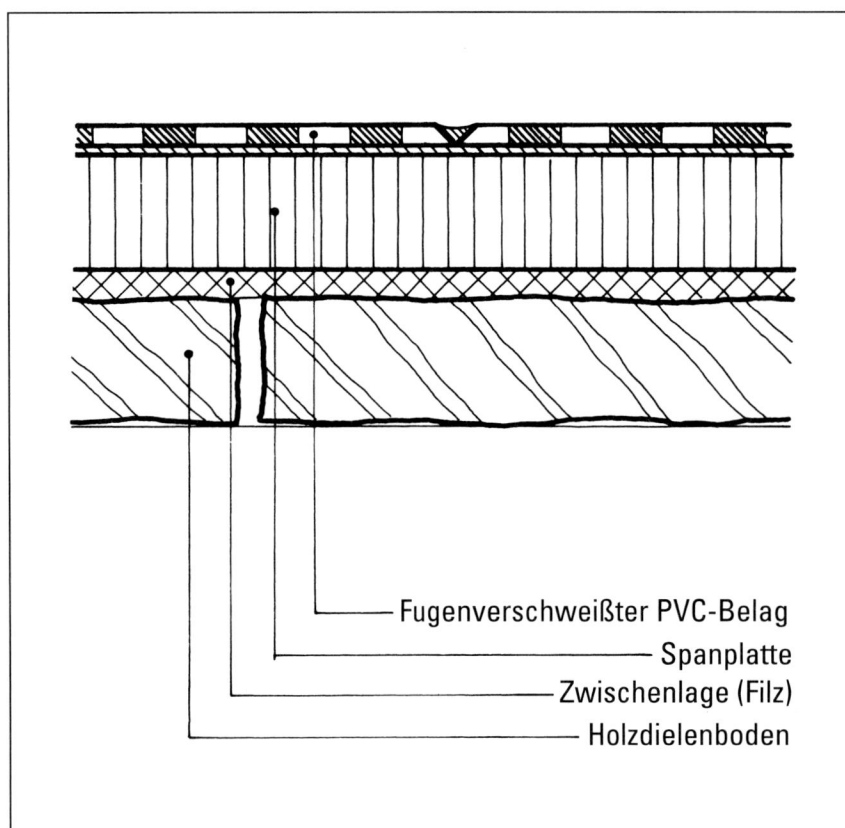

Fugenverschweißter PVC-Belag
Spanplatte
Zwischenlage (Filz)
Holzdielenboden

Fugenverschweißen des PVC-Bodens	
Baukosten	Ca. 10,– €/m²
Erforderliche begleitende Maßnahmen	Spanplatten als Unterboden Ca. 20,– €/m² PVC-Belag Ca. 30,– €/m²
Lebensdauer	20 Jahre
Einbauzeiten	0,27 Std./m²
Trocknungs-/ Wartezeiten	2 × 1 Tag (nach dem Vorspachteln)
Gewicht	PVC-Boden = 4,0 kg/m² Spanplatte = 16,0 kg/m² 20,0 kg/m²
Konstruktionshöhe (einschl. Unterboden)	35,0 mm
Abdichtungsgrad	Mittel, im Rand- bereich kritisch
Ausführendes Unternehmen	Fußbodenleger
Anmerkungen	Abdichtung an aufgehende Bauteile kritisch

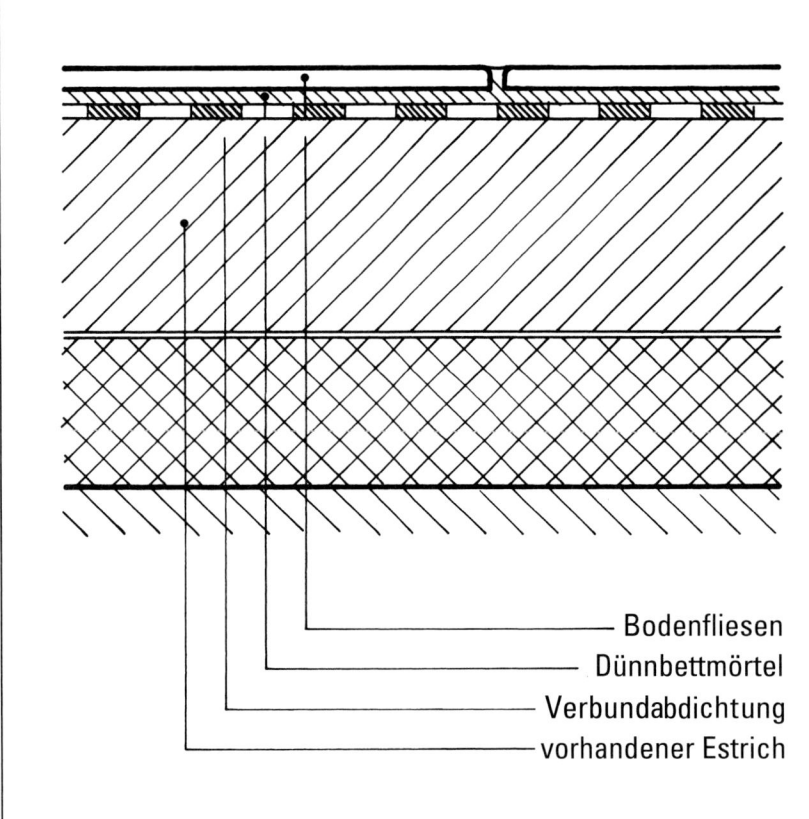

Bodenfliesen
Dünnbettmörtel
Verbundabdichtung
vorhandener Estrich

Verbundabdichtung	
Baukosten	Ca. 30,– €/m²
Erforderliche begleitende Maßnahmen	Fliesenbelag 80,– €/m²
Lebensdauer	Geschätzt: 20 bis 25 Jahre, Erfahrungswerte liegen noch nicht vor
Einbauzeiten	0,26 Std./m²
Trocknungs-/ Wartezeiten	1 Tag
Gewicht	Spachtelung = 1,0 kg/m² Fliesen = 10,0 kg/m² 11,0 kg/m²
Konstruktionshöhe (einschl. Unterboden)	11,0 mm
Abdichtungsgrad	Mittel
Ausführendes Unternehmen	Fliesenleger

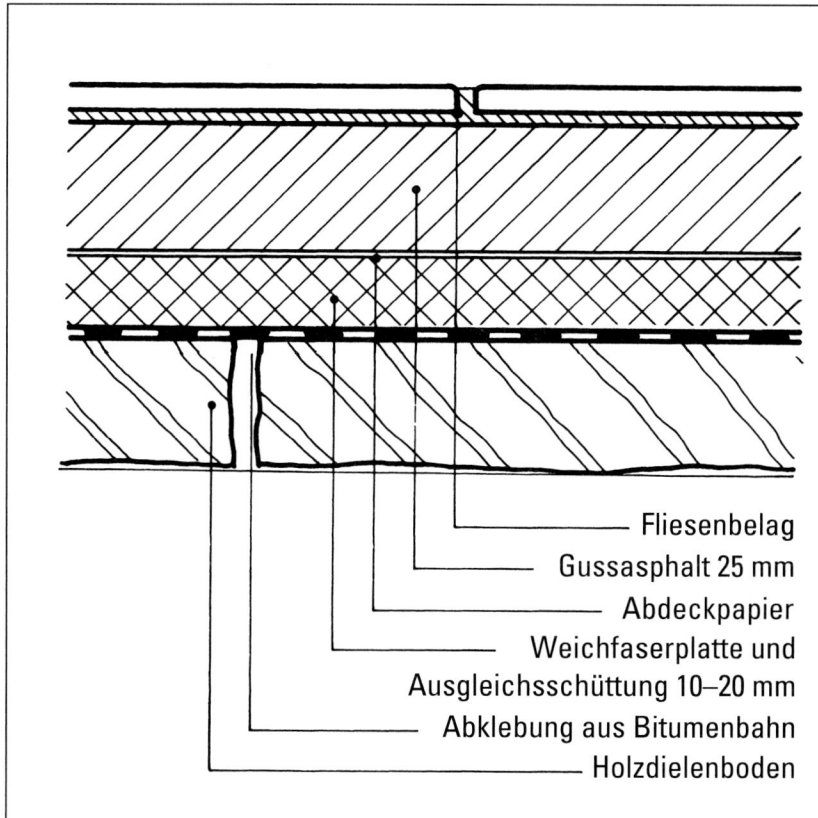

Fliesenbelag
Gussasphalt 25 mm
Abdeckpapier
Weichfaserplatte und
Ausgleichsschüttung 10–20 mm
Abklebung aus Bitumenbahn
Holzdielenboden

Abklebung mit Dichtungsbahnen	
Baukosten	Ca. 30,– €/m²
Erforderliche begleitende Maßnahmen	Gussasphalt als Unterboden Ca. 30,– €/m² Fliesenbelag Ca. 80,– €/m²
Lebensdauer	40 bis 50 Jahre
Einbauzeiten	0,44 Std./m²
Trocknungs-/ Wartezeiten	Keine
Gewicht	Abklebung = 2,0 kg/m² Estrich = 60,0 kg/m² Fliesen = 10,0 kg/m² 72,0 kg/m²
Konstruktionshöhe (einschl. Unterboden)	57,0 mm
Abdichtungsgrad	Hoch
Ausführendes Unternehmen	Estrichleger

8.2.2   Abdichtung von Feuchtraumfußböden – Details

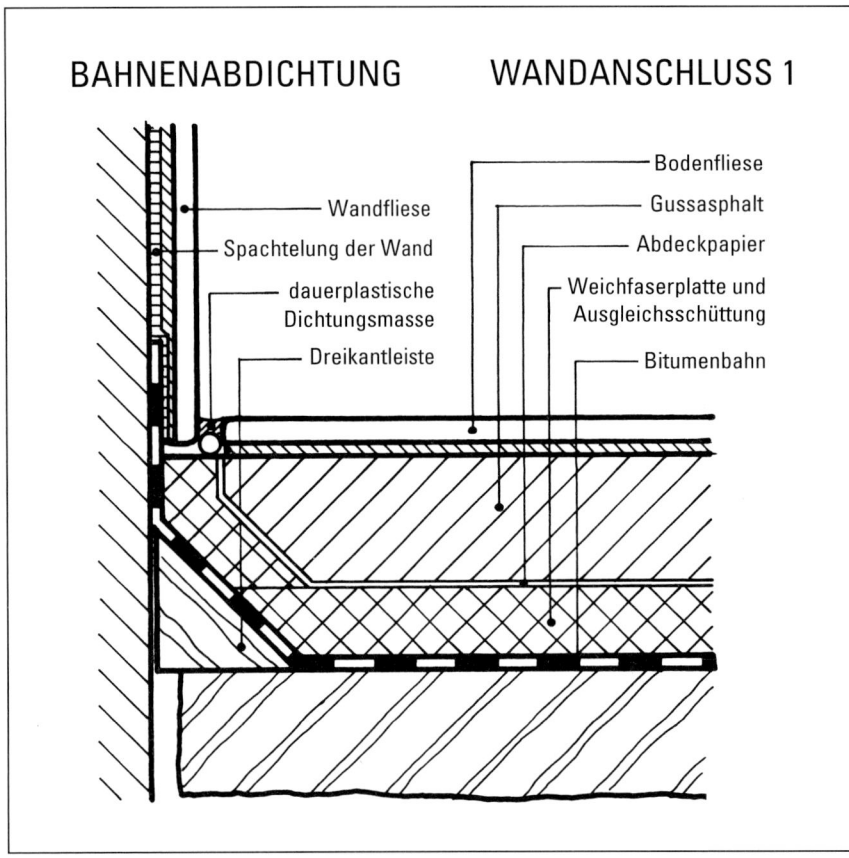

**Bahnenabdichtung
Wandanschluss 1**

- Aufkanten der Bahnenabdichtung am massiven Mauerwerk
- Einlegen von Dreikantleisten, um Beschädigung der Dichtungsbahnen im Eckbereich zu vermeiden
- Dichtungsspachtel der Wand über Bahnenabdichtung führen
- Eckfuge des Fliesenbelages in den Fußboden legen, um Abriss bei Bewegungen zu verhindern

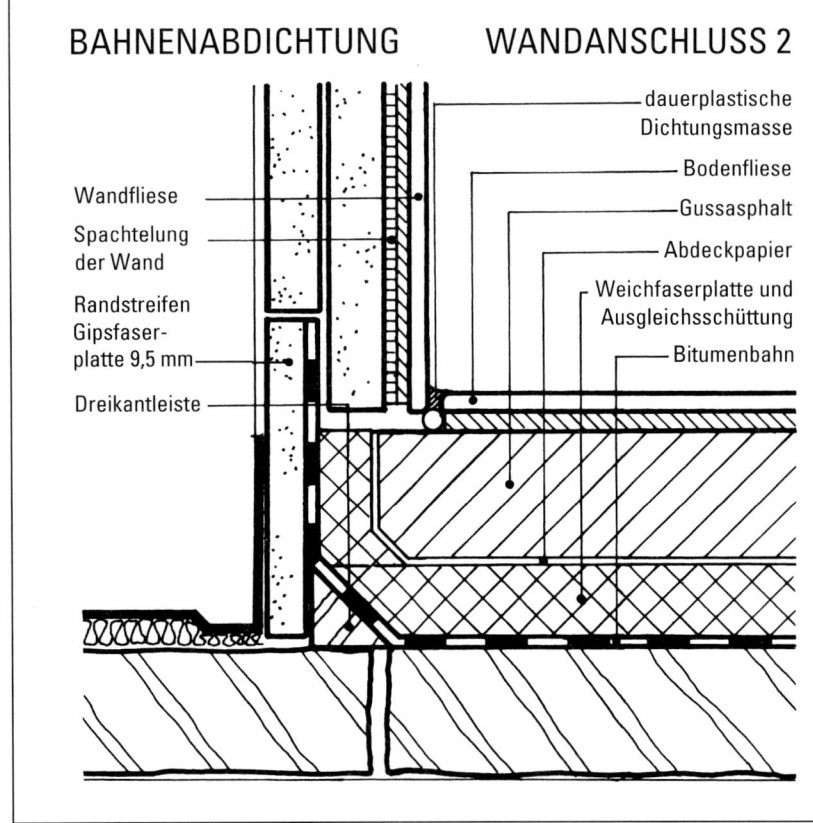

**Bahnenabdichtung
Wandanschluss 2**

- Bahnenabdichtung an Randstreifen der Ständerwand aufkanten
- Einlegen von Dreikantleisten, um Beschädigung der Dichtungsbahn im Eckbereich zu vermeiden
- Beplankungslage mit Spachtelung über Bahnabdichtung führen
- Eckfuge des Fliesenbelages in den Fußboden legen, um Abriss bei Bewegungen zu verhindern

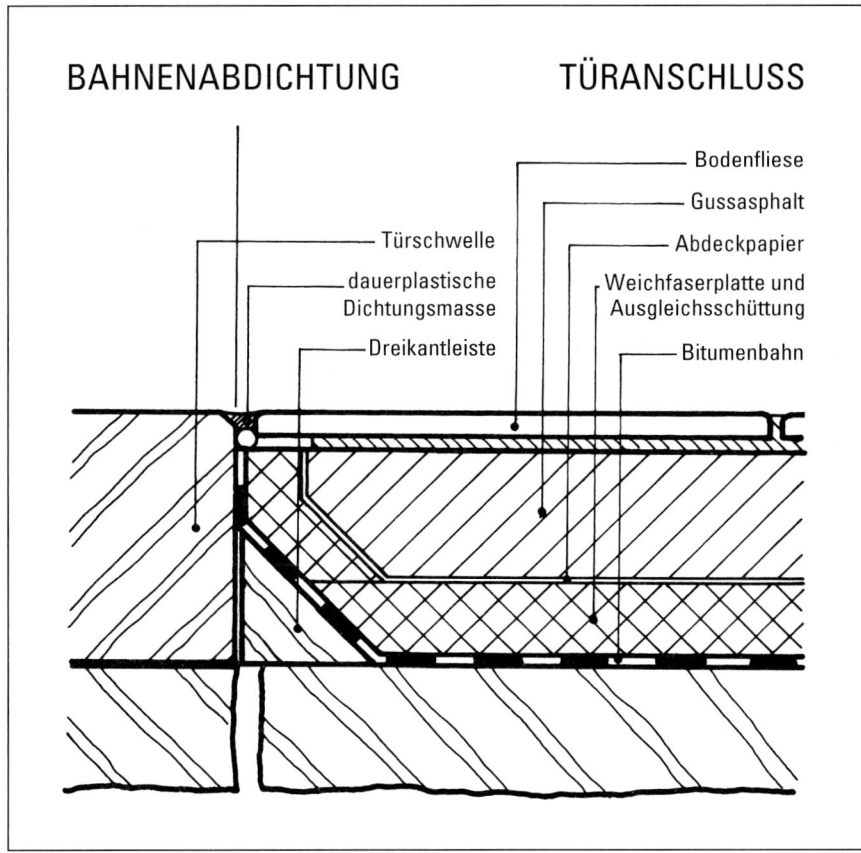

BAHNENABDICHTUNG

- Türschwelle
- dauerplastische Dichtungsmasse
- Dreikantleiste

TÜRANSCHLUSS

- Bodenfliese
- Gussasphalt
- Abdeckpapier
- Weichfaserplatte und Ausgleichsschüttung
- Bitumenbahn

Bahnenabdichtung Türanschluss

- Einbau einer Holzschwelle in die Badezimmertür
- Aufkanten der Dichtungsbahn an der Türschwelle
- Einlegen einer Dreikantleiste, um Beschädigung der Dichtungsbahn im Eckbereich zu vermeiden
- Dauerplastische Abdichtung der Fuge zwischen Fliesenbelag und Türschwelle

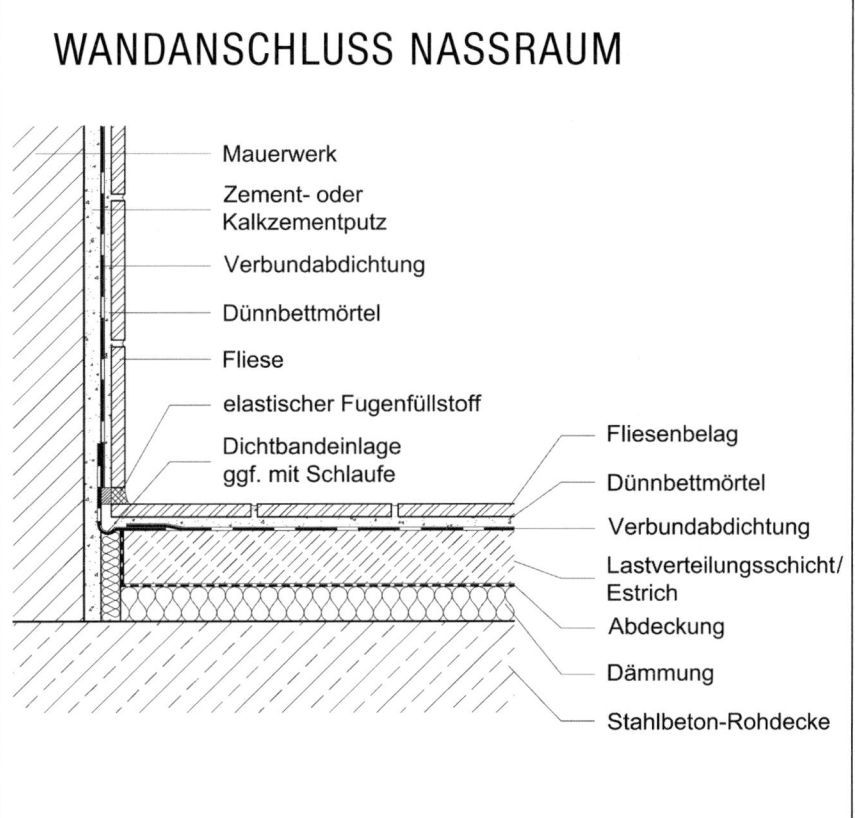

WANDANSCHLUSS NASSRAUM

- Mauerwerk
- Zement- oder Kalkzementputz
- Verbundabdichtung
- Dünnbettmörtel
- Fliese
- elastischer Fugenfüllstoff
- Dichtbandeinlage ggf. mit Schlaufe
- Fliesenbelag
- Dünnbettmörtel
- Verbundabdichtung
- Lastverteilungsschicht/ Estrich
- Abdeckung
- Dämmung
- Stahlbeton-Rohdecke

Verbundabdichtung Wandanschluss*

- Einkleben eines Dichtungsbandes in die Eckfuge zwischen Fußboden und Wand
- Aufbringen der Verbundabdichtung auf Boden- bzw. Wandfläche
- Einbetten des Dichtungsbandes im Verbund

Sind Bewegungen zwischen Boden und Wand zu erwarten, ist das Eckendichtungsband schlaufenförmig einzubauen.

---

* Aus: Merkblatt »Hinweise für die Ausführung von Verbundabdichtungen mit Bekleidungen und Belägen aus Fliesen und Platten für den Innen- und Außenbereich«, Fördergesellschaft Fliesen

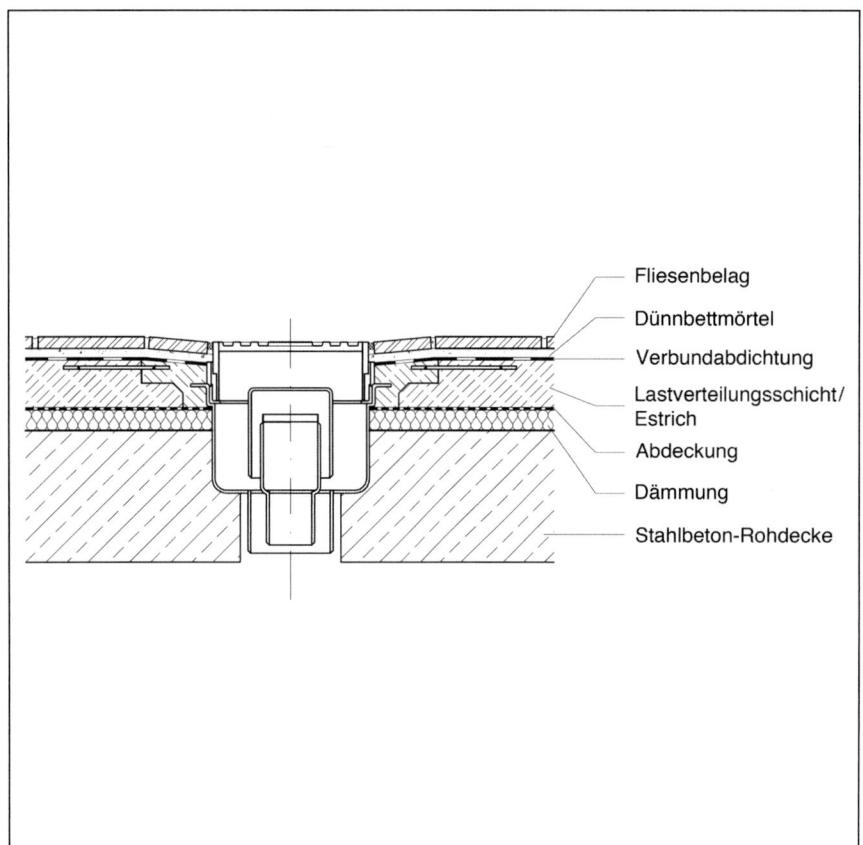

**Verbundabdichtung
Bodenablauf***

Anschluss Bodenablauf mit Klebe-
flansch und Gewebeeinlage

Fliesenbelag
Dünnbettmörtel
Verbundabdichtung
Lastverteilungsschicht/
Estrich
Abdeckung
Dämmung
Stahlbeton-Rohdecke

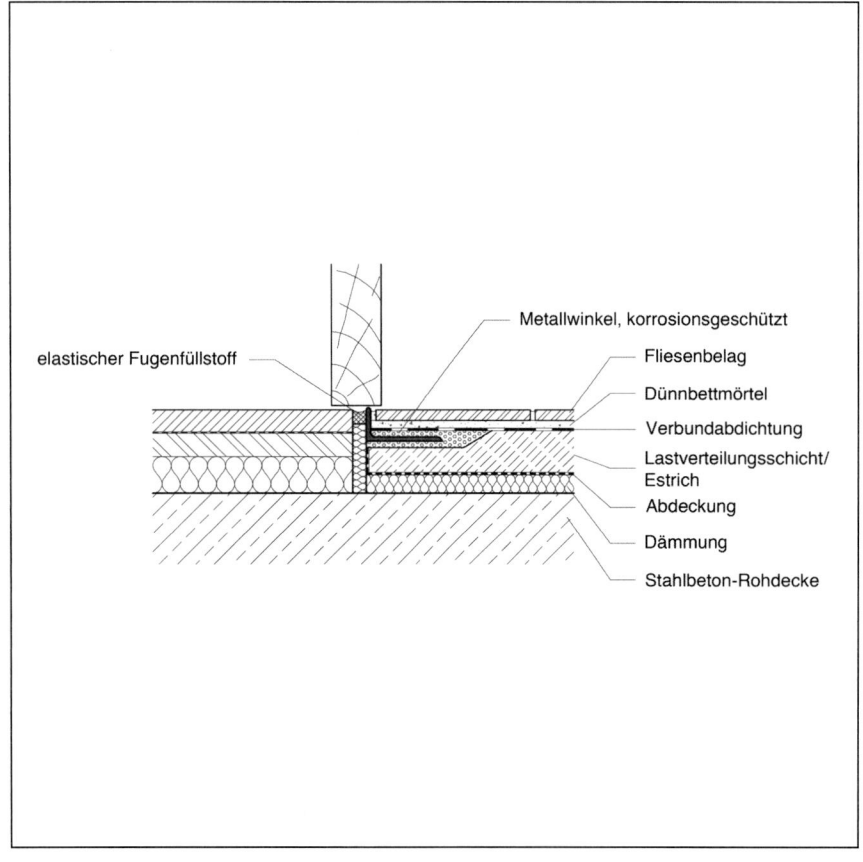

**Verbundabdichtung
Türanschluss***

Übergang im Türbereich
(Beanspruchungsgruppe 0)

Metallwinkel, korrosionsgeschützt
elastischer Fugenfüllstoff
Fliesenbelag
Dünnbettmörtel
Verbundabdichtung
Lastverteilungsschicht/
Estrich
Abdeckung
Dämmung
Stahlbeton-Rohdecke

* Aus: Merkblatt »Hinweise für die Ausführung
von Verbundabdichtungen mit Belägen aus
Fliesen und Platten für den Innen- und
Außenbereich«, Fördergesellschaft Fliesen.

8.2.3   Vergleichende Beurteilung

	Fugenverschweißen des PVC-Bodens	Verbundabdichtung	Abklebung mit Dichtungsbahnen
Baukosten	Ca. 10,– €/m²	Ca. 30,– €/m²	Ca. 30,– €/m²
Erforderliche begleitende Maßnahmen	Spanplatte als Unterboden Ca. 20,– €/m² PVC-Belag ca. 30,– €/m²	Fliesenbelag 80,– €/m²	Gussasphalt als Unterboden Ca. 30,– €/m² Fliesenbelag ca. 80,– €/m²
Lebensdauer	20 Jahre	20 bis 25 Jahre	40 bis 50 Jahre
Einbauzeiten	0,27 Std./m²	0,26 Std./m²	0,44 Std./m²
Trocknungs-/Wartezeiten	2 × 1 Tag (nach dem Vorspachteln)	1 Tag	Keine
Gewicht	PVC-Boden = 4,0 kg/m² Spanplatte = 16,0 kg/m² ———— 20,0 kg/m²	Spachtelung = 1,0 kg/m² Fliesen = 10,0 kg/m² ———— 11,0 kg/m²	Abklebung = 2,0 kg/m² Estrich = 60,0 kg/m² Fliesen = 10,0 kg/m² ———— 72,0 kg/m²
Konstruktionshöhe (einschl. Unterboden)	35,0 mm	11,0 mm	57,0 mm
Abdichtungsgrad	Mittel, im Randbereich kritisch	Mittel	Hoch
Ausführendes Unternehmen	Fußbodenleger	Fliesenleger	Estrichleger
Anmerkungen	Abdichtung an aufgehende Bauteile kritisch	–	–

9 Fenster/Türen

9.1 Problempunkt:
Geringe Wärmedämmung von Fenstern/Türen

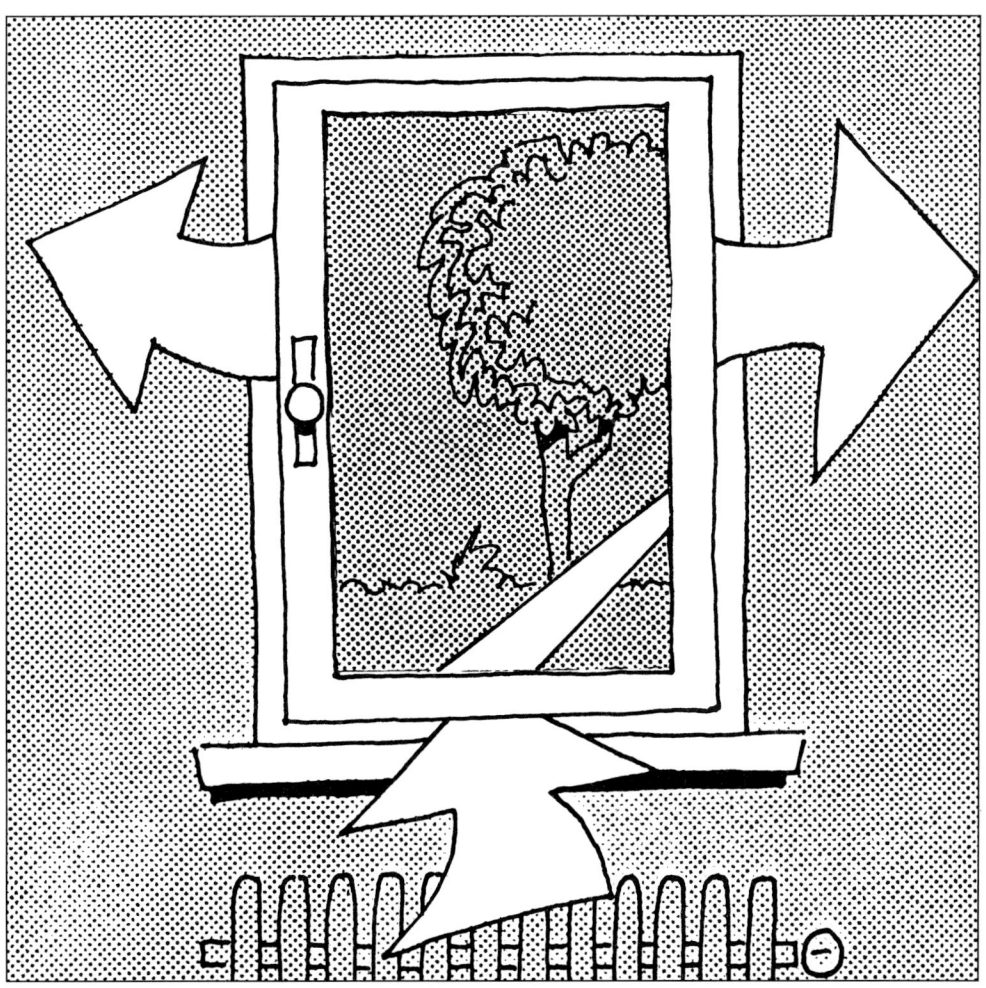

Ausgangssituation

Undichte, nicht wärmegedämmte Fenster führen zu erheblichen Wärmeverlusten. Hierbei ist zu unterscheiden zwischen *Transmissionswärmeverlusten* durch geringe Dämmwirkung von Einfachverglasung und *Lüftungswärmeverlusten* durch geringe Fugendichtigkeit.

Bevor Maßnahmen zur Behebung der Wärmeverluste getroffen werden, ist genau zu analysieren, ob es sich um Transmissionswärmeverluste, um Lüftungswärmeverluste oder um eine Kombination beider Verlustquellen handelt.

Nicht selten trifft man in Gründerzeithäusern Kastenfenster an, die recht gute Wärmedämmwerte aufweisen, bei denen es durch Fugenundichtigkeiten jedoch zu erheblichen Wärmeverlusten kommt.

Andererseits findet man oft in Bauten der 50er Jahre noch gut und dicht schließende Fenster, die infolge der Einfachverglasung hohe Transmissionswärmeverluste aufweisen.

Zur Verbesserung der Wärmedämmung von Fenstern (und Fenstertüren) stehen folgende Möglichkeiten zur Verfügung:

- Einbau von Dichtungsprofilen,
- Einbau von Wärmeschutzglas in vorhandenen Rahmen,
- Einbau eines neuen Fensters mit Wärmeschutzverglasung,
- Einbau eines neuen Verbundfensters.

Energieeinsparverordnung

Neben Außenwand und Dach führen die Fenster bei manchen Baualtersstufen mit zu den höchsten Heizwärmeverlusten.

Die seit dem 1. Januar 2002 geltende Energieeinsparverordnung stellt deshalb auch an Fenster in Altbauten bestimmte Anforderungen, wenn die Fenster ersetzt oder erneuert werden (ausführliche Hinweise zur Energieeinsparverordnung siehe Abschnitt 1.7.3).

Der geforderte maximale Wärmedurchgang für Fenster (Glas und Rahmen) beträgt:

$$U_\mathrm{F} < 1{,}8 \ \mathrm{W/(m^2 \cdot K)}$$

In der Praxis bedeutet dies zum Beispiel die Verwendung von Kunststoff- oder Holzeinfachfenstern mit Energiesparglas ($U < 1{,}5$) als Minimallösung. Zu empfehlen wäre jedoch die kaum teurere Verwendung von Wärmeschutzglas mit $U = 1{,}1$, weil sie die Wärmedämmung noch einmal verbessert.

Die bisher übliche Verwendung von Zweischeibenwärmeschutzglas ist nicht mehr gestattet. Es ist ferner zu beachten, dass sich die Berechnung der U-Werte für Fenster verschärft hat, weil die Durchlässigkeit der Rahmen stärker gewichtet wird. Dies bedeutet letztlich, dass jede Fenstergröße andere U-Werte aufweist.

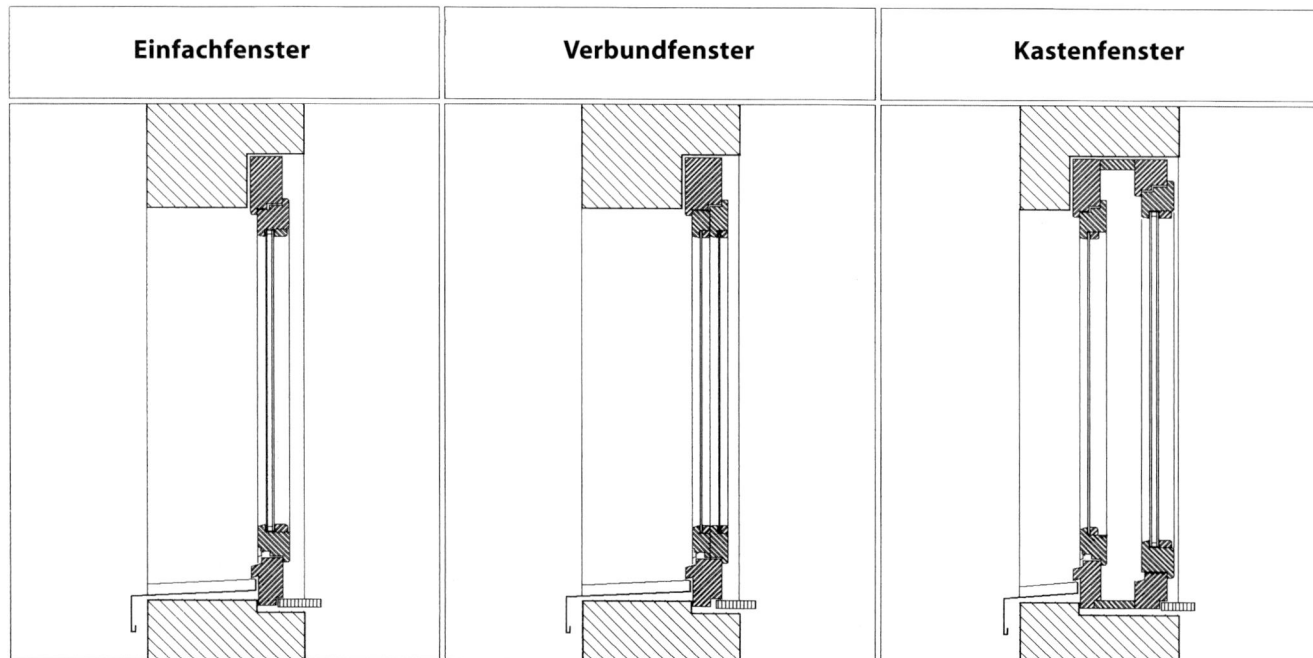

Fensterarten

Anforderungen an die Dichtheit

Anforderungen an die Dichtheit von Gebäuden werden für bestehende Gebäude nicht unmittelbar gefordert. In der Praxis muss man jedoch davon ausgehen, dass alle neu eingebauten Fenster den Anforderungen der Energieeinsparverordnung entsprechen, das heißt, dauerhaft undurchlässig sind gemäß EnEV, Anhang 4. Hinsichtlich der Begrenzung der Energieverluste ist dies ein großer Vorteil, hinsichtlich des erforderlichen Austausches von Raumluft und der damit verbundenen Feuchtigkeitsprobleme kann es bei Altbauten, insbesondere wenn die Wärmedämmung anderer Außenbauteile, zum Beispiel der Außenwände, zu gering ist, zu sehr großen Problemen kommen.

Das Problem fugendichter Fenster

Der Einbau fugendichter Fenster oder die Abdichtung vorhandener Fugen führt zwangsläufig zu einem stark verminderten Luftaustausch zwischen Wohnung und Außenluft.

Während bisher feuchte Luft aus Innenräumen durch die Fugenundichtheiten der Fenster im Luftaustausch abgeführt wurde, ist dieser Vorgang nun unterbrochen oder zumindest stark eingeschränkt. Die Folge hiervon kann eine starke Erhöhung der Luftfeuchte des Innenraumes sein. Die Luftfeuchte kann so weit ansteigen, dass es an den Innenseiten von Außenbauteilen mit geringer Oberflächentemperatur (Raumecken, Fensterleibungen, Bereiche hinter Bildern, Schränken etc.) zur Unterschreitung der Taupunkttemperatur und damit zur Bildung von Kondensat kommt. Dies muss unbedingt verhindert werden.

Abhilfe kann geschaffen werden durch eine Verbesserung der Wärmedämmung der Außenwandflächen, so dass niedrige Bauteiloberflächentemperaturen verhindert werden, oder durch Entfeuchtung der Innenluft bei gezieltem Luftaustausch (Stoßlüftung).

Wenn die Verbesserung der Wärmedämmung der Außenwände nicht möglich ist, dann müssen die Bewohner unbedingt durch ausführliche Information mit dem Problem vertraut gemacht und zu sorgfältigem und richtigem Lüften angehalten werden.

Auf Dauer werden sicher auch in Altbauten vermehrt Lüftungsanlagen eingebaut. Sinnvoll im Sinne der Energieeinsparungsverordnung ist dies vor allem in Kombination mit Anlagen zur Wärmerückgewinnung, die allerdings wohnungsweise getrennt aufgelegt sein müssen.

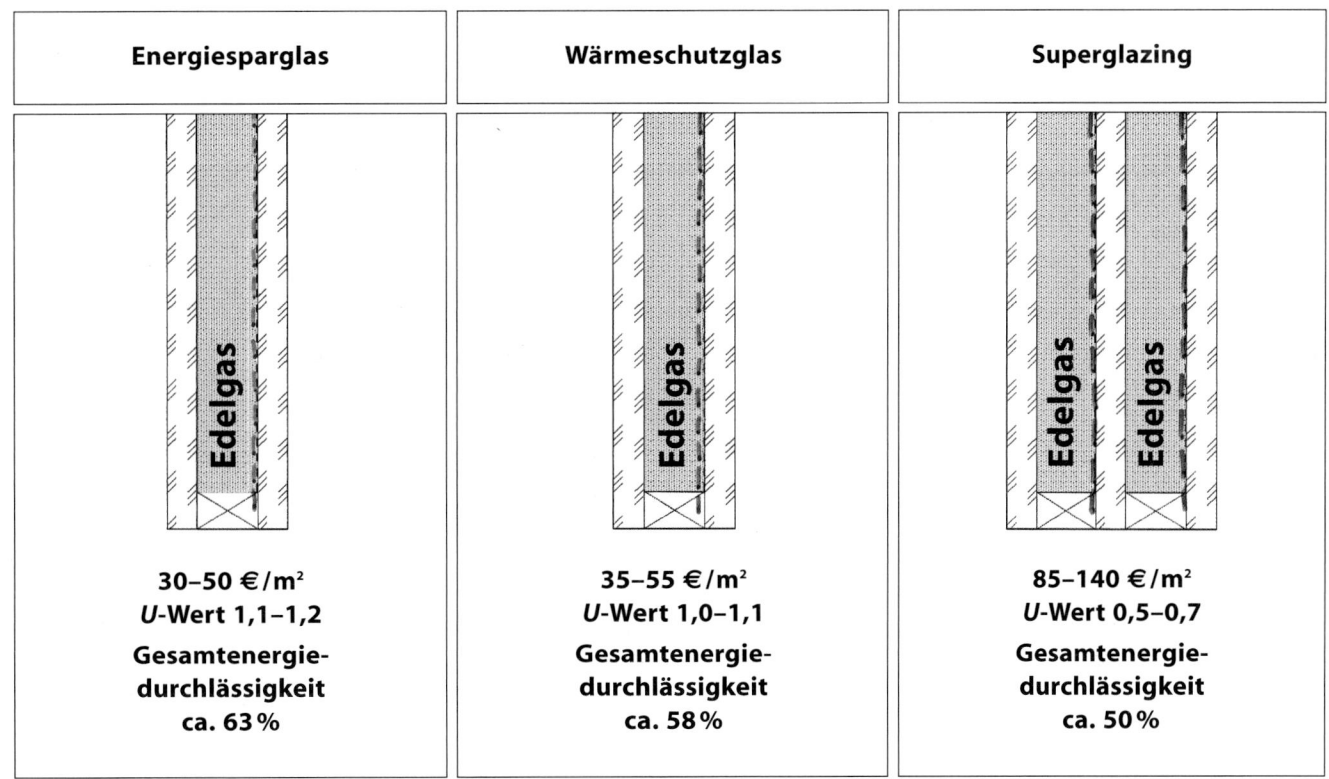

Energiesparglas	Wärmeschutzglas	Superglazing
30–50 €/m²	35–55 €/m²	85–140 €/m²
U-Wert 1,1–1,2	*U*-Wert 1,0–1,1	*U*-Wert 0,5–0,7
Gesamtenergie-durchlässigkeit ca. 63%	Gesamtenergie-durchlässigkeit ca. 58%	Gesamtenergie-durchlässigkeit ca. 50%

Übersicht über Glasarten
(*U*-Werte sind abhängig von Scheibenzwischenraum, Glasart und Beschichtung; *U*-Wert nur für Glas Preisstand 2005 inkl. MwSt.)

Neue Holzfenster mit historischer Sprossenteilung

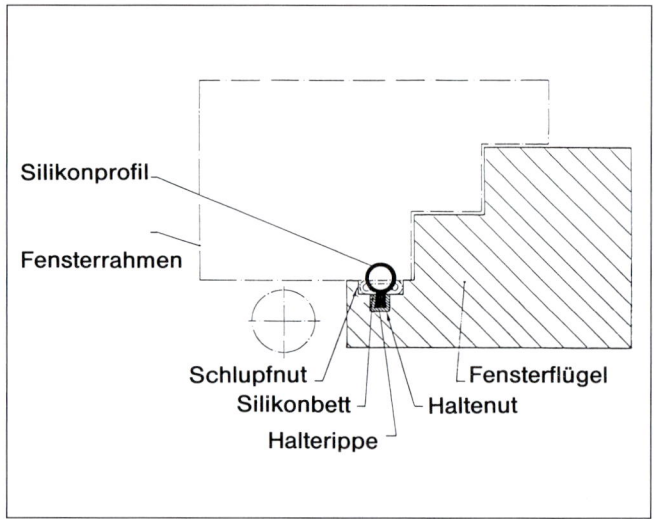

Schlupfnut zur Aufnahme der zusammengedrückten Dichtung

Einbau von Dichtungsprofilen

Der Einbau von Dichtungsprofilen empfiehlt sich dann, wenn Lüftungswärmeverluste zu beheben sind, also zum Beispiel bei zusätzlicher Dämmung vorhandener Kastenfenster oder als ergänzende Maßnahme beim Einbau von Wärmeschutzglas oder beim Einbau einer zweiten Scheibe in vorhandene Holzfenster.

Zum Einbau von Dichtungsprofilen wird in den vorhandenen Flügelrahmen umlaufend eine Nut eingefräst, in die das Dichtungsprofil eingeklemmt wird. Hierbei muss beachtet werden, dass vor allem auf der Bandseite des Fensters keine unzulässig hohen Quetschungen der Dichtung auftreten.

Bei ausreichend breiten Rahmenprofilen kann eine Schlupfnut eingefräst werden, die das unter Druck verbreiterte Dichtungsprofil aufnimmt.

Unter Berücksichtigung der Energieeinsparverordnung hat diese Maßnahme an Bedeutung verloren und wird nur noch selten verwendet, zum Beispiel bei denkmalgeschützten Fenstern oder bei gut erhaltenen Kasten- oder Doppelfenstern. Diese Fensterart hat zum einen recht gute Wärmedämmeigenschaften hinsichtlich der Transmissionswärmeverluste, zum anderen sieht die Energieeinsparverordnung durchaus auch Ausnahmen, insbesondere für denkmalgeschützte Bausubstanz, vor.

Einbau von Wärmeschutzglas in vorhandenen Rahmen

Ist die alte Verglasung schadhaft, so kann eine Verbesserung des Wärmeschutzes durch den Ersatz der Einscheibenverglasung durch Zweischeibenwärmeschutzglas erreicht werden, vorausgesetzt die vorhandenen Rahmen sind in gutem Zustand.

Es gibt mehrere Möglichkeiten, Zweischeibenwärmeschutzglas in alte Holzrahmen einzusetzen. Wichtig ist in jedem Fall, dass der vorhandene Fensterrahmen weit genug aufgefräst werden kann, um den Randverbund der neuen Glasscheibe aufzunehmen und abzudecken.

Einbau eines zweiten Fensters innen

Ein besonders guter Wärmeschutz wird durch Ausbildung eines Kastenfensters erreicht. Das alte Fenster wird belassen, und ein zweites neues Fenster wird auf der Innenseite der Wand ergänzt. Hierbei wird das neue Fenster mit Flügeldichtungen und Wärmeschutzglas versehen. Die lichte Öffnung des neuen Fensters muss dabei größer sein als der Flügelrahmen des vorhandenen Fensters, damit man das alte Fenster durch das neue hindurch öffnen kann.

Meist ist es erforderlich, die alte vorhandene Fensterbank bündig mit der Wand abzuschneiden, damit das neue Fenster an der Wand angeschraubt werden kann.

Ein großer Vorteil dieser Dämmmaßnahme besteht darin, die alten Fenster mit Sprossenteilung oder profilierten Flügelrahmen belassen zu können und gleichzeitig die Transmissions- und Lüftungswärmeverluste stark zu mindern.

Einbau eines zweiten Fensters auf der Rauminnenseite

Neues Fenster mit Wärmeschutzverglasung

Ist das alte vorhandene Fenster sehr stark beschädigt, wird es sinnvollerweise gegen ein neues mit Wärmeschutzverglasung ausgetauscht.

Als Materialien für die Rahmenkonstruktion stehen Holz, Aluminium oder Kunststoff zur Verfügung. Die Wahl des Rahmenmaterials hängt stark ab von den Gegebenheiten und vom persönlichen Geschmack. Dazu kommen regionale Besonderheiten.

Hier gibt es große Unterschiede zwischen Nord- und Süddeutschland. Während im Norden viele Kunststofffenster verwendet werden, sind im Süden eher Holzfenster vertreten.

Neue denkmalgerechte Fenster

Neue denkmalgerechte Fenster können entweder als Verbundfenster oder als denkmalgerechte Einfachfenster mit Wärmeschutzverglasung ausgeführt werden.

Verbundfenster bestehen aus zwei miteinander gekoppelten Rahmen, von denen der äußere Flügel hinsichtlich Profilstärke, Wetterschenkel und Sprossenabmessung dem historischen Vorbild angepasst werden kann. Die Einfachverglasung des äußeren Flügels gestattet problemlos den Einbau von Holzsprossen in kleinen Abmessungen, die dem historischen Vorbild entsprechen. Der innere Flügel kann eine Wärmeschutzverglasung aufnehmen, so dass die Anforderungen der Energieeinsparverordnung erfüllt werden.

Moderne Beschläge und verbesserte Fertigungsmethoden lassen aber immer schlankere Profile auch für Einfachfenster mit Wärmeschutzverglasung zu. So können denkmalgerechte Fenster auch als Einfachfenster mit schmalen Sprossen und verkleideten Wetterschutzschienen hergestellt werden. Insgesamt sind die Profilstärken größer als bei historischen Fenstern, aber in vielen Fällen kann der Nachbau auch unter denkmalpflegerischen Gesichtspunkten akzeptiert werden. Für die Bewohner bietet der moderne Flügel ein höheres Maß an Komfort bei der Bedienung.

9.1.1   Übersicht über Lösungsmöglichkeiten

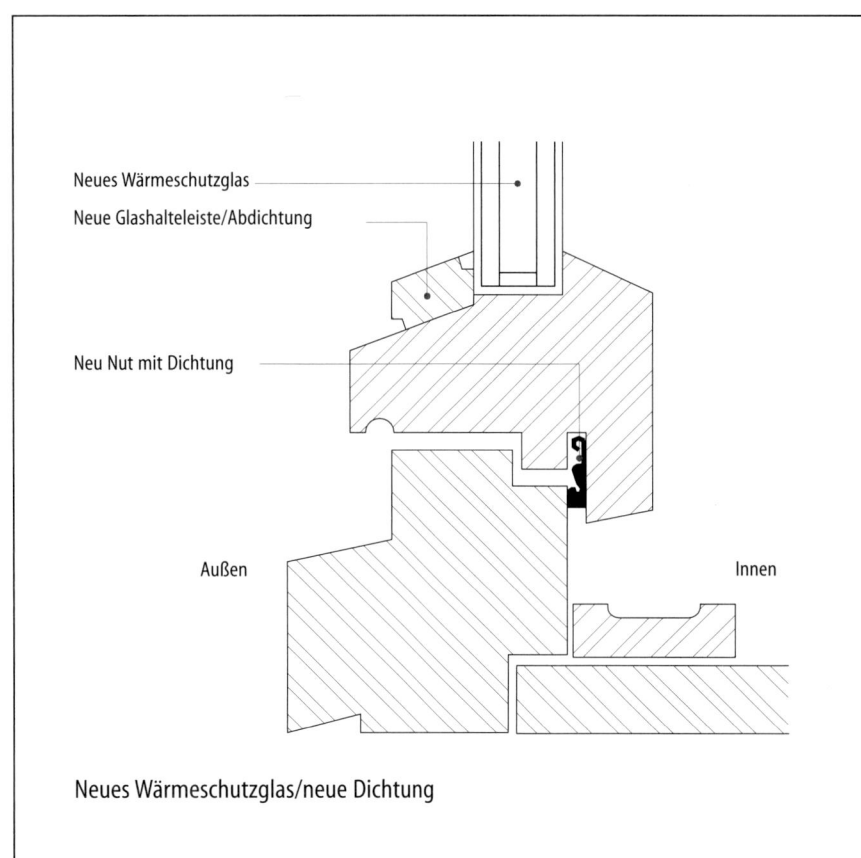

Neues Wärmeschutzglas

Neue Glashalteleiste/Abdichtung

Neu Nut mit Dichtung

Außen   Innen

Neues Wärmeschutzglas/neue Dichtung

Neues Wärmeschutzglas/neue Dichtung	
Baukosten	Ca. 240,– €/m²
Lebensdauer	10 bis 20 Jahre
Erforderliche begleitende Maßnahmen	Dichtungsprofile einbauen
Einbauzeiten	Ca. 1 Std./Fenster
Wartezeiten	1 Tag
Veränderung der Scheibengröße	Neue Scheibe ist kleiner bei einigen Verfahren
Wärmedurchgangs- koeffizient W/(m² · K) (siehe DIN 4108)	Ca. 2,6
Ausführendes Unternehmen	Glaser/Tischler
Beeinträchtigung der Wohnnutzung	Gering
Denkmalverträg- lichkeit	Schlecht
Anmerkungen	Schwächung des Rahmens durch Auffräsen bei einigen Verfahren

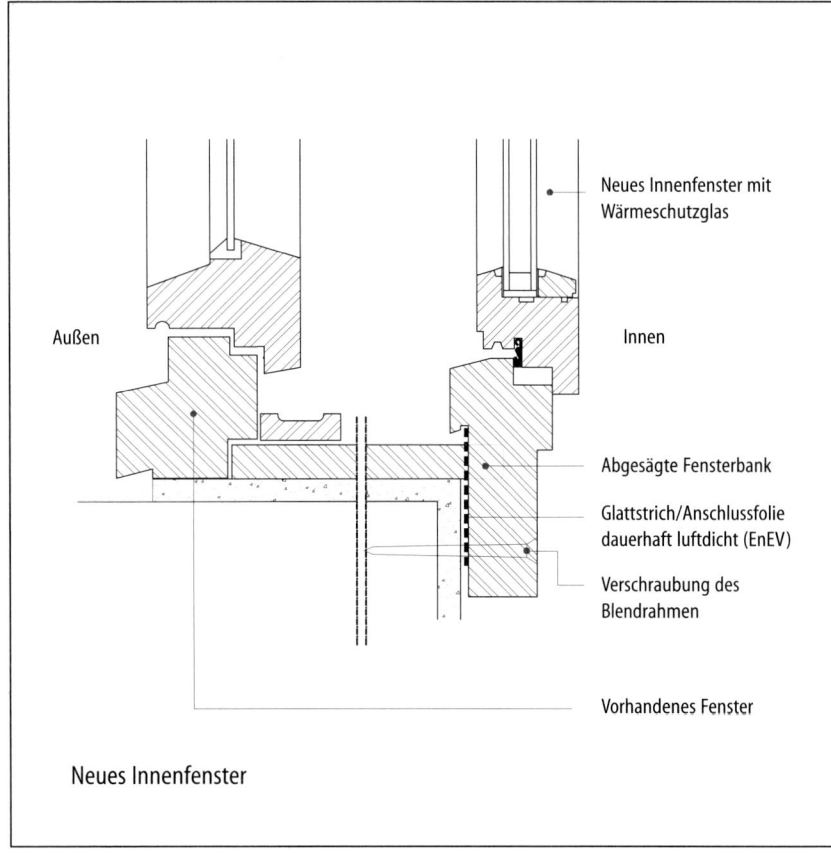

Neues Innenfenster mit Wärmeschutzglas

Außen   Innen

Abgesägte Fensterbank

Glattstrich/Anschlussfolie dauerhaft luftdicht (EnEV)

Verschraubung des Blendrahmen

Vorhandenes Fenster

Neues Innenfenster

Einbau eines zweiten Fensters innen	
Baukosten	Ca. 400,– €/m²
Lebensdauer	40 Jahre Holz 10 bis 20 Jahre Glas
Erforderliche begleitende Maßnahmen	Dichtungsprofile einbauen
Einbauzeiten	Ca. 1 Std./Fenster
Wartezeiten	Keine
Veränderung der Scheibengröße	Lichteinfall insgesamt geringer
Wärmedurchgangs- koeffizient W/(m² · K) (siehe DIN 4108)	Ca. 1,9
Ausführendes Unternehmen	Tischler
Beeinträchtigung der Wohnnutzung	Gering
Denkmalverträg- lichkeit	Gut
Anmerkungen	Alte Sprossen- teilung bleibt erhalten

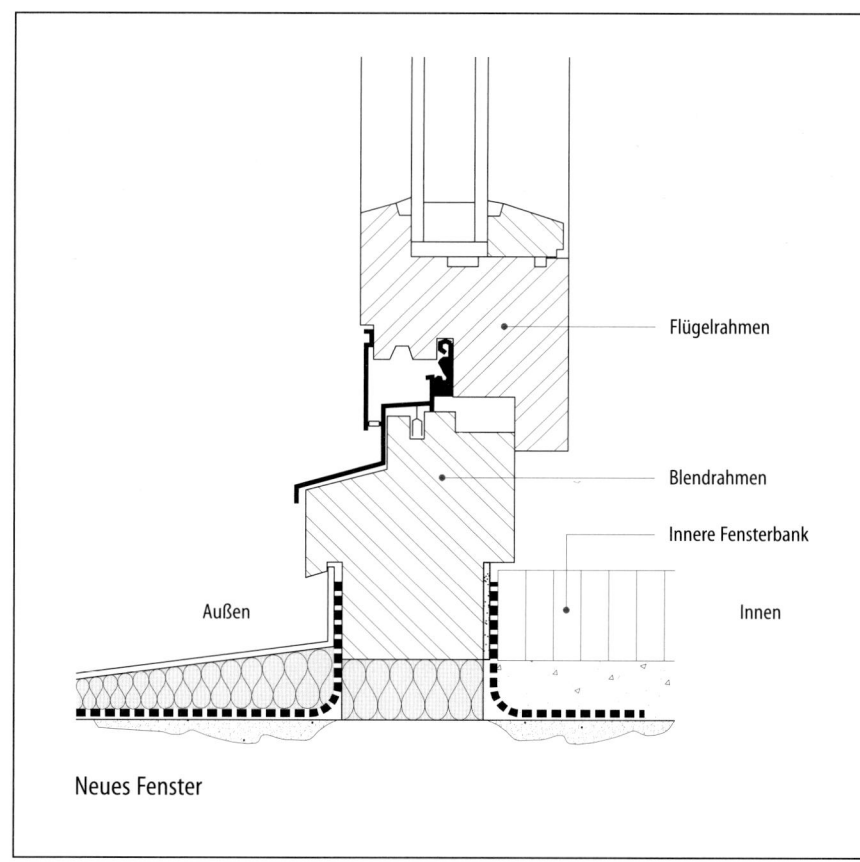

Neues Fenster

Neues Fenster mit Wärmeschutz-verglasung (ohne Denkmalschutz)	
Baukosten	Ca. 400,– €/m²
Lebensdauer	40 Jahre Holz 10 bis 20 Jahre Glas
Erforderliche begleitende Maßnahmen	Beiputz/Anstrich Wand
Einbauzeiten	Ca. 2 Std./Fenster
Wartezeiten	Keine
Veränderung der Scheibengröße	Geringfügig kleiner
Wärmedurchgangs-koeffizient W/(m² · K) (siehe DIN 4108)	Ca. 2,6
Ausführendes Unternehmen	Tischler
Beeinträchtigung der Wohnnutzung	Mittel
Denkmalverträg-lichkeit	Schwierig
Anmerkungen	Sprossenteilung beachten!

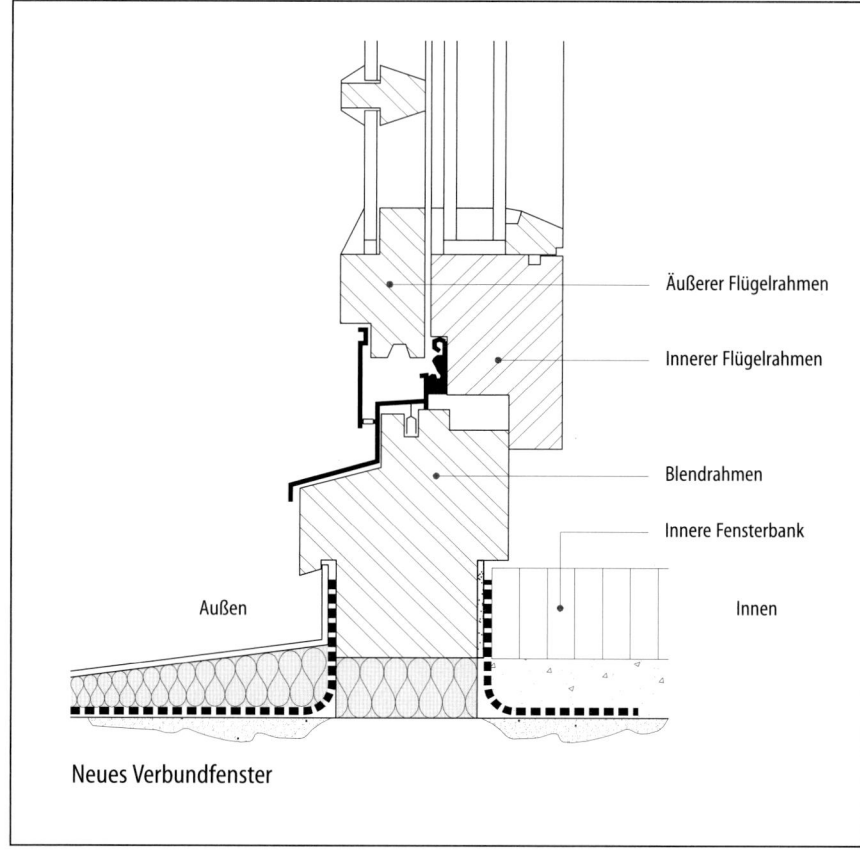

Neues Verbundfenster

Neues Verbundfenster (ohne Denkmalschutz)	
Baukosten	Ca. 600,– €/m²
Lebensdauer	40 Jahre Holz 10 bis 20 Jahre Glas
Erforderliche begleitende Maßnahmen	Beiputz/Anstrich Wand
Einbauzeiten	Ca. 2 Std./Fenster
Wartezeiten	Keine
Veränderung der Scheibengröße	Geringfügig kleiner
Wärmedurchgangs-koeffizient W/(m² · K) (siehe DIN 4108)	Ca. 2,3
Ausführendes Unternehmen	Tischler
Beeinträchtigung der Wohnnutzung	Mittel
Denkmalverträg-lichkeit	Schwierig
Anmerkungen	Aufnahme der alten Sprossen-teilung möglich

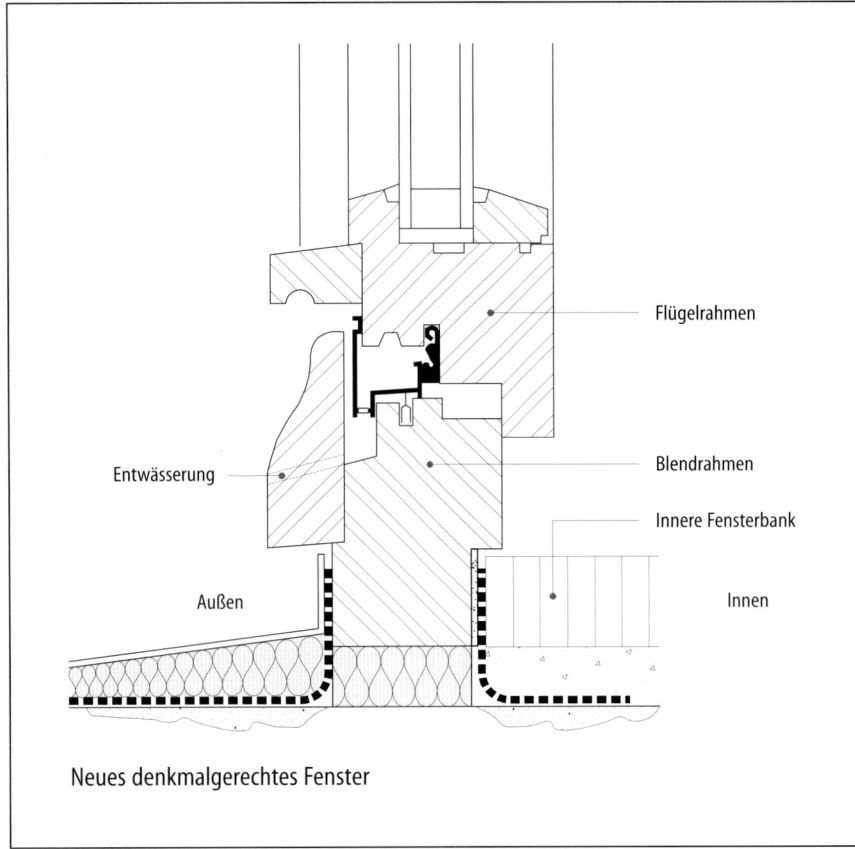

Flügelrahmen

Entwässerung

Blendrahmen

Innere Fensterbank

Außen

Innen

Neues denkmalgerechtes Fenster

Neues denkmalgerechtes Fenster mit Wärmeschutzverglasung	
Baukosten	Ca. 450,– €/m²
Lebensdauer	40 Jahre Holz 10 bis 20 Jahre Glas
Erforderliche begleitende Maßnahmen	Beiputz/Anstrich Wand
Einbauzeiten	Ca. 2 Std./Fenster
Wartezeiten	Keine
Veränderung der Scheibengröße	Geringfügig kleiner
Wärmedurchgangs-koeffizient W/(m² · K) (siehe DIN 4108)	Ca. 2,6
Ausführendes Unternehmen	Tischler
Beeinträchtigung der Wohnnutzung	Mittel
Denkmalverträg-lichkeit	Schwierig
Anmerkungen	Sprossenteilung beachten!

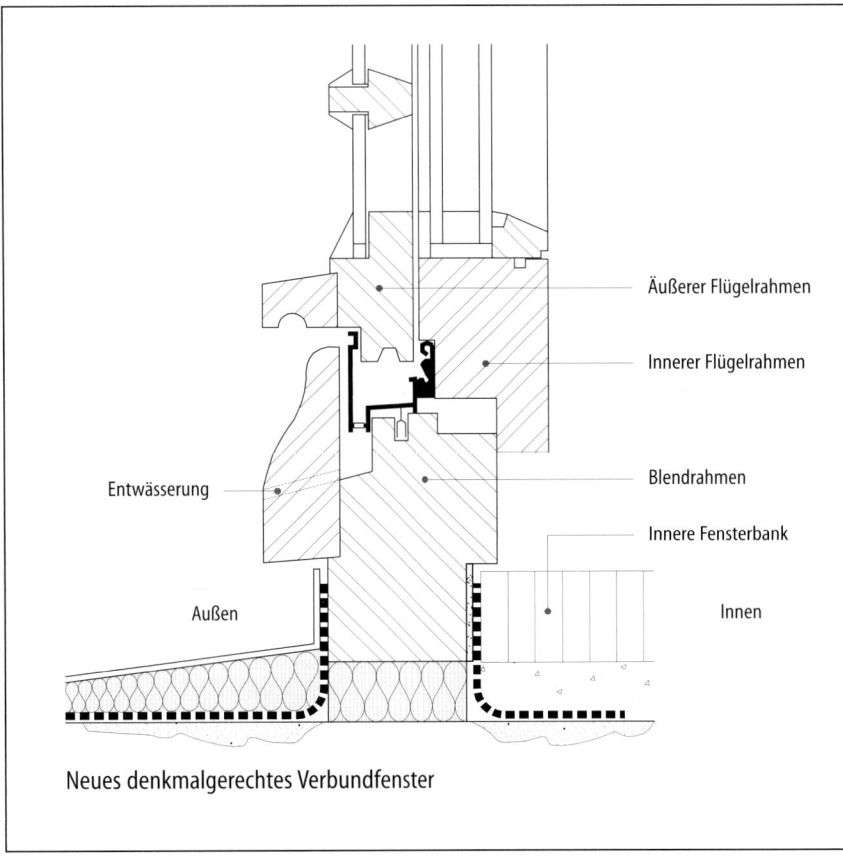

Äußerer Flügelrahmen

Innerer Flügelrahmen

Entwässerung

Blendrahmen

Innere Fensterbank

Außen

Innen

Neues denkmalgerechtes Verbundfenster

Neues denkmalgerechtes Verbundfenster	
Baukosten	Ca. 700,– €/m²
Lebensdauer	40 Jahre Holz 10 bis 20 Jahre Glas
Erforderliche begleitende Maßnahmen	Beiputz/Anstrich Wand
Einbauzeiten	Ca. 2 Std./Fenster
Wartezeiten	Keine
Veränderung der Scheibengröße	Geringfügig kleiner
Wärmedurchgangs-koeffizient W/(m² · K) (siehe DIN 4108)	Ca. 2,3
Ausführendes Unternehmen	Tischler
Beeinträchtigung der Wohnnutzung	Mittel
Denkmalverträg-lichkeit	Gut
Anmerkungen	Aufnahme der alten Sprossen-teilung möglich

9.1.2 Anschluss zwischen Fenster und Mauerwerk

Einbau von neuen Fenstern im Altbau

Beim Einbau von neuen Fenstern im Altbau sind die Anforderungen der EnEV und der DIN 4108 zu beachten. Beide Regelwerke fordern die Luftdichtheit der Gebäudehülle. Hierzu gehört insbesondere auch der dauerhaft luftdichte Anschluss der Fenster an das Mauerwerk. Ob diese Forderung grundsätzlich auch für Altbauten gilt, ist strittig. Ausdrücklich gefordert wird dies nicht. Es ist allerdings davon auszugehen, dass die Rechtsprechung sich über kurz oder lang am Neubaustandard orientieren und diese Forderung auch für Altbauten aufstellen wird.

In der Regel wird der dichte Anschluss zwischen Blendrahmen und Mauerwerk durch das Aufkleben von Folien erreicht. Die innere Folie dient hierbei der Luftdichtheit, die äußere Folie der Schlagregendichtheit. Hierbei muss die innere Folie immer einen höheren Dampfdichtheitswert aufweisen als die äußere, damit gegebenenfalls eingedrungene Feuchtigkeit nach außen entweichen kann.

Der Zwischenraum zwischen Blendrahmen und Mauerwerk ist vollständig mit Mineralwolle auszustopfen. Das Ausfüllen dieser Zwischenräume mit Ortschäumen bedarf der besonderen Vereinbarung.

Während bei Neubauten die Anbringung der Folien noch recht gut möglich ist, weil glatte Bauwerksanschlüsse zur Verfügung stehen, ist dies im Altbau oft sehr schwierig. Das Herausnehmen der alten Fenster, die Veränderung vorhandener Fensteröffnungen, der Zustand alter Fensterleibungen oder einfach auch nur die schlechte Qualität des alten Putzes machen die dauerhafte Anbringung von Klebefolien nicht ohne weiteres möglich.

Untergrundvorbehandlung – Anbringung der Folien

In aller Regel ist eine Vorbehandlung erforderlich, bevor die Folien aufgeklebt werden können. Nach dem Herausnehmen der alten Fenster müssen die Fensterleibungen mit einem Glattputz versehen werden, um einen tragfähigen Untergrund für das Aufkleben der Folien zu schaffen.

Im Allgemeinen bedeutet dies eine Unterbrechung der Arbeitsabläufe. Nachdem der Tischler die alten Fenster ausgebaut hat, muss zunächst der Putzer die Leibungen verputzen. Erst nach ausreichender Trocknung der Putzflächen können die neuen Fenster eingebaut und die Folien aufgeklebt werden. Ein nachträgliches Anbringen der Folien ist nicht möglich, da die Folien für die innere Abdichtung seitlich am Blendrahmen angeklebt werden. Dieser Bereich ist nach dem Einbau der Fenster nicht mehr zugänglich.

Eine denkbare Möglichkeit mag darin bestehen, die Folie am Blendrahmen zu befestigen, das Fenster einzubauen und erst dann die Leibungen beizuputzen. Dies setzt allerdings viel Fingerspitzengefühl beim Putzer voraus, der in seiner Arbeit durch die Folien, vor allem in den Fensterecken, behindert wird. Zudem muss nach ausreichender Trocknung des Putzes der Tischler noch einmal wiederkommen, um die Folien anzukleben. Es ist unbedingt anzuraten, die Ausführung der Luftdichtheitsschicht bei einem Gewerk, in diesem Fall beim Tischler, zu belassen,

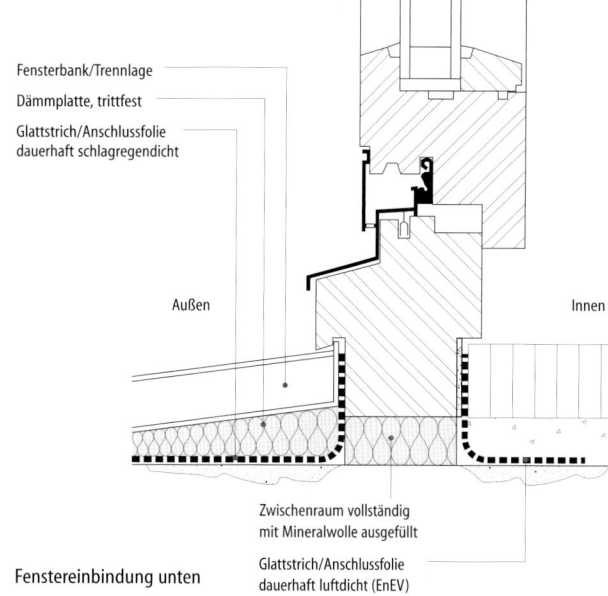

Fenstereinbindung unten

Fensterbank/Trennlage
Dämmplatte, trittfest
Glattstrich/Anschlussfolie dauerhaft schlagregendicht
Außen
Innen
Zwischenraum vollständig mit Mineralwolle ausgefüllt
Glattstrich/Anschlussfolie dauerhaft luftdicht (EnEV)

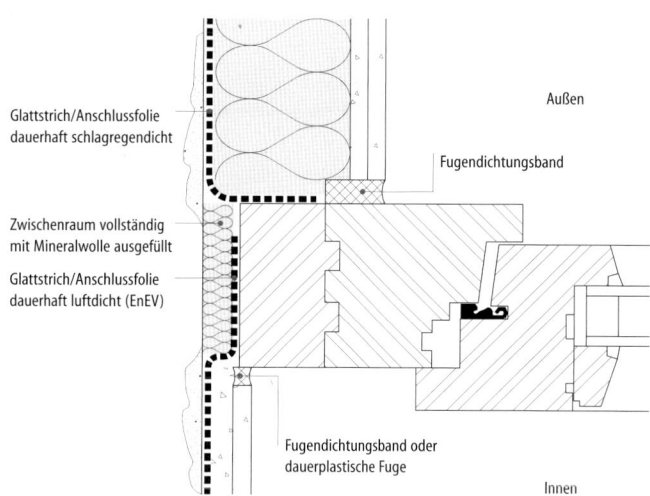

Fenstereinbindung seitlich

Glattstrich/Anschlussfolie dauerhaft schlagregendicht
Zwischenraum vollständig mit Mineralwolle ausgefüllt
Glattstrich/Anschlussfolie dauerhaft luftdicht (EnEV)
Außen
Fugendichtungsband
Fugendichtungsband oder dauerplastische Fuge
Innen

damit es im Garantiefall nicht zu Schuldzuweisungen zwischen verschiedenen Gewerken kommt.

Für die Modernisierung in bewohnten Räumen sind solche Arbeitsabläufe nicht möglich. Hier müssen andere Lösungen gefunden werden.

Insbesondere für Kunststofffenster besteht die Möglichkeit, die innere Abdichtung mit einer nachträglich innen auf den Blendrahmen aufgeklebten Leiste herzustellen. Entsprechende Produkte hält die Industrie bereit. Durch eingelagerte Fugendichtbänder wird die erforderliche Luftdichtheit gewährleistet. Auch hier sind aber glatte, saubere und tragfähige Fensterleibungen erforderlich, um die Dichtleisten aufzukleben.

Die Fensteranschlussfolien sind spannungsfrei, z.B. schlaufenförmig zwischen Fenster und Bauwerk zu montieren. Um einen ausreichenden Verbund zwischen Folie und Untergrund zu gewährleisten, sind die Folien zu mindestens 75% mit dem Untergrund zu verkleben.

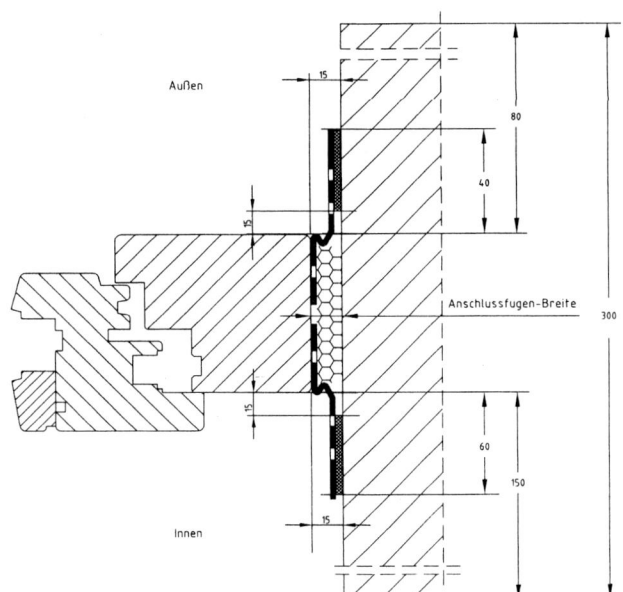

Außen

15

80

40

15

Anschlussfugen-Breite

300

15

60

150

15

Innen

Beispielhafte Darstellung einer Folienverklebung für Leibungstiefe innen 150 mm und Leibungstiefe außen 80 mm
(Aus: Bundesverband der Gipsindustrie; »Verputzen von Fensteranschlussfolien«; Seite 9)

Um einen ausreichenden Verbund des Verputzes im Leibungsbereich sicherzustellen, darf nur ein bestimmter Anteil der Leibung mit Folie bedeckt sein. Hierbei darf die von der Folie überdeckte Breite auf der Leibung maximal 60 mm betragen und maximal 50 % der gesamten Leibungsbreite nicht überschreiten.

Die Verklebung der Fensteranschlussfolien erfolgt mit Butylklebebändern oder Kleberpaten.

Eine bewährte Konstruktion gerade im Altbau ist das Überdecken der Folien und das Verkleiden der Leibungen mit Gipskarton- oder Gipsfaserplatten.

Der Bundesverband der Gipsindustrie hat ein Technisches Merkblatt herausgegeben: »Verputzen von Fensteranschlussfolien«. Es enthält weitere wichtige Hinweise für die Ausführung dieses Bereiches.

9.1.3   Vergleichende Beurteilung

	Neues Wärme-schutzglas/ neue Dichtung	Einbau zweites Fenster innen	Neues Fenster mit Wärmeschutz-verglasung		Neues Verbund-fenster	
			normal	denkmal-gerecht	normal	denkmal-gerecht
Baukosten	ca. 240,– €/m²	Ca .400,– €/m²	Ca. 400,– €/m²	Ca. 450,– €/m²	Ca. 600,– €/m²	Ca. 700,– €/m²
Lebensdauer	10 bis 20 Jahre (Lebensdauer von Zweischeibenwärmeschutzglas = 10 bis 20 Jahre)	Holz 40 Jahre	Holz 40 Jahre		Holz 40 Jahre	
Erforderliche begleitende Maßnahmen	Dichtungsprofile einbauen	Dichtungsprofile einbauen	Beiputz/Anstrich Wand		Beiputz/Anstrich Wand	
Einbauzeiten	Ca. 1 Std./ Fenster	Ca. 1 Std./ Fenster	Ca. 2 Std./ Fenster		Ca. 2 Std./ Fenster	
Wartezeiten	1 Tag	Keine	Keine		Keine	
Veränderung der Scheibengröße	Neue Scheibe ist kleiner bei einigen Verfahren	Lichteinfall insge-samt geringer	Geringfügig kleiner		Geringfügig kleiner	
Wärmedurch-gangskoeffizient W/(m²·K) (siehe DIN 4108)	Ca. 2,6	Ca. 1,9	Ca. 2,6		Ca. 2,3	
Ausführendes Unternehmen	Glaser/Tischler	Tischler	Tischler		Tischler	
Beeinträchtigung der Wohnnutzung	Gering	Gering	Mittel		Mittel	
Denkmalverträg-lichkeit	Schlecht	Gut	Schwierig		Schwierig	Gut
Anmerkungen	Schwächung des Rahmens durch Auffräsen bei einigen Verfahren	Alte Sprossen-teilung bleibt erhalten	Sprossenteilung beachten!		Aufnahme der alten Sprossen-teilung möglich	

9.2   **Problempunkt:**
            Mangelhafter Zustand alter Innentüren

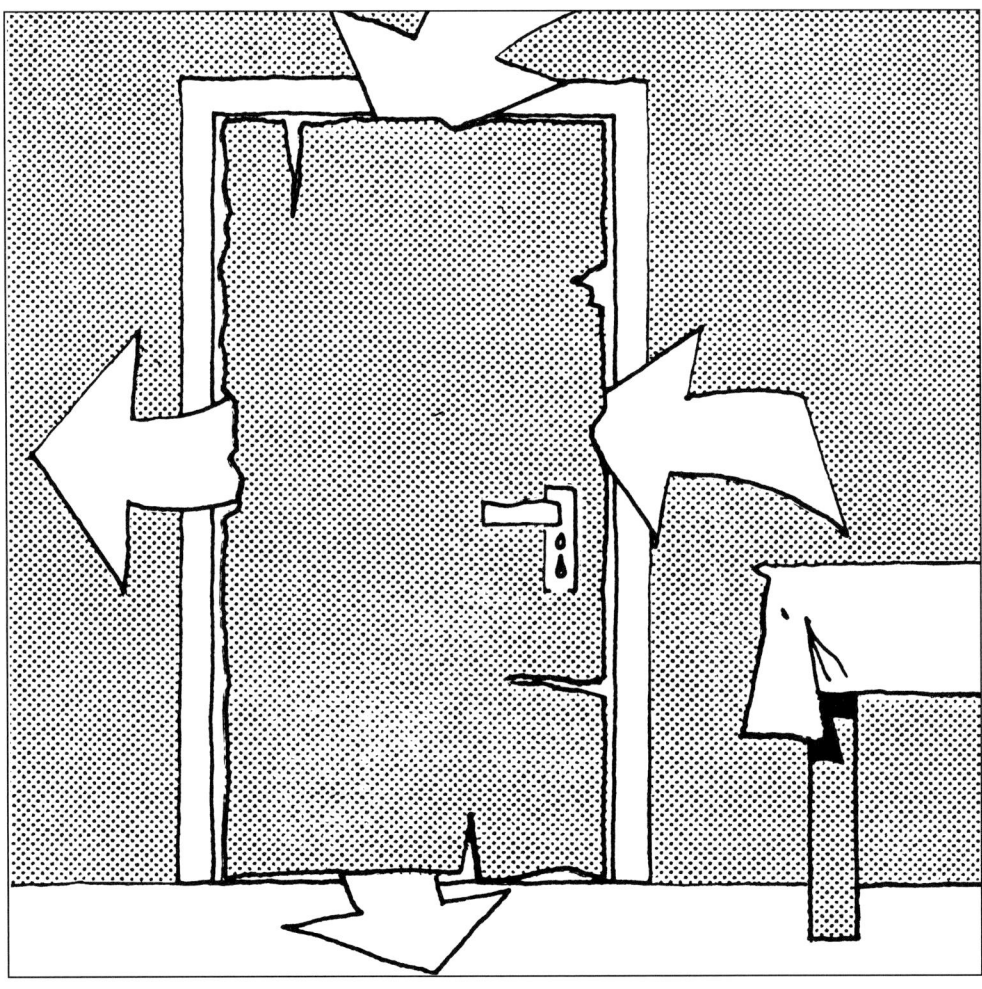

Oft können alte Türblätter wieder aufgearbeitet werden

Aufgearbeitete, historische Füllungstür

Je nach Baualter des Gebäudes trifft man bei der Modernisierung sehr unterschiedliche Türarten und Türqualitäten an.

Während in Gründerzeithäusern reich profilierte Massivholztüren vorherrschen, finden sich in den Häusern der 20er und 30er Jahre zwar auch Rahmentüren mit Füllung, die Gestaltung ist jedoch wesentlich zurückhaltender. Die Häuser der 50er Jahre zeigen häufig schon glatte, profillose Türen.

Erhalt der alten Türen

Grundsätzlich sollte man immer versuchen, die alten, vor allem die reich profilierten Türen zu erhalten. Sie stellen ein wesentliches gestalterisches Merkmal des Innenraumes dar und sind oft preiswerter zu reparieren als zu erneuern.

Ist ein Erhalt aller Türen nicht möglich, sollte versucht werden, die erhaltenswerten Türen zusammenliegend anzuordnen, zum Beispiel im Flurbereich. Ist selbst das nicht möglich, sollten zumindest die alten Wohneingangstüren erhalten bleiben.

Leider befinden sich die alten Türen oft in einem so schlechten Zustand, dass neben einem Neuanstrich auch eine Überarbeitung der Tür erforderlich wird.

Überarbeitung und Instandsetzung der Tür durch Schreiner

Hierzu zählen insbesondere folgende Arbeiten:

- Richten und Befestigen der Türbänder,
- Reparatur beziehungsweise Austausch des Türschlosses,
- Reparatur beziehungsweise Ersatz der vorhandenen Drückergarnitur,
- Neuverleimung oder Ersatz des Stollens auf der Schloss- oder Bandseite der Tür,
- Kürzen des Türblattes,
- Einbau von Dichtungen im Türrahmen,
- Einbau von Dichtungen an der Türschwelle,
- Gegebenenfalls sogar Ändern der Drehrichtung oder des Anschlages einer Tür.

Änderung des Anschlages einer Tür

Beispiel einer handwerklich detailliert aufgearbeiteten Tür

Auch neue Türschlösser lassen sich in alte Türblätter einbauen

Ersatz durch neue Tür in Übergröße

Ist eine Reparatur der vorhandenen Tür nicht mehr möglich, muss eine neue Tür eingebaut werden. Handelt es sich hierbei um den Ersatz nur einer einzelnen Tür, wird man die neue Tür nach dem Vorbild der alten auf Maß anfertigen lassen. Das ist zwar sehr teuer, lohnt sich aber, wenn dadurch ein architektonisch geschlossenes Bild erhalten wird. Außerdem werden umfangreiche Nebenarbeiten wie Beiputz und Sturzverlegung gespart.

Ersatz durch neue Tür und Änderung der Rohbauöffnung

Wenn ein Ersatz der alten Türen nicht möglich ist oder nicht gewünscht wird, müssen neue Türen, dann allerdings in Normgrößen, eingebaut werden. Da dies auch eine Erneuerung des Türrahmens bedeutet, werden umfangreiche Bauarbeiten erforderlich:

- Die alte Türzarge muss ausgebaut werden.
- Ist die neue Türöffnung sehr viel kleiner, müssen auch die Hölzer, an denen das alte Türfutter befestigt war, entfernt werden.
- Anschließend ist die Türöffnung auf das neue Maß zuzumauern und mit einem neuen Türsturz zu überdecken.
- Nach Abschluss der Mauerarbeiten muss der Wandbereich um die Tür neu verputzt werden.

9.2.1   Übersicht über Lösungsmöglichkeiten

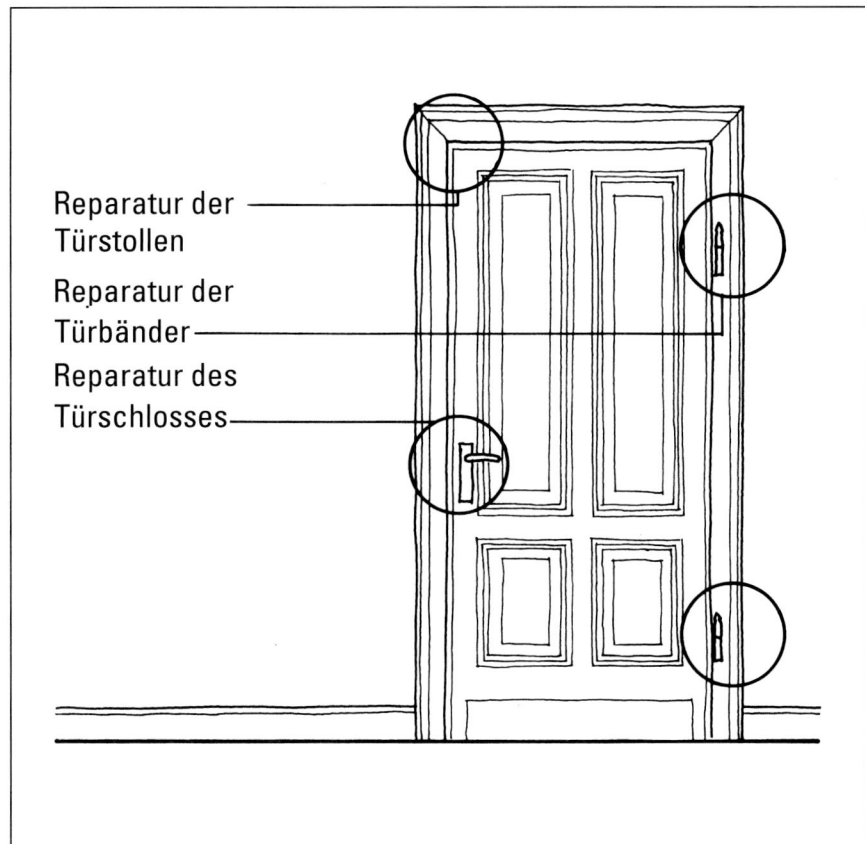

Reparatur der Türstollen

Reparatur der Türbänder

Reparatur des Türschlosses

Überarbeitung und Instandsetzung	
Baukosten	Ca. 250,– bis 400,– €/Tür
Folgekosten	Keine
Erforderliche begleitende Maßnahmen	Keine
Instandhaltungs-kosten	Evtl. 90,– € alle 5 Jahre für Anstrich
Lebensdauer	20 bis 25 Jahre
Einbauzeiten	2 Std.
Trocknungs-/ Wartezeiten	Keine
Anmerkungen	Sehr gute Eignung bei Baudenkmälern

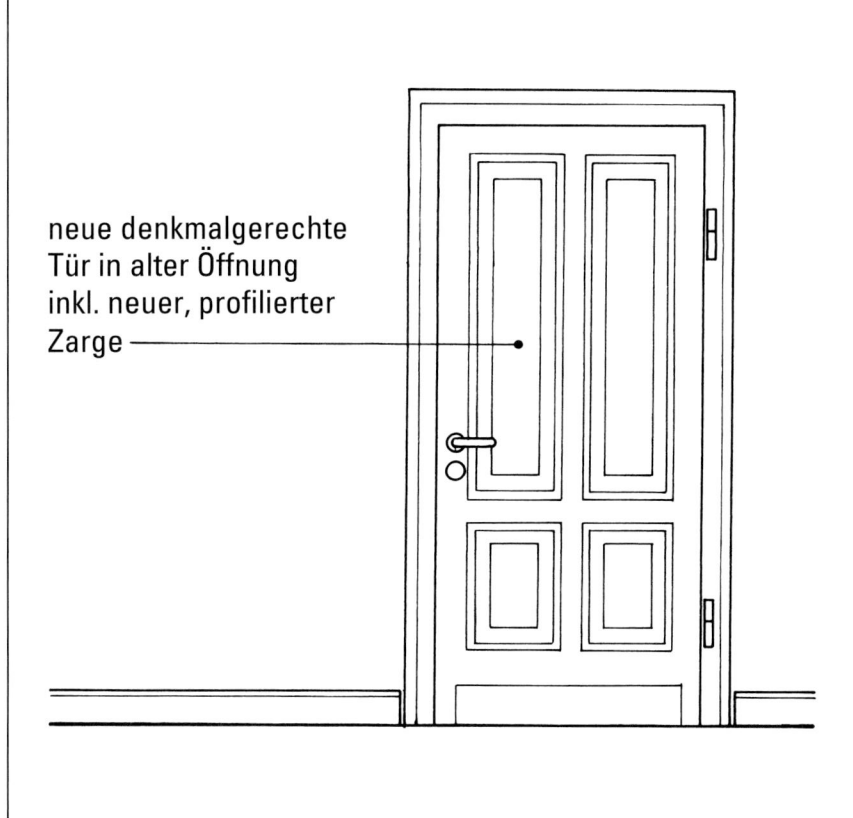

neue denkmalgerechte Tür in alter Öffnung inkl. neuer, profilierter Zarge

Neue Tür in Übergröße	
Baukosten	Ca. 750,– €/Tür
Folgekosten	Keine
Erforderliche begleitende Maßnahmen	Keine
Instandhaltungs-kosten	Evtl. 90,– € alle 5 Jahre für Anstrich
Lebensdauer	20 bis 25 Jahre
Einbauzeiten	2 Std.
Trocknungs-/ Wartezeiten	Keine
Anmerkungen	Sehr gute Eignung bei Baudenkmälern

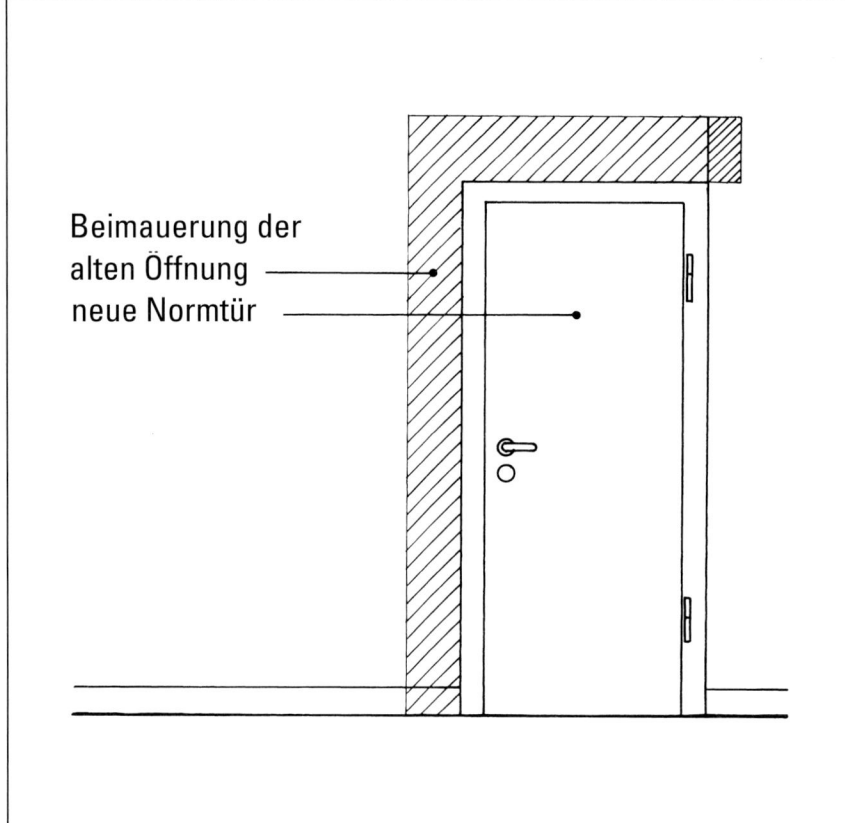

Beimauerung der
alten Öffnung
neue Normtür

Neue Normtür	
Baukosten	Ca. 400,– €/Tür
Folgekosten gesamt	Ca. 700,– €/Tür
Erforderliche begleitende Maßnahmen	Verkleinern der Öffnung, neuer Sturz, neues Mauerwerk, neuer Putz
Instandhaltungskosten	Evtl. 50,– € alle 5 Jahre für Anstrich
Lebensdauer	25 bis 30 Jahre
Einbauzeiten	5,5 + 2 Std.
Trocknungs-/ Wartezeiten	1 Woche
Anmerkungen	Schlecht geeignet für Baudenkmäler

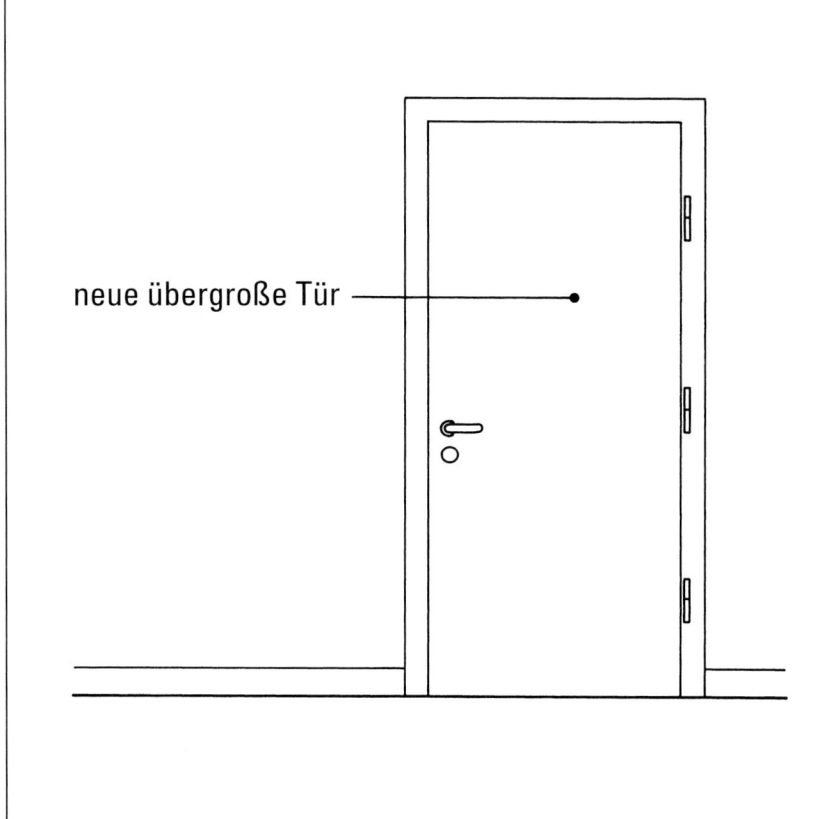

neue übergroße Tür

Neue übergroße Tür ohne Profilierung	
Baukosten	Ca. 675,– €/Tür
Folgekosten	Keine
Erforderliche begleitende Maßnahmen	Keine
Instandhaltungskosten	Evtl. 60,– € alle 5 Jahre für Anstrich
Lebensdauer	25 bis 30 Jahre
Einbauzeiten	2 Std.
Trocknungs-/ Wartezeiten	Keine
Anmerkungen	Schlecht geeignet für Baudenkmäler

9.2.2   Vergleichende Beurteilung

	Überarbeitung Instandsetzung	Neue Tür in Übergröße	Neue Normtür	Neue übergroße Tür ohne Profilierung
Baukosten	Ca. 250,– bis 400,– €/Tür	Ca. 750,– €/Tür	Ca. 400,– €/Tür	Ca. 675,– €/Tür
Folgekosten gesamt	Keine	Keine	Ca. 700,– €/Tür	Keine
Erforderliche begleitende Maßnahmen	Keine	Keine	Verkleinern der Öffnung, neuer Sturz, neues Mauerwerk, neuer Putz	Keine
Instandhaltungskosten	Evtl. 90,– € alle 5 Jahre für Anstrich	Evtl. 90,– € alle 5 Jahre für Anstrich	Evtl. 50,– € alle 5 Jahre für Anstrich	Evtl. 60,– € alle 5 Jahre für Anstrich
Lebensdauer	20 bis 25 Jahre	25 bis 30 Jahre	25 bis 30 Jahre	25 bis 30 Jahre
Einbauzeiten	2 Std.	2 Std.	5,5 + 2 Std.	2 Std.
Trocknungs-/Wartezeiten	Keine	Keine	1 Woche	Keine
Anmerkungen	Sehr gute Eignung bei Baudenkmälern	Sehr gute Eignung bei Baudenkmälern	Schlecht geeignet für Baudenkmäler	Schlecht geeignet für Baudenkmäler

10 Installationen

10.1 Problempunkt:
Verlegung neuer Heizungsleitungen

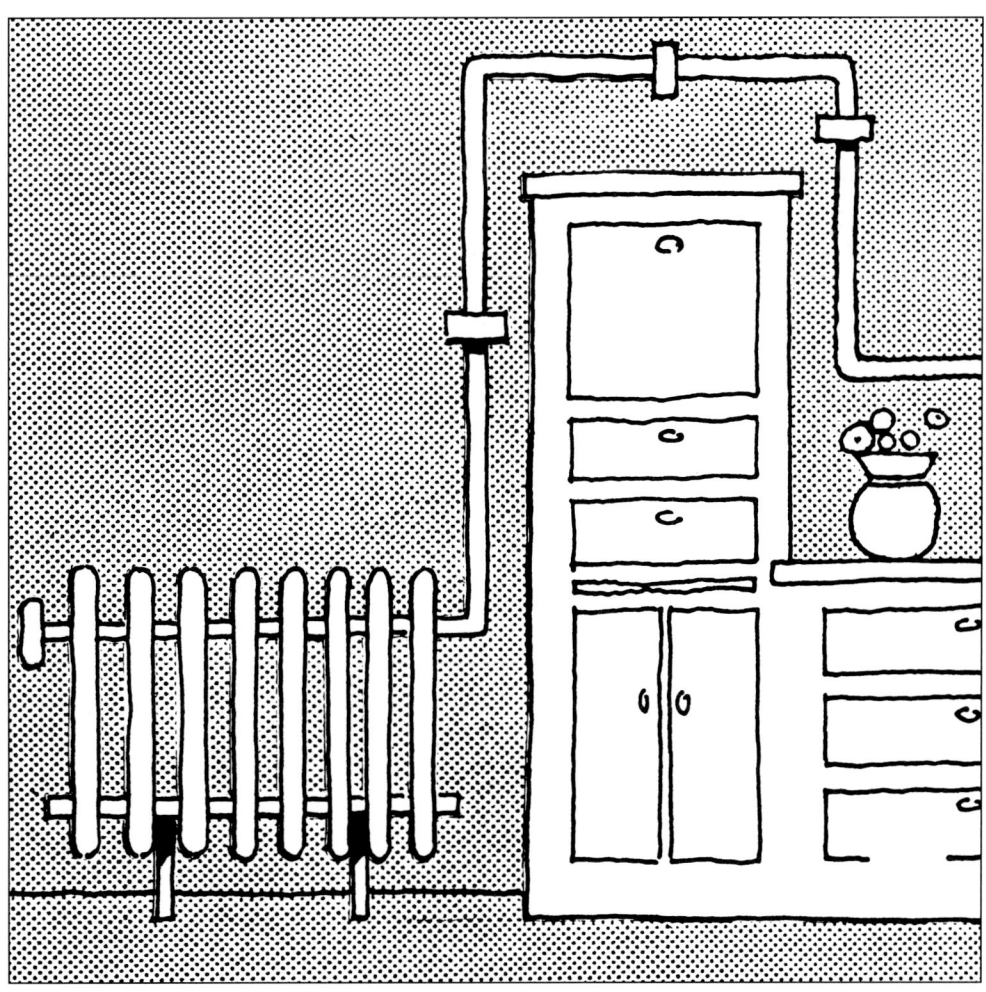

Heizungsleitungen können auf Putz über der Fußleiste verlegt werden

Bei der Planung von Installationsleitungen in Tür-Nischen Sturz beachten!

Im Zuge von Modernisierungen werden im Allgemeinen auch die Heizungsanlagen modernisiert oder Einzelofenheizungen durch Zentral- oder Etagenheizungen ersetzt.

Beim Einbau von Zentralheizungsanlagen und bei senkrechter Verlegung der Heizleitungen ist die Anbringung der Rohrleitungen meist unproblematisch. Es muss jedoch beachtet werden, dass Heizleitungen der seit 2002 geltenden Energieeinsparverordnung unterliegen und bei Verlegung durch fremde Wohnungen entsprechend gedämmt werden müssen. In der Energieeinsparverordnung sind die erforderlichen Dämmschichten genau festgelegt.

Die Rohre werden also zweckmäßig in einer Raumecke angeordnet und mit Wärmedämmung und einem Kasten zum Beispiel aus Gipskarton verkleidet.

Beim Einbau von Etagenheizungen müssen die Heizleitungen horizontal verlegt werden.

Hierbei entscheidet der gewünschte Standard über die Art der Anbringung.

Wärmedämmung von Wärmeverteilungs- und Warmwasserleitungen sowie Armaturen

Zeile	Art der Leitungen/Armaturen	Mindestdicke der Dämmschicht, bezogen auf eine Wärmeleitfähigkeit von 0,035 W/(m² · K)
1	Innendurchmesser bis 22 mm	20 mm
2	Innendurchmesser über 22 mm bis 35 mm	30 mm
3	Innendurchmesser über 35 mm bis 100 mm	gleich Innendurchmesser
4	Innendurchmesser über 100 mm	100 mm
5	Leitungen und Armaturen nach den Zeilen 1 bis 4 in Wand- und Deckendurchbrüchen, im Kreuzungsbereich von Leitungen, an Leitungsverbindungsstellen, bei zentralen Leitungsnetzverteilern	1/2 der Anforderungen der Zeilen 1 bis 4
6	Leitungen von Zentralheizungen nach den Zeilen 1 bis 4, die nach Inkrafttreten der EnEV in Bauteilen zwischen beheizten Räumen verschiedener Nutzer verlegt werden	1/2 der Anforderungen der Zeilen 1 bis 4
7	Leitungen nach Zeile 6 im Fußbodenaufbau	6 mm

(Aus: Energieeinsparverordnung EnEV, Anhang 5, Tabelle 1)

Verlegung der Rohre unter Putz

Die Verlegung unter Putz ist nicht gerade altbaugerecht, wird hier jedoch erwähnt, da sie immer wieder nachgefragt wird.

Zur Verlegung waagerechter Heizleitungen unter Putz müssen umfangreiche Schlitzarbeiten in den Wänden vorgenommen werden. Waagerechte Aussparungen dürfen in Mauerwerkswänden nur unter bestimmten Bedingungen und nur mit bestimmten Abmessungen hergestellt werden (siehe Tabelle »Ohne Nachweis zulässige Schlitze und Aussparungen in tragenden Wänden«).

Müssen die Heizungsrohre in der Außenwand verlegt werden, sind sie durch Ummantelung mit Dämmstoff vor Wärmeverlusten zu schützen (Dämmstoffdicke = Rohrdurchmesser). Dies führt zu sehr großen Gesamtdurchmessern, die zu berücksichtigen sind.

Im Allgemeinen wird man ausreichend große, waagerechte Schlitze nur mit Verstärkung durch Stahlprofile herstellen können.

Die Heizungsrohre sind immer so zu verlegen, dass sie deutlich oberhalb der Fußleiste liegen, um Beschädigungen der verdeckten Heizleitungen beim Anbringen der Fußleisten zu vermeiden.

Verlegung der Rohre in neuer Fußleiste

Sollen die Rohre nicht unter Putz verlegt werden, können sie auf der Wand befestigt und mit einem geeigneten Holz- oder Kunststoffprofil abgedeckt werden.

Hierzu werden die Heizrohre (Durchmesser maximal 22,0 mm) zunächst mit einem Klemmprofil an der Wand befestigt. Auf dem Klemmprofil ist ein Schlitten beweglich gelagert, in den eine Abdeckleiste eingeklemmt wird. Die bewegliche Lagerung gestattet eine Höhentoleranz bei der Montage des Klemmprofils.

Trotzdem ist zu beachten, dass es beim Übergang von einem Raum in den anderen immer wieder zu Höhensprüngen kommt, die von den Toleranzen des Profils nicht aufgefangen werden können.

Ein weiterer kritischer Punkt sind »schiefe« Fußböden oder Wände. Während schiefe Wände durch die meisten Systeme noch halbwegs gemeistert werden, stellen schiefe Fußböden eine unüberwindbare Schwierigkeit dar, weil sich die starren Leistensysteme den durchgebogenen Böden nicht anpassen können. Von Abdichtungsversuchen mit plastischen oder elastischen Dichtungsmassen ist abzuraten.

Verlegung der Rohre auf Putz oberhalb der Fußleiste

Die einfachste, unkritischste und preiswerteste Art der Rohrverlegung ist die Montage ohne Verkleidung auf Putz.

Hierzu werden auf der Wand oberhalb der Fußleiste Kunststoffklammern montiert, in die die Rohre eingeklemmt werden, die jedoch, weil sichtbar, sehr sorgfältig verlegt werden müssen.

Bei offener horizontaler Leitungsverlegung innerhalb der Wohnung in Verbindung mit wohnungsweiser Regelbarkeit der Heizung (Etagenheizung oder Zentralheizung mit nur einem Steigestrang) ist eine Dämmung der Rohre nach der Energieeinsparverordnung nicht erforderlich.

Da die Rohre offen sichtbar auf der Wand verlaufen, ist die Verlegung entsprechend sorgfältig vorzunehmen.

Der gestalterische Einfluss dieser Verlegung sollte nicht zu negativ gesehen werden; durch Möblierung und Dekoration wird so viel von den Rohrleitungen verdeckt, dass sie üblicherweise kaum auffallen.

Bei Verwendung von Quetschverbindern zur Rohrverbindung werden Brandgefahr und Schmutzbelastung innerhalb von Wohnungen deutlich reduziert.

Ohne Nachweis zulässige Schlitze und Aussparungen in tragenden Wänden
(Ausschnitt aus Tabelle 10 in DIN 1053-1 – Maße in mm)

1	2	3	4	5	6
Wanddicke	Horizontale und schräge Schlitze[1] nachträglich hergestellt		Vertikale Schlitze und Aussparungen nachträglich hergestellt		
	Schlitzlänge		Schlitztiefe[4]	Einzelschlitzbreite[5]	Abstand der Schlitze Aussparungen von Öffnungen
	unbeschränkt	≤ 1,25 m[2]			
	Schlitztiefe[3]	Schlitztiefe			
≥ 115	–	–	≤ 10	≤ 100	
≥ 175	0	≤ 25	≤ 30	≤ 100	
≥ 240	≤ 15	≤ 25	≤ 30	≤ 150	≥ 115
≥ 300	≤ 20	≤ 30	≤ 30	≤ 200	
≥ 365	≤ 20	≤ 30	≤ 30	≤ 200	

[1] Horizontale und schräge Schlitze sind nur zulässig in einem Bereich ≤ 0,4 m ober- oder unterhalb der Rohdecke sowie jeweils an einer Wandseite. Sie sind nicht zulässig bei Langlochziegeln.

[2] Mindestabstand in Längsrichtung von Öffnungen ≥ 490 mm, vom nächsten Horizontalschlitz zweifache Schlitzlänge.

[3] Die Tiefe darf um 10 mm erhöht werden, wenn Werkzeuge verwendet werden, mit denen die Tiefe genau eingehalten werden kann. Bei Verwendung solcher Werkzeuge dürfen auch in Wänden ≥ 240 mm gegenüberliegende Schlitze mit jeweils 10 mm Tiefe ausgeführt werden.

[4] Schlitze, die bis maximal 1 m über den Fußboden reichen, dürfen bei Wanddicken ≥ 240 mm bis 80 mm Tiefe und 120 mm Breite ausgeführt werden.

[5] Die Gesamtbreite von Schlitzen nach Spalte 5 und Spalte 7 darf je 2 m Wandlänge die Maße in Spalte 7 nicht überschreiten. Bei geringeren Wandlängen als 2 m sind die Werte in Spalte 7 proportional zur Wandlänge zu verringern.

(Wiedergegeben mit Erlaubnis des DIN Deutsches Institut für Normung e.V. Maßgebend für das Anwenden der Norm ist deren Fassung mit dem neuesten Ausgabedatum, die bei der Beuth Verlag GmbH, Burggrafenstraße 6, 10787 Berlin, erhältlich ist.)

10.1.1   Übersicht über Lösungsmöglichkeiten

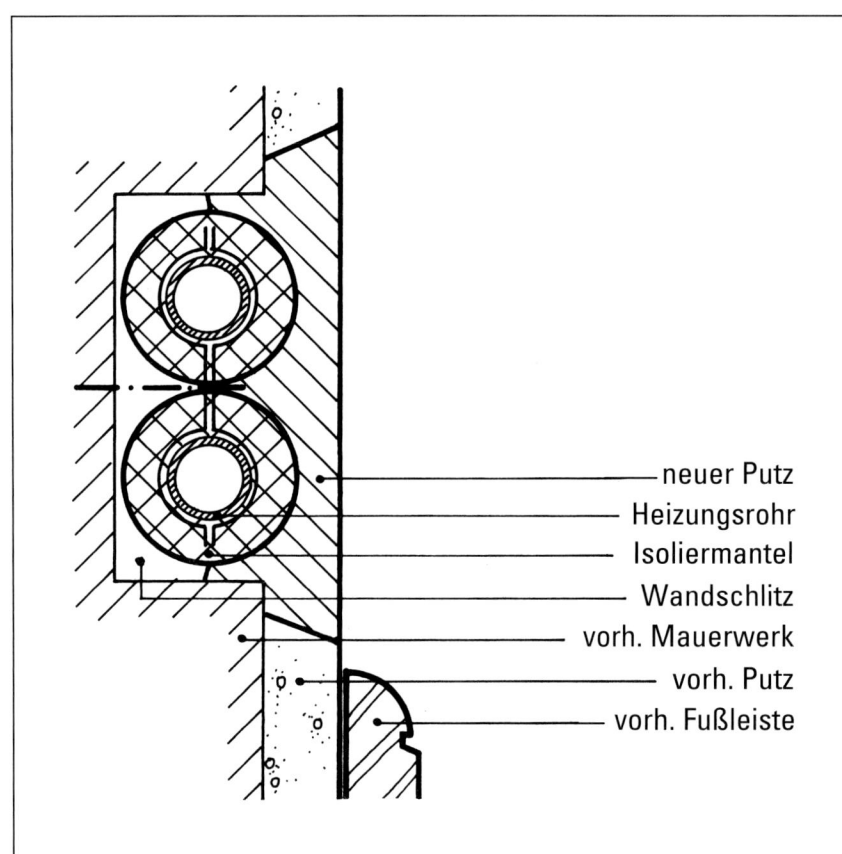

neuer Putz
Heizungsrohr
Isoliermantel
Wandschlitz
vorh. Mauerwerk
vorh. Putz
vorh. Fußleiste

Verlegung unter Putz	
Baukosten	Ca. 75,– €/m
Folgekosten	Ca. 25,– €/m
Erforderliche begleitende Maßnahmen	Schlitze stemmen, Isolierung, Beiputz
Einbauzeiten	1,5 + 0,5 Std./m
Trocknungs-/ Wartezeiten	2 bis 3 Tage
Gestaltung	Sehr gut
Anmerkungen	Starke Beeinträchtigung der Wohnnutzung durch Staubbildung beim Stemmen. Feuchte- und Schmutzbelastung durch Beiputz. Statisch oft schwierig wegen großer Durchmesser von Rohr und Dämmung

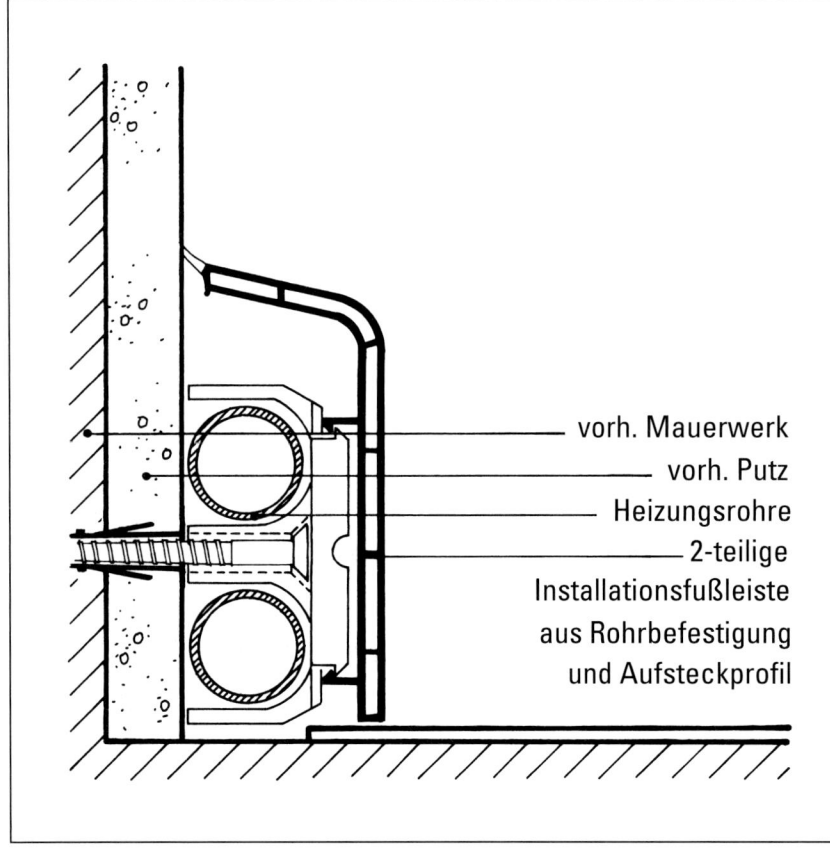

vorh. Mauerwerk
vorh. Putz
Heizungsrohre
2-teilige
Installationsfußleiste
aus Rohrbefestigung
und Aufsteckprofil

Verlegung in neuer Fußleiste	
Baukosten	Ca. 55,– €/m
Folgekosten	Keine
Erforderliche begleitende Maßnahmen	Keine
Einbauzeiten	1,0 Std./m
Trocknungs-/ Wartezeiten	Keine
Gestaltung	Gut
Anmerkungen	Auf sorgfältige Verlegung achten

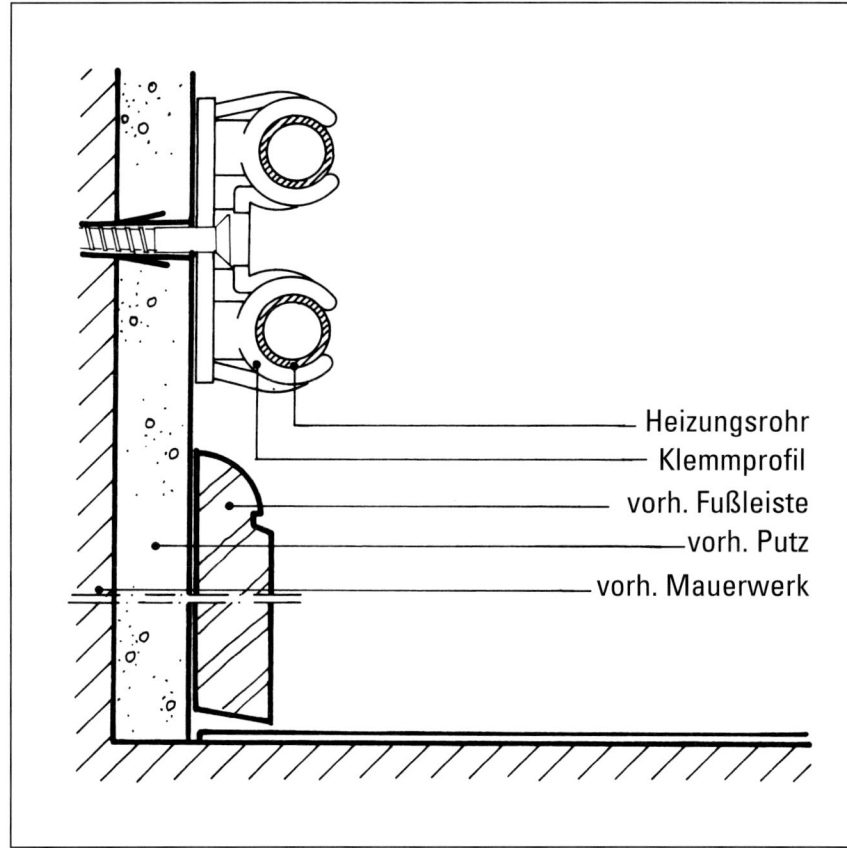

Heizungsrohr
Klemmprofil
vorh. Fußleiste
vorh. Putz
vorh. Mauerwerk

Verlegung auf Putz	
Baukosten	Ca. 40,– €/m
Folgekosten	Keine
Begleitende erforderliche Maßnahmen	Keine
Einbauzeiten	0,8 Std./m
Trocknungs-/ Wartezeiten	Keine
Gestaltung	Befriedigend
Anmerkungen	Akzeptanz durch Mieter oft gering. Auf sorgfältige Verlegung achten. Optischer Eindruck!

10.1.2 Vergleichende Beurteilung

	Verlegung unter Putz	Verlegung in neuer Fußleiste	Verlegung auf Putz
Baukosten	Ca. 75,– €/m	Ca. 55,– €/m	Ca. 40,– €/m
Folgekosten	Ca. 25,– €/m	Keine	Keine
Erforderliche begleitende Maßnahmen	Schlitze stemmen, Isolierung, Beiputz	Keine	Keine
Einbauzeiten	1,5 + 0,5 Std./m	1,0 Std./m	0,8 Std./m
Trocknungs-/Wartezeiten	2 bis 3 Tage	Keine	Keine
Gestaltung	Sehr gut	Gut	Befriedigend
Anmerkungen	Starke Beeinträchtigung der Wohnnutzung durch Staubbildung beim Stemmen. Feuchte- und Schmutzbelastung durch Beiputz. Statisch oft schwierig wegen großen Durchmessers von Rohr und Dämmung	Auf sorgfältige Verlegung achten	Akzeptanz durch Mieter oft gering. Auf sorgfältige Verlegung achten. Optischer Eindruck!

10.2   Problempunkt:
Verlegung neuer Sanitärabflussleitungen

Geringer Schuttanfall, wenn Leitungen auf Putz verlegt werden

Manchmal können alte Kamine für die Rohrverlegung genutzt werden

Bei der Erneuerung der Haustechnik werden fast immer auch die Sanitärabflussleitungen erneuert. Beim Einbau neuer Bäder oder WCs ist die Installation neuer Rohrleitungen ohnehin erforderlich.

Nur ganz selten werden vorhandene Aussparungen für die Verlegung der Rohrleitungen zur Verfügung stehen. Die Aussparungen müssen also neu gestemmt oder die Rohrleitungen auf der Wand verlegt und verkleidet werden.

Verlegung unter Putz

Wenn ausreichend dicke Wände zur Verfügung stehen und Bauablauf (unbewohnte Räume) und Kostenrahmen es zulassen, können die Schlitze für die Rohre in die Wand gestemmt werden, wenngleich dies auch nicht sehr altbaugerecht ist. Zu beachten ist hierbei, dass die Abmessungen des Schlitzes groß genug bemessen werden müssen. Für ein Abflussrohr DN 100 ist unter Berücksichtigung von Muffen und Befestigungsmitteln der Schlitz mindestens in den Abmessungen 15,0 × 15,0 cm herzustellen.

Zur Bemessung der maximal zulässigen Schlitzgrößen ist DIN 1053-1 zu berücksichtigen.

Verlegung in Aufputzkasten

Die Verlegung der Abflussrohre auf Putz ist grundsätzlich zu bevorzugen, da weniger gestemmt werden muss, weniger Schutt anfällt und das Verfahren insgesamt preiswerter ist.

Die senkrechte Verlegung der Rohrleitungen ist im Allgemeinen unproblematisch. Bei Holzbalkendecken muss allerdings der Streichbalken beziehungsweise Wechsel berücksichtigt werden, der eine Verlegung der Rohre in der Raumecke verhindert. Dies führt regelmäßig zu deutlich größeren Schachtabmessungen.

Die waagerechten Anschlussleitungen werden so weit wie möglich unterhalb der Duschtasse oder der Badewanne verlegt und im Übrigen mit einem (gefliesten) Sockelkasten verkleidet.

Soll einem erhöhten Standard Rechnung getragen werden, können alle waagerechten Rohre auf der Wand verlegt und anschließend mit einer ca. 1,20 m hohen Vorsatzschale verkleidet werden. Das Waschbecken wird direkt an der Vorsatzschale befestigt, gleichzeitig dient die Oberfläche der Vorsatzschale als Ablagefläche.

Zur Verkleidung der Rohre werden Gipskarton- oder Gipsfaserplatten verwendet, die durch Metallwinkel verbunden werden.

Alternativ stehen oberflächenbeschichtete Polystyrol-Schaumplatten zur Verfügung, die bereits als fertiges Kastenprofil angeboten werden und nur noch gefliest werden müssen.

Verlegung in Kaminzügen

Durch entsprechende Grundrissplanung ist es manchmal möglich, alte Kaminzüge oder Lüftungen für die Verlegung senkrechter dünner Abflussleitungen zu nutzen. Das geht zwar auch nicht ohne Stemmarbeiten, aber der Umfang der Stemmarbeit ist manchmal geringer, und vor allem werden die besonders zeitaufwändigen Deckendurchbrüche und gegebenenfalls Aussparungen eingespart.

Die Kaminzüge werden so weit geschlitzt, dass sich die Abflussrohre einschieben lassen. An vorgesehenen Abzweigen und an Befestigungspunkten sind zusätzliche Öffnungen erforderlich.

Nach Verlegen der Leitungen werden die Schlitze und Öffnungen mit Putzträger überspannt und verputzt beziehungsweise vermauert.

10.2.1   Übersicht über Lösungsmöglichkeiten

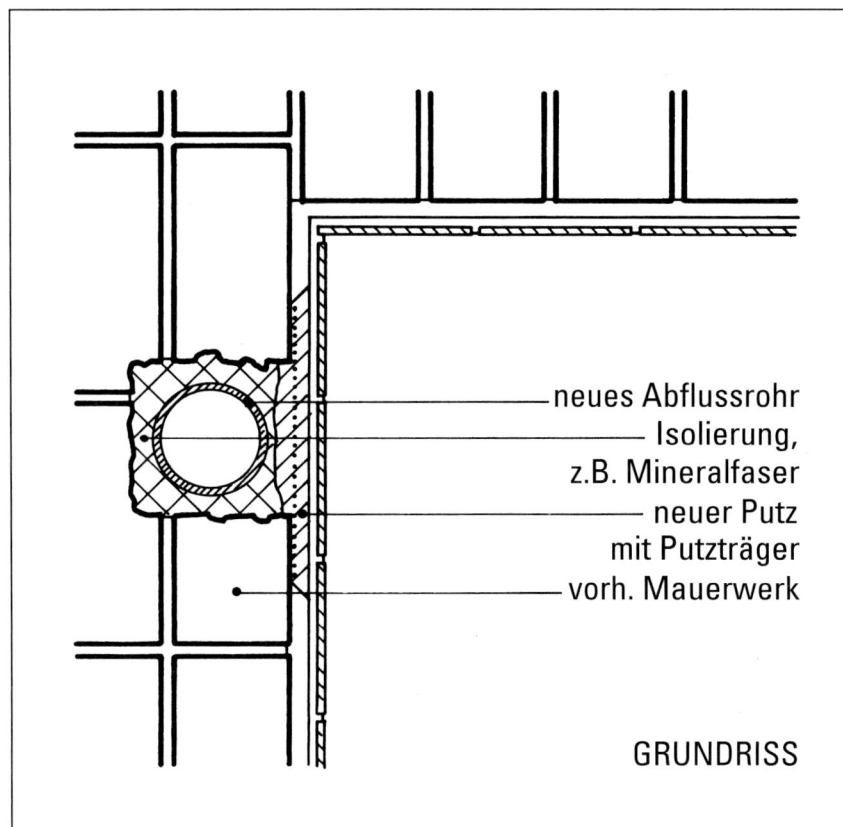

neues Abflussrohr
Isolierung,
z.B. Mineralfaser
neuer Putz
mit Putzträger
vorh. Mauerwerk

GRUNDRISS

Verlegung unter Putz	
Baukosten	Ca. 35,– €/m
Folgekosten gesamt	Ca. 60,– €/m Ca. 95,– €/m
Erforderliche begleitende Maßnahmen	Stemmen des Schlitzes, Beiputz
Einbauzeiten	1,0 + 1,0 Std./m
Trocknungs-/ Wartezeiten	2 bis 3 Tage
Verlust an Wohnfläche	Nein
Anmerkungen	Wegen Wärme-brückenbildung nicht in Außen-wänden zu empfehlen

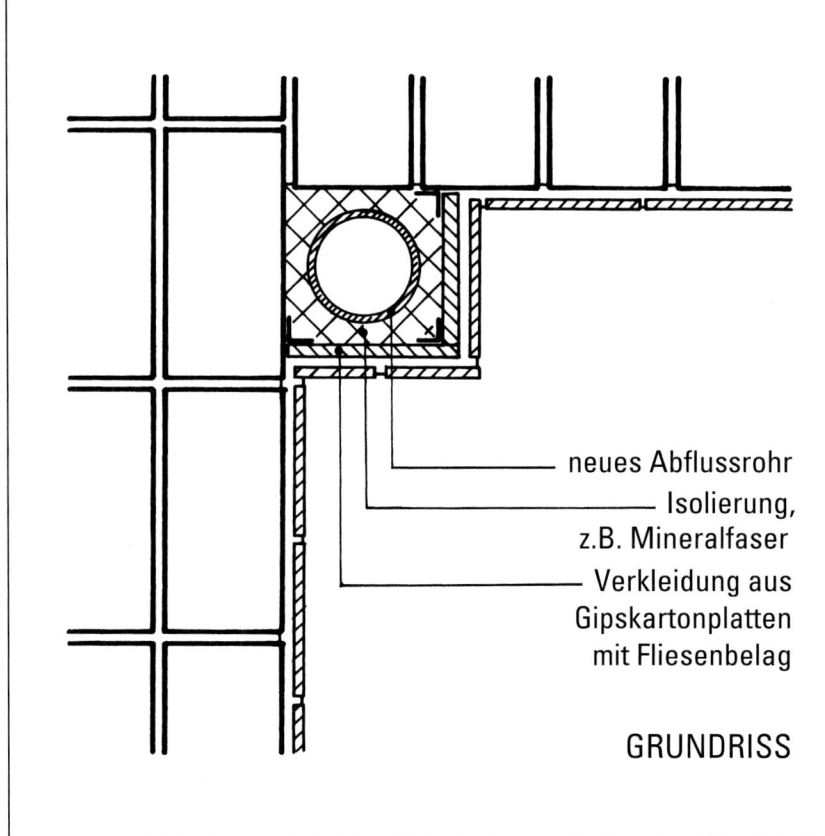

neues Abflussrohr
Isolierung,
z.B. Mineralfaser
Verkleidung aus
Gipskartonplatten
mit Fliesenbelag

GRUNDRISS

Verlegung in Aufputzkasten	
Baukosten	Ca. 35,– €/m
Folgekosten gesamt	Ca. 35,– €/m Ca. 70,– €/m
Erforderliche begleitende Maßnahmen	Herstellen des Verkleidungs-kastens
Einbauzeiten	0,5 + 1,0 Std./m
Trocknungs-/ Wartezeiten	1 Tag
Verlust an Wohnfläche	Ja

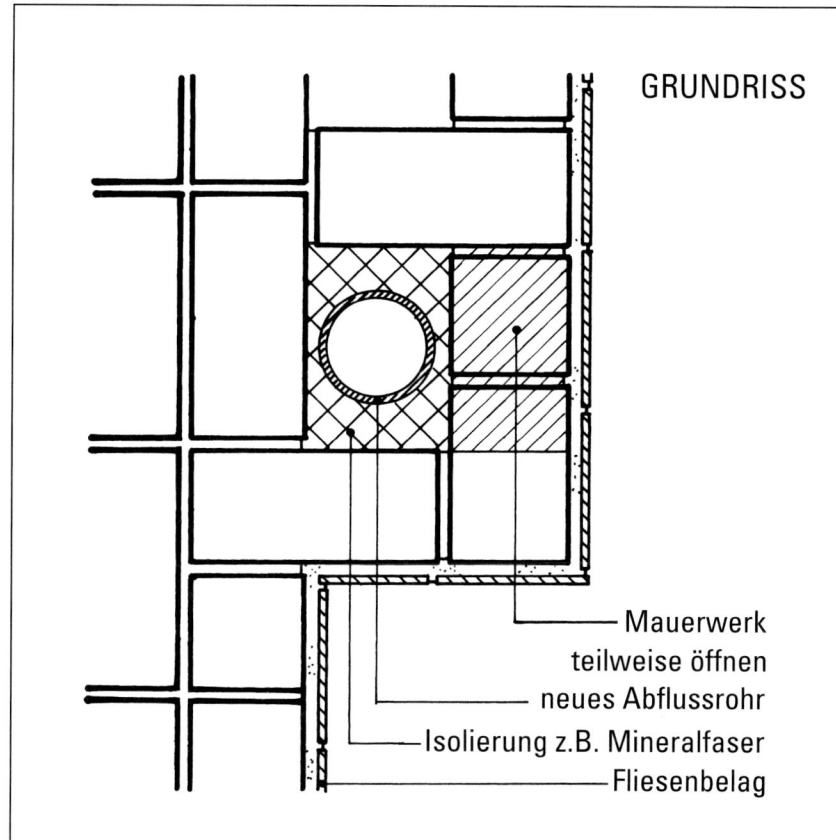

GRUNDRISS

— Mauerwerk
teilweise öffnen
— neues Abflussrohr
—Isolierung z.B. Mineralfaser
—Fliesenbelag

Verlegung in Kaminzügen	
Baukosten	Ca. 35,– €/m
Folgekosten gesamt	Ca. 30,– €/m Ca. 65,– €/m
Begleitende erforderliche Maßnahmen	Stemmen von Öffnungen, Beiputz
Einbauzeiten	0,8 + 0,5 Std./m
Trocknungs-/ Wartezeiten	2 bis 3 Tage
Verlust an Wohnfläche	Nein
Anmerkungen	Sonderfall, nur bei bestimmten Grundrissen möglich

10.2.2   Vergleichende Beurteilung

	Verlegung unter Putz	Verlegung in Aufputzkasten	Verlegung in Kaminzügen
Baukosten	Ca. 35,– €/m	Ca. 35,– €/m	Ca. 35,– €/m
Folgekosten gesamt	Ca. 60,– €/m Ca. 95,– €/m	Ca. 35,– €/m Ca. 70,– €/m	Ca. 30,– €/m Ca. 65,– €/m
Erforderliche begleitende Maßnahmen	Stemmen des Schlitzes, Beiputz	Herstellen des Verkleidungskastens	Stemmen von Öffnungen, Beiputz
Einbauzeiten	1,0 + 1,0 Std./m	0,5 + 1,0 Std./m	0,8 + 0,5 Std./m
Trocknungs-/Wartezeiten	2 bis 3 Tage	1 Tag	2 bis 3 Tage
Verlust an Wohnfläche	Nein	Ja	Nein
Anmerkungen	Wegen Wärmebrückenbildung nicht in Außenwänden zu empfehlen	–	Sonderfall, nur bei bestimmten Grundrissen möglich

11 Projektbeispiele

11.1 Gebäude der Gründerzeit

Wohn- und Geschäftshaus in Leipzig nach der Sanierung

Leipzig, Waldstraßenviertel, Wohn- und Geschäftshaus –
ursprünglicher Zustand

Leipzig, Waldstraßenviertel, Wohn- und Geschäftshaus –
nach Sanierung und Aufstockung in den 90er Jahren

11.1.1   Leipzig – Waldstraßenviertel

Das Waldstraßenviertel in Leipzig ist eines der am besten
erhaltenen Gründerzeitviertel in Europa. Gebäude für Gebäude wird die alte Bausubstanz saniert.

Das vorliegende Beispiel zeigt die Aufstockung eines Wohn-
und Geschäftshauses aus der Zeit der Jahrhundertwende.

Baugeschichtliche Entwicklung

Das vorhandene Gebäudeensemble besteht aus ursprünglich zwei einzelnen Gebäuden, von denen das linke 1867
als zweigeschossiges Wohnhaus, damals noch frei stehend,
erbaut wurde.

1891 wurde das Haus im hinteren Bereich erweitert und
die Räume wurden vergrößert.

Erst 1914 wurde durch den neuen Eigentümer die noch bestehende Baulücke auf der rechten Seite zum Nachbarge-
bäude durch einen zweigeschossigen Saalanbau geschlos-
sen. Auf dem Foto des Altbestandes sind diese einzelnen
Abschnitte noch gut ablesbar.

1965, inzwischen als Bürogebäude genutzt, wurde der linke
Gebäudeteil um ein Geschoss aufgestockt und mit einem
neuen Dach versehen.

1971 wurden im Zusammenhang mit dem Einbau einer
Großrechenanlage in das Gebäude erneut erhebliche bauliche Veränderungen vorgenommen: Räume wurden vergrößert, Holzbalkendecken durch Stahlbetondecken ersetzt, große Teile des Innenraumes wurden klimatisiert,
wobei man bei den erforderlichen Durchbrüchen wenig
Rücksicht auf die vorhandenen Stuckapplikationen nahm.
Das Gebäude erhielt eine Trafostation, und der rechte Gebäudeteil wurde ebenfalls um eine Etage aufgestockt.

Diese wechselnde Geschichte führte zu dem Gebäudeensemble, wie es auf dem Foto des ursprünglichen Zustandes
dargestellt ist.

Sehr starke Feuchtigkeits-
schäden im Sockelbereich

Probleme und Mängel

Das Gebäudeensemble wies eine ganze Reihe typischer
Schäden und Mängel auf:

- Feuchteschäden im Keller- und Sockelbereich,
- starke Veränderungen des Innenausbaus,
- starke Beschädigung des gesamten Stucks im Innenraum,
- erhebliche Störungen und Eingriffe in Bezug auf die
  historische Bausubstanz,
- Schäden an Außenputzgesimsen und Fensterbänken,
- mangelhafter Brandschutz im Innenbereich,
- unzureichende Bemessung und Ausführung des Dachstuhls,
- unschöner Außenbereich mit Trafostation,
- unbefriedigende städtebauliche Situation.

Maßnahmen

Im Zuge der Modernisierungs- und Sanierungsarbeiten
mussten die vorstehenden Probleme und Mängel behoben
werden:

- Abdichtung und Sanierung des Kellermauerwerks,
- Sanierung des Natursteinsockels,
- Behebung von Mängeln an der Tragkonstruktion,
- Restaurierung der »Innenansicht«,
- behutsame Veränderung der Grundrisse,
- Wiederherstellung einer historischen Fassade,
- Erneuerung der Fenster,
- Einbau einer neuen Innentreppe als interne Erschlie-
  ßung.

Erhebliche Störungen der historischen Bausubstanz

Unschöner Außenbereich mit Trafostation

Verlängerung der historischen Treppe

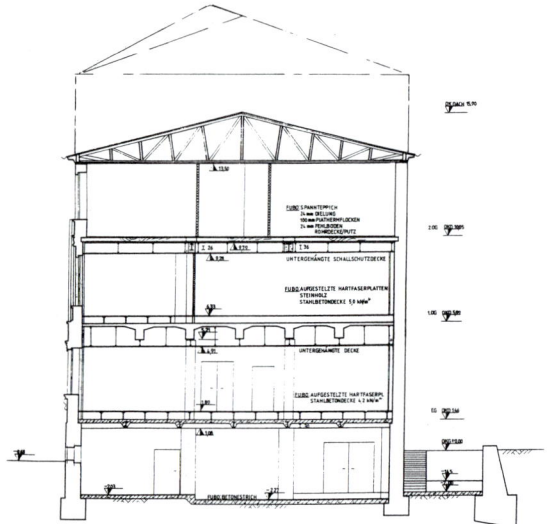

Schnitt alter Zustand: Sehr gut sind die unterschiedlichen Konstruktionen zu erkennen

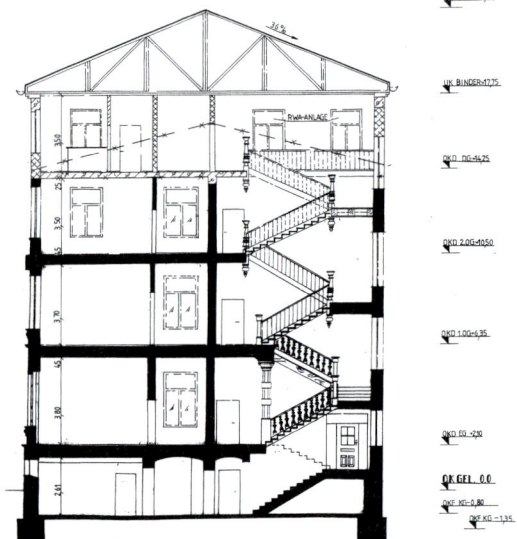

Schnitt neuer Zustand: Das Gebäude nimmt die Höhe der umgebenden Bebauung auf, die historische Treppe wird verlängert

Verbesserung der städtebaulichen Situation – Ergänzung um ein zusätzliches Geschoss

Im Zuge der Sanierung sollte die unbefriedigende städtebauliche Situation verbessert werden. Die uneinheitliche, auch in ihren Qualitäten sehr unterschiedliche Fassadengestaltung und vor allem der Höhenunterschied zur Nachbarbebauung sollten behoben werden:

- Aufstockung des Gebäudes um eine Etage,
- Ausbildung des Daches als Walmdach,
- Abbruch der Trafostation,
- Wiederherstellung des historischen Einganges mit Natursteingewinde,
- Aufbrechen der zugemauerten Wandöffnungen,
- Wiederherstellen der Fenster hinter der Trafostation,
- behutsame Ergänzung der Putz- und Stuckelemente durch dezente Fensterbekrönungen.

Ergänzung und Restaurierung der historischen Fenstergewände

Die Umbauten der letzten 40 Jahre haben deutliche Spuren hinterlassen

Restaurierung der Innenansicht

Durch die umfassenden Umbauarbeiten in den 70er Jahren war die Innenansicht des Gebäudes sehr stark verändert und zum Teil zerstört.

Die Wiederherstellung des historischen Raumeindrucks machte umfangreiche Arbeiten erforderlich:

- Ausbau einer Lüftungsanleitung für die Klimaanlage,
- Ausbau von Wandverkleidungen,
- Ausbau abgehängter Decken,
- Ausbau von Lüftungsgittern,
- Schließen von Wandöffnungen,
- Wiederherstellung der historischen Stuckteile,
- Einbau einer abgehängten Decke mit integrierter Beleuchtung.

Neu gestalteter Fensterbereich

Der Saal nach der Restaurierung

Gründerzeitgebäude Berlin, Prenzlauer Berg

Vor der Sanierung zeigt die Fassade sehr starke Beschädigungen

11.1.2   Berlin – Prenzlauer Berg

Zwei Gebäude aus dem Sanierungsgebiet Prenzlauer Berg in Berlin stehen hier stellvertretend für typische Problempunkte und Aufgaben bei der Sanierung von Häusern aus der Jahrhundertwende.

Bedingt durch eine lange Zeit geringer oder fehlender Instandhaltung sind bei ihnen manche Schadensbilder deutlicher ausgeprägt als an anderen Gebäuden.

Die Schäden sind typisch für ähnliche Gebäude dieser Baualtersklasse.

Typische Schadensbilder

- Sehr starke Schädigungen der gesamten Stuckfassade
- Undichte und schlecht gedämmte Fenster
- Defekte und teilweise zerstörte Balkonbrüstungen
- Unzureichende Dachentwässerung
- Schwammbefall an tragenden Holzteilen im Dach- und Deckenbereich
- Veraltete, unzureichende Haustechnik
- Einzelofenheizung

Schwerpunkte der Sanierung

Folgende Schwerpunkte für die Sanierung seien besonders hervorgehoben:

- Sanierung der historischen Stuckfassade
- Sanierung der Balkonanlagen
- Sanierung von Schwammbefall
- Einbau von haustechnischen Anlagen

Sehr starke Zerstörung an Erker und Außenwand

Sanierte Fassade mit neuen Zinkblechabdeckungen

Sanierung der historischen Stuckfassade

Auf dem obenstehenden Bild des Erkers vor der Sanierung ist gut die starke Zerstörung der Fassade zu erkennen. An vielen Stellen ist der Putz abgefallen, teilweise ist die Tragfähigkeit der Unterkonstruktion beeinträchtigt, weil einbindende Stahlträger korrodiert sind.

Die Balkonbrüstung oberhalb des Erkers ist bereits abgestürzt.

An vielen Stellen fehlen Blechabdeckungen, so dass Feuchtigkeit immer tiefer in die Konstruktion eindringt.

Ein solches Schadensbild erfordert folgende Sanierungsaufgaben:

- Wiederherstellung der Tragfähigkeit durch Sanierung der Stahlträger (siehe Skizze auf Seite 222),
- Neuaufbau der Balkonbrüstung aus Mauerwerk mit oben aufliegendem Ringanker zur Sicherung der Brüstung,
- Einbau von Wärmedämmung und Dampfsperre unterhalb des Balkons, innerhalb des Erkers,
- Aufbringen von Gefälleestrich und Epoxydharzbeschichtung,
- Anschluss der Abdichtung an einen neuen Bodeneinlauf im Balkon,
- Herstellen einer Schwelle zwischen Balkon und Wohnraum sowie Einbau einer neuen Fenstertür,
- Anbringen von Fertigteilgesimsen mit Abdeckung aus Zinkblech,
- Einbau eines zusätzlichen Geländers, um die notwendige Brüstungshöhe als Absturzsicherung zu schaffen,
- Abschlagen des losen Putzes,
- Aufbringen von Neuputz,
- Wiederherstellen und Ergänzen der Stuckornamente.

Details der Stuckfassade vor und nach der Restaurierung

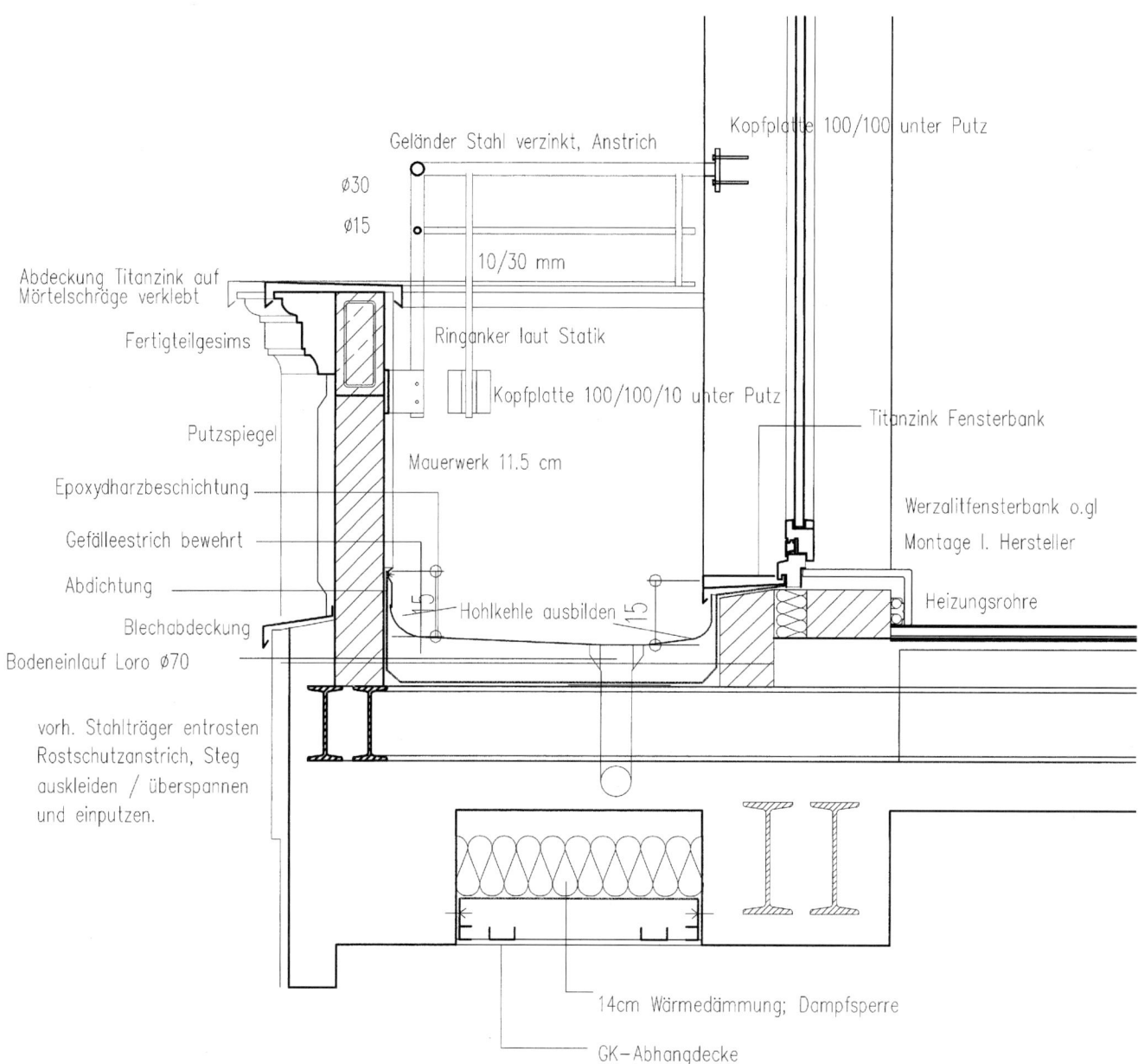

Geländer Stahl verzinkt, Anstrich

Kopfplatte 100/100 unter Putz

Ø30

Ø15

10/30 mm

Abdeckung Titanzink auf
Mörtelschräge verklebt

Ringanker laut Statik

Fertigteilgesims

Kopfplatte 100/100/10 unter Putz

Titanzink Fensterbank

Putzspiegel

Mauerwerk 11.5 cm

Epoxydharzbeschichtung

Werzalitfensterbank o.gl
Montage l. Hersteller

Gefälleestrich bewehrt

Abdichtung

Hohlkehle ausbilden

Heizungsrohre

Blechabdeckung

Bodeneinlauf Loro Ø70

vorh. Stahlträger entrosten
Rostschutzanstrich, Steg
auskleiden / überspannen
und einputzen.

14cm Wärmedämmung; Dampfsperre

GK−Abhangdecke

Zeichnungen: Erker nach der Sanierung

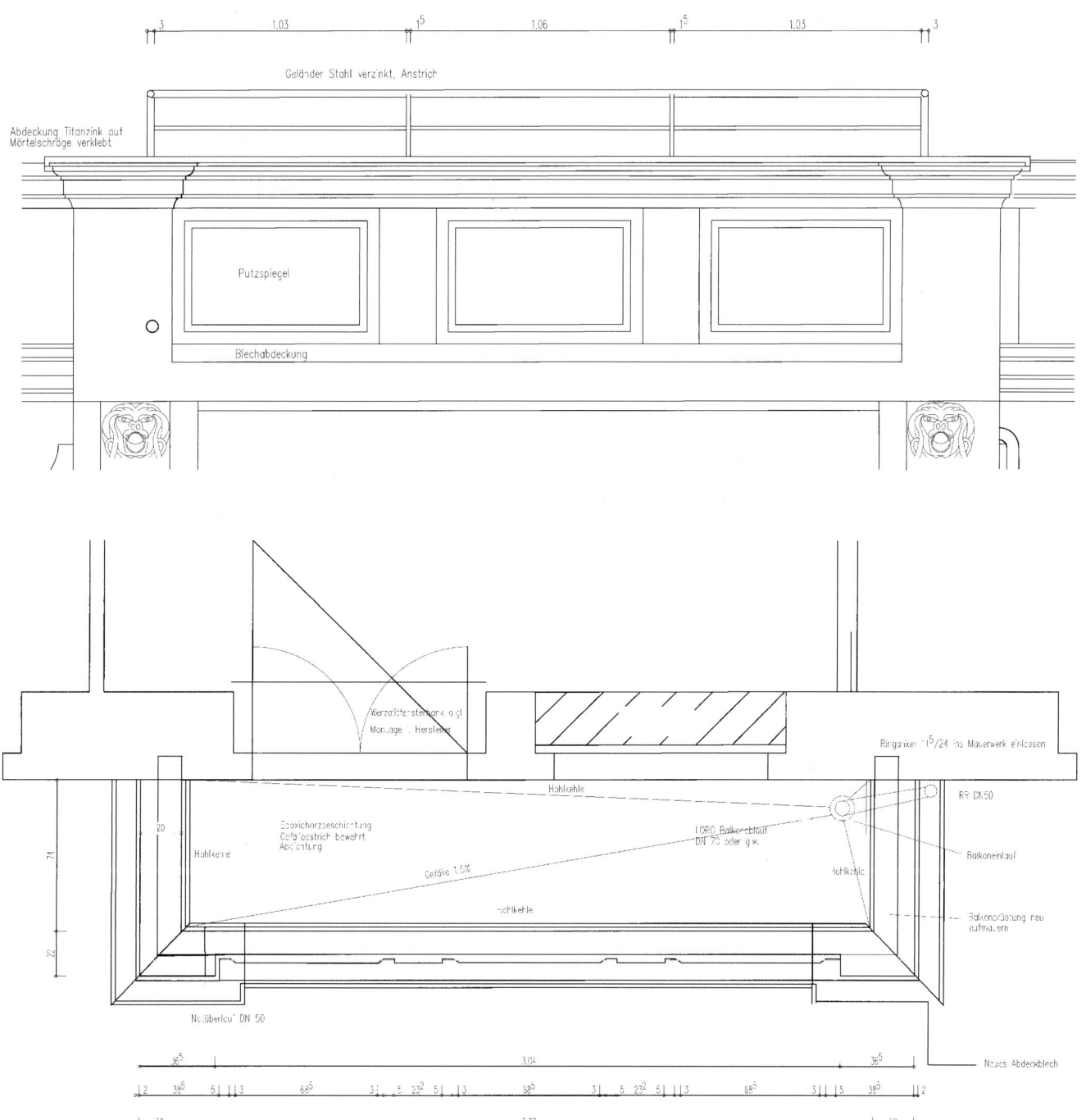

Sehr starke Schäden
an den Balkonen

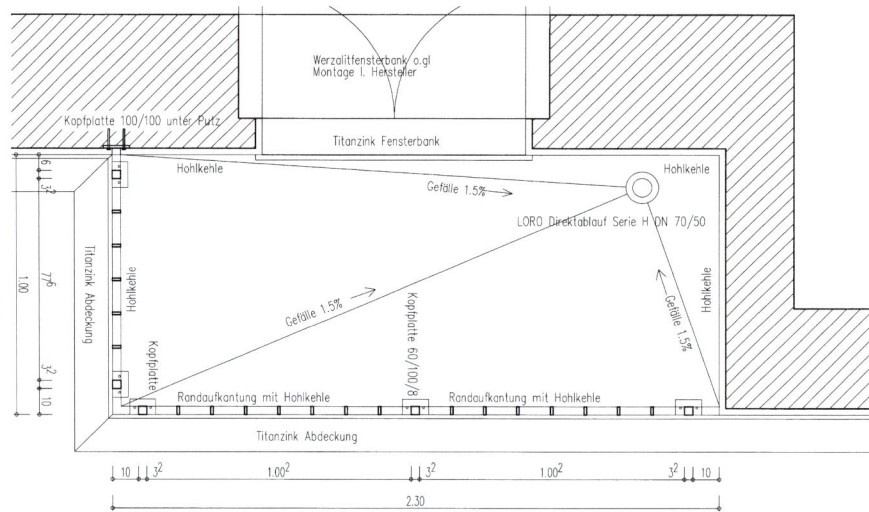

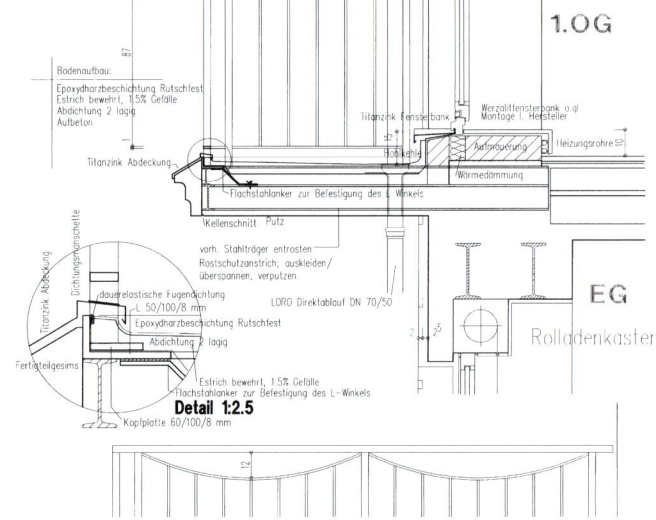

Zeichnungen: Balkonanlage im Detail

Sanierte Balkonanlage

Sanierung von Balkonanlagen

Auch die Balkonanlagen auf der Rückseite der Gebäude
wiesen zahlreiche Schäden auf:

- Zerstörung der Stahlanlage in den Balkonböden infolge
  der mangelhaften beziehungsweise zerstörten Balkonab-
  dichtungen,
- starker Rostbefall der Kragträger bis hin zum Versagen
  der Tragkonstruktion,
- fehlende Aufkantung zum Gebäude hin; daraus resultie-
  rend Schwammbefall in den Wohnungsdecken aufgrund
  des eindringenden Wassers,
- Zerstörung der Balkonrandbereiche durch falsche Gelän-
  derbefestigung auf der Balkonoberseite.

Sanierungsmaßnahmen

- Entrosten der vorhandenen Stahlträger
- Rostschutzanstrich
- Auskleiden, Überspannen und Verputzen der sanierten
  Träger
- Anbringen neuer Gesimse an den Balkonen mit Titan-
  zinkabdeckung
- Neuer Fußbodenaufbau mit Aufbeton, Abdichtung, be-
  wehrtem Estrich und rutschfester Epoxydharzbeschich-
  tung
- Herstellung einer neuen Schwelle im Bereich der Balkon-
  türe
- Neue, verzinkte und beschichtete Stahlgeländer nach
  historischem Vorbild

Hausschwammsanierung

An vielen Stellen der historischen Bausubstanz wurde Befall mit Hausschwamm festgestellt. Folgende Maßnahmen wurden durchgeführt:

- Ermittlung des notwendigen Arbeitsumfanges,
- Aufnehmen aller Schadstellen und Eintragen in die Bestandspläne,
- Freilegen der befallenen Bereiche,
- Abtrennen der schadhaften Holzteile, je nach Art des Befalls weit über den befallenen Bereich hinaus bis in das gesunde Holz,
- Anlaschen von Bohlen nach Angaben des Statikers
- Einbringen einer neuen trockenen Schüttung,
- Schließen von Fußboden- und Deckenbereichen.

Deckenbalken mit Schwammbefall

Umfangreiche Sanierungsarbeiten am Dachstuhl

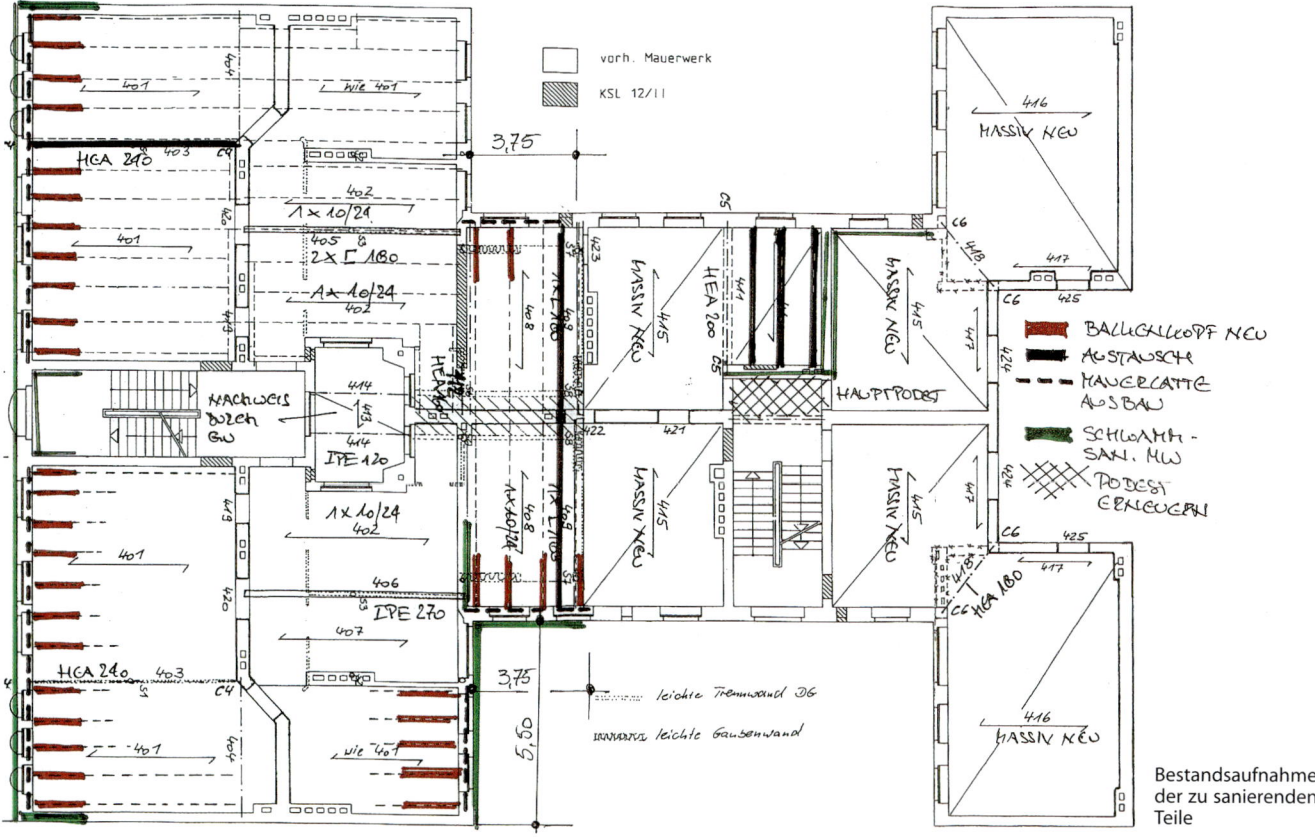

Bestandsaufnahme der zu sanierenden Teile

Einbau von haustechnischen Anlagen

Bei der Sanierung von Häusern aus der Zeit der Jahrhundertwende muss im Allgemeinen die gesamte Haustechnik erneuert werden, weil sie veraltet und schadhaft ist.

Dabei benötigen die neuen haustechnischen Anlagen in aller Regel mehr Platz, weil sie umfangreicher und aufwändiger sind:

- neue, zentrale Schaltkästen für die Elektrozähler,
- neue, zentrale Heizungsanlage,
- Zentralerwärmung des Brauchwassers,
- Trennung der Abflussleitungen in getrennte Systeme für Schmutz- und Regenwasser,
- Dämmung der Rohrleitungen.

Kellerraum vor der Sanierung

Kellerraum während der Sanierung

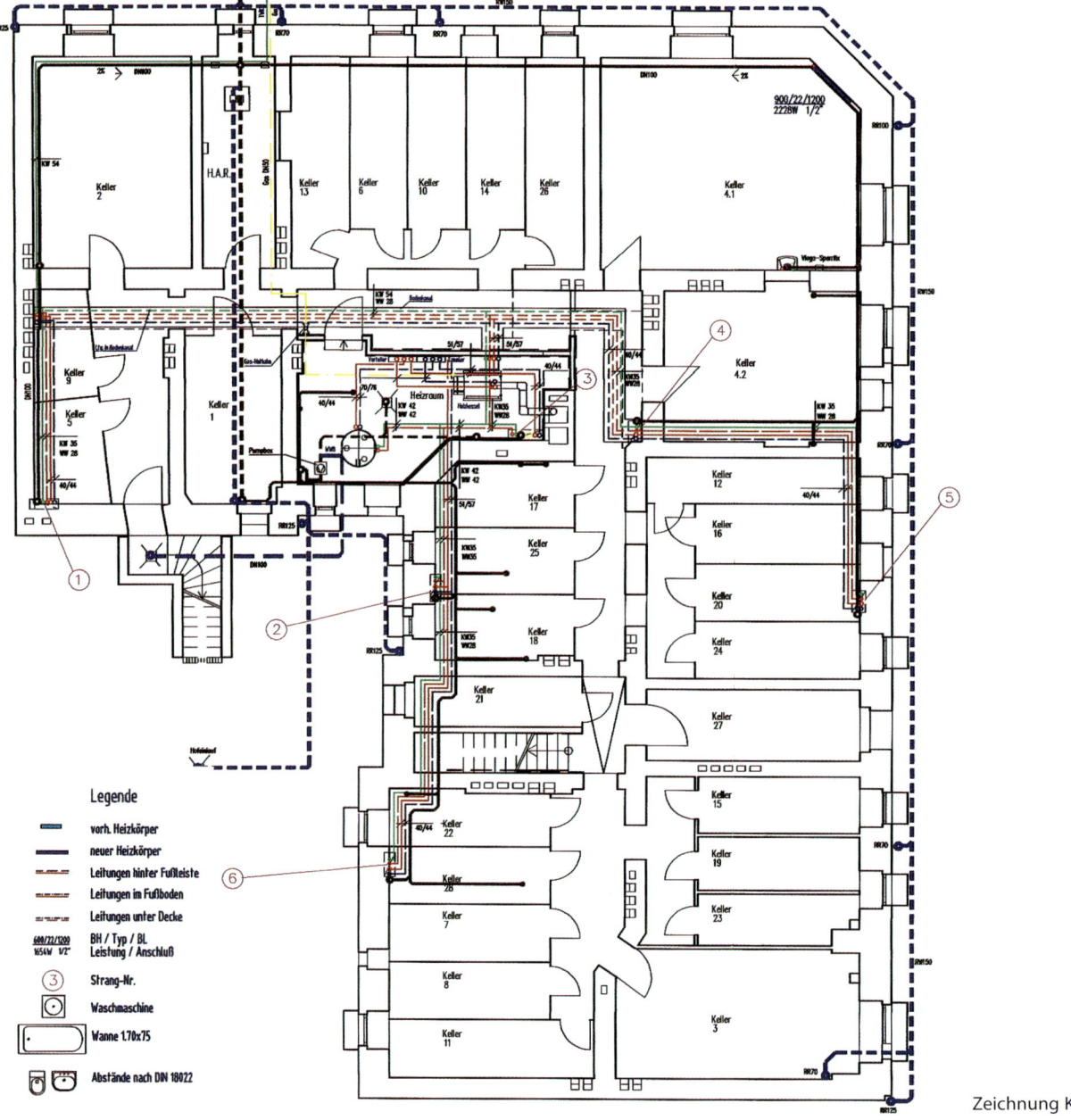

Zeichnung Kellergeschoss

In den meisten Fällen wird die Zentrale der Haustechnik im Kellergeschoss untergebracht. Hier steht der erforderliche Raum zur Verfügung, der Hausanschlussraum befindet sich in der Nähe und zudem kann im Kellergeschoss die horizontale Verteilung der Leitungen erfolgen.

Bei sehr niedrigen Kellerräumen kommt es allerdings zu Konflikten im Bereich der Türstürze.

Liegt der Türsturz unmittelbar unter der Kellerdecke, können Rohrleitungen an dieser Stelle nicht durchgeführt werden. Andererseits steht der Raum unterhalb des Türsturzes nicht zur Verfügung, weil die Durchgangshöhe unzulässig eingeschränkt würde, beziehungsweise erforderliche Brandschutztüren nicht eingebaut werden könnten.

Eine hier mögliche Lösung ist die Verlegung der Rohrleitungen im Kellerfußboden.

Der Fußboden des für die Heizung vorgesehenen Raumes wird tiefer gelegt, um die vorhandene Kopfhöhe zur Aufstellung der Heizungsanlage zu schaffen.

Hierdurch bietet sich die Gelegenheit, im angrenzenden Kellerflur einen Bodenkanal zu schaffen, in dem die horizontale Verteilung der Heizungs-, Brandwasser- und Brauchwasserleitungen sowie der Elektroleitungen erfolgen kann.

Grundriss Bestand

Behutsame Grundrissveränderung

Auf der obenstehenden Zeichnung ist die Grundrisssituation des Gebäudes im Bestand zu erkennen. Hierbei wird eine Reihe von Problemen deutlich:

- Die Wohnungen sind nur zu einer Fassadenseite orientiert und bieten keine Möglichkeiten der Querlüftung.
- Badezimmer und WC fehlen teilweise.

- Die Flure sind unnötig lang und nur schlecht belichtet.
- Die Wohnräume liegen in dunklen Bereichen des Hauses und sind nur sehr schlecht belichtet (Berliner Zimmer).
- Die Badezimmer liegen mit ihrem Fenster nur an einem kleinen, sehr engen Lichthof (Brandschutz).
- Die Wohnungszuschnitte sind ungünstig.
- Die Räume mit Installationen liegen weit auseinander.

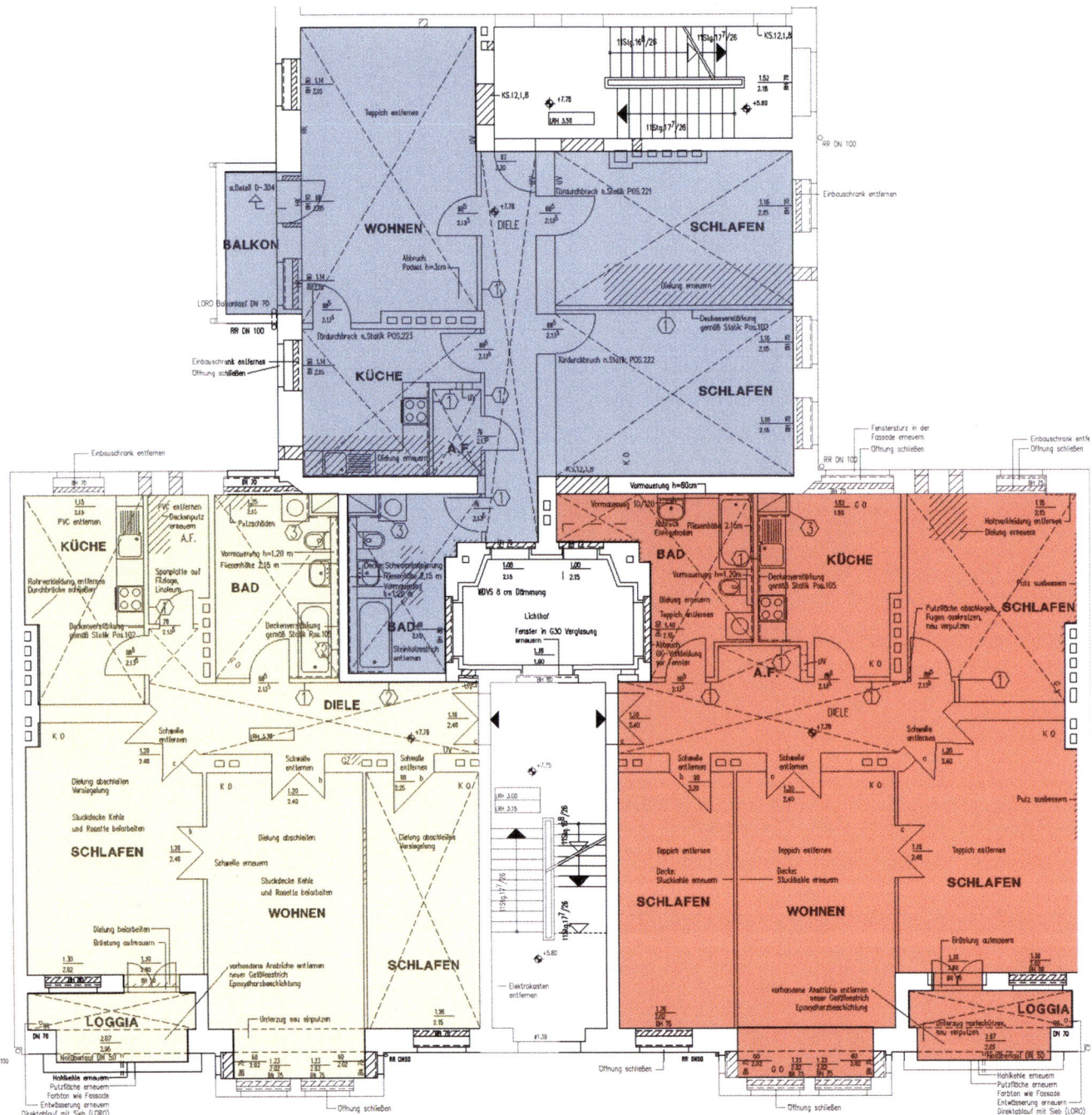

Grundriss Modernisierung

Durch behutsame Grundrissveränderungen können die Fehler des Bestandes beseitigt und eine neue Wohnqualität kann geschaffen werden:

- Alle Wohnungen verfügen über einen Balkon.
- Küche und Bad liegen zusammen, Installationen sind gebündelt.
- Badezimmer und Küchen liegen in den dunklen Bereichen des Grundrisses.

- Die Wohnräume liegen in gut belichteten Bereichen und verfügen über einen Balkon oder Erker.
- Brandschutzprobleme werden beseitigt, indem der Lichthof nur noch für die Belichtung des Treppenhauses genutzt wird.

11.2 **Siedlungen der 20er Jahre**

Die Siedling Rundling in Leipzig nach der Sanierung 1997

Die Kriegszerstörungen und bereits abgebrochene Teile der Siedlung sind deutlich sichtbar

11.2.1   Leipzig-Lössnig

Die Siedlung Rundling in Leipzig-Lössnig wurde 1929 bis 1930 nach Plänen des Architekten Hubert Ritter errichtet.

Die klare, prägnante Form gab der Siedlung ihren typischen Namen.

1993 begann die Sanierung der Siedlung.

Wesentliche Aufgabe war dabei zunächst die Wiederherstellung des Gesamtensembles.

Durch Bombenschäden im Krieg waren Teile der Siedlung stark zerstört. Auf dem Luftbild aus dem Jahre 1945 erkennt man deutlich die Schäden der Kriegszerstörung.

Die großen, hellen Flächen sind Trümmerfelder, in denen die Häuser ganz zerstört und zum Teil schon abgeräumt sind. Am oberen Rand der Ringbebauung kann man in die oberen Geschosse hineinsehen, weil das Dachgeschoss fehlt. Die dunklen Punkte auf dem Luftbild lassen die markante Bepflanzung mit Einzelbäumen erkennen.

Der Lageplan der Siedlung zeigt Bereiche, in denen Neubauten errichtet wurden, um die entstandenen Lücken wieder zu schließen.

Lageplan der Siedlung Rundling

■ = Altbau
□ = Neubau

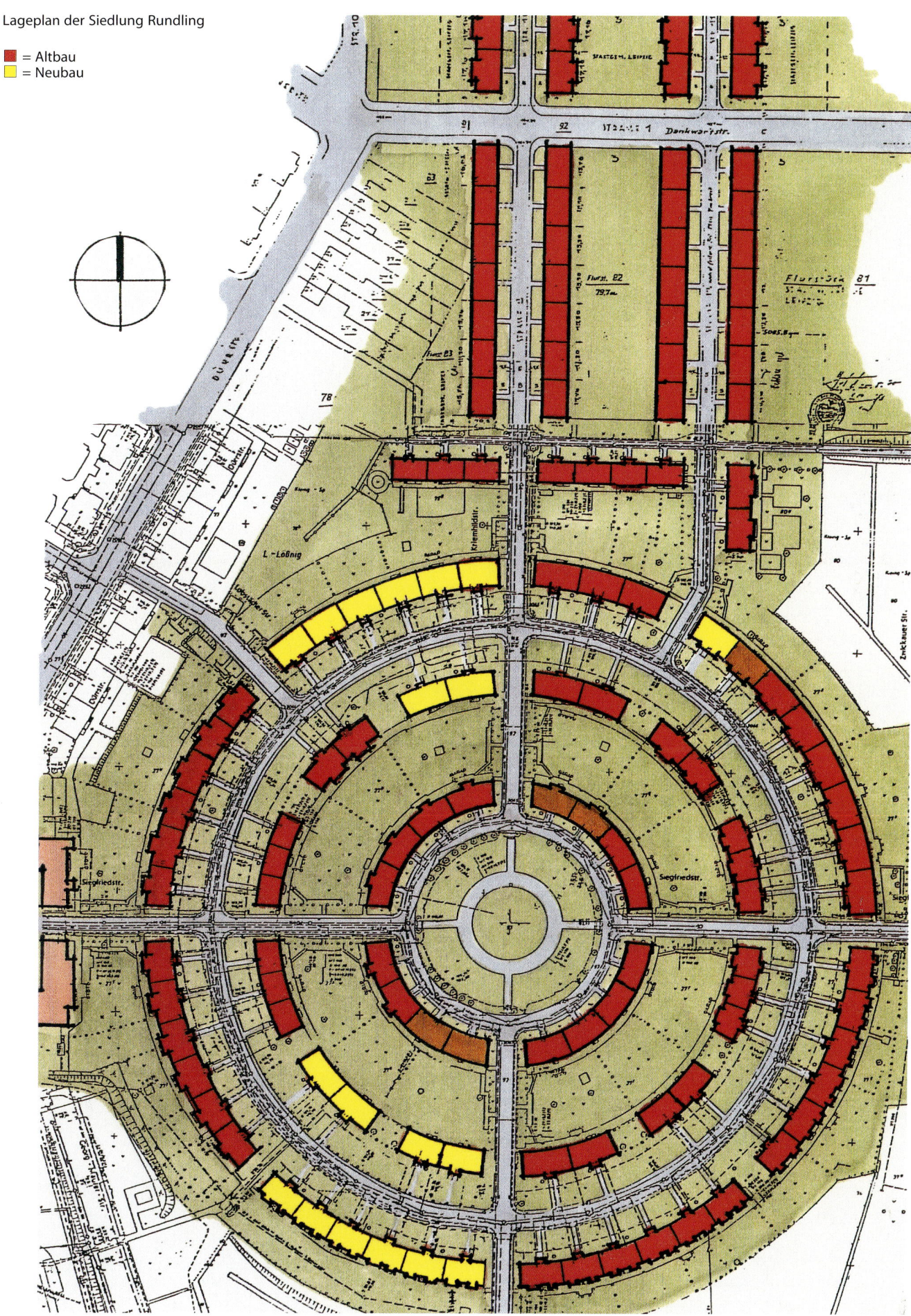

Neubauten als Ersatz für die im Krieg zerstörten Teile der Siedlung

Ergänzender Neubau

Direkt nach dem Krieg waren auf den Freiflächen zunächst nur Behelfsbauten in Form von Garagen entstanden. Diese wurden abgebrochen und durch Neubauten ersetzt.

Die Neubauten gleichen in ihren äußeren Abmessungen und in den Proportionen der Fensteröffnungen exakt dem historischen Vorbild. In einigen Details, zum Beispiel der Sprossenteilung der Fenster, weichen sie allerdings vom historischen Vorbild ab und zeigen die Formensprache der 90er Jahre. So wird der Gesamteindruck der Siedlung wieder hergestellt und dennoch bleibt erkennbar, aus welcher Bauzeit die einzelnen Bauabschnitte stammen.

Die Grundrisse des Neubaus nehmen die äußere Form der Gebäude mit ihren typischen Merkmalen auf:

- Gebäudeproportionen,
- Loggia,
- Fensterteilung,
- Art und Farbe des Putzes,
- Dachform,
- Details von Eingängen, Dachrinnen, Beleuchtung.

Im Inneren zeigen die Neubauten eine modernere Aufteilung, die die Nachteile der historischen Grundrisse vermeidet.

Das Dachgeschoss, früher nur als Speicher zum Wäschetrocknen benutzt, ist in Form von Maisonettewohnungen ausgebaut.

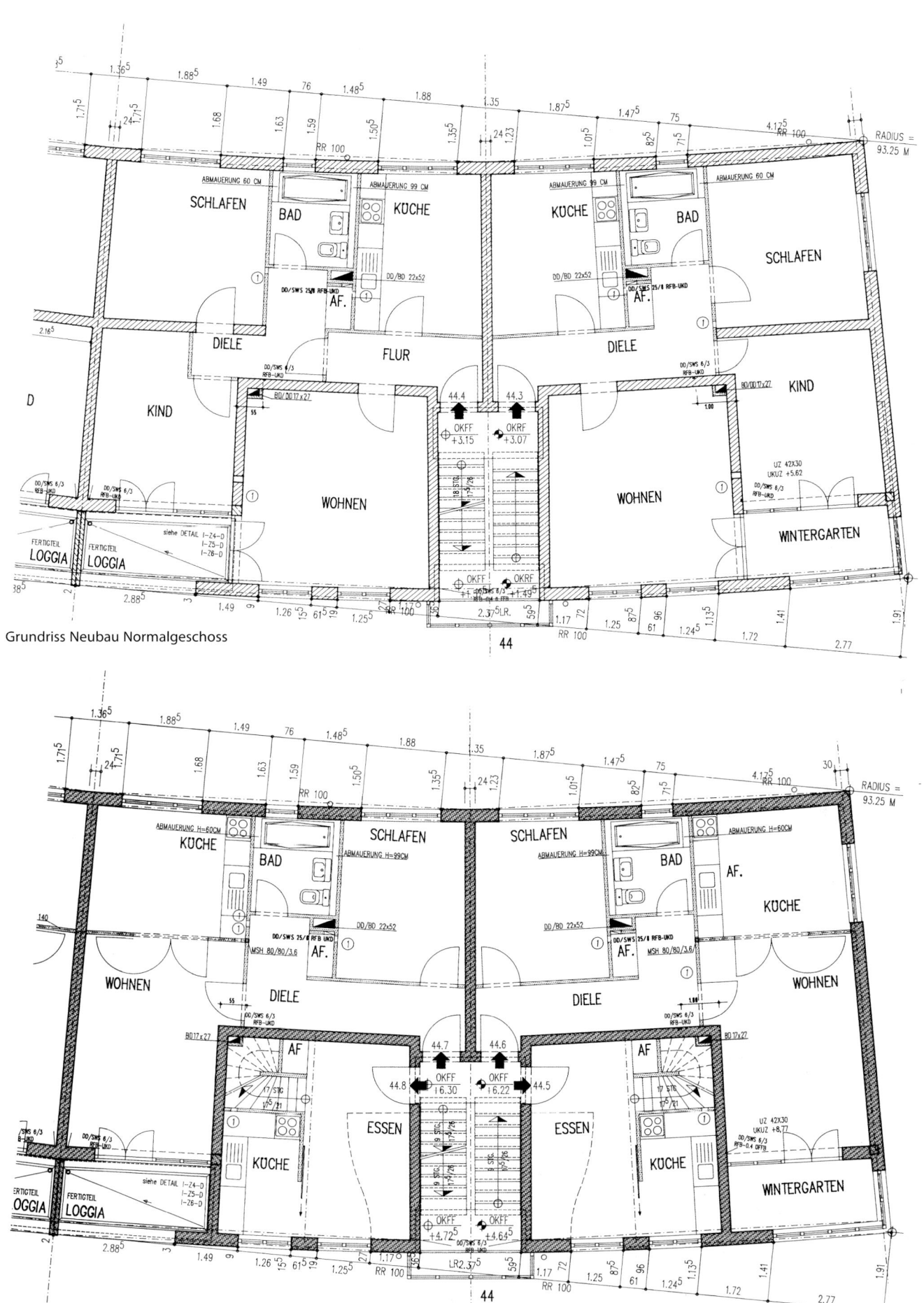

Grundriss Neubau Normalgeschoss

Grundriss Neubau Dachgeschoss – untere Ebene Maisonettewohnung

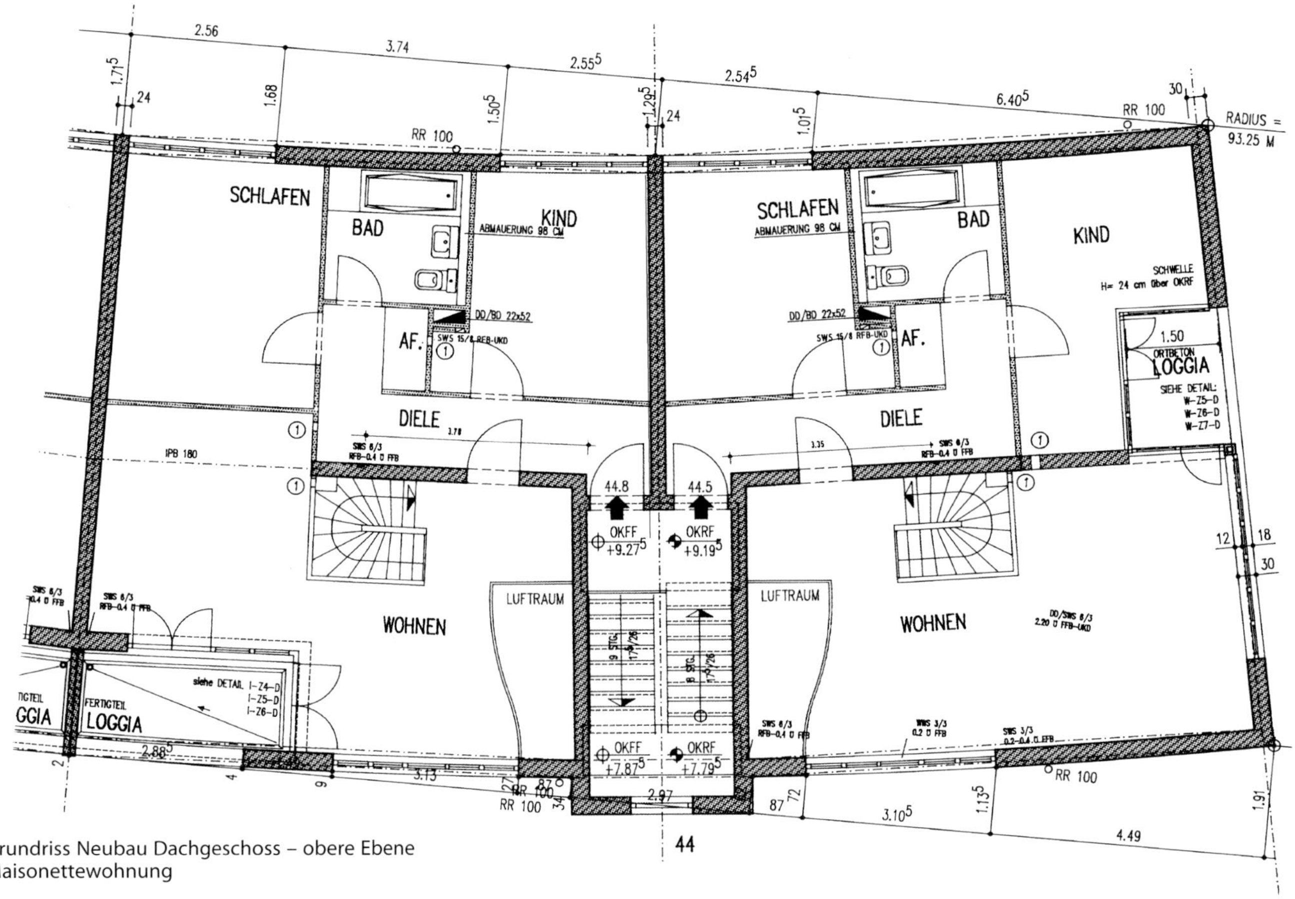

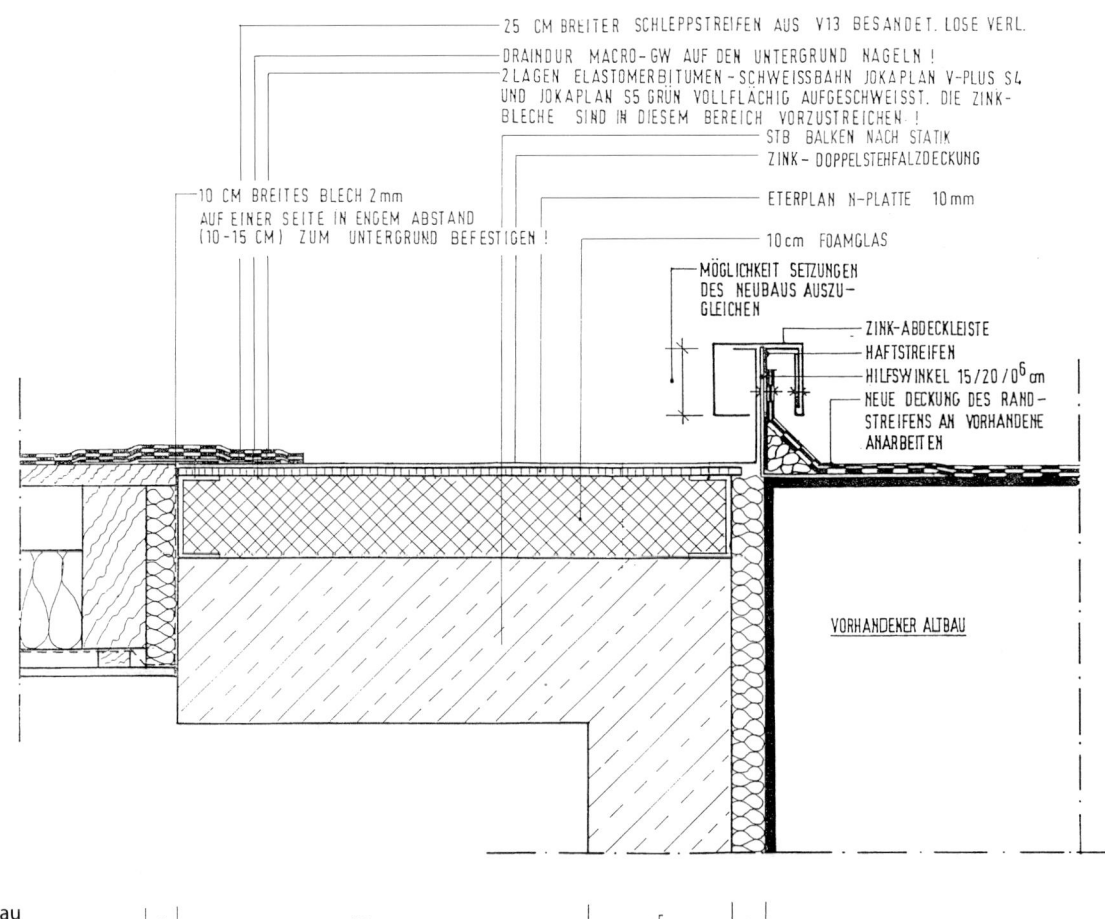

Grundriss Neubau Dachgeschoss – obere Ebene
Maisonettewohnung

Übergang Altbau – Neubau
Detailzeichnung

Sanierung der Altbauten

Neben der Wiederherstellung des Gesamtensembles durch Schließung der Kriegslücken war der zweite wesentliche Punkt bei der Sanierung der Siedlung die originalgetreue Wiederherstellung der Altbauten.

Hoher Denkmalwert in allen Details

Bei der Ausbildung und Wiederherstellung der Details wurde großer Wert auf ihre Ausbildung nach historischem Vorbild gelegt:

- historische Sprossenteilung der Fenster,
- grüne Holzjalousien vor den Fenstern,
- Ausbildung der Eckloggien mit einer Verglasung,
- Regenrinnen mit ihren typischen eckigen Ablaufkästen,
- Haustüren,
- Hausnummernleuchten und Klingeltableaus,
- Dachterrassen mit filigranem Geländer am Siegfried-platz.

Besondere Bedeutung kam der Wiederherstellung der Fassadendetails sowie der Farbgebung der Gebäude und der Treppenhäuser zu.

Um den genauen Farbton der historischen Fassade zu ermitteln, wurden restauratorische Untersuchungen durchgeführt. Auf historischen Fotos sind unterhalb der Dachrinnen noch Reste der ursprünglich gelben Fassadenfarbe zu erkennen. In den unteren Bereichen ist die Farbe abgewaschen und die Fassade durch Umwelteinflüsse stark gedunkelt.

Das Geländer der Dachterrasse musste aus historischen Fotos abgeleitet werden, da Originalgeländer nicht mehr vorhanden waren.

Wohngebäude der Siedlung Rundling – Zustand vor der Sanierung

Siedlung Rundling nach der Sanierung. Die Außenwand ist mit einem Wärmedämmputz der historischen Farbgebung versehen worden. Wiederherstellung der historischen Außenleuchten und der verstellbaren Außenjalousien; die seitliche Windschutzverglasung der Eckloggien wurde rekonstruiert

Rekonstruktion der Dachterrasse am Siegfriedplatz

Oben links:
Die alten Fassaden zeigten großflächige
Putzabplatzungen

Oben:
Aufbringen des Wärmedämmputzes

Links:
Hauseingang während der Sanierung mit
aufgebrachtem Wärmeputz
(im Mittel 4 cm)

Rechts:
Hauseingang nach der Sanierung.
Die Ziegelrahmen der Hauseingangstür
und die seitlichen Ziegelmäuerchen
wurden erneuert. Die Betonwerksteinstufe
wurde gereinigt und partiell ausgebessert.

Fassadenrestaurierung und Wärmedämmung

Die Fassadenrestaurierung musste zwei grundlegende
Aspekte erfüllen: Zum einen zeigte die Gebäudekonstrukti-
on eine Reihe zum Teil schwer wiegender Bauschäden, die
einer sorgfältigen Sanierung bedurften. Zum anderen ent-
sprach der Wärmeschutz der im Allgemeinen 30 cm starken Außenwände nicht mehr den heutigen Anforderungen.
Hier musste eine denkmalverträgliche Lösung gefunden
werden.

Ein Wärmedämmverbundsystem wurde vom Amt für
Denkmalpflege nicht akzeptiert.

Als Lösung für die Fassadenrestaurierung bot sich das Aufbringen eines Wärmedämmputzes mit 6 cm Stärke an.

Hierdurch wurde ein ausreichender Wetter- und Klima-
schutz für die Baukonstruktion gebildet. Zusätzlich wurde
der Wärmeschutz der Gebäude verbessert und bauphysi-
kalische Schwachstellen wurden überdeckt.

Geringfügige Veränderung des Bestandgrundrisses

Die Sanierung der Gebäude sollte so behutsam wie möglich
erfolgen. Dies schloss auch die Sanierung der Wohnungen
ein, deren Grundriss nur geringfügig verändert wurde.

So wurden zum Beispiel vorhandene Speisekammern entfernt, um Küchengrundrisse etwas großzügiger zu gestalten, während der kleine Grundriss des Badezimmers beibehalten wurde.

Durch Verlegung des Schachtes für alle Ver- und Entsorgungsleitungen in die Küche (im Bereich der Arbeitsfläche)
wurde im Badezimmer der notwendige Raum geschaffen,
um die wichtigsten Einrichtungsgegenstände unterzubrin-
gen. So genannte »gefangene Räume« wurden beibehalten,
dies war ein erklärter Mieterwunsch.

Die Schaffung zusätzlicher Flure, verbunden mit dem Verlust von Raumgröße, wurde von den Mietern nicht gewünscht.

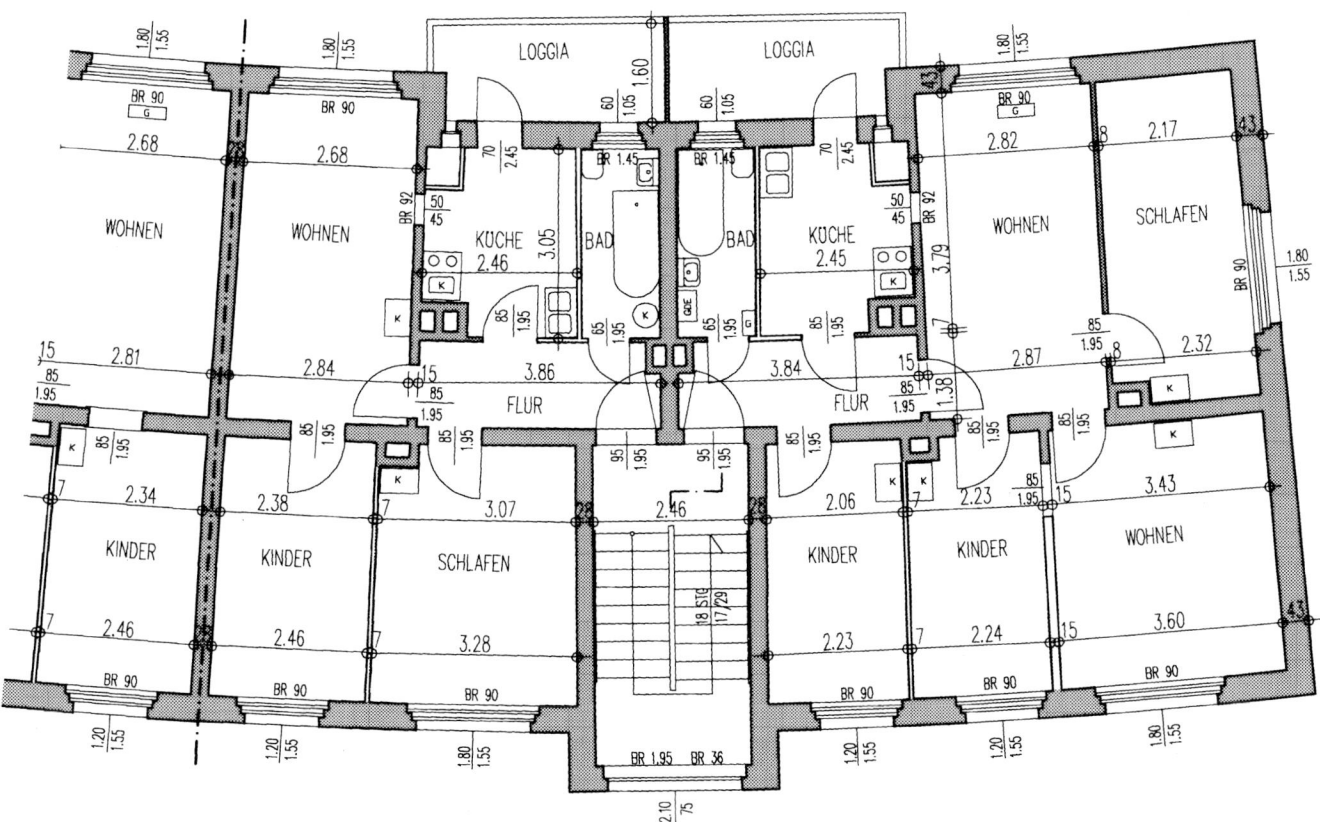

Grundriss – Bestand

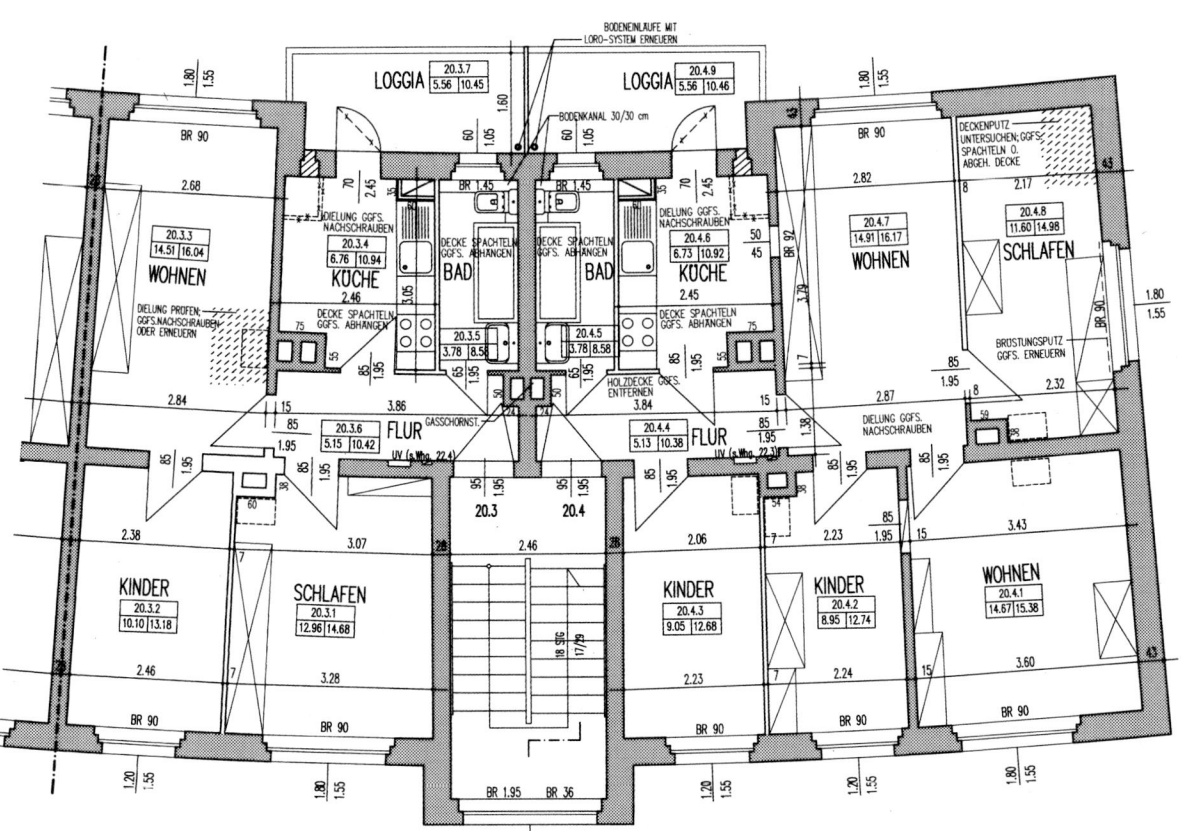

Grundriss – Modernisierung

Eine Besonderheit ist die Eingangssituation: Seit Bestehen der Siedlung Rundling waren hier Läden angeordnet.
Die Schäden durch Kriegszerstörungen machten eine umfangreiche Sanierung erforderlich

Sanierung der Schaufensterkonstruktion

Eine Besonderheit ist die Eingangssituation der Siedlung: Seit Bestehen der Siedlung Rundling waren hier Läden angeordnet.

Die Schäden durch Kriegszerstörung machten eine besonders aufwändige Sanierung der im Rohbau noch vorhandenen Glasüberdachungen erforderlich.

Ein spezielles Problem war die Konstruktion der innen liegenden, also am Haus angeordneten Rinne in Verbindung mit einem darüber angeordneten Fenster.

Die beschädigte Schaufensterkonstruktion im Detail

Sanierung der Schaufensterkonstruktion
Detailzeichnung

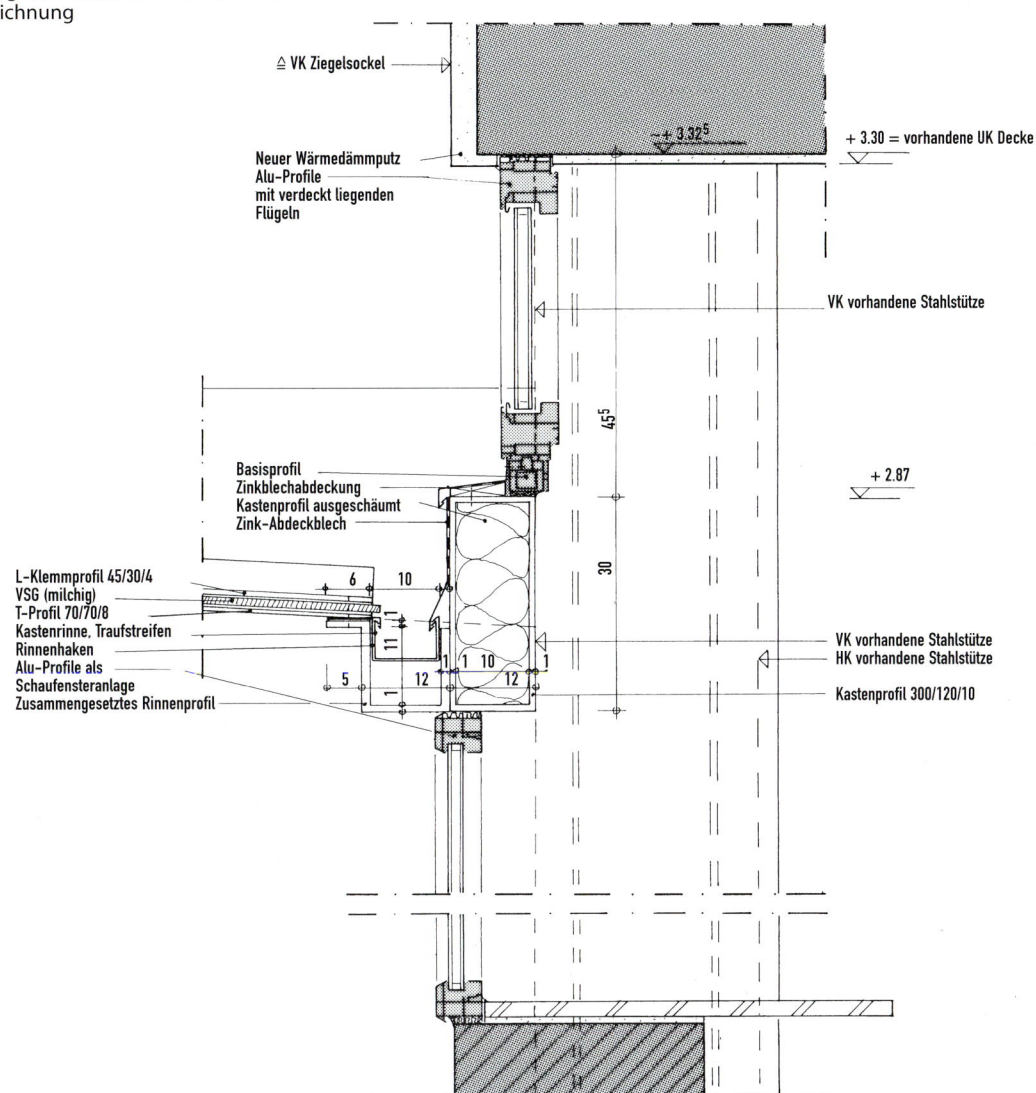

△ VK Ziegelsockel

+ 3.32⁵

+ 3.30 = vorhandene UK Decke

Neuer Wärmedämmputz
Alu-Profile
mit verdeckt liegenden
Flügeln

VK vorhandene Stahlstütze

45⁵

Basisprofil
Zinkblechabdeckung
Kastenprofil ausgeschäumt
Zink-Abdeckblech

+ 2.87

30

L–Klemmprofil 45/30/4
VSG (milchig)
T-Profil 70/70/8
Kastenrinne, Traufstreifen
Rinnenhaken
Alu-Profile als
Schaufensteranlage
Zusammengesetztes Rinnenprofil

6   10

11

5   12

1   1   10   1

1   12

VK vorhandene Stahlstütze
HK vorhandene Stahlstütze

Kastenprofil 300/120/10

Wiederhergestellte Schaufensteranlage

Sanierung Faradaystraße – historischer Zustand vor der Sanierung

11.2.2   Leipzig-Möckern – Faradaystraße

Nach Fertigstellung der Siedlung Rundling entstand 1931, ebenfalls nach Plänen des Architekten Hubert Ritter, die Siedlung Faradaystraße in Leipzig-Möckern.

Im Gegensatz zu Rundling war bei der Sanierung Faraday-straße weniger die stadtbildprägende Großform, sondern vielmehr die straßenbegleitende lange Reihung aus weiß geputzten Gebäuden, unterbrochen nur durch die vor-springenden Balkone, das kennzeichnende Element der Siedlung.

Auch hier waren, dem Zeitgeist entsprechend, bescheidene Grundrisse auf engem Raum geplant und errichtet worden. Trotz dieser beengten Grundrisse, eine Folge der wirt-schaftlichen Zwänge, verfügte die Siedlung über ein hohes Maß an städtebaulicher und gestalterischer Qualität.

Nach 1990 bot die Siedlung jedoch ein eher trauriges Bild.

Probleme und Mängel

Viele Teile der Siedlung zeigten überdurchschnittlich starke Abnutzungs- und Zerstörungserscheinungen:

- sehr starke Zerstörung des Außenputzes,
- starke Feuchteschäden im Keller- und Sockelbereich,
- konstruktive Rissschäden im Bereich der Balkone und Vorbauten,
- Undichtigkeiten im Dachbereich,
- defekte Sanitärinstallationen,
- schadhafte Fenster und Türen,
- schadhafte Jalousien vor den Fenstern,
- Beheizung nur durch Einzelöfen.

Sanierte Häuser in der Faradaystraße; die Farbgebung entspricht dem historischen Vorbild und wurde über Befunde gesichert

Im Gegensatz zur Siedlung Rundling stand für die Siedlung Faradaystraße nur ein geringes Budget zur Verfügung. Auf dieser Basis musste ein Weg gefunden werden, die notwen-digen Sanierungsmaßnahmen durchzuführen, den Wohn-wert für die Bewohner angemessen zu verbessern und gleichzeitig die strengen Auflagen der Denkmalpflege zu berücksichtigen.

Unter diesen Voraussetzungen wurde ein Maßnahmepaket gewählt, das eine sehr behutsame Behandlung der Grund-risse und eine vollständige Sanierung der Gebäudehülle vorsah. Ein besonderer Schwerpunkt dabei war die Sanie-rung von Außenwand und Fenstern.

Wärmedämmverbundsystem und neue Holzfenster; Erhalt der Treppenhausfenster

Schwerpunkte der Sanierung

- Sanierung der konstruktiven Risse im Bereich der Balkone
- Aufbringen eines Wärmeverbundsystems zum Schutz der vorhandenen Konstruktion und zur Verbesserung der Wärmedämmung des Gebäudes
- Erneuerung der Fenster als Holzfenster mit der historischen Sprossenteilung
- Sanierung der Eingangstüren und der Treppenhäuser
- Vollständiger Erhalt der Holzfenster der Treppenhäuser
- Behutsame Grundrissveränderung durch Einfügen der neuen Installationen in Küche und Bad
- Einbau einer Zentralheizung

Beibehalt der Wohnungsgrundrisse

Alle Wohnungsgrundrisse wurden im Wesentlichen beibehalten. Schon die Grundrisse von 1931 wiesen für jede Wohnung ein innen liegendes Bad und eine kleine Küche, häufig mit Zugang zu einer Loggia, auf. Nicht selten wurden die Wohnräume als Durchgangszimmer zum Schlafzimmer genutzt. Diese Lösung wurde auch bei der Modernisierung beibehalten, da sie von den Bewohnern weiterhin so gewünscht wurde. Jede Verlängerung des Flures hätte letztlich eine Verkleinerung des Wohnzimmers bedeutet. Nicht selten werden die Wohnungen heute nur von wenigen Personen bewohnt, so dass ein Kinderzimmer nicht mehr benötigt und dieser Raum stattdessen als Gäste- oder Arbeitszimmer genutzt wird.

Gravierende Schäden an Fassaden und Balkonen

Siedlung Faradaystraße –
Wohnungsgrundriss – Bestand

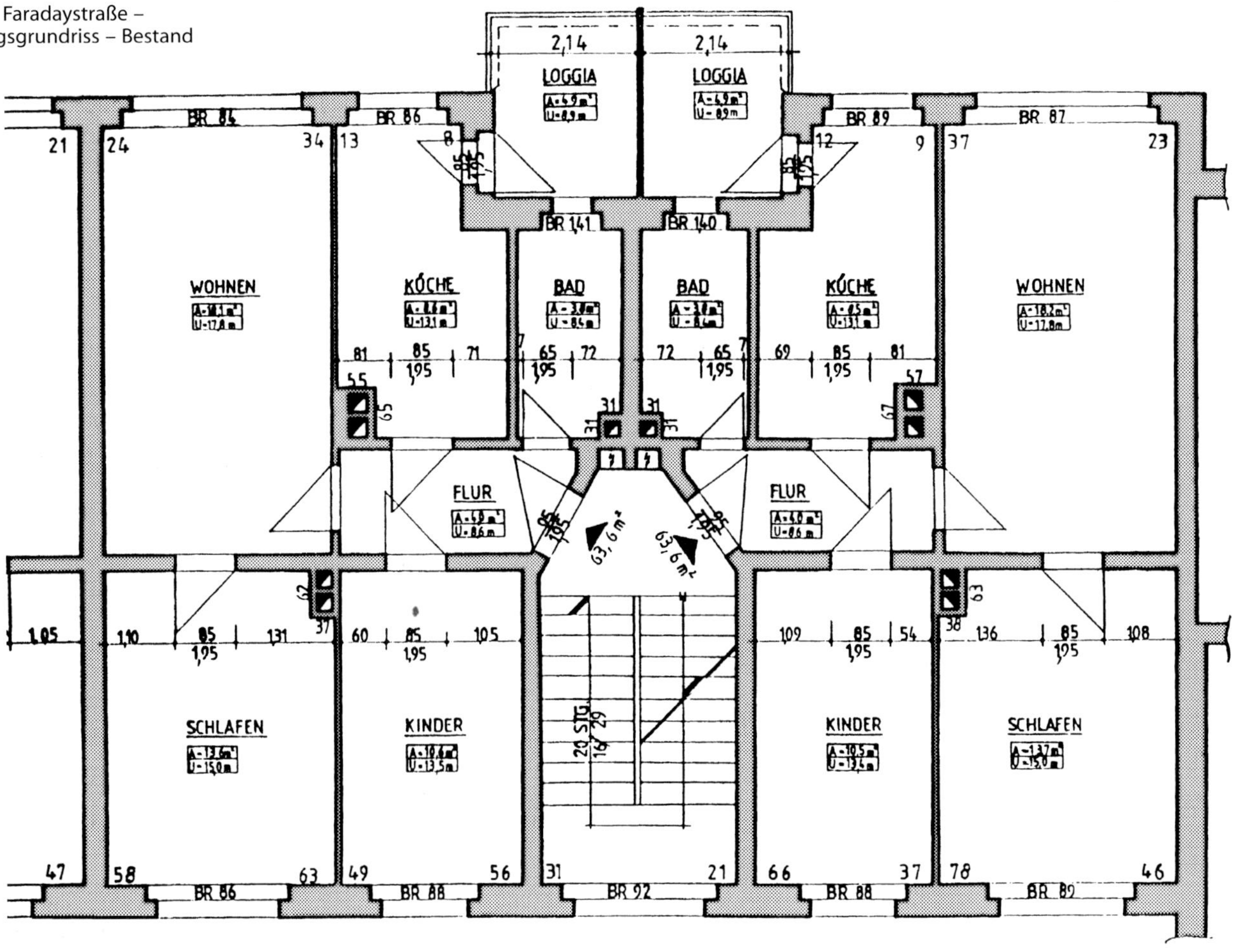

Siedlung Faradaystraße
– Wohnungsgrundriss – Modernisierung

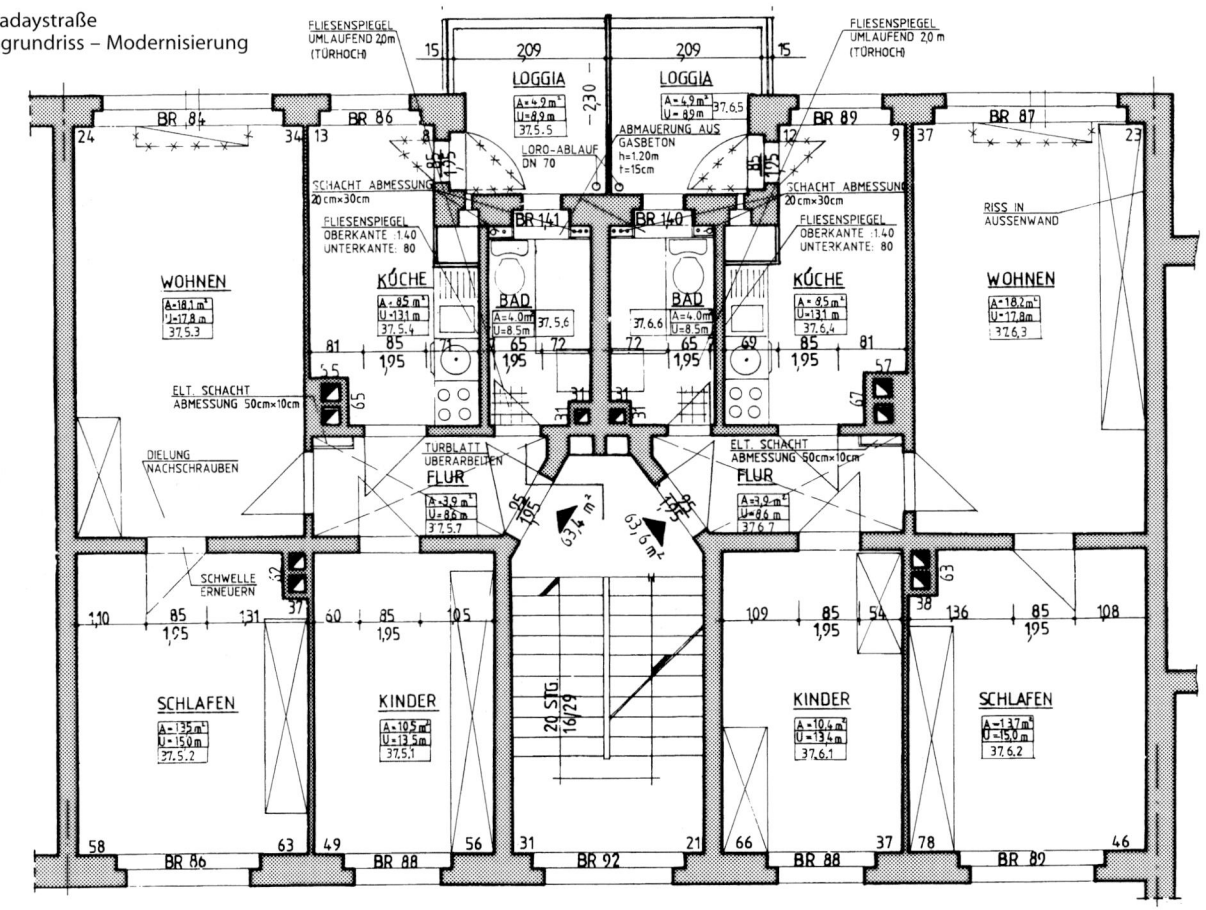

11.3   Industriell errichtete Wohngebäude

Elfgeschossiges Wohnhaus in Plattenbauweise

Dachbereich mit zahlreichen Schäden

11.3.1   Wohnhochhaus in Potsdam

In Potsdam wurde ein elfgeschossiges Wohnhochhaus mit insgesamt 508 Wohnungen saniert und modernisiert.

Bei dem Gebäude handelte es sich um einen Bau aus Fertigteilen, in diesem Fall einen Sondertyp, basierend auf der Wohnungsbauserie WBS70.

Das Projekt zeigte die typischen Schäden von Gebäuden dieses Bautyps und Baualters.

Außenwand

- Betonschäden an Längs- und Giebelwänden,
- Betonschäden an den vorgesetzten Betonloggien,
- Angegriffene Wetterschutzschichten der Dreischichtenplatte,
- Undichte Fugen zwischen den Außenwandelementen,
- Risse und Abplatzungen an den Betonwänden,
- Undichte und verzogene Holzfenster,
- Mangelhafte Fensterbeschläge,
- Unzureichende Schlagregendichtheit,
- Unzureichender Schall- und Wärmeschutz der Fenster.

Dach

- Rissbildung und Korrosionsschäden der Bewehrung der Dachplatten infolge zu geringer Betondeckung,
- Zu geringe und teilweise zerstörte Wärmedämmung auf der letzten Geschossdecke,
- Nicht ausreichende Belüftung des Drempelraumes aufgrund zu kleiner oder geschlossener Lüftungsöffnungen,
- Mangelhafte Dacheindichtung mit schadhaften Dachanschlüssen und schadhaften Einläufen.

Monotone Reihung von Fenstern und Betonplatten auf der Eingangsseite

Eingangssituation des Wohngebäudes in Plattenbauweise – Bestand

Neue Fassadengestaltung für das elfgeschossige Gebäude in Plattenbauweise

Sehr problematisch: die trostlosen Eingänge

Neuer Hauseingang

Neu gestaltete Eingangsseite

Erscheinungsbild und Architektur

Der schlechte technische Zustand des Gebäudes machte eine umfassende Sanierung des Bauwerks erforderlich. Diese allein kann auf lange Sicht gesehen aber nicht die notwendige Qualität des Gebäudes garantieren.

Genauso wichtig ist deshalb eine Verbesserung des Erscheinungsbildes, des Gebäude-Images.

Mieterbefragungen hatten ergeben, dass neben den technischen Mängeln insbesondere das schlechte Image des Gebäudes als negativ empfunden wurde, begründet durch:

- ein tristes Erscheinungsbild,
- dunkle, unübersichtliche Eingangsbereiche,
- verwahrloste Treppenhäuser,
- einen missverständlichen, ungenügenden Gesamteindruck.

Aufwertung des Gesamteindrucks

Zur Aufwertung und Verbesserung des Gesamteindrucks des Gebäudes wurden folgende Maßnahmen getroffen:

- Einrichtung neuer, heller und freundlicher Hauseingänge,
- Schaffung heller und freundlicher Hausflure,
- vollständige Verglasung der Treppenhausfassaden,
- Gliederung der Fassade durch Hervorhebung der Treppenhäuser,
- Neugestaltung der Balkone,
- Aufwertung des Gesamteindrucks durch helle und freundliche Farbgebung,
- Neugestaltung und Aufwertung der Außenanlagen,
- zusätzlicher Einbau von Läden und gewerblichen Räumen in Bereichen des Erdgeschosses.

Neu: Fenster und Wärmedämmverbundsystem

Demontage der alten Betonelemente am Treppenhaus

Verbesserung des Wärmeschutzes

Ziel der Modernisierung war auch eine deutliche Herabsetzung der Energieverbräuche des Gebäudes, dies vor allem durch Verringerung der Wärmeverluste der Gebäudehülle.

Die Außenwand besaß bereits eine Wärmedämmung als Bestandteil einer so genannten Dreischichtplatte. Da aber ohnehin eine Fassadensanierung anstand, um Schäden an Fugen, Wetterschutzschicht und Erscheinungsbild zu beseitigen, wurde im Zuge der Fassadensanierung eine zusätzliche Wärmedämmung aufgebracht.

Im Einzelnen wurden folgende Maßnahmen durchgeführt:

- Zusätzliche Wärmedämmung der Fassade mit 80 mm Mineralwolle als Wärmedämmverbundsystem
- Neue, dicht schließende, hoch wärmegedämmte Fenster
- Dämmung der obersten Geschossdecke mit 10 cm Mineralwolle

Eingangsseite mit neuen Treppenhäusern

Brand im neunten Obergeschoss

Rettungswege über das Dach – von einem Treppenhaus zum anderen

Neuer Treppenhauskopf mit Brandschutzschleuse

Brandschutzsituation

Der vorbeugende Brandschutz bei industriell errichteten Wohnhochhäusern gilt als besonders problematisch.

Die Anordnung von Rettungs- und Fluchtwegen ist meistens nicht zufrieden stellend. In den Fluchtwegen befinden sich zudem häufig Brandlasten durch brennbare Materialien wie Kabel der Installationen oder Lagergüter in Abstellräumen, die nicht selten direkt an Rettungsflure grenzen.

Die Gefahr der Brandausbreitung in Installationsschächten und Müllschluckanlagen stellt ein erhebliches Risiko dar.

In vielen Etagen fehlen notwendige Flure zwischen Wohnungseingangstüre und Treppenhaus.

Häufig gibt es nur ein Fluchttreppenhaus pro Wohnung, so dass der zweite Rettungsweg nur über die Anleiterbarkeit durch die Feuerwehr gewährleistet werden kann. Dies ist in aller Regel nur bis zur achten oder neunten Etage möglich.

Verbesserung der Brandschutzsituation

Bei dem hier vorgestellten Beispiel wurde nach einer Lösung gesucht, wie ohne den kostspieligen Anbau eines zweiten Treppenhauses pro Gebäudeabschnitt eine sichere Lösung erreicht werden konnte.

Zunächst wurde mit der Feuerwehr abgeklärt, dass der zweite Rettungsweg bis zur neunten Etage durch Drehleitern gesichert werden konnte.

In der zehnten Etage gab es zwischen den Treppenhäusern einen Verbindungsgang, durch den jeweils ein zweites Treppenhaus erreicht werden konnte, so dass hierdurch ein zweiter Rettungsweg gesichert war.

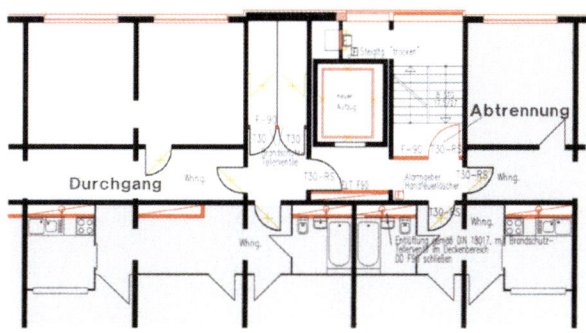

Ganggeschoss
Abtrennung im 6.+9.OG

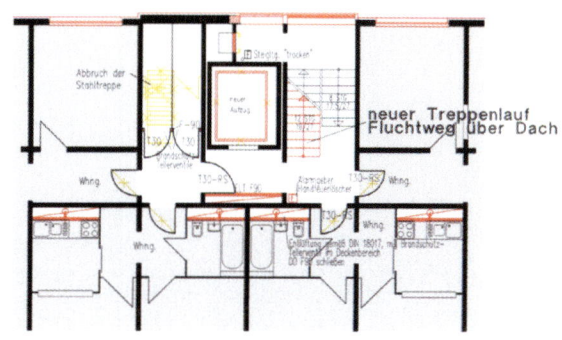

Dachgeschoss

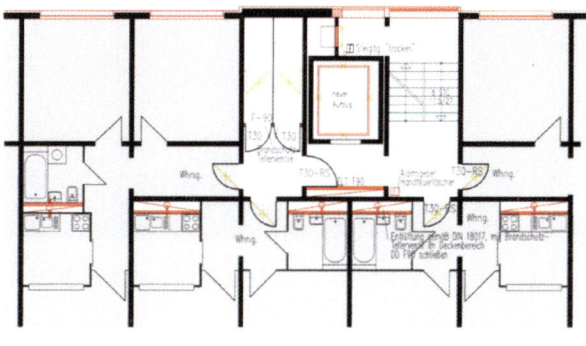

Normalgeschoss

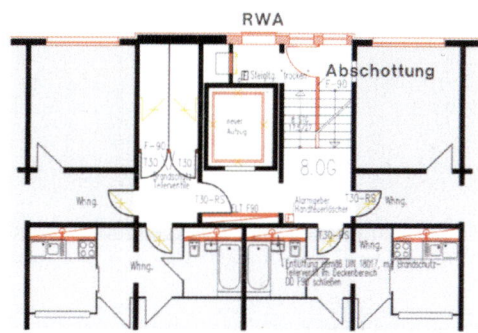

F-90 Treppenhausabschottung
zwischen 8.+9.OG

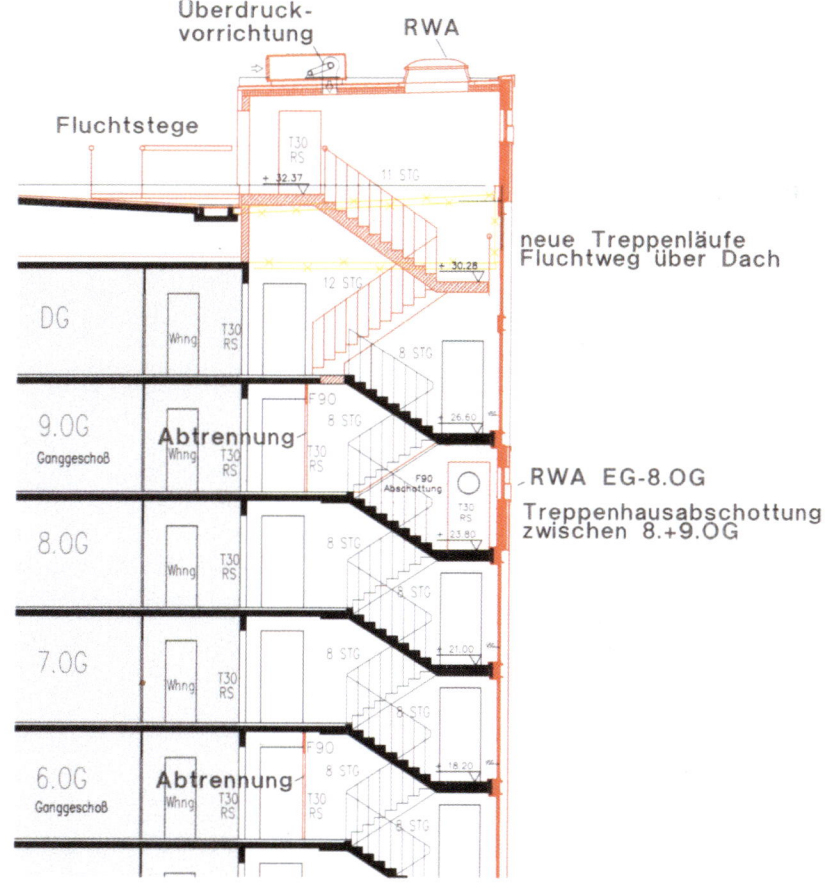

Schnitt-Treppenhaus

Das sanierte Wohnhaus – in der Fernsicht der Potsdamer Schlossgarten

Einbau von Geschäften und Cafés im Erdgeschoss

Neuer Treppenhauskopf

Für das elfte Obergeschoss wurde ein zusätzlicher Rettungsweg über das Dach geschaffen. Zur Sicherstellung dieses
zweiten Rettungsweges wurde im Treppenhaus zwischen
der neunten und zehnten Etage eine zusätzliche Tür als
Rauch- und Brandabschluss eingebaut. Über das Dach
wurden die Treppenhäuser durch Fluchtstege so verbunden, dass als Rettungsweg jeweils das nebenan liegende
Treppenhaus erreicht werden kann.

12 Checkliste

zur technischen Bestandsaufnahme

Projekt:						
Geschosse:	Zahl der Geschosse:		Unterkellerung:		Dach ausgebaut:	
	Hauptbau: Anbau:		ganz zum Teil		zum Teil nicht ausgebaut	
Baujahr:						
Nutzung:						
Zahl der WE:			Zahl der GE:			
Bemerkungen:						
Bearbeiter:					Datum:	

Angaben zur vorhandenen Konstruktion	Bewertungskriterien je Bauteilbereich	Zustand			Maßnahmen		Bemerkungen
		gut	aus-reichend	schlecht	in Stand setzen	erneuern	
Außenwände							
	Tragverhalten						
	Feuchteschutz						
	Feuchteschutz Sockel						
	Wärmedämmung						
	Besondere Bauteile						
Außenwände							
	Tragverhalten						
	Feuchteschutz						
	Feuchteschutz Sockel						
	Wärmedämmung						
	Besondere Bauteile						
Außenwände							
	Tragverhalten						
	Feuchteschutz						
	Feuchteschutz Sockel						
	Wärmedämmung						
	Besondere Bauteile						

Angaben zur vorhandenen Konstruktion	Bewertungskriterien je Bauteilbereich	Zustand			Maßnahmen		Bemerkungen
		gut	aus-reichend	schlecht	in Stand setzen	erneuern	
Außenwände							
	Tragverhalten						
	Feuchteschutz						
	Feuchteschutz Sockel						
	Wärmedämmung						
	Besondere Bauteile						
Außenfenster							
	Konstruktion						
	Wärme-/Schalldämmung						
	Fensterbänke außen						
	Fensterbänke innen						
	Schutzelemente						
Außenfenster							
	Konstruktion						
	Wärme-/Schalldämmung						
	Fensterbänke außen						
	Fensterbänke innen						
	Schutzelemente						
Außentüren							
	Konstruktion						
	Oberfläche						
Außentüren							
	Konstruktion						
	Oberfläche						

Angaben zur vorhan- denen Konstruktion	Bewertungskriterien je Bauteilbereich	Zustand			Maßnahmen		Bemerkungen
		gut	aus- reichend	schlecht	in Stand setzen	erneuern	
Dach, außen							
	Dacheindeckung						
	Tragverhalten						
	Rinnen, Rohre, Anschlüsse						
	Dachaufbauten						
	Dachfenster						
Dach, innen							
	Unterspannbahn						
	Wärmedämmung						
	Holzkonstruktion						
	Schädlingsbefall?						
Treppenhaus							
	Fußboden Flur						
	Wände						
	Wandoberfläche						
	Wohnungstüren						
Geschosstreppen							
	Tragverhalten						
	Stufenoberfläche						
	Bekleidung Unterseite						
	Geländer						

Angaben zur vorhandenen Konstruktion	Bewertungskriterien je Bauteilbereich	Zustand			Maßnahmen		Bemerkungen
		gut	aus-reichend	schlecht	in Stand setzen	erneuern	
Innenwände							
	Konstruktion						
	Oberfläche						
	Oberfläche Außenwand						
Geschossdecken							
	Tragverhalten/Durchbiegung						
	Wärme-/Schalldämmung						
	Oberfläche Feuchtraum						
	Fußleisten						
	Decke						
Innentüren							
	Konstruktion						
	Oberfläche						
Heizungsanlagen							
	Wärmeerzeuger						
	Heizflächen						
Sanitärinstallation							
	Entsorgungsleitung						
	Versorgungsleitung						
	Bäder, WCs						
Elektroinstallation							
	Zähler, Sicherung						
	Leitung, Schalter						

Angaben zur vorhandenen Konstruktion	Bewertungskriterien je Bauteilbereich	Zustand			Maßnahmen		Bemerkungen
		gut	aus-reichend	schlecht	in Stand setzen	erneuern	
Keller							
	Feuchteschutz						
	Tragwände						
	Trennwände						
	Tragverhalten Decke						
	Kellerboden						
	Innentreppen						
Hausanschlüsse							
	Kanalanschluss						
	Wasseranschluss						
	Gasanschluss						
	Elektroanschluss						
	Telefonanschluss						
Außenanlagen							
	Zäune/Mauern						
	Befestigte Flächen						
	Stellplätze/Garagen						
	Außentreppen						
	Schutzelemente						
	Spielplatz/Müllplatz						
	Grünfläche/Bepflanzung						

13 Literaturverzeichnis

Allgemeine Literatur Altbaumodernisierung

Ahnert, R.; Krause, K.
Typische Baukonstruktionen
von 1860 bis 1960:

Band I
Gründungen, Wände,
Decken, Dachtragwerke
Wiesbaden 1996

Band II
Stützen, Treppen, Bogen,
Balkone und Erker, Fuß-
böden, Dachdeckungen
Berlin 1996

Arendt, Claus
Altbausanierung
Stuttgart 1993

Balkowski, Dieter
Sanierung historischer
Bausubstanz
Köln 1982

Braun, Thomas
Techniken der Instandset-
zung und Modernisierung
im Wohnungsbau
Wiesbaden 1981

Darmstadt, Christel
Häuser instandsetzen,
stilgerecht und behutsam
Düsseldorf 1995

Kastner, Richard
Gebäudesanierung
München 1983

Landesinstitut für Bauwesen
und angewandte
Bauschadensforschung
Typische Schadenspunkte an
Wohngebäuden
Aachen 1986

Pesch, Franz
Neues Bauen in historischer
Umgebung
Köln 1995

Maniecki, Gerhard
Umbau alter Häuser
Köln 1983

Rau, O.; Braune, U.
Der Altbau; Renovieren,
Restaurieren, Modernisieren
Stuttgart 1997

Schmitz, H., Hrsg.
Planen und Bauen im
Bestand
Stuttgart 1989

Schmitz, H.; Meisel, U.
Wirtschaftliche Altbau-
modernisierung in der Praxis
Schriftenreihe Gesamt-
verband Gemeinnütziger
Wohnungsunternehmen,
Heft 21,
Köln 1985 (vergriffen)

Schmitz, H.; Meisel, U.
Modernisierung und Mieter
Schriftenreihe Gesamtver-
band Gemeinnütziger
Wohnungsunternehmen,
Heft 24,
Köln 1986

Wuppertal Institut für Klima,
Umwelt, Energie
Planungsbüro Schmitz Aachen
GmbH
Energiegerechtes Bauen und
Modernisieren
Basel, Berlin, Boston 1996

Spezielle Probleme der Altbaumodernisierung/ Detailfragen

Arendt, Claus
Trockenlegung. Leitfaden zur
Sanierung feuchter Bauwerke
Stuttgart 1983

Arendt, Claus; Seele, Jörg
Feuchte und Salze in
Gebäuden
Leinfelden-Echterdingen 1999

Borsch-Laaks, R.
Wärmetechnische Gebäude-
sanierung
Grobdiagnose bestehender
Gebäude
Seminarunterlagen,
Energieagentur NRW,
REN Impuls-Programm
Bau und Energie,
Wuppertal 1994

Bundesministerium für Raum-
ordnung, Bauwesen und
Städtebau
Typenserie P2, Leitfaden für
die Modernisierung von
Wohngebäuden in Platten-
bauweise
Bonn 1992

Bundesministerium für Raum-
ordnung, Bauwesen und
Städtebau
WBS 70, Leitfaden für die
Modernisierung von Wohn-
gebäuden in Plattenbauweise
Bonn 1993

Fachverband des Deutschen
Fliesengewerbes
Abdichtung im Verbund mit
Fliesen für Innenbereiche
in: »Fliesen und Platten«
4/1987

Handbuch Planung und Pro-
jektierung wärmetechnischer
Gebäudesanierungen
April 1983, zu beziehen bei
der Eidg. Drucksachen- und
Materialzentrale, 3000 Bern,
Schweiz

Herken, Gerd
Anforderungen an die
Abdichtung von Naßräumen
des Wohnungsbaus in
DIN-Normen
Aachener Bausachverständi-
gentage 1988
Wiesbaden 1988

Internationale Bauausstellung
Berling, Hrsg.
Badeinbau
Berlin 1984

Internationale Bauausstellung
Berling, Hrsg.
Sanierung von Holzbalken-
decken
Berlin 1985

Kabat, S.
Brandschutz in Baudenk-
mälern
Stuttgart 1996

Mitz, Rudolf
Fußbodensanierung im
Altbau
in: »Fußboden« 3/1983

Planungsbüro Schmitz Aachen
GmbH
Architekten
Gerlach·Krings·Böhning
Modernisierung und In-
standsetzung von Wohnhoch-
häusern im Land Branden-
burg, die in industrieller
Bauweise errichtet wurden
Ministerium für Stadtent-
wicklung Wohnen & Verkehr
des Landes Brandenburg,
Potsdam 1995

Oswald, R.; Rogier, D.; Lamers,
R.; Schnapauff, V.
Außenwände und Fenster-
anschlüsse, Konstruktionsempfehlungen zur Altbau-
modernisierung
Wiesbaden 1985

Oswald, R.; Schnapauff, V.
Feuchtigkeitsschutz in Naßräumen des Wohnungsbaus I
in: »Deutsches Architekten-
blatt« 5/1987

Sasse, H. R.
Baustoffhandbuch der
Altbausanierung
Darmstadt 1980

Seifert; Daler; Heine
Fenster bei Altbauerneuerung
in: »Fenster und Fassade«
2/1979

Schild; Oswald; Rogier;
Schweikert
Bauteile im Erdreich,
Konstruktionsempfehlungen
zur Altbaumodernisierung
Wiesbaden 1980

Schmitz, H.
Verfahren/Geräte zur Erfassung von Bauschäden
Schriftenreihe des Landes-
instituts für Bauwesen und
angewandte Bauschadens-
forschung
Aachen 1988

Schmitz, H.; Böhning, J.;
Klug, Ch.
  Kellerfeuchtigkeit in Altbau-
  ten vermindern
  Schriftenreihe des Landes-
  instituts für Bauwesen des
  Landes NRW
  Aachen 2001

Schmitz, H.; Stannek, N.
  Erhalt von Bauteilen; Hohe
  Qualität, niedrige Kosten
  Köln 1991

Wagner-Kaul; ARENHA
  Verbesserung des Wärme-
  schutzes im Gebäudebestand
  des Landes Nordrhein-
  Westfalen
  Ministerium für Bauen und
  Wohnen des Landes NRW,
  Düsseldorf, 1993

Zentralverband des Deutschen
Dachdeckerhandwerks (Hrsg.)
  Merkblatt Wärmeschutz bei
  Dächern
  September 1997

Kostenberechnung

Schmitz, H.; Krings, E.;
Dahlhaus, U.; Meisel, U.
  Baukosten 2000, Instand-
  setzung/Sanierung/Moder-
  nisierung/Umnutzung
  Essen 1999

Bauphysik

ARCUS
  Energiehaushalt von Bauten –
  Eine Diskussion
  Köln 1991

Ast; Bach; Diemer; König;
Wagner; Gertis
  Energiediagnose für Wohn-
  gebäude
  Institut für Kernenergetik
  und Energiesysteme
  Stuttgart 1986

Diem, P.
  Baustoff – Bauteil – Gebäude
  – Wärme – Feuchte – Schall –
  Brand
  Wiesbaden 1996

Dorff, R.
  Schadensfreie Altbaumoder-
  nisierung
  Wärmeschutz, Schallschutz,
  Feuchteschutz
  BDB-Bildungswerk
  Bonn 1986

Ehm, H.
  Wärmeschutzverordnung '95
  Wiesbaden, Berlin 1995

Ehm, H.
  Die Neufassung der Wärme-
  schutz-VO wird die Gestal-
  tungsfreiheit stärken
  in: »Der Prüfungsingenieur«
  4/1994

  Energiesparpotentiale im
  Gebäudebestand
  Institut für Wohnen und
  Umwelt GmbH
  Darmstadt 1990

Gösele, K.; Schüle W.;
Künzel, H.
  Schall, Wärme, Feuchte
  Bauverlag, Wiesbaden 1997

Hauser; Stiegel
  Wärmebrückenatlas für den
  Mauerwerksbau
  Wiesbaden 1996

Hösele, Richard
  Austrocknung von Mauer-
  werk nach der Beschichtung
  mit einem außenseitigen
  Wärmedämmverbundsystem
  in: »Deutsches Architekten-
  blatt« 2/1985

Lochner; Ploss
  Wärme- und Schalldämmung
  im Innenausbau
  Köln 1979

Schild, Erich
  Bauphysik – Planung und
  Anwendung
  Braunschweig 1990

Siebel, L.
  Bauteile sicher beurteilen:
  Wärme, Feuchte, Schall
  Landesinstitut für Bauwesen
  und angewandte
  Bauschadensforschung
  Aachen 1993

Züricher, Christoph;
Frank, Thomas
  Bauphysik
  Stuttgart 1998

Weiterführende Literatur

Becker, Klaus Jürgen u.a.
  Trockenbau Atlas
  Köln 1998

Belz, W.; Gösele, K.;
Hoffmann, W.; Jenisch, R.;
Pohl, R.; Reichert, H.
  Mauerwerk Atlas
  Köln 1996

Cramer, Johannes
  Handbuch der Bauaufnahme
  – Aufmaß und Befund
  Stuttgart 1993

Dartsch, Bernhard
  Bauen heute in alter
  Bausubstanz
  Historische Baubestimmun-
  gen und aktuelle Hinweise
  Köln 1990

Dittrich, Helmut
  Feuchteschäden im Altbau
  Ursache – Verhinderung –
  Behebung
  Köln 1986

Dzierzon; Zull
  Altbauten zerstörungsarm
  untersuchen
  Bauaufnahme, Holzuntersu-
  chung, Mauerfeuchtigkeit
  Köln 1990

Frick; Knöll; Neumann;
Weinbrenner
  Baukonstruktionslehre,
  Teil 1 und Teil 2
  Stuttgart 1997/98

Gerner, Manfred
  Fachwerksünden
  Schriftenreihe des Deutschen
  Nationalkomitees für Denk-
  malschutz, Band 27
  Bonn 1986

Grassnick; Holzapfel
  Der schadensfreie Hochbau
  und Fassadenverkleidungen
  Band 2: Allgemeiner Ausbau
  Köln 1994

Grosser; Dietger
  Pflanzliche und tierische
  Bau- und Werkholzschäd-
  linge
  Leinfelden 1997

Köneke, Rolf
  Schäden am Haus –
  Ursachen, Beseitigung,
  Kosten
  Köln 1985

Nebel, Herbert
  Sanieren und Modernisieren
  von Gebäuden
  Wermelskirchen 1986

  Erhaltung und Erneuerung
  von Bauten
  Band 1 – Grundlagen
  Österreichische Gesellschaft
  zur Erhaltung von Bauten
  Wien 1986

Plümecke, Karl
  Preisermittlung für
  Bauarbeiten
  Köln 1995

Pohlenz, Rainer
  Der schadensfreie Hochbau
  Band 3: Wärmeschutz, Tau-
  wasserschutz und Schall-
  schutz
  Köln 1995

RWE Energie
  Bau-Handbuch
  Essen 1998

Rybicki, Rudolf
  Bauschäden an Tragwerken,
  Teil 1 + 2
  Düsseldorf 1993/1995

Schild u. a.
  Schwachstellen, Band 1 – 5
  Wiesbaden 1987/90

Scholz, Wilhelm
  Baustoffkenntnis
  Düsseldorf 1999

Seifert, V.; Stein, J.
  Brandschutz im Bestand
  Aachen 2001

Stade, Franz
  Die Holzkonstruktionen
  Leipzig 1989

Weber, Helmut
  Mauerfeuchtigkeit
  Sindelfingen 1988

Weber, Helmut u. a.
  Thermographie im Bauwesen
  Kontakt & Studium, Band 81
  Grafenau 1988

Welters, H.; Klima, M.
  Im Altbau Heizenergie
  einsparen
  Aachen 2001

Zentralverband des Deutschen
Dachdeckerhandwerks, Hrsg.
  Regeln für Dachdeckungen
  mit Dachziegeln und Dach-
  steinen
  Berlin 1997

14 Stichwortverzeichnis